# 水利工程项目施工管理

薛振清　主编

中国环境出版社 · 北京

**图书在版编目（CIP）数据**

水利工程项目施工管理／薛振清主编 . —北京：中国环境出版
社，2013.12（2014.5 重印）

（山东省建造师人才培养战略研究成果丛书）

ISBN 978-7-5111-1708-3

Ⅰ.①水… Ⅱ.①薛… Ⅲ.①水利工程－工程施工－施工管理
Ⅳ.①TV512

中国版本图书馆 CIP 数据核字（2013）第 312965 号

| | |
|---|---|
| 出 版 人 | 王新程 |
| 策划编辑 | 易 萌 |
| 责任编辑 | 罗永席 易 萌 |
| 责任校对 | 尹 芳 |
| 封面设计 | 彭 杉 |

出版发行　**中国环境出版社**

（100062　北京市东城区广渠门内大街 16 号）

网　　　址：http://www.cesp.com.cn

电子邮箱：bjgl@cesp.com.cn

联系电话：010-67112765（编辑管理部）

010-67112739（建筑图书出版中心）

发行热线：010-67125803，010-67113405（传真）

印　　刷　北京中科印刷有限公司

经　　销　各地新华书店

版　　次　2013 年 12 月第 1 版

印　　次　2014 年 5 月第 2 次印刷

开　　本　787×1092　1/16

印　　张　21.5

字　　数　488 千字

定　　价　60.00 元

# 山东省建造师人才培养战略研究成果丛书
## 编审委员会

（水利水电工程专业委员会）

主　任：万利国

副主任：刘长军　贾　超

主　审：王孝亮　刁望利

委　员：（按姓氏笔画排序）

　　　　刁伟明　于文海　王华杰　王孝亮　王艳玲

　　　　毕可敏　孙秀玲　李　军　张云鹏　苗兴皓

　　　　黄丽丽　董林玉　韩卫滨　薛振清

主　编：薛振清

副主编：公培山

编　辑：瞿　潇　尹起亮　高　敏　李森焱

# 前　言

本教材是根据《山东省二级注册建造师（水利水电工程专业）继续教育培训方案》编写。全书共分 4 章，第 1 章水利工程施工管理概述；第 2 章水利工程施工管理常见的主要问题；第 3 章水利工程施工管理的主要内容；第 4 章如何处理和协调各种关系。

本书是山东省水利水电工程专业二级建造师继续教育培训教材，同时也可作为大中专院校相关专业教学用书和从事水利水电工程施工等专业工作人员的参考用书。

本教材立足水利二级建造师，尤其是项目部管理及专业人员而编写，以中小型水利水电工程施工管理及组织协调为重点，融合了编者多年从事水利工程施工管理的经验，既有相应的专业知识，又有相关的组织及协调经验，是建造师尤其是项目部管理和专业人员较实用的工作参考手册。

参加本教材编写的人员有山东众兴水务集团有限公司薛振清、公培山，山东省南水北调工程建设管理局瞿潇，山东水利工程总公司刁望利。

本教材的编写得到了山东省住建厅执业资格注册中心、山东省水利厅、山东大学等领导及部门的大力支持和关心，对此表示由衷的感谢！

本教材的编写，参照了山东周边相关省市有关水利工程施工管理的相关内容，在此一并表示感谢！

由于编者水平有限，教材中肯定存有不少缺点和错误，加之编者的实践经验不足，管理方式和方法不可能适合绝大部分管理者，恳请广大读者批评指正。

编者

2013 年 10 月

# 序

我国在 20 世纪 90 年代初着手研究建立注册建造师制度。1997 年颁布的《中华人民共和国建筑法》规定："从事建筑活动的专业技术人员，应当依法取得相应的执业资格证书，并在执业证书许可的范围内从事建筑活动"。2002 年，原人事部、建设部颁布《建造师执业资格制度暂行规定》，正式推出建造师执业资格制度。从建造师执业资格制度启动伊始，山东省各级建设行政主管部门积极贯彻落实建造师执业资格制度，加强建造师考试、注册管理、继续教育等各项工作的宣传和管理力度，扎实推进了山东省建设执业资格制度的发展。十多年来，山东省取得建造师执业资格的人员突破 15 万人，有力地促进了建筑业人才队伍的建设，对全省建设事业的健康发展发挥越来越重要的作用。

建造师执业资格制度是适应我国社会主义市场经济发展、加快工程建设领域改革开放步伐的一项重大举措。这项制度的建立，有利于发挥执业人员的技术支撑作用，降低资源和能源消耗、保护环境、控制工程建设投资成本；有利于规范我国建筑市场秩序，创造执业人员有序竞争的环境，规范执业人员的行为；有利于强化执业人员法律责任，增强执业人员责任心，确保工程质量和安全生产；有利于加强建筑业用工监管，防止拖欠农民工工资，促进社会和谐稳定；有利于加快我国建筑企业"走出去"步伐，提升我国建筑业国际竞争力。建造师应进一步解放思想，更新观念，牢固树立效益优先、创新创造、集约发展的理念，主动适应新形势要求，坚持与时俱进，及时更新知识，不断提高专业技能，严格遵守法律法规和建造师管理规章制度，全面推进建造师执业资格制度健康发展。

注册建造师是工程项目施工管理的主要负责人，对工程项目自开工准备至竣工验收实施全过程组织管理。注册建造师的基本素质、管理水平及其行为是否规范，对整个工程项目的质量、进度、安全生产、投资控制和遵章守法起着关键作用。在我国全面建设小康社会的这一重要历史时期，注册建造师承担的责任和任务繁重而又艰巨，注册建造师要有一种历史的责任感，坚持"百年大计，质量第一"和"安全第一，预防为主"的原则，用现代项目管理理论来指导和组织实施项目管理。

为进一步加强注册建造师队伍建设，增强建造师服务建设事业大局的能力和水平，省建设厅执业资格注册中心组织山东建筑大学、山东交通学院、山东大学水利水电学院、中国海洋大学培训中心等单位，并邀请一批施工企业优秀管理人员和建造师共同开展了山东省建造师人才培养战略研究工作，组织编写了五个专题的一系列研究专著，作为建造师学习的教材和参考书目。希望全体建造师不断加强学习，全面提升熟练运用各种新技术、新工艺、新材料的能力，奋发进取，努力把山东省建设事业提高到一个新水平，为把山东省全面建成小康社会作出更大贡献。

山东省住房和城乡建设厅 万利国

2013 年 10 月 25 日

# 目　录

# 第1章 水利工程施工管理概述

## 1.1 水利工程施工管理的概念及要素

### 1.1.1 水利工程项目施工管理的定义

水利工程项目施工管理与其他行业工程项目施工管理一样，是随着社会的发展进步和项目的日益复杂化，经过水利系统几代人的努力，在总结前人历史经验，吸纳其他行业成功模式和研究世界先进管理水平的基础上，结合本行业特点逐渐形成的一门公益性基础设施项目管理学科。水利工程项目施工管理的理念在当今社会人们的生产实践和日常工作中起到了极其重要的作用。对每一个工程，上级主管部门、建设单位、设计单位、科研单位、招标代理机构、监理单位、施工单位、工程管理单位、当地政府及有关部门甚至老百姓等与工程有关甚至无关的单位和个人，无不关心工程项目的施工管理，因此，学习和掌握水利工程项目施工管理对从事水利行业的人员都有一定的积极作用，尤其对具有水利工程施工资质的企业和管理人员来说，学会并总结水利工程项目施工管理将提高工程项目实施效益和企业声誉，从而扩展企业市场，发展企业规模，壮大企业实力，振兴水利事业，更是作为一名水利建造师应该了解和熟悉的一门综合管理学科。

施工管理水平的提高对于中标企业尤其是项目部来说，是缩短建设工期、降低施工成本、确保工程质量、保证施工安全、增强企业信誉、开拓经营市场的关键，历来被各专业施工企业所重视。施工管理涉及工艺操作、技术掌控、工种配合、经济运作和关系协调等综合活动，是管理战略和实施战术的良好结合及运用，因此，整个管理活动的主要程序及内容是：

（1）从制定各种计划（或控制目标）开始，通过制定的计划（或控制目标）进行协调和优化，从而确定管理目标；

（2）按照确定的计划（或控制目标）进行以组织、指挥、协调和控制为中心的连贯实施活动；

（3）依据实施过程中反馈和收集的相关信息及时调整原来的计划（或控制目标）

形成新的计划（或控制目标）；

（4）按照新的计划（或控制目标）继续进行组织、指挥、协调、控制和调整等核心的具体实施活动，周而复始直至达到或实现既定的管理目标。

水利工程项目施工管理就字面意思解释就是施工企业对其中标的工程项目派出专人，负责在施工过程中对各种资源进行计划、组织、协调和控制，最终实现管理目标的综合活动。这是最基本和最简单的概念理解，它包含三层意思：

一是水利工程项目施工管理是工程项目管理范畴，更是在管理的大范围内，领域是宽广的，内容是丰富的，知识和经验是综合的。

二是水利工程项目施工管理的对象就是水利水电工程项目施工全过程，对施工企业来说就是企业以往、在建和今后待建的各个工程项目的施工管理，对项目部而言，就是项目部本身正在实施的项目建设过程的管理。

三是水利工程项目施工管理是一个组织系统和实施过程，着重点是计划、组织和控制。

由此可见，水利工程项目施工管理随着工程项目设计的日益发展和对项目施工管理的总结完善，已经从原始的意识决定行为上升到科学的组织管理以及总结提炼这种组织管理而形成的行业管理学科，也就是说它既是一种有意识地按照水利工程项目施工的特点和规律对工程项目实施组织和管理的活动，又是以水利工程项目施工组织管理活动为研究对象的一门新兴科学，专门研究和探求对水利工程项目施工活动怎样进行科学组织管理的理论和方法，从对客观实践活动进行理论总结到以理论总结指导客观实践活动，二者互相促进，相互统一，共同发展。

基于以上观点，我们给水利工程项目施工管理定义：

水利工程项目施工管理是以水利工程建设项目施工为管理对象，通过一个临时固定的专业柔性组织，对施工过程进行有针对性和高效率的规划、设计、组织、指挥、协调、控制、落实和总结的动态管理，最终达到管理目标的综合协调与优化的系统管理方法。

所谓实现水利工程施工项目全过程的动态管理是指在施工项目的规定施工期内，按照一定总体计划和目标，不断进行资源的配置和协调，不断做出科学决策，从而使项目施工的全过程处于最佳的控制和运行状态，最终产生最佳的效果；所谓施工项目目标的综合协调与优化是指施工项目管理应综合协调好技术、质量、工期、安全、资源、资金、成本、文明环保、内外协调等约束性目标，在相对最短的时期内成功地达到合同约定的成果性目标并争取获得最佳的社会影响。水利工程施工项目管理的日常活动通常是围绕施工规划、施工设计、施工组织、施工质量、安全管理、资源调配、成本控制、工期控制、文明施工和环境保护等九项基本任务来展开的。

水利工程项目施工管理贯穿于项目施工的整个实施过程，它是一种运用既有规律又无定式且经济的方法，通过对施工项目进行高效率的规划、设计、组织、指导、控制、落实等手段，在时间、费用、技术、质量、安全等综合效果上达到预期目标。

水利工程项目施工的特点也表明它所需要的管理及其管理办法与一般作业管理不同，一般的作业管理只需对效率和质量进行考核，并注重将当前的执行情况与前期进行比较。在典型的项目环境中，尽管一般的管理办法也适用，但管理结构须以任务

（活动）定义为基础来建立，以便进行时间、费用和人力的预算控制，并对技术、风险进行管理。在水利工程项目施工管理过程中，项目施工管理者并不亲自对资源的调配负责，而是制订计划后通过有关职能部门调配并安排和使用资源，调拨什么样的资源、什么时间调拨、调拨数量多少等，取决于施工技术方案、施工质量和施工进度等要求。

水利工程项目施工管理根据工程类型、使用功能、地理位置和技术难度等不同其组织管理的程序和内容有较大的差异，一般来说，建筑物工程在技术上比单纯的土石方工程复杂，工程项目和工程内容比较繁杂，涉及的各种材料、机电设备、工艺程序、参建人员、职能部门、各种资源、管理内容等较多，不确定性因素占的比例较重，尤其是一些大型水电站、水闸、船闸和泵站等枢纽工程，其组织管理的复杂程度和技术难度远远高于土石方工程；同时，同一类型的工程因大小、地理位置和设计功能等之别，在组织管理上虽有类同但是因质量标准、施工季节、作业难度、地理环境等不同也存在很大的差别，因此，针对不同的施工项目制定不同的组织管理模式和施工管理方法是组织和管理好该项目的关键，不能生搬硬套一条路走到黑。目前水利工程项目施工管理已经在几乎所有的水利工程建设领域中被广泛应用。

水利工程项目施工管理是以项目经理负责制为基础的目标管理。一般来讲，水利工程施工管理是按任务（垂直结构）而不是按职能（平行结构）组织起来的。施工管理的主要任务一般包括项目规划、项目设计、项目组织、质量管理、资源调配、安全管理、成本控制、进度控制和文明环保措施等九大项。常规的水利工程施工管理活动通常是围绕这九项基本任务来展开的，这也是项目经理的主要工作线和面。施工管理自诞生以来发展迅速，目前已发展为三维管理体系：

（1）时间维：把整个项目的施工总周期划分为若干个阶段计划和单元计划，进行单元和阶段计划控制，各个单元计划实现了就能保证阶段计划实现，各个阶段计划完成了就能确保整个计划的落实，即我们常说的"以单元工期保阶段工期，以阶段工期保整体工期"；

（2）技术维：针对项目施工周期的各不同阶段和单元计划，制定和采用不同的施工方法和组织管理方法并突出重点；

（3）保障维：对项目施工的人、财、物、技术、制度、信息、协调等的后勤保障管理。

## 1.1.2　水利工程项目施工管理的要素

要理解水利工程项目施工管理的定义就必须理解项目施工管理所涉及的有关直接和间接要素，资源是项目施工得以实施的最根本保证，需求和目标是项目施工实施结果的基本要求，施工组织是项目施工实施运作的核心实体，环境和协调是项目施工取得成功的可靠依据。

### 1.1.2.1　资源

资源的概念和内容十分广泛，可以简单地理解为一切具有现实和潜在价值的东西都是资源，包括自然资源和人造资源、内部资源和外部资源、有形资源和无形资源。诸如人力和人才、材料、资金、信息、科学技术、市场、无形资产、专利、商标、信誉以及社会关系等。在当今社会科学技术飞速发展的时期，知识经济的时代正向我们走来，知识作为无形资源的价值表现得更加突出。资源轻型化、软化的现象值得我们重视。在工程施工管理中，我们要及早摆脱仅管好、用好硬资源的历史，尽早学会和掌握学好、用好软资源，这样才能跟上时代的步伐，才能真正组织和管理好各种工程项目的施工过程。

水利工程项目施工管理本身作为管理方法和手段，随着社会的进步和高科技在工程领域的应用和发展，已经成为一种广泛的社会资源，它给社会和企业带来的直接和间接效益不是用简单的数字就可以表达出来的。

由于工程项目固有的一次性特点，工程施工项目资源不同于其他组织机构的资源，它具有明显的临时拥有和使用特性；资金要在工程项目开工后从发包方预付和计量，特殊情况下中标企业还要临时垫支；人力（人才）需要根据承接的工程情况挑选和组织甚至招聘；施工技术和工艺方法没有完全的成套模式，只能参照以往的经验和相关项目的实施方法，经总结和分析后，结合自身情况和要求制定；施工设备和材料必须根据该工程具体施工方法和设计临时调拨和采购，周转材料和部分常规设备还可以在工程所在地临时租赁；社会关系在当今是比较复杂的，一个工程一个人群环境，需要有尽量适应新环境和新人群的意识，不能我行我素，固执己见，要具备适应新的环境和人群的能力和素质；执行的标准和规程一个项目一套制度，即使同一个企业安排同样数量的管理人员也是数同人不同，即使人同项目内容和位置等也不同。因此，水利工程项目施工过程中资源需求变化很大，有些资源用尽前或不用后要及时偿还或遣散，如永久材料和人力资源及周转性材料和施工设备等，在施工过程中根据进度要求随时有增减，各单元及阶段计划变化较大。任何资源积压、滞留或短缺都会给项目施工带来损失，因此，合理、高效地使用和调配资源对工程项目施工管理尤为重要，学会和掌握了对各种施工资源的有序组织、合理使用和科学调配，就掌握了水利工程项目施工管理的精华，就可以立于项目管理的不败之地。

### 1.1.2.2　需求和目标

水利工程项目施工其利益相关者的需求和目标是不同和复杂的。通常把需求分为两类：一类是必须满足的基本需求，另一类是附加获取的期望要求。

就工程项目部而言，其基本需求包括工程项目实施的范围内容、质量要求、利润或成本目标、时间目标、安全目标、文明施工和环境保护目标以及必须满足的法规要求和合同约定等。在一定范围内，施工质量、成本控制、工期进度、安全生产、文明施工和环境保护等五者是相互制约的。一般而言，当工期进度要求不变时，施工质量要求越高，则施工成本就越高；当施工成本不变时，施工质量要求越高，则工期进度相对越慢；当施工质量标准不变时，施工进度过快或过慢都会导致施工成本增加；在施工进度相对紧张的时期，往往会放松了安全管理，造成各种事故的发生反而延缓了施工时间；文明施工和环境保护要达标必然直接增加工程成本，往往被一些计较效益的管理者忽视，有的干脆应付或放弃。殊不知，做好文明施工和环境保护工作恰恰给安全生产、施工环境、工程质量和工期目标等综合方面创造了有利条件，这个目标的实现可能会给项目或企业产生意想不到的间接效益和社会影响。施工管理的目的是谋求快、好、省、安全、文明和赞誉等的有机统一，好中求快，快中求省，好、快、省中求安全和文明并最终获得最佳赞誉，是每一个工程项目管理者所追求的最高目标。

如果把项目实施的范围和规模一起考虑在内的话，可以将控制成本替代追求利润作为项目管理实现的最终目标（施工项目利润＝施工项目收益－施工实际成本）。工程项目施工管理要寻求使施工成本最小从而达到利润最大的工程项目实施策略和规划。因而，科学合理地确定该工程相应的费用成本是实现最好效益的基础和前提。

期望要求是企业常常通过该项目的实施树立形象、站稳市场、开辟市场、争取支持、减少阻力、扩大影响并获取最大的间接利益。比如，一个施工企业以前从未打入某一地区或一个分期实施的系列工程刚开始实施，有机会通过第一个中标项目进入了当地市场或及早进入了该系列工程，明智的企业决策者对该项目一定很重视，除了在项目部人员和设备配置上花费超出老市场或单期工程的代价之外，还会要求项目部在确保工程施工硬件的基础上，完善软件效果。"硬件创造品牌，软件树立形象，硬软结合产生综合效益"，这是任何正规企业的管理者都应该明白的道理，因此，一个新市场的新项目或一个系列工程的第一次中标对急于开辟该市场或稳定市场的企业来说无异于雪中送炭，重视的绝不仅仅是该工程建设的质量和眼前的效益，而是通过组织管理达到施工质量优良、施工工期提前、安全生产保障、施工成本最小、文明施工和环境保护措施有效、关系协调有力、业主评价良好、合作伙伴宣传、设计和监理放心、运行单位满意、主管部门高兴、地方政府支持、社会影响良好等综合效果。在此强调新市场项目或分期工程，并不是说对一些单期工程或老市场的项目企业就可以不重视，同样应当根据具体情况制定适合工程项目管理的考核目标和计划，只是期望要求有所侧重而已。任何时候企业的愿望都是好的，如果项目部尤其是项目经理能真正不辜负企业的期望将项目组织和管理好，就完全可以达到企业预期的愿望。而现实工作中背离愿望或一味地追求愿望最终适得其反的工程项目不乏其数，成败主要决定于企业对项目制定什么样的政策、选派什么样的经理、配备什么样的班子了。项目施工的管理者是决定成败的根本，而成功的管理者来源于具有综合能力与素质的人才，在此，愿施工企业的决策者都能重视人才、培养人才、锻炼人才、吸纳人才、利用人才、团结人才、调动人才、凝聚人才。人才的诞生和去留主要决定在企业的政策、行动和落实上，其次，与企业风气、领导者的作风、企业氛围、社会环境等也有很大关系。作为企业主管者，要经常思考怎样吸纳和积聚人才，怎样培养和使用人才，怎样激励和发展人才，有利地想到了就做，想不到的应该学，就怕不想不做又不学，更怕想歪、做歪和学歪。作为一个管理者，抓住人才并用好用活人才，几乎就抓住了一切。

对于在工程项目施工过程中项目部所面对的其他利益相关者，如发包方、设计单位、监理单位、地方相关部门、当地百姓、供货商、分包商等，它们的需求又和项目部不同，各有各的需求目标，在此不一一赘述。

总之，一个施工项目的不同利益相关者各有不同的需求，有的相差甚远，甚至是互相抵触和矛盾的。这就更需要工程项目管理者对这些不同的需求者加以协调和分别，统筹兼顾，分类管理，以取得大局稳定和平衡，最大限度地调动工程项目所有利益相关者的积极性，减少他们对工程项目施工组织管理带来的阻力和消极影响。

### 1.1.2.3 施工组织

组织就是把多个本不相干的个人或群体联系起来，做一个人或独立群体无法做成的事，是管理的一项功能。项目施工组织不是依靠企业品牌和成功项目的范例就可以成功。作为一个项目经理来说，要管理好一个项目，首要的问题就是要懂得如何组织，而成功的组织又要充分考虑工程建设项目的组织特点，抓不住项目特点的组织将是失败的组织。例如，工程项目施工组织过程中经常会遇到别的项目不曾出现过的问题，这些问题的解决主要依靠项目部本身，但也可以咨询某一个有经验的局外人或企业主管部门，甚至动用私人关系；对工程项目的质量和安全等检查又是不同的组织发起，比如工程主管部门、发包单位、主管部门和发包单位组成的团队；而工程项目的验收、审计等可能还要委托或组建新的机构，例如，专家、领导、项目法人、审计机构等，总之，项目施工组织是在不断地更替和变化，必须针对所有更替和变化有一定预见性和掌控协调能力。要想成功组织好一个项目，首要的是抓住人员的组织，人员组织的基本原则是因事设人，事是死的人是活的，事是通过人做出来的。人员的组织和使用必须根据工程项目的具体任务事先设置相应的组织机构，使组织起来的人员各有其位，根据机构的职能对应选人。事前选好人，事中用活人，事后激励人，是项目经理用人之道。人员组织和使用原则是根据工期进度事始人进、事毕人迁，及时调整，直至撤销机构撤走全部人员。工程施工项目因一次性特点所决定，与企业本部和社会常设机构等不同，讲究机构设置要灵活，组织形式要实用，人员进出不固定，柔性变性更突出，这就要求项目经理首先要具备一定的预见性和协调能力。安排某个人员来前就要考虑其走时，考虑走的又要调整来的。对人员的组织和使用，必须避免或尽量减少"定来不定走，定坑不挪窝，不用走不得，用者调不来"的情况发生。

工程项目施工组织的柔性还反映在各个项目利益相关者之间的联系都是有条件的、松散的甚至临时性的，所有利益相关者是通过合同、协议、法规、义务、各种社会关系、政治目的、经济利益等结合起来的，因此，在项目组织过程中要有针对性地加以区别组织；工程项目施工组织不像其他工作组织那样有明晰的组织边界，项目利益相关者及其部分成员在工程项目实施前属于其他项目组织，该项目实施后才属于同一个项目组织，有的还兼顾其他项目组织，而在工程项目实施中途或完毕后可能又属于另一个项目组织。如许多水利工程项目法人，在该工程建设前可能是另一个部门或单位的负责人，工程建设开始前调到水利部门任要职，待工程项目竣工后成功者可能又提职到新的岗位或部门。再如，材料或劳务供应者，在该项目实施前就已经为其他施工企业提供货源或人力，在该项目实施后才与项目部合作，同时，有可能还给原来和其他新项目等提供服务。另外，工程施工项目中各利益相关者的组织形式也是多种多样、五花八门的，有的是政府部门，有的是事业单位，有的是国有公司，有的是个体经营者等，这些差异都决定着项目管理者在组织时要有不同的措施。

因此，水利工程施工项目管理在上述意义上不同于政府部门、军队、工厂、学校、超市、宾馆等有相对规律性和固定模式的管理，必须具备超前的应变反应能力和稳定的处事心理素质才能及时适应工程施工项目组织的特点并发挥出最佳水平。

工程项目的施工组织结构对于工程项目的组织管理产生重要影响，这与一般的项目组织是相同的。一般的项目组织结构主要有三种结构形式：职能式结构、项目单列式结构和矩阵式结构。就常规来讲，职能式结构有利于提高效率，是按既定的工作职责和考核指标进行工作和接受考核，职责明确，目标明晰；项目单列式结构有利于取得效果，抓住主因带动一般，有始有终，针对性强；矩阵式结构兼具两者优点，但也带来某些不利因素。例如，企业承接不同的项目后，首先，在企业内部要面临各个项目部必然在企业内争夺人力和设备等资源，一个项目经理有分公司或项目建管部经理和企业老总等两个以上顶头上司，多个企业管理考核职能部门；其次，在项目所在地，项目部又是临时机构，派去的全是临时人员，针对的是新的环境和合作者，事难处，人难管，关系难协调，环境难适应，内外加起来管自己的人比自己管的人可能还多。对项目经理来说哪个能管着自己的也得听，而对上级主管部门和相关职能部门来说，由于责任在身无论是谁在位都要去管，项目经理最终面临的结果往往是：项目组织管理差了尤其是出了质量、安全等重大责任问题，有权管着自己的不负责任者想尽办法尽量躲开或回避，不愿承担责任，而自己能管了的又承担不了多少责任，牺牲的首当其冲就是项目经理；项目干出成绩和效益了，沾光的会不请自来，管着自己的说是我们领导得好，自己管着的说是我们干得好，苦笑的也是项目经理。因为，项目经理这个岗位权力和优势在某种程度上来讲远远少于责任和劣势，所以，建造师要成为一个成功的项目经理，必须在实践工作中充分学习和掌握相关知识和经验，施工组织是工程项目管理成功与否的关键和前提，不要眼光只盯在这个岗位的好处上，而要具体深刻地看到这个岗位的风险和危机，同时，公正地评价自己在项目组织方面的实力和条件能否胜任这项工作，结合项目实施中其他的管理，决定自己是否可以成为一个项目的管理成功者。如果对施工组织就无头无序，即使在某些方面已经成为一名不错的建造师了，也不能成为一名成功的项目经理。工程项目一次性的特点务必要引起企业管理者和所有建造师的极度重视，成功和失败都是一次性的，一旦失败后悔来不及，因此，作为企业主管者在挑选项目经理时一定要慎重，力争做到在几名当中综合比较和筛选，达到优中最优，作为建造师本人在赴任项目经理岗位前更要谨慎，必须做到针对该项目特点全面、公正地衡量自己，即使在以往的项目中已经是胜利者，但对于新项目也需要重新审视自己，量力而行，一旦失误尤其是大的失误将是企业、自己和社会的多重损失且无法弥补。同时，如果一个建造师通过实践锻炼和经验积累，掌握了一个项目经理应掌握的组织、管理及技术等，充分发挥个人才能组织和管理好每个工程项目，又是企业、个人和社会的一大幸事，更是自身价值和能力的充分展现。

### 1.1.2.4　环境和协调

要使工程项目施工管理取得成功，项目经理除了需要对项目本身的组织及其内部环境有充分的了解外，还需要对工程项目所处的外部环境有正确的认识和把握，同时，根据内外部环境加以有效协调和驾驭，才能达到内部团结合作，外部友好和谐。内外部环境和协调涉及的领域十分广泛，每个领域的历史、现状和发展趋势都可能对工程项目施工管理产生或多或少的影响，在某种特定情况下甚至是决定性的影响。对内部环境的协调在其他章节逐步讲述，在此仅就水利工程项目施工外部环境的协调作简要说明。

（1）国内政治经济大环境。国家政策、经济形势对工程项目产生的影响是巨大的。举世瞩目的国家南水北调工程投资达 5 000 亿元人民币，是新中国成立以来的一项巨型工程，也是国际史上史无前例的。自 20 世纪 50 年代开始设想到正式实施，跨越近半个世纪才有了实质性进展。当年毛泽东主席在南方视察时一句"南方的水多，北方的水少，如有可能借点水来也是可以的"伟大构想奠定了南水北调工程的基础，然而，由于受当时及以后一定时期国家经济条件的制约，南水北调工程在 20 世纪始终处于规划论证和设计准备阶段，直到 2003 年 12 月 27 日，中国南水北调工程在北京人民大会堂和江苏、山东两省施工现场同时举行开工典礼，这标志着让世人瞩目、国人期盼的世界第一大水利工程项目正式进入实施阶段。国内外不少评论家认为，建设南水北调工程的设想和决策不是取决于科学技术方面，而是取决于围绕这个设想的政治和经济环境。中国没有改革开放的政策，没有在稳定中求发展的指导思想，南水北调工程恐怕现在还是在规划设计阶段徘徊。特大的工程项目如此，小的工程项目也不例外。同样是对一个病险水库的除险加固处理，不同的地区其结果差别很大。同一批上报、同一批鉴定、同一批批复、同一时期设计，政治稳定经济条件好的地区早已实施完毕并已投入使用，而政治环境不稳经济条件落后的地区，国家的配套资金早已到位甚至过了规划的完工期了，仍没有进入实施阶段。究其原因，不外乎主管领导换届频繁，在任的积极主持上马，继任的先摸摸财政腰包再说，同样的钱先搞点更有利的面子项目可能更有政绩。水利工程在一定时期或地方往往不被强调政绩的部分领导所重视，因此，以地方穷难配套为有力借口把水利工程项目推到了猴年马月，直到国家来审计或要抽回资金时才慌了手脚仓促招标、开工。有一定数量的地方领导还存在把国家的钱先花了能干多少干多少，没钱了不是停工等待就是欠着科研、设计、监理、施工等单位企业的费用不给的坑人、骗人做法，而上述单位又没有能力多个项目都自己垫资，只能采取再欠合作伙伴的资金。在水利行业上类似的项目前些年确实占有相当的比例，其他行业也同样存在，这就是以前"三角债"形成的主要根源。水利工程没有施工完就废弃的有，各地所谓的烂尾楼就更多了，公路修了一部分便放弃，铁路没有铺轨就撤场等工程项目都曾发生过。所以，究其根本原因一般不外乎政治和经济是主要原因，所以，企业在承接任务时，一定要擦亮眼睛，深入细致地了解工程背景及项目立项、规划、审批、设计、资金等综合情况，避免在这样的项目上遭受无法挽回的损失。

建筑市场和价格等对工程项目更具有直接的导向和影响作用。我国前些年高速公路建设、电力设施建设和高铁建设处于高峰时期，几乎所有的大中型工程施工企业都想介入进去施展一番，外行的企业也想方设法往里钻，结果扰乱了一定的市场，出现了恶性竞争，亏损、赔本的项目时有发生，又不得不退出本不适合自己的市场；同一个工程项目，投标时材料价格较低，而中标后市场价格飞涨，单价承包或总价承包的合同制约着企业只能抱头懊悔，悲惨者有时赔得一塌糊涂，只能祈求发包人给予可怜或适当照顾，但是可怜或照顾又是有限度的，发包人有时也只有惋惜和感叹的份儿，怜悯之心总不能代替粮食和水为企业充饥解渴，企业需要的是真金白银而不是怜悯；有的项目由于竞争激烈，再加上招标人为了最大限度地节省资金，企业为了中标不惜低于成本投标，导致中标后没有欢喜，施工中只有忧愁，完工后全家悲伤。

（2）文化和意识。文化是人们在社会历史发展进程中所创造的物质财富和精神财富的总和，一般特指精神财富，如文学、艺术、音乐、教育、科学等，也包括行为方式、信仰、制度、惯例等。工程项目施工管理也要了解工程所在地的文化，尊重当地的风俗习惯。例如，制订施工项目进度计划时必须考虑当地的节假日习惯；在工程项目沟通中，善于在适当的时候使用当地的文字、语言和交往方式，往往能取得意想不到的效果。文化也可以逐渐融合，在工程项目施工过程中，通过不同文化的交流，可以减少摩擦、增进理解、取长补短、互相促进。尤其在少数民族、边远地区或有特殊文化背景的地方施工，更要充分了解当地情况。

意识也属于文化的范畴，同样对施工项目会产生影响。某水利工程施工企业在 20世纪 70～80 年代，几乎每一个大型工程项目平均都伤亡一个人以上，在施工现场为公而死，单位多少给予点赔偿，不是在工地现场发生的伤亡单位几乎都不管；工程当地村民有到工地偷建材而发生意外事故的，其家属不仅不敢到工地要求赔偿反而觉得是见不得人的事，在村里几乎连头都抬不起来。那个年代人命不值钱，社会风气是以政治为核心，人们缺乏安全意识，导致人身安全事故频发，同时，老百姓又缺乏法律意识，干点不光彩的事即使发生伤亡事故也只有自认倒霉还要被别人讥笑议论；受计划经济的影响，企业不是到市场找工程，而是上级分配工程给企业，由于到手的工程太容易，不可能重视质量，对工期几乎自己说了算，钱不够了向上级要，无竞争意识和市场意识，导致施工质量低劣、效率低下、花钱不少工程没建好。随着市场经济的发展和人们安全意识的增强，现在的工程施工企业哪一家都不敢拿着人身安全和质量、工期、效益当儿戏了，否则，即使不被国家吊销资质最终也要被市场淘汰。再者，在我国前些年尤其是改革开放的初中期，人们只追求眼前的经济效益和既得利益，突击上马、盲目引进各种见效快、污染大的项目，地方财政收入很快从无到有、从有到多，有关官员也从小到大、从瘦到肥，导致我们的河流、湖泊、海洋也从清到浑、土地从多到少、森林从茂到疏、动植物从繁到稀，多种疾病从消失到复生，人们的生存环境和条件遭到前所未有的破坏。在经济状况发生根本变化的今天，人们才大梦初醒，开始不惜代价重新治理和保护环境，治理污染，封山育林，开荒造地，退耕还林，立法保护稀缺动植物，根治疾病等，但为时已晚，有的环境和污染就是花费几十倍当初挣的钱也恢复不回以前的原样子不说，有的污染给当地百姓带来的灾难甚至是致命的，恐怕几代人都要因此付出沉痛代价，这就是缺乏环境保护意识和不重视人们生存条件意识带来的必然结果。到目前为止，尽管国家早就制订了环保法和水法等环境及资源保护法规，但不少工程项目在规划中仍没有考虑或重视相应的环保措施，严重不良后果频频出现，治理中的水源一夜之间又被重新污染；有些国家或企业投巨资建设的治污工程项目投入运行后，为了应付上级或环保部门的检查，竟然用廉价的净水稀释污水，以"达到"污水排放标准。随着近年来水资源的减少和用水量的增高，人们的环保意识和用水意识也在逐步提高，污水处理回收、水源调配、封井补源、节水项目等陆续启动，这对于水利工程有关单位尤其是设计、施工等企业而言可能是个机遇，但是，这样的机遇即使作为水利人也不愿拥有。而面对现实，作为一名水利战线上的工作者，尤其是水利工程科研、设计、监理、施工、建管者，又要不折不扣地完成社会赋予我们的使命，尽自己最大的智慧和力量设计和建设好每一个工程项目，使其在管理者的精心管理下发挥应有的功能。

（3）规章和标准。规章和标准是不同行业对其产品、工艺、服务或建设等的特征做出定性和参照规定的文件，规章是强制性执行的，没有空间余地，而标准是要求或希望达到的目标，并带有提倡性、推广性、参照性、普及性，并不具有强制执行的性质。

规章包括国家法律、法规和行业或地方规章，也包括单位内部制定的制度和章程。

水利工程施工企业制定和执行的规章制度和项目部施行的制度和章程等就是水利工程项目施工管理的内部规章。无论是国家规章还是企业及项目部章程和制度，对工程项目的科研、规划、设计、监理、施工、建管、监督、合同管理、质量管理、工期管理、资金管理、安全管理、文明施工和环境保护等都有重要影响和作用。

目前世界上有花样繁多的涉及各行各业的各种标准在使用和更新中，几乎涉及了所有的领域。在水利工程方面从鉴定、论证、勘探、规划、审批、设计、招标、监理、施工、管理、运行、维护等各个环节都有相应的制度和规程及规范，使水利工程项目建设进入了鉴定尊实、论证尊据、勘探尊规、规划尊标、审批尊序、设计尊概、招标尊法、监理尊纲、施工尊约、管理尊方、运行尊程、维护尊用的阶段，规章和标准贯穿整个工程项目的全过程，只是执行的程度存有差异而已。所以，作为一名建造师无论负责什么工作，是否处于项目经理等领导岗位，都要遵守国家和行业等相关法律法规，原则性问题和大事上不能糊涂或我行我素。

项目经理虽然是一个社会地位并不高的岗位，也是一个没有任何级别的临时"官"，但拥有超过其地位的实权和高于其级别的财权，用一句比较流行的话说是"高危岗位"，但"危"与"安"一则靠自己，二则靠监督，因此，洁身自爱和企业及社会监管是培养项目经理的义务和责任。

## 1.2　水利工程施工管理的特点及职能

### 1.2.1　施工管理的特点

几乎所有的基础设施工程建设项目，其施工管理与传统的部门管理和工厂生产线管理相比最大特点是基础设施工程项目施工管理注重于综合性和可塑性，并且基础设施工程项目施工管理工作有严格的工期限制。基础设施工程项目施工管理必须通过预先不确定的过程，在确定的工期限度内建设成同样是无法预先判定的设计实体，因此，需求目标和进度控制常对工程项目施工管理产生很大的影响。仅就水利工程项目施工管理来说，一般表现在 7 个方面：

（1）水利工程项目施工管理的对象是企业承建的所有工程项目，对一个项目部而言，就是项目部正在准备进场建设或正在建设管理之中的中标工程。水利工程项目施工管理是针对该工程项目的特点而形成的一种特有的管理方式，因而其适用对象是水利工程项目尤其是类似设计的同类工程项目；鉴于水利工程项目施工管理越来越讲究科学性和高效性，项目部有时会将重复性的工序和工艺分离出来，根据阶段工期的要求确定起始和终结点，内部进行分项承包，承包者将所承包的部位按整个工程项目的施工管理来组织和实施，以便于在其中应用和探索水利工程项目施工管理的成功方法和实践经验。

（2）水利工程项目施工管理的全过程贯穿着系统工程的含义。水利工程项目施工管理把要施工建设的工程项目看成一个完整的系统，依据系统论将整体进行分解最终达到综合的原理，先将系统分解为许多责任单元，再由责任者分别按相关要求完成单元目标，然后把各单元目标汇总、综合成最终的成果；同时，水利工程项目施工管理把工程项目实施看成一个有始有终的生命周期过程，强调阶段计划对总体计划的保障率，促使管理者不得忽视其中的任何阶段计划以免影响总体计划，甚至造成总体计划落空。

（3）水利工程项目施工管理的组织具有特殊性或个性。水利工程项目施工管理的一个最明显的特征就是其组织的个性或特殊性。其特殊性或个性表现在以下 6 个方面：

1）具有"基础设施工程项目组织"的概念和内容。水利工程项目施工管理的突出特点是将工程项目施工过程本身作为一个组织单元，管理者围绕该工程项目施工过程来组织相关资源。

2）水利工程项目施工管理的组织是临时性的或阶段性的。由于水利工程项目施工过程对该工程而言是一次性完成的，而该工程项目的施工过程组织是为该工程项目的建设服务的，该工程项目施工完毕并验收合格达到运行标准，其管理组织的使命也就自然宣告结束了。

3）水利工程项目施工管理的组织是可塑性的。所谓可塑性即是可变的、有柔性和弹性的。因此，水利工程项目的施工组织不受传统的固定建制的组织形式所束缚，而是根据该工程项目施工管理组织总体计划组建对应的组织形式，同时，在实施过程中，又可以根据对各个阶段计划的具体需要，适时地调整和增减组织的配置，以灵活、简单、高效和节省的组织形式来完成组织管理过程。

4）水利工程项目施工管理的组织强调其协调控制职能。水利工程项目施工管理是一个综合管理过程，其组织结构的规划设计必须充分考虑有利于组织各部分的协调与控制，以保证该工程项目总体目标的实现。因此，目前水利工程项目施工管理的组织结构多为矩阵结构，而非直线职能结构。

5）水利工程项目施工管理的组织因主要管理者的不同而不同，即使同一个主要管理者对不同的水利工程项目也有不同的组织形式。这就是说，工程项目经理或经理班子是决定组织形式的根本。同一个工程项目，委派不同的项目经理就会出现不同的组织形式，工程项目组织形式因人而异；同一个项目经理前后担任两个工程项目的负责人，两个项目部的组织形式也会有所差别，同时，工程项目组织形式还因时间和空间不同而不同。

6）水利工程项目施工管理的组织因其他资源及施工条件不同而不同。其他资源是指除了人力资源以外的所有资源，材料、施工设备、施工技术、施工方案、当地市场、工程资金等与工程项目建设组织过程相关的有形及无形资源，所有这些资源均因工程所处的位置、时间、要求等不同而差别很大，所以，资源的变化必然导致工程项目施工组织形式发生变化；施工条件是指工程所处的地理位置、自然状况、交通情况、发包人建管要求、当地材料及劳力供应、地方风俗习惯、地方治安情况、设计和监理单位水平、主管部门管理能力等，这些条件的变化往往影响着工程项目施工组织形式的变动和调整。

由此可见，水利工程项目管理成功与否，与项目经理及其团队现场管理水平、综合能力、业务素质、适应性及协调力等有极大的关系，同时，能否根据水利工程施工过程把握和处理好各种变化因素及柔性程度，是项目班子尤其是项目经理的主要工作内容。

（4）水利工程项目施工管理的体制是一种基于团队管理的个人负责制。由于工程项目施工系统管理的要求，需要集中权力以控制工程实施正常进行，因而项目经理是一个关键职位，他的组织才能、管理水平、工作经验、业务知识、协调能力、个人威信、为人素质、工作作风、道德观念、处事方法、表达能力以及事业心和责任感等综合素质，直接关系到项目部对工程项目组织管理的结果，所以，项目经理是完成工程项目施工任务的最高责任者、组织者和管理者，是项目施工过程中责、权、利的主体，在整个工程项目施工活动中占有举足轻重的地位，因此，项目经理必须由企业总经理聘任，以便其成为企业法人代表在该工程项目上的全权委托代理人。项目经理不同于企业职能部门的负责人，他应具备综合的知识、经验、素质和水平，应该是一个全能型的人才。由于实行项目经理责任制，因此，除特殊情况外，项目经理在整个工程项目施工过程中是固定不变的，必须自始至终全力负责该项目施工的全过程活动，直至工程项目竣工，项目部解散。为了和国际接轨并完善和提高项目经理队伍的后备力量，国家推行注册建造师制度，要求项目经理必须具备注册建造师资格，而注册建造师又是通过考试的方式产生的，这就必然发生不具备项目经理水平和能力的人因为具备文化水平和考试能力而获得建造师资格，而有些真正具备项目经理能力的人因不具备文化水平和考试能力而被置于建造师队伍之外从而与项目经理岗位无缘。这是当前带有一定普遍性的问题，希望具备建造师资格的人员能及时了解和掌握项目经理岗位真正的精髓，多参加一些工程项目的建设管理工作，并通过实践积累和总结一个项目经理应该具备的素质和能力，在不久的将来自己能胜任项目经理岗位的工作，而不仅仅只会纸上谈兵。没有从事一定工程技术、管理实践的建造师很难成为一名合格的项目经理。

（5）水利工程项目施工管理的方式简单地说就是单一的目标管理，具体一点说是一种多层次的目标管理方式。由于水利工程项目的特殊性所决定，涉及的专业领域比较宽广，而每一个工程项目管理者只能对某一个或几个领域有研究和熟悉，对其他专业只能在日常工作中对其有所了解但不可能像该领域的内行那样达到精通，对每一个专业领域都熟知的工程项目管理者是没有的，成功的项目组织和管理者是不是一个所有领域的专家或熟练工并不重要，重要的是管理者会不会使用专家和熟练工，懂不懂得尊重别人的意见和建议，善不善于集众家所长于一身用于组织和管理工作。现在已进入高科技时代，管理者研究的是怎样管理、怎样组织和分配好各种资源，没有必要也不必事无巨细的亲自操作，对大多数工程项目实施过程而言也不可能做到，而是以综合协调者的身份，向被授权的科室和工段负责人讲明所承担工作的责任和义务以及考核要点，协商确定目标以及时间、经费、工作标准的限定条件，具体工作则由被授权者独立处理，被授权者应经常反馈信息，管理者应经常检查督促并在遇到困难需要协调时及时给有关的支持和帮助。可见，水利工程项目施工管理的核心在于要求在约束条件下实现项目管理的目标，其实现的方法具有灵活性和多样性。

（6）水利工程项目施工管理的要点是创造和保持一种使工程项目顺利进行的良好环境和有利条件。所以，管理就是创造和保持适合工程实施的环境和条件，使置身于其中的人力等资源能在协调者的组织中共同完成预定的任务，最终达到既定的目标。这一特点再次说明了工程项目管理是一个过程管理和系统管理，而不仅仅是技术高低和单单完成技术过程。由此可见，及时预见和全面创造各种有利条件，正确及时地处理各种计划外的意外事件才是工程项目管理的主要内容。

（7）水利工程项目施工管理的方式、方法、工具和手段具有时代性、灵活性和开放性。在方式上，应积极采用国际和国内先进的管理模式，像目前在各建筑领域普遍推广的项目经理负责制就是吸纳了国外的先进模式，结合我国的国情和行业特点而实行的有效管理方式；在管理方法上，应尽量采用科学先进、直观有效的管理理论和方法，如网络计划在基础设施工程施工中的应用对编制、控制和优化工程项目工期进度起到了重要作用，是以往流线图和横道图无法比拟和实现的，采用目标管理、全面质量管理、阶段工期管理、安全预防措施、成本预测控制等理论和方法等，都为控制和实现工程项目总目标起到了积极作用；在工具方面，采用跟上时代发展潮流的先进或专用施工设备和工器具，运用电子计算机进行工程项目施工过程中的信息处理、方案优化、档案管理、财务和物资管理等，不仅证明了企业的势力，更提高了工程项目施工管理的成功率，完善了工程项目的施工质量，加快了项目的施工进度；同时，在手段方面，管理者既要针对项目实施的具体情况，制定和完善简洁、易行、有力、公正的各种硬性制度和措施，又要实行人性化管理，使参建者心中不禁明白自己应该干什么不应该干什么，该干的干好以后结果是什么，不该干的干了要面对的是什么，还要让所有人员真正亲身感受到在工地现场处处有亲情、处处有温暖、处处受尊重，打造出团结、和谐、关爱的施工氛围，必然能收到奋进、互助、朝气的工作热情。施工人员尤其是我们水利工程的施工人员的确不容易，不仅要远离亲人还要到偏僻的地方过着几乎与繁华城市隔绝的艰苦生活，要收住他们的心不只是经济问题，在某种程度上关注和体贴显得更为重要。

## 1.2.2 施工管理的职能

水利工程项目施工管理最基本的职能有：计划、组织和评价与控制。

（1）工程项目施工计划。工程项目施工计划就是根据该工程项目预期目标的要求，对该工程项目施工范围内的各项活动做出有序合理的安排。它系统地确定工程项目实施的任务、工期进度和完成施工任务所需的各种资源等，使工程项目在合理的建设工期内，用尽可能低的成本，达到尽可能高的质量标准，满足工程的使用要求，让发包人满意，让社会放心。任何工程项目管理都要从制订项目实施计划开始，项目实施计划是确定项目建设程序、控制方法和监督管理的基础及依据。工程项目实施的成败首先取决于工程项目实施计划编制的质量，好的实施计划和不切实际的实施计划其结果会有天壤之别。工程项目实施计划一经确定，应作为该工程项目实施过程中的法律来执行，是工程项目施工中各项工作开展的基础，是项目经理和项目部工作人员的工作准则和行为指南。工程项目实施计划也是限定和考核各级执行人责权利的依据，对于任何范围的变化都是一个参照点，从而成为对工程项目进行评价和控制的标准。工程项目实施计划在制定时应充分依据国家的法律、法规和行业的规程、标准，充分参照企业的规章和制度，充分结合该工程的具体情况，充分运用类似工程成功的管理经验和方式方法，充分发挥该项目部人员的聪明才智。工程项目实施计划按其作用和服务对象一般分为五个层次：决策型计划、管理型计划、控制型计划、执行型计划、作业型计划。

水利工程项目实施计划按其活动内容细分为：工程项目主体实施计划、工期进度计划、成本控制计划、资源配置计划、质量目标计划、安全生产计划、文明环保计划、材料供应计划、设备调拨计划、阶段验收计划、竣工验收计划、交付使用计划等。

（2）工程项目组织有两重含义：一是指项目组织机构设置和运行，二是指组织机构职能。工程项目管理的组织，是指为进行工程项目建设过程管理、完成工程项目实施计划、实现组织机构职能而进行的工程项目组织机构的建立、组织运行与组织调整等组织活动。工程项目管理的组织职能包括五个方面：工程项目组织设计、工程项目组织联系、工程项目组织运行，工程项目组织行为与工程项目组织调整。工程项目组织是实现项目实施计划、完成项目既定目标的基础条件，组织的好坏对于能否取得项目成功具有直接的影响，只有在组织合理化的基础上才谈得上其他方面的管理。基础工程项目的组织方式根据工程规模、工程类型、涉及范围、合同内容、工程地域、建管方式、当地风俗、自然环境、地质地貌、市场供应等因素的不同而有所不同，典型的工程项目组织形式有三种：

1）树型组织。是指从最高管理层到最低管理层，按层级系统以树状形式展开的方式建立的工程项目组织形式，包括直线制、职能制、直线职能综合制、纯项目型组织等多个种类。树型组织比较适合于单一的、涉及部门不多的、技术含量不高的中小型工程建设项目。当前的趋势是树型组织日益向扁平化的方向发展。

2）矩阵形组织。矩阵形组织是现代典型的对工程项目实施管理应用最广泛的组织形式，它按职能原则和对象（工程项目或产品）原则结合起来使用，形成一个矩阵形结构，使同一个工程项目工作人员既参加原职能科室或工段的工作，又参加工程项目协调组的工作，肩负双重职责同时受双重领导。矩阵形组织是目前最为典型和成功的工程项目实施组织形式。

3）网络型组织。网络型组织是企业未来和工程项目管理进步的一种理想的组织形式，它立足于以一个或多个固定连接的业务关系网络为基础的小单位的联合。它以组织成员间纵横交错的联系代替了传统的一维或二维联系，采用平面性和柔性组织体制的新概念，形成了充分分权与加强横向联系的网络结构。典型的网络型组织不仅在基础设施工程领域开始探索和使用，在其他领域也在逐步完善和推行，如虚拟企业、新兴的各种项目型公司等也日益向网络型组织的方向发展。

（3）项目评价与控制。项目计划只是对未来做出的预测和提前安排，由于在编制项目计划时难以预见的问题很多，因此在项目组织实施过程中往往会产生偏差。如何识别这些实际偏差、出现偏差如何消除并及时调整计划对管理者来说是对工程项目评价和控制的关键，以确保工程项目预定目标的实现，这就是工程项目管理的评价与控制职能所要解决的主要问题。这里所说的工程项目评价不同于传统意义上的项目评价，应根据项目具体问题具体对待，不是一概而论。不同性质的项目有其不同的特点和要求，应根据具体特点和要求进行切实的评价和控制。工程施工项目评价是该工程项目控制的基础和依据，工程项目施工控制则是对该工程项目施工评价的根本目的和整体总结。要有效地实现工程项目施工评价和控制的职能，必须满足以下条件：

1）工程项目实施计划必须以适合于该工程项目评价的方式来表达。

2）工程项目评价的要素必须与该工程项目实施计划的要素相一致。

3）实施计划的进行（组织）及相应的评价必须按足够接近的时间间隔进行．一旦发现偏差，可以保证有足够的时间和资源来纠偏。工程项目评价和控制的目的，就是通过组织和管理运行机制，根据实施计划进行中的实际情况做出及时合理的调整，使得工程项目施工组织达到按计划完成的目的。从内容上看，工程项目评价与控制可以分为工作控制、费用控制、质量控制、进度控制、标准控制、责任目标控制等。

# 第 2 章　水利工程施工管理常见的主要问题

水利工程施工管理同其他建设行业一样是由一个复杂的系统组成，影响和制约因素变化无常。水利工程施工项目管理的最终目标是组织高效益的施工过程，使生产各要素优化组合、合理配置，保证施工生产的均衡性和连续性，利用经验并结合现代化的管理技术和手段，实现生产出合格工程产品和使企业获得良好的综合效益的目的。要达到上述目标不是说句话那么容易，在项目实施过程中会遇到来自方方面面的问题，这些问题如果不能得到及时解决，就会给项目管理造成影响甚至导致管理失败。水利工程施工管理常见的主要问题直观地讲主要来自两个方面：一是企业方面，二是现场方面。

## 2.1　施工企业方面的问题

施工企业内部存在的问题给每个项目造成的影响不尽相同，而不同的施工企业存在的问题也各有差异，总的来说主要体现在以下四个方面。

### 2.1.1　企业体制问题

项目的管理往往与企业的管理相通，企业的各种管理制度和习惯不经意间会影响到项目的管理，这种影响既有有益的也有不利的，特别是一些老牌国有企业，由于多年来中国计划经济的束缚，对项目管理的责、权、利不能到位或理解不透或即使理解了也不能和个体企业一样采取一些非常规措施，由于国有企业的性质所决定企业干预和控制项目部权利和利益的情况经常发生。因此，国有企业对项目管理责任制不健全不完善，在很大程度上约束了项目经理工作的开展，制约了项目部管理职能的有效发挥，造成现场管理者不能根据具体情况行使职权，国有企业往往把责任放在第一位，这必然影响项目管理尤其是项目经理的能力发挥。而一些私营或个体企业，则往往把经济效益看得太重，企业追求利益最大化并没有错，但是，成功的项目管理绝不仅仅只是效益一方面，唯利是图必然导致其他因素被忽略或放弃，最终不仅利益没有达到预期目的，其他方面也必将是不能获得，"赔了夫人又折兵"的项目在个体企业项目管理中屡见不鲜。这就是有些企业市场越来越萎缩，效益越来越低迷的主要原因之一。对于施工企业来说，不管企业性质如何，在体制和制度方面应尽早完善对项目的施工管理工作，企业要全心全意体贴和支持项目部的工作，在技术和服务方面真正成为项目部和项目经理的坚强后盾是每个企业主管者应该深思并应做到的，这样才能达到企业和项目共命运、同目标。同时，无论是国有企业还是私营或个体企业，又都有其长处和优势，要尽快解决企业体制问题给项目管理带来的不利影响，最简单的办法就是国有和私营企业相互借鉴，取长补短。

## 2.1.2　企业人员问题

由于受历史管理体制的影响，有不少企业的人员尤其是年龄大一些的管理者，仍习惯于自以为成功的传统模式，不愿意及时吸收新的方法，造成派往现场的施工项目管理人员综合管理水平落后，不能适应现代模式的管理方式，更不会充分发挥现场人员的积极性。有的依赖于企业，依赖于企业各职能部门；有的项目管理人员虽有良好的技术水平和常规的施工经验，但缺乏对成本、进度、质量、安全、文明环保和协调等综合管理的控制协调能力，造成主要精力不由自主地放到技术上而影响了其他管理工作的开展；有的项目管理人员对管理有一定水平，但又缺乏现场必要的施工经验与技术，造成管理和实际脱节；有的项目管理人员既懂技术又有管理水平，但缺乏财务知识和成本控制能力，造成资金使用或成本管理与实际脱轨；有的项目管理人员其他方面都很优秀，但在协调能力和心理素质方面比较弱，造成项目的管理工作被外部因素所影响，受制于人；更有为数不少的企业，为了鼓励和锻炼年轻人，安排毕业没几年或很少接触施工现场的人承担项目经理工作，而这些年轻人中有朝气、有活力的占相当比例，但是，傲慢、目中无人、唯我独尊，甚至胆大妄为目无法纪者也不少。项目管理是综合素质和水平的较量，并不是只有活力和胆量就能成功。近些年，水利工程项目管理发生各种问题的概率呈一定上升趋势，项目经理违规违纪甚至违法犯罪的也有一定比例，因此，希望企业主管人员在考虑项目经理人选时务必要综合衡量，大胆起用新人没有错，但必须有必要的监督监管制度和其他的辅助措施予以协助，通过项目的建设管理，真正达到锻炼年轻人并为企业积淀人才的目的，否则，用而不管或管而无力，不但达不到锻炼的目的，弄不好反而把这些年轻人带进误区甚至毁了他们的前途或一生。施工项目的管理要求管理者必须具有综合能力和水平，这样的全才虽然每个企业不是很多，但企业应该通过内部培训和社会培训等方式加以培养，特别是对有培养潜力的年轻人，一定要通过政策鼓励他们多到项目一线亲身磨炼，不要急于求成，同时，在现有管理人员中，针对不同的情况应进行分类管理和使用，对一些大型工程、复杂项目或新市场，应尽力安排全才人员担任项目经理进行现场管理。选择一个好的有能力的项目经理，在一定情况下就成功了一半甚至以上，但再好的项目经理也不可能一个人把任务完成，要深刻理解项目经理岗位主要是组织、调度和管理使用其他人，并不是孤军奋战，所以，企业还必须培养和锻炼各种专业技术和管理岗位的人才，对专业性强的工艺、工序和有上岗证要求的技术工种等，应该及时进行这方面的人才培养和岗前培训活动。

有运筹帷幄、综合能力强、心理素质高的帅才，配上调度有方、技战术过硬、善于打硬仗的将才，加上勇猛善战、兵种齐全的战士，才能保障施工管理战的胜利。

说说容易实际难，施工企业尤其是水利施工企业，由于行业和工作性质所决定，培养人才难，留住人才难，引进人才更难，而流失人才（甚至称不上人才仅能算做个人物）却很容易。驻地在大中型城市的施工企业每年招聘的大学生都很多，报名者也不乏其人，原因很简单，就是现在的毕业生不容易就业，到施工企业尤其是在大中型城市的企业，抱着先通过这样的就业机会达到自己想去的城市再说者也是主流，往往把施工企业作为跳板，因此，这些被招聘的大学生工作没几年就离开了，使企业成了给他人做嫁衣和锻炼人才的基地和摇篮，给企业高层管理者带来很大苦恼和悲伤。解决的办法也想了很多，像制度留人、待遇吸人、高薪纳人、政策招人、福利待人等，但始终跨不过"拥有的人才留不住，外面的人才不爱来"这道槛，究其原因主要是施工企业的社会地位较低，求人的事多，别人求己的事少，管着自己的部门和人多，能管着别人的少，再加上市场竞争又使企业不可能形成高额利润，一旦行业不景气或建设项目减少，为了糊口不得不低价参与竞标，经济效益便无从谈起，这样的社会地位和经济条件必然决定了施工企业处于劣势，再有能力的企业决策者面对地位不高、无充足经济实力和必然的外业等的现实情况，也不可能将理想的人才计划变成现实，这是当前多数施工企业普遍面临的问题。而施工企业还要面对这样一个更现实的问题，就是每个项目的业主别说不理解施工企业，即使理解也不能成为企业实施不好项目的理由，因此，施工企业的主管者总是处于两难之中，对内缺乏人才，好不容易留下或目前还没有走的大学生，尽早放到项目上担当重任，这也是权宜之计；对外必然要承担因缺乏人才造成的责任，即那个项目业主也不会因为企业缺乏人才而理解企业把自己的项目干坏。望每位水利工程建造师尤其是在水利工程施工单位的造价师们，学业有成后尽快把自己锻炼成一名合格的企业管理或技术人才，尽可能多地服务于水利工程施工企业，在国家充分重视水利的大环境下，为山东省的水利工程建设贡献自己的力量，也给企业主管者解决一些忧愁，同时，希望年轻的建造师在逐步成长为企业主管后，能设身处地地解决施工企业至今没有解决的人才问题，到那时不愁我们的水利工程建设缺乏合格的项目管理者。水利施工企业的发展依靠每个项目，而每个项目又依靠有真才实学的项目经理进行管理，项目经理又来自于造价师，因此，造价师是水利施工企业或其他单位的希望和未来，获得水利造价师的各位任重而道远，在此，希望企业充分重视每个造价师，在各方面给他们提供机会和政策，使他们能安心自己的本职工作并逐步得到其发展的机会，同时希望每个水利造价师也能尽量做到对企业不离不弃，爱企业爱自己的岗位，即使有时受到一点不公正的待遇也能理解企业，有宽广的心胸和气魄，这样才能尽早达到自己理想的彼岸，做一个无愧于企业更无愧于自己的水利人必是水利造价师中的成功者。水利行业的前景是乐观的，有识之士立足水利行业必将获得更好、更快的发展和收益。

### 2.1.3　目标与执行力度问题

每一个项目都有不同的管理目标和具体要求，重要的目标在施工合同中一般都有约定。作为企业，必须结合与招标人签订的合同和项目具体情况制订项目部详细的管理目标，该详细目标的制订必须依据与招标人签订的合同和具体情况，才能与项目部签订出更明确和具体的承包或施工协议。目标管理要明细严肃，责任义务要清晰明了，主要表现在：成本管理要落实、控制要到位，考核要具体，奖罚要分明；质量管理不仅重结果更重过程，重管理实施的本质而不仅仅表现在形式上；安全管理要重预防和科学系统地管理，要意识、培训、宣传、措施全过程全方位持续落实；进度控制要与合同约定配套并约束严格，防止现场施工随心所欲，工期管理方面随意性大而缺乏严谨计划和系统控制手段的现场管理情况比较多，不少企业签订合同时为迎合业主的要求对工期的承诺明知违背自然和社会规律但迫于无奈仍要签订，尤其是一些政绩工程，合同工期本身确定时就不科学，实施时又缺乏有效措施而放任自流，最终导致工期违约或为抢工期而忽视质量和安全等管理的问题项目每年都有；文明施工和环境保护经常在企业与项目部签订的协议中没有很具体的明确约定，有的仅限于嘴上说说而实际工作中往往没有确切的书面制度和措施，有的干脆弃而不问。总之，施工管理的目标要在项目实施前就明确，企业各职能部门根据分工主动加强对项目部的监督检查，尤其是个人或集体承包的项目更要加大监管力度，不能以包代管。企业主要负责人及分管领导，对部门的监管情况和项目实际情况要及时掌握，防止监管不力或与现场一起作弊。目标和执行力度是相辅相成的，目标制订得再好不执行或执行力度不够照样不能实现，执行力度再大没有明确的目标将导致有劲没用在正当处。

　　什么事情都讲究个度，项目管理目标和执行力同样也有个"度"的问题，首先，企业给项目部制订的目标要合理、合情、合规，要综合考虑和考核，制订的目标要有比较切合实际的依据和措施，领导靠拍脑袋或一味追求利益的目标都是失"度"的目标，这样的目标即使制订了也不可能实现或轻而易举就实现；执行力也是如此，执行力的"度"讲究的是经常性和持久性，依据的是企业和项目部之间的书面约定和企业惯例，依靠的是互相间的诚意、诚信、支持、帮助和合作，企业既要协助项目部进行管理又要在技术和后勤保障上提供到位的服务，在此情况下行使监督、监管职能，只行使权力不提供支持和服务，同样会使项目管理者心凉造成管理失败。项目管理的执行力度需要企业和项目部共同根据实际情况进行分析和制订，由项目部负责实施并在实施中加以完善和补充，力度重了将导致欲速则不达，力度轻了则会出现松散，给以后的管理造成困难。

## 2.1.4　企业与项目部沟通及协作问题

　　不少企业在与招标人签订施工合同并组建了项目部后就有了石头落地、万事大吉的松懈思想，日常工作中主要关心的是如何克扣项目资金或项目究竟能缴纳多少利润了，其他问题仿佛不在企业关注之列；而有相当一部分项目经理尤其是对项目承包了的项目经理，以为自己或项目部主要人员承包了，管理就是自己或项目部的事，遇到什么问题也不给企业汇报或交流，本应该企业支持或服务的事也不给企业通报，无法得到及时的帮助而失去机会。上述两种情况无论是并存还是单一，都将造成信息不对称，导致企业几乎不了解项目的情况或项目的问题只能由项目部自身处理。对一些资金到位、利润较高、技术简单、工期合理、施工资源充足、现场人员管理经验丰富、各种环境较好的项目，可能不会出现较大问题，除此之外，施工现场出现这样或那样的问题在所难免，轻则影响质量、工期、效益、安全等，重则将导致无法收场，严重损坏企业形象甚至受到处罚或降级、没收资质等，有可能给整个企业造成不可挽回的损失和影响。因此，企业在任何情况下，必须主动与项目部加强沟通和交流协作，无论采取什么责任制度，都代替不了企业对现场的监管和指导，也解除不了对项目应当承担的责任和义务。水利施工企业的生存和发展依靠各个项目的成功实施，同时，现场管理人员有义务将现场情况通过不同渠道随时真实地汇报给企业有关部门或分管领导，及时赢得企业的支持和帮助，达到内外合作、互帮互助、目标统一、共获成功的目的。再大的项目、人员再多的项目部，它也只是工程建设的临时代管机构和施工企业外派在项目现场的临时代管组织，归根结底只是企业的组成部分，是受企业法人代表委托的临时管理者而不是独立的法人实体，即使承包了的项目经理也不是自然人法人，因此，项目管理的好坏或一切违法行动或举措最终主要还是企业承担后果。项目部和企业是一脉相承的，不应该分你我和内外，企业有义务支持和监督项目部的日常工作，项目部有责任将工程建设情况通报企业，协议内有约定的是这样，没有写进协议或没有约定的也是这样，只有企业和项目部加强沟通和交流，才能最大限度地减少失误、减少误会、减少影响，对企业和项目部双方都有益处。但是，现实工作中，有不少企业和项目部存在互不信任甚至互相抵触的情况，对双方有利的事往往总有一方甚至两方都不重视或干脆放弃，出现问题了开始无休止地纠缠。要明白，无论出现什么问题，无论内部怎样纠缠，对外始终是一家人，上级主管部门对问题的处理不会建立在企业的内部纠缠上，无论怎样处理，倒霉的是出现问题的项目部和企业，作难的是项目经理和企业负责人，受影响的是企业职工。企业和项目部两者要实现沟通交流应该很容易，简单的办法就是：项目部处于企业附属地位，在实际工作中应该积极主动，而企业作为内部主管上级应该宽宏大度，主动和大度结合起来就能基本解决两者沟通交流问题，也就是说，把"主动、大度"四个字良好糅合到双方之间的工作中，最后双方必然都是该项目的赢家。友好协作是建立在良好交流沟通基础之上的，缺乏交流沟通的协作是不实际和不长久的。

为数不少的企业在现实工作中就是缺乏"主动、大度"，仅就项目实施顺利且盈利和项目实施困难且亏损两种比较极端的情况为例即可窥见一斑。对顺利且盈利的项目，就企业而言，往往是企业主管及各职能部门会积极主动靠前和围边，目的主要有两点：一是不用操心就能轻而易举甚至不劳而获赢得工作业绩，借此提高有关人员得以吹嘘的资本；二是从中可以得到一定好处，企业可以多拿回点钱，个人可以顺便捞点实惠。对项目部而言，越是顺利和盈利的项目，往往是越不愿意让企业多参与，目的只有一个：就是减少各种麻烦。对不顺利且亏损的项目，企业主管及各职能部门往往躲得远远的，捞不到好处是次要的，连累自己是万万不能的，躲之唯恐不及是企业和职能部门对这样的项目一种共同心理。对项目部而言，越是这样的项目越是企盼企业领导和职能部门多给予关心和帮助，基于企业的心态事实往往是"剃头挑子一头热"，最终结果是项目部丢了人没挣到钱，企业名声遭损赔了本，企业和项目部都是失败者。所以，无论是什么项目，企业都要一视同仁，依据企业对项目的管理规定，针对每个不同项目监督监管好各职能部门，对所有项目实施切实有效的监管和控制，使实施顺利且盈利的项目达到名利双收，对实施困难且亏损的项目达到尽量降低经济损失，确保企业声誉不因此受损的目的，以便赢得当地市场和其他市场，才能在今后的项目中尽早弥补经济损失，这才是一个正常企业和明智管理者的正确决策，才能保证企业始终处于不败之地。

## 2.2 施工现场方面的问题

现场管理常见的问题比较多，主要有：

（1）在各种资源组织方面，缺乏科学、严密、系统的计划，导致各种资源不是不足就是过剩；

（2）在施工方案或措施确定方面，有效性差、针对性不强、具体性不够、准备不充分，导致有些施工程序或工艺失败或达不到预期效果；

（3）质量目标不明确不细致，检测措施和手段不严密，资料收集整理不及时、不齐全、不真实，导致整体项目标准降低或主体工程达到标准而附属工程不理想而无法顺利验收交付；

（4）没有详细科学的工期计划，或虽有计划但违背实际情况不能按计划落实，导致盲目施工或事前有计划、变成事中不落实、事后按实际，失去计划的严肃性和指导性；

（5）项目经理或总工程师不懂现场管理或业务，导致现场管理混乱或技术方案失败；

（6）项目经理缺乏安全生产意识或安全生产监督监管不力、不严密，导致发生安全事故；

（7）现场管理缺乏科学性和连贯性，随意性较大甚至是顺其自然，导致质量、工期、安全等目标均难以实现，经济效益严重下滑；

（8）头痛医头、脚痛医脚，缺乏全面、综合管理素质和能力，导致项目管理变成了消防救火，哪出了问题管哪里，顾此失彼；

（9）项目经理不具备应变能力和意外事项的驾驭能力，按部就班或照本宣科管理施工项目是水利工程项目管理的大忌，不懂得按水利工程施工项目管理的行业特殊性进行管理。管理过程中，发生预料之外事情的情况非常普遍，缺乏应对机制和措施将导致整个管理程序被打乱和无所适从；

（10）不具备内外协调能力或协调不力，导致内外环境严重影响了正常的施工秩序，受制于人失去主动性。

现就上述现场主要问题归纳在四个方面予以分析。

### 2.2.1 管理目标不明确

任何工作都要有明确的目标和方向，失去目标和方向就意味着失败。项目施工管理要实现成功管理必须事先制定明确目标并根据制定的目标完善和推行管理措施，制定目标讲究实际、清晰，实现目标强调保障、坚定，即在制定目标时必须结合工程实际，脱离实际的目标不可能实现或没有意义，制定的目标必须要具备指导性和明确性，应付和粗放都不是合格的目标，都将失去依据作用；执行目标时要有资源、技术、措施、资金、制度等作保障，并有不达目的不罢休的坚定信心和决心。

水利工程施工管理有以下五大目标：质量目标、工期目标、安全生产目标、成本控制目标、文明与环保目标等。项目管理的各项工作均要围绕着核心的五大目标开展和展开，因此，作为一个工程项目管理者，没有明确的管理目标就不可能管理和实施好施工项目，而有了明确的目标缺乏有效的制度和措施同样保证不了目标的实现。无论什么目标，能否抓好人是目标实现与否的根本。

### 2.2.1.1　质量目标

质量目标是招标人和监理人最关心和期盼保证的目标，和工期、安全共称为施工项目的"三大基本目标"。质量目标在施工合同中有明确的条款和具体标准。招标人在招标前和与中标人签订合同时就早已经明了的目标，因此，施工管理者对此也是心知肚明。但是，问题在于实施过程中将质量目标贴在墙上而没有放在心上的大有人在，导致项目质量目标和大街上的标语口号一样仿佛只是给别人看的，没有在管理过程中落实到具体环节和行动上。对质量目标，项目经理和总工程师应根据合同签订的目标制订更具体的详细目标，落实到各职能部门和工段，并在实施过程中由总工程师负责监督项目职能部门检查各阶段目标实现情况。要达到质量目标必须落实在每道施工工序的实施人员身上。在质量目标管理上，一定要集中在"料"和"干"两个字上，就是质量是通过合格的材料和施工的人员干出来的，检查、检测、监督等只是手段，如果不从"料"和"干"字上下工夫，而只是在检查上下工夫，必将导致质量目标的落空。要确保质量目标的实现，必须制定比合同要求更明确更具体的目标，并把该目标及时安排在各部门和工段的实际工作中。同时，必须附带制定清晰的奖罚制度作为有效措施加以推行并落实和兑现；质量目标的顺利实现还离不开技术和方案的保障，有了合格的材料，有了会干的施工人员，还要有有效的技术措施和工艺方法及配套设备等。

### 2.2.1.2　工期目标

工期目标同样在与招标人签订的合同中有确切的约定，对工期合理的项目还好一些。对工期不合理和不科学的项目，管理者应充分重视，并根据总的工期要求制订详细的阶段工期计划，并严格按阶段计划落实。工期计划的制订必须是懂得工程施工程序、技术和管理要求的几个人根据项目的具体情况共同协商完成，不懂工程技术和管理、脱离实际的工期计划只是纸上谈兵，这样的计划不仅没有指导意义反而会误了工程的实施。工期计划不是一成不变的，需要在实施过程中结合实际情况进行调整和优化，最终达到以阶段计划保总计划。因此，各阶段计划非常重要，阶段计划实现了总计划就可能实现，否则，计划就一定落空。要实现各阶段计划就必须有切实的施工方案和资源作为保障，这就需要项目经理和总工程师等管理人员综合考虑和调度，只有有效的施工方案和合理的资源调配并根据不同阶段的天气、人员等具体情况，制订切合实际的方案，才能把阶段计划落到实处，所以，准备、组织、实施、调配、应对等工作要连贯，措施要细致有效，具体负责人员要到位，各项制度要明确，抓住人和资源并按制度落实，才能确保各个环节的计划得以实现。

### 2.2.1.3 安全生产目标

安全生产目标人人都知道重要，现实工作中，人人都知道的事恰恰是最容易被大多数人忽视的事。尤其安全工作，不确定因素多，随机性强，安全问题就像风平浪静的大海一样，看似温顺平静的表面蕴藏着波涛汹涌的暗流，一旦爆发将给整个项目管理造成无法估量的影响。安全生产目标不仅仅是人身安全，还包括质量安全、财产安全和干部安全等，是一个综合的目标，但确保人身安全是安全生产的主要目标。在计划经济时期，全国上下如何落实国家的计划目标和政治任务是每一个人的责任和义务，老百姓的法律意识不强，为公而死光荣，为私而亡耻辱，几乎没有人会把死人和赔偿联系在一起，因公而死领导慰问一下即可，为私而亡几乎可以置之不理，因此，那时安全生产不是不讲而是讲与做是两回事。现在不同了，随着社会的发展和进步，随着国家法律的健全和老百姓法律意识的提高，安全生产越来越被国家和老百姓所重视，抓安全工作成为重于任何工作的第一要务，尤其是随着独生子女逐步成为各个单位的主力后，人身伤亡造成的灾难对一个家庭来说几乎是致命的，正因为安全问题如此重要，所以，一个项目必须有明确的安全生产目标，并依据该目标制定相应的配套制度和预防及保证措施，真正在日常生产和工作中加以贯彻和落实。

现在，每个施工企业都有安全生产证书，每个企业主管者都必须具备国家颁发的安全生产考核证书（A证），每个项目经理也必须具备国家颁发的安全生产考核证书（B证），每个项目部又必须配备相应的专职安全生产检查员，该部分人员同样必须具备国家颁发的安全生产考核岗位证书（C证），所有企业从业人员和劳务公司，几乎都要进行专门的安全生产培训和教育，从而增强安全生产意识，国家、地方、行业和企业等各种安全生产的法律、法规、条文、细则、规定、要求一应俱全。国家和地方及企业主管部门对安全生产工作可谓重视有加，甚至到了苦口婆心的地步，但是，即使这样每年仍有各方各面的安全问题发生，这些安全问题绝大部分是可以避免的，这就说明一个问题，直到今天安全生产工作自始至终没有得到企业和项目管理者的有效重视。究其原因，不外乎安全工作和效益矛盾，侥幸心理始终占上风。安全生产目标的制定和实现不能仅限于不出事故就是目标明确和圆满完成了，安全生产必须作为企业和项目管理的永久课题加以研究和防范，不断积累有关经验和知识，逐步完善和提高安全问题的防范意识和预防措施，逐步达到安全生产工作不只是国家、主管部门和管理者要求的事，而是人人心中把自身安全和他人安全真正放在首要位置加以自我警醒和互相勉励监督的主动行为，逐步达到安全生产即使没有条条框框的目标和要求也必须能保证的人人自我重视并形成习惯的事，这才是我们制定安全生产目标并完成的最终目标。只要每个项目管理者尤其是企业主管和项目经理，能够在日常工作中朝着上述目标规范自己的言行，安全生产目标的制定和落实就一定能够圆满完成并取得长久的效果。

同时，要确保安全生产目标的实现必须有资金的支持和保障，这就要求企业在与项目部签订施工协议时，根据项目具体情况将安全生产费用进行合理考虑并列于管理成本，仅凭嘴说抓安全几乎是空中楼阁，也只会给人造成富丽堂皇的错觉，没有任何实际意义。现在随着国家和各级主管部门对安全问题的重视，安全生产目标和措施早已成为企业中标与否的重要条件。因此，为了迎合招标文件的规定，施工企业对安全生产做文字游戏的大有人在，从其投标资料中可以大篇幅地看到安全生产的各项制度、措施、人员、证书等一应俱全，但项目开工后除了墙上和现场的标语能够看出点安全没有被忘记的味道外，几乎没有实际的行动和措施。不是在此糟践有些企业，更不是蓄意夸大其词，直到今天进入现场不戴安全帽、高空作业不系安全带这样最基本的安全措施都有相当一部分项目部没有认真落实的。如果对民技工使用的安全帽和安全带等进行鉴定，符合规定的又有几家？因此，安全生产目标在"五大基本"项目管理目标中强调的最多反而是最难保证落实的目标。安全一旦出现问题是最不能挽回和最难补救的，对项目和企业而言绝不是经济损失问题，严重的将危及企业职工的饭碗和追究企业及项目管理人员的法律责任。所以，希望各施工企业和项目部要真正重视安全生产工作，一口吃成胖子不可能，安全生产工作在目前按照企业投标时标书中白纸黑字承诺的制度、措施和人员进行落实应该不难，难在知道投标时不承诺中不了标，中标后不愿意按承诺兑现，因为照此承诺要增加成本，照此承诺会影响效率，照此承诺工作麻烦，殊不知，不照此承诺出现问题后，后悔没有照此承诺都来不及了。把嘴上和纸上的安全东西能真正落到实际之日，就是安全生产工作的春天到来之时。

### 2.2.1.4　成本控制目标

成本控制目标是中标企业和项目部重视的目标，对招标人或监理人等而言几乎无关紧要，因此，这个目标不像质量、工期和安全生产目标那样是主管部门、招标人、监理人等大家共同关心和关注的目标，是企业内部目标甚至在一定程度上是有一定保密度的目标。这个目标是企业和项目部利益分配的拉锯点和分歧点，也是最容易产生意见和纠纷的目标，这就要求企业和项目部在制定该目标时要依据一定的原则和制度，要根据市场和项目的具体情况，安排真正懂得项目实施的部门或人员，编制出切合实际的施工方案和逐项成本明细。编制时首先应保证施工方案与实际方案相吻合；其次，各种成本因素具体准确，没有大的漏项和多项，材料价格合理、数量准确、各种人工用量和人工费用符合正常实际、永久设备和施工设备费用核定无大的偏差、工期安排科学合理、施工管理结合具体管理者的能力和实际、施工环境基本符合现场具体情况、质量和安全等主要目标保障费用满足、各项管理费用符合常规并根据具体项目有所调整；最后，企业在核算项目成本时编制人员不打如意算盘，不掺杂人情关系，参考合适的定额、企业自身的经验、市场价格和具体情况，充分站在项目部和企业两个立场上公正负责任地编制，不搞一边倒，项目部人员在核算时不能自找困难，无谓地加大成本，消除唯恐包漏的心理。

合理成本目标的制定需要企业和项目部两方面的人员都具有平常心，需要企业主管和项目经理互相坦诚、信任，不掺其他有失公正和公平的因素，不掺合私人利益和关系疏近，有一套适合本企业成本核算的程序和原则，对每一个项目都能一视同仁公平对待，这样才能制定出符合常规和实际的成本控制目标，达到激励项目部、有益于企业效益双赢的目的。同时，企业对通过实践证明核算合理的项目或分项，要及时进行总结和完善，以此作为一定时期内的有力参考；对实践证明核算确实不合理的项目或分项，应进行充分研究，查找产生不合理的原因，如果是项目部本身管理原因造成的另当别论，如果的确是核算人员疏忽或核算与实际（或市场）确实不符，应该及时调整，避免在以后的项目核算中再出现类似问题。成本控制目标的制定和确立是企业与项目部双方行为，要及时进行公平、公开的交流和沟通，一方强制另一方制定的成本控制目标必将影响企业和项目部编制人员的正常关系，甚至发展到影响企业主管和项目经理的关系，导致成本目标不了了之或无法实现，为以后其他项目埋下隐患，久而久之，成本控制和管理只是流于形式或嘴上，损失的是企业和项目部职工利益，对集体对个人百害而无一利。

### 2.2.1.5　文明施工和环境保护目标

文明施工是要求比较早的施工目标之一，同时，工程建设主管部门为了促进各施工单位搞好现场施工环境，还专门设立了"文明项目部"或"文明工地"等奖项的评选，以此促进施工现场管理工作，而环境保护是后来才逐步提出和被重视的目标。环境保护工作虽然提出的相对较晚，但是，国家和工程主管部门以及环保部门对此是极其重视，环境保护越来越被社会所关注，造成施工现场环境污染和破坏的，国家均有相关的处罚规定，相对文明施工而言，环保的要求和法律规定更明确和详细，因此，提倡文明施工和加强环境保护二者目前往往联系在一起作为施工管理的组成部分，随着文明施工和环境保护的日趋重要，现在已经在部分大中型工程中将二者分离开来，各自制定专门的目标和配备专门的管理制度及措施。因此，虽然文明施工和环境保护不像质量、工期、安全等基本目标那样有确切的标准及要求，但这个目标最起码也是衡量一个项目现场管理情况的重要指标，更是评价一个企业和项目管理者综合管理水平和能力的重要因素，可以讲，能把文明施工和环境保护目标坚持到底并井井有条进行管理的企业和项目经理，在其他目标方面也一定能管理和监督得很好，反之也是这样。就目前的情况看，招标人和中标企业签订的合同，对文明施工和环境保护目标约定的相对比较模糊或笼统，而一些不重视该目标的企业与项目部签订的协议更是一笔带过或干脆没有明确的目标，什么文明工地或文明项目部的评选对这样的企业而言无所谓，他们所关心的是质量奖和效益双丰收，既是拿不到质量奖能多给企业形成利润也是企业领导者心花怒放的好事，所以，该目标直到现在也没有引起各施工单位的重视和专门进行研究并制定相应的制度及考核指标，如果主管部门能和质量奖一样，把"文明工地"、"文明项目部"或"环境保护先进单位"、"环境保护先进项目部"等所谓软件奖项作为评标得分的依据之一，相信文明工地和环境保护很快就能被所有施工企业重视，该目标也就不会像现在一样处于尴尬的地位，也就更能提高施工企业现场管理的综合水平，对安全生产和环境维护等都有积极和促进作用。望有远见的企业能在别人还没有充分重视的地方自己能首先重视。人人都重视的自己要出类拔萃很难，别人不重视的自己重视了，要取得成绩往往事半功倍并很快能被主管部门和社会所认可，也必将给企业带来良好的声誉和影响，因此，希望各施工企业加强文明施工和环境保护目标的制定及重视工作，这不仅不是浪费资金和人力，相反，抓好这项工作会得到意想不到的间接或直接效益。

当然，一个项目管理的好坏不仅仅体现在上述五大目标，还有更多的没有具体制定的各种要求也需要扎实做好，但上述主要目标都不能认真对待的企业和项目部，其他更无从谈起。在山东省水利施工企业林立的大环境中，中标一个项目或新开辟一个市场都是不容易的，残酷的竞争不可能有高回报等着我们，因此，向管理要效益，提高自身管理水平和能力，才是战胜竞争者突出自我的有效法宝。施工企业能否尽早完善企业和项目管理的综合水平,尽早培养和培训各类管理人才,使理论和实践充分结合,有计划有目的地锻炼和打造一批有培养潜力的优秀的项目管理者,才能站稳省内市场逐步走出省门到其他省甚至国际上发展,这才是山东省众多水利施工企业的出路所在。

## 2.2.2　管理措施不严密

项目管理措施多种多样,项目经理制在世界上推行这么长时间以来,也没有一套一成不变的措施供项目管理者共同参阅使用。管理措施可多可少,管理措施因人而异,管理措施因项目而异,管理措施因工序、时间、环境、人际关系、具体条件等而异,它是多变的又是善变的。因此,这些特性要求项目管理者要具备应变和善变能力,随时掌控各项措施的制定和运用,才能处于主动地位和把握成功。同时,管理措施必须落实到严密的管理过程中,措施再多再严密都是死的,需要项目管理者灵活运用才能发挥其作用和力量,不执行或执行不当,都不能收到其应有的效果。再多再严密的管理措施都不可能包罗万象,在具体工作中没有现成管理措施的事情随时可能出现或发生,这更是考验和证明一个项目管理者的能力和时间的时候,大多数成功的管理措施应该在成功管理者的脑海中,他们会根据具体情况随时思考出用什么办法解决遇到的问题,并通过这个问题的解决而联想到其他类似问题的预防和应对措施,这就需要知识、技术、经验、责任、组织、调度、学习等各方面的联动和思维,才能做到遇事不慌处置得当。管理措施和管理目标一样有几大基本措施,这些措施组成现场管理措施的框架或骨架,围绕这个骨架丰满其肌体就能制定和运用好管理措施,发挥其真正的作用。任何一项管理措施都是制定容易贯彻难,制定时追求严密,贯彻时讲究灵活。水利工程施工管理主要措施有:准备措施、组织措施、技术措施、计划措施、质量措施、工期措施、安全措施、文明施工和环境保护措施、成本控制措施、资金管理措施、协调措施、奖惩措施、应急处理措施等,现就准备措施和组织措施在此进行重点讨论,其他措施在相应的章节中均有阐述。

做任何事情事先均要有所准备,准备得越充分成功的概率越高,俗话说“机遇是给有准备的人提供的”就是这个道理。作为工程项目管理者,针对该项目具体情况做好各项准备工作相当重要。具体实施过程中,主要管理者越轻松说明其前期准备工作做得越充分,反之,施工过程中主要管理者手忙脚乱甚至焦头烂额,肯定其前期准备工作没有做好或根本就没有准备。一个聪明或有远见的成功管理者往往把工作的重点放在前期准备措施上,到真正开工了项目经理倒显得稳健有序甚至悠然自得,因为,此时项目经理已经安排了其他管理人员按照分工进行各方面具体管理,他主要负责宏观控制和重大事项的把控,在悠闲中,他又有充分精力和时间考虑下一步的准备工作及措施,使项目管理工作仿佛始终处于先知先见中,驾轻就熟,达到这样的管理境界不成功都难。项目管理在一定程度上和战役相似,项目经理就像战役中的主帅而非主将,掌握的是战役的全局和谋划,具有谋划能力和把握全局的水平,知己知彼才能达到百战百胜。一个主帅在战役中把自己当战将甚至士兵使用,那必将导致失败。在现实工作当中,项目经理自觉不自觉地把自己就放在了将或兵的位置的不乏其人,这就是有些项目经理始终不能成功的主要原因之一。

　　充分的准备工作或措施应该越早越好，就一个施工项目在中标前后阶段而言，如果有机会或时间，在该项目经营期间项目经理就参与经营过程和做标投标过程更好，实际工作中这种情况不多，但是，企业中标后，应尽早确定项目经理人选，此时，项目经理必须认真审阅招标文件和分析投标文件，尽量详细地掌握该工程的各种情况，同时，按照招标文件和投标文件的内容考虑合同签订时需要与招标人探讨的问题，即专用条款或补充条款的谈判问题，对谈判问题的准备应重点放在主要问题上，主要问题中又要把直接关系征地、迁占、补偿、质量、安全、工期、效益等问题突出出来，罗列出清单后，先在企业内部组织有关人员进行分析研究，如果此时已经有合适的项目副经理和总工程师，尽量让他们二人参加讨论，讨论的目的是减少大家都认为的不必要部分，保留达成共识的必要部分，使提出的问题更有针对性和焦点性。一些无关紧要或义务方面的问题，尽量不要在合同谈判时无休止地提出，这样很容易引起招标人的反感。无关大局的事在工程实施过程中可以随时与招标人沟通，不要在一开始就惹招标人不快或留下事太多的印象，为以后埋下不好合作的隐患。

　　准备工作安排后应立即制定落实措施，落实措施必须人员到位。项目中标后及实施过程中，准备工作需要按照工程进度进行，一步一步提前准备，按照工序要求和分部分项工程持续落实各项措施，措施制定后召集有关人员将制定的措施落实到具体人员，重大事项应签订责任制，并据此考核责任人落实情况。对每道工序的实施措施由责任人负责制定，技术问题由总工程师负责审查，组织问题由项目副经理负责审核，审查审核无误后，项目经理签字实施。

　　准备工作及措施贯穿于项目实施的全过程，项目经理及项目班子必须根据项目施工进度分阶段进行。一般建筑物项目施工，主要准备阶段有：

　　（1）进场前阶段。除了前面已经讲到的签订合同前的准备工作外，还包括：项目部主要管理人员和技术人员的确定及落实措施、组织机构设立及各项管理制度制定、劳务人员的确定及落实措施、前期施工设备的准备及落实措施、钢材水泥等主材供应方案、当地地材情况、当地民风民俗情况、临建搭设规划、其他临时工程实施方案、总的工期计划、成本预测、主要前期工程施工方案及措施、各种检测设备及测量仪器等准备和检测、管理人员及劳务人员进场计划、与业主监理单位及当地相关部门接头计划、前期人员实地察看工程现场、设立财务账户等；

　　（2）进场后的前期阶段。主要的准备工作及配套措施有：搭设临时工程、落实主材及地材货源洽谈供货协议、取样送检主材及地材样品、签订供货协议、接触招标人及监理人、办理纳税手续、交接控制桩和高程点、布设测量控制网点、完善"四通一平"及场内道路、编制前期施工阶段计划、落实周转材料货源并签订供货协议、采购储备零星物品及配件、人员饮食卫生保证措施、工地防盗防火措施、事故应对措施、人员业余生活安排及落实措施、召开职工交底会议、申请开工令等；

　　（3）工程实施阶段。应按工程施工部位主要分底部、中部和上部进行准备，主要有：材料供应保障措施、人员调整措施、施工设备调配措施、永久设备考察订货计划、阶段质量保证措施、阶段工期保证措施、阶段安全生产预防及保证措施、文明施工和环保措施、隐蔽工程施工措施、重要工序和工艺施工措施、中高空作业保障措施、吊装方案及保障措施、农忙季节人员保障措施、冬雨季施工措施、特殊环境（如海边）

施工措施、单元及分部分项工程划分、周转性材料进出计划及落实措施、成本控制和核定办法、资金使用计划和措施、阶段考核目标及落实措施、例会和调度会制度、阶段验收计划及措施、外部环境处理办法、内部工作协调措施、应急情况处置方案等；

（4）尾工阶段。应主要考虑以下准备工作及配套措施：永久工程和设施保护及现场清理、剩余人员撤场计划、剩余施工设备调拨计划、竣工资料准备、工程验收、工程决算、成本核算、现场剩余零星材料处置、工程审计、工程结算、场地恢复、协作单位走访等。

总之，一个工程项目要达到成功实施，必须有充分的准备工作和严密的组织落实措施。其中，主要的准备工作和措施必须有相应的书面资料并在实际工作中加以完善、修正和总结才能达到预期效果。

## 2.2.3　内外关系不协调

任何一项工作要顺利实施都要有协调的内外关系做保障，尤其在我国人际关系的协调与否往往在关键时刻起到至关重要的作用，因此，项目管理工作尤其是项目经理，应当把内外关系协调作为日常工作的重要部分，应亲自并连续持久地抓，不能采取"现上轿现包脚"或躲避的办法，这样必然会给整个管理工作带来很大影响。

内外关系协调主要包括五个方面：一是人际关系协调，包括项目部组织内部和外部及关联关系的协调。人际关系的协调就是及时了解和解决内外部人员间在工作中的联系和矛盾；二是组织关系协调，主要是解决项目部组织内部人员、部门、工段等的分工与配合问题；三是供求关系协调，主要解决供求平衡问题或矛盾，包括人力、材料、设备、资金、技术、信息等的供应和需求时间、数量、质量、措施、条件、价格、信誉等；四是配合关系协调，包括与业主、监理、上级主管部门、地方政府、设计、本企业部门、分包商、供应商等与项目有关的所有单位及个人的配合，目的是达到同心同德、齐心协力、目标一致；五是约束关系协调，要了解并遵守国家、地方、行业和企业内部等在政策、法律、法规、制度、规章、考核、指标等方面的制约情况，征得相关单位的及时指导、许可和帮助，以免发生违法、违规、违纪后果。

关系处理讲究协调，协调就必须要有合适的协调主持人和协调方法及措施，就水利工程施工管理来讲，项目经理是最合适的协调主持人，一则项目部的协调工作主要和利益有关，所以，没有权威和财务做基础就没有协调力度；二则协调工作主要和形形色色的人打交道，没有综合能力和应变能力，没有原则和策略，就只能处于下风或失败的地位；三则协调上下级、合作单位和执法部门的事宜应了解相关情况并具备一定身份。因此，无论对外与业主、监理、设计、上级主管部门、地方协作单位、监督、审计、企业内部、执法部门和当地百姓等交往，还是对内管理职工、协调各供应合作商、各联合施工队伍或分包商、组织管理劳务队伍、与企业本部沟通协调工作、项目部成员内部工作配合等，都必须有一个核心人物把握全局和方向，这个人就是项目经理。水利工程项目大都位于远离城镇的偏远地方，周围老百姓多，进出场地交通不便，异地施工还存在风俗习惯、信仰、经济条件、语言、气候、自然环境等差别和不同，对当地情况也不了解，所以，外来因素干预施工的情况经常发生，制约条件有时远多于优越条件。因此，协调工作如果不引起项目部尤其是项目经理的高度重视，必将发生连锁反应，最终导致失败或遭受重大损失。内外协调工作成功与否直接关系到项目能否顺利实施和经济效益，严重的还将对工程质量、工程进度和安全生产造成直接影响，因此，具备协调能力和会抓协调工作是项目经理不可或缺的要素，是绝对不能忽视的工作。企业在筛选项目经理时，对重要项目或具有潜在市场能力的项目，应把协调能力作为挑选项目经理的重要参考条件，而被选定的项目经理也应该有自知之明，针对该项目的特点和情况，尤其外部环境复杂的项目，应该充分认识并正确评价自己的综合协调能力是否可以担当该项目的主管，不要抱有侥幸心理和试验心态，行就要勇于面对未来的现实环境，不行不要碍于面子早日退出另选他人，否则结果必将是单位损失利益和声誉，自己狼狈不堪失去威信。项目经理在协调能力方面大致可以分成四类：一是综合协调能力强，这样的项目经理对内对外基本都能应对自如，有自信心和灵活力，在他们心中几乎没有被难倒的人或事，如果这样的项目经理再具备为人诚信，责任心强，不负他人，懂业务，善管理，关心职工，廉洁奉公，遵纪守法等综合能力和素质水平，必将成为企业的栋梁之才，管理项目也必然是成功的；二是只善于协调外围关系不善于处理内部关系，这样的人对外打交道几乎没说的，非常懂得根据情况和对象随机应变，适应能力和分析别人心理的能力都很强，外向性格和个性比较突出，有临危不惧转危为安的心理素质和控制引导力，但这样的人往往弱点比较明显，虽然对外有明显的度量和水平，容忍度很大，承受能力也强，但对外积累的委屈或怨恨往往会向内部发泄甚至倾注，因此，对内采取的是高压管理方式或自觉不自觉就放松内部管理；三是只善于处理内部关系而不善于处理外部关系，这种人敬业精神和责任心都很强，正常情况下对内部管理也基本能做到井然有序，内部工作再苦再累几乎没有怨言，但因为比较内向不愿和外部人员打交道，对外部环境处于忍让、默认、躲避、拖延、害怕甚至恐惧的地步，尤其遇到带有一定社会性质的地方势力人群，更是不敢正面相对，始终处于被动和软弱地位，由受欺负到受歧视是必然的，任人宰割也就顺理成章了。这样的项目经理不仅在外围关系方面受损失，在内部管理和协作方面，如果遇到强势的联营队伍或劳务队伍，同样会逐步走到弱势方向，最终是功不抵过；四是对内对外都不具备协调能力的，这样的人员在每个企业都有相当的比例，之所以有的能走到项目经理岗位是各有各的途径和机会，再加上本人无自知之明，但这样的管理者不可能在项目主管的路途上走远，只能是昙花一现后更惨，这样的人往往眼高手低自恃高明，不善于听取别人的意见，自己的想法又和实际偏离较远甚至背道而驰，更有甚者，有的还自作聪明，对谁都不服不理，对成绩总是自己大包大揽，对不足又有自以为充分的辩解理由将责任指责到他人头上。

由此可以得出一个结论：现在的工程项目施工，关系协调是非常重要的，关系协调不好就很难把工程实施好。各种关系的协调是项目经理日常工作的重要部分。具备第一种能力的项目经理几乎可以承担任何项目的项目主管，但是，遗憾的是企业这样的人员很少，真有两三个不是被提拔了就是被安排在新开拓的市场或地方关系比较复杂以及重大项目上了；具备第二种能力的人员也不多，这种人只能放在工期比较短、技术不复杂、职工和劳务人员比较少的项目上；具备第三种能力的人，一般只可以放到老市场上的项目，因为，原来的底子已经打好，业主等关系人不会计较太多，同时，这种人实在，已经博得有关单位的认可，在地方也有一定的口碑；第四种人可以讲任何项目都不能用，属于成事不足败事有余的类型，这种人自己把自己看得很高，总以为怀才不遇，谁都不服，谁都不如自己，真给他个项目主管最终必然是管理失败，希望企业领导们重点防范这样的人，谨慎使用，果真没有合适的人选时偶尔用之必须签订严密的协议并加强监督，否则，失败后他会有多种狡辩的理由等着洗清自己，其目的只有一个：没有干好不是他的事，有客观原因。这样的人骄傲有余谦虚不足，同时缺乏扎实的作风，主要精力放在如何寻求退路上，少有时间管理工作。

### 2.2.4　应变能力不具备

作为一个项目主管，要应对的人和事很多，每天都要按计划运作各种事项，但是，计划总不能齐全和完善，计划外的也就是不在计划内的事情随时都有，这就需要项目经理要具备应变能力，对新情况及时做出有效反应和布置。要具备这种能力主要来自两个方面：一是天生就有这样的才能，二是后天获得。不管怎样都需要在实践中学习和磨炼，不管怎样都需要沉着冷静，有遇事不慌的心态和素质，有对出现的新情况做到心中及时反应，成熟后及时决策的水平。同时，对新情况和新问题，要把握得恰到好处也不容易，有时也难免处理不当，这就需要决策后再细思量一番，对不妥之处还有挽救或弥补的时间。

要具备应变能力首先要对项目的管理把握好全局，对计划要仔细制定和审查，同时，要举一反三多做假设，计划不可能面面俱到，但是，计划内没有的主管人员必须充分考虑和安排，对整个项目的各项目标要求和材料、人员、设备、资金、现场、关系协调等各种需要或需求做到心中有数或防备，同时，作为项目经理不仅要组织各项计划的制订，还要亲自审查各项计划的完备性和可行性，弥补计划的不足或遗漏部分，对不便列于计划的细节或欠缺有所准备和防范，并且对这些想到的准备和防范原则性地部署到有关人员，让他们有所考虑和应对，一旦出现计划外的事情，各个管理人员或机构能及时根据部署和原则进行妥善处理，重大事项要亲自汇报到项目经理通过主要人员协商的办法处理，紧急情况可采取由项目经理直接决策的方式解决。

在当前水利工程日益增多的情况下，设计不完善、招投标不规范、资金不到位或地方不配套、工期不合理、低价中标等项目还不断出现，地方关系也越来越难处理，项目所在地乡镇、村委、当地个别部门等，不满足他们要求的条件就处处设卡的也大有人在，尤其是有部分业主或当地主管部门或领导，还存在让你中标就得满足他们的一定条件，设备、人员、材料等都得他们给指定，价格还得他们干涉和参与，使中标企业事先准备得各项计划几乎都无从实施，否则，将时时事事受到阻挠，所以，像这样的项目，项目经理要根据工程存在的缺陷随时准备处理来自各方面的问题，对这样的项目，可以讲随时应对在一定程度上多于计划内的工作，如果只会按部就班照计划管理，就没有办法实施这样的项目，就会使整个计划处于瘫痪，因此，项目经理必须要面对现实适应变化或突如其来的各种情况，最终达到既把新情况及时处理了，又能在确保企业利益的情况下处理好各方面的关系，最终获得皆大欢喜的结果，如果处理得好还会收到意想不到的效果。

**案例：**1997 年，省内一家国有老牌水利水电工程施工总承包一级企业承接了小清河治理临时导流泵站工程，由于该工程工期太紧再加上工作量不大投资只有几十万元，所以没有通过公开招标的办法确定施工队伍，而是由指挥部直接询问有关几家企业后直接确定的，协议计划投资 64 万元，工期不足两个月且跨春节冬季施工。工程主要内容是在小清河滨州市区内的一座废弃的小清河入河口建一座临时导流泵站，设计电动排水机组六台套，在两孔废弃的闸孔上各安装一台机组，在闸两侧的混凝土斜坡上各安装两组机组，每台机组流量为 $1m^3/s$。按协议规定和设计人员交底，该项目没有一方混凝土，没有一根钢筋，就是在现场上述部位将电动水泵安装后，将小清河截流把河水通过该泵站排出去，使下游 102km 的河道干涸后，设备能进入河道内清淤即可。接到任务后，单位及时安排一个公司进场勘察地形了解情况，现场的情况是该废弃的闸位于小清河右岸，闸与小清河间有约 50m 的滩地，虽然比其他滩地稍低，但同样已经被老百姓种上庄稼，闸南是一条水沟，也是多年没有过水荒草丛生，闸就像在济南时设计人员交代的情况一样，两孔闸都有闸门但已经是破旧不堪，吊在螺旋杆上随风摆动，两侧的闸槽已经没有任何轨道，闸门锈蚀严重，没有任何止水等配件，一看就是废弃几十年了，两侧的确有看似混凝土的斜坡，厚度不详。设计人员陪项目部人员一起到现场进行了交底，没有设计图纸，就是现场指点了一下六台水泵安装的位置及控制机房位置，当时设计人员和施工人员都没有想到有多大困难和意外，便回来组织人员进场。由于没有混凝土和钢筋，也就不存在组织专业的钢筋绑扎、立拆模板和混凝土浇筑等民工，且时间太紧只能在当地的村庄联系劳务人员施工，项目部组织技术和专业工人进行管理和安装以及安装后的运行值班人员即可。进场后经与当地村委接触，当地村委非常支持，又因为正是冬闲时期，工地离村庄又很近，村里有不少人员完全可以满足施工要求，且由村委统一组织，并由一名副主任亲自带队配合项目部安排人员和记工。这样人员的问题彻底解决了，余下的就是把挖掘机调进工地把闸前的土方挖出来形成可满足水泵吃水深度和储蓄面积的前池，然后把指挥部已经定好的水泵安装到位，再搭建一个临时控制室就可以了。本来很简单的一个小项目，可是正式开工后遇到的问题几乎是所有人都没有想到的。现就主要问题简述如下：

（1）开挖后除了地表是一层不足 30cm 的庄稼土外，下面全部是淤泥且为饱和淤泥，挖掘机根本不能在上面正常作业，开进去没开始挖几铲就陷进去动不了了，自救过程中履带脱轨瘫痪在里面，几十吨的设备由于现场条件不具备，根本无法将其吊出来；

（2）开挖后才知道闸前有一个完整的浆砌石底板及挡墙工程，因为被埋在土下设计人员不得而知，但砌石挡墙和底板还很结实，方量也不少，全部在淤泥中，拆除相当困难，而砌体的宽度和深度又达不到水泵前池的储存水量和吃水深度要求；

（3）安装原有闸门的混凝土预制梁由于多年无人管理维护且有多处被破坏，经设计人员仔细查看已经不能承受水泵的自重和运行震动力，两侧斜坡经开挖后，只是半截的厚不足 10cm 的砂浆层，安装这么大的水泵是不可能牢固的；

（4）项目部将开挖后上述情况及时汇报给指挥部主要领导，立即组织设计人员进场查看并现场商量新方案，确定全部舍弃原有方案，改成在砌石底板上用万能杆件安装钢结构支架，在支架上搭建平台安装水泵，这样，就需要两天内调进几十吨万能构件现场组装，且原来预定的 0.6m 直径的钢管输水管道数量也不足，需要紧急加工并安装；

（5）当时为了省钱，对闸孔的封堵设计上就是用编制袋装石子或沙子堆起来就行，同时，当时咨询和估计的小清河在冬季的来水主要是济南市及沿途城镇的居民生活污水，水量高峰时不足 $9m^3/s$ 且主要在晚饭及以后大约 1 小时，其他时间平均不足 $6m^3/s$，截流围堰搭设的高一点，设计六台 $1m^3/s$ 的水泵完全可以把河水及时排出。

针对上述问题，项目部及时变化原有计划，第一，不管协议或预算价格是多少，在当地县水利局的大力支持下组织五台挖掘机一字排开向外倒淤泥，岸上再用一台推土机把淤泥及时外推并尽可能堆高，一定时期挖掘机再堆高，不惜一切代价在规定的时间内将基坑开挖出来；第二，自行及时设计万能杆件搭设支架方案，据此组织人员挑选各种型号的构件并运至现场，同时，组织人员对当地村民培训构件的组装技术，确保基坑开挖后能及时组装支架；第三，由于现场多次观察小清河河水情况，发现水中杂物非常多，几乎什么都有，很容易把水泵叶轮给塞住，所以，必须在支架前增设拦污栅；第四，为了防止闸后排水回流和把闸基冲毁，闸孔封堵后，用楼板压帆布并将楼板用铅丝和木桩固定将闸后保护起来；第五，及时联系钢管输水管加工单位昼夜加班加点焊接钢管并运至现场昼夜安装。

上述工作由于应对有力，在 3 月 10 日前全部准备就绪，按照原定计划上午 10：00，有关领导按时到现场进行了简单的运行开启仪式。但运行后各种更意想不到的事接连发生，把整个工程带到几乎混乱的地步。运行过程中，河水不断上涨，原因主要有：排水泵达不到设计的流量，河水远远不是几立方米而是将近 $20m^3/s$，杂物太多，一会就把拦污栅基本堵住也严重影响了水泵的性能，河水又脏又臭，腐蚀性很大，无法人工直接下水捞取阻塞物，且中下部的东西很多，10 个小时后的晚上 8：00，河水已经涨到围堰顶部，而截流后由于河道清淤工期也很紧张，所以，等待已久的下游施工单位 300 多台挖掘机等土方设备已经全部进入河道，任何人也不知道会出现河水排不出去的情况。同时，闸孔封堵材料不结实不密实，回水严重，本来来水就比出水多，现在抽出去的水又有不少倒流回来，再加上出水口处采用楼板帆布防冲刷措施，由于水量较大且水位较深几个小时候楼板便浮了起来，根本达不到预期效果，现场险象环生。1997 年时移动通讯工具还很少，几十个土方清淤标段根本不可能及时得到通知，在此紧急情况下，泵站项目部经给指挥部领导汇报，不得不把围堰扒开，近 6m 高的河水直冲而下，下游清淤设备几乎全部被淹在河水里，通过不同渠道全部找到指挥部质问原因并要求赔偿，而此时，上游的老百姓也集中跑到泵站项目部指责，把他们的滩地全部淹没了要求指挥部赔偿……指挥部和项目部人员承受的压力真是无法形容，省领导对此也是极为关心，几十万元的小工程，分管副省长两次亲临现场调度，这在山东省水利工程建设史上几乎是空前绝后的。当时在现场坐镇指挥的省水利厅一名副厅长说出了这样一句耐人寻味的话"我干水利 30 多年了，从来没有遇到这样的情况和窘境，真是有点不知所措了。"面对这样的困境，施工单位派来的领导直接对项目经理说"这样的工程没法干，给多少钱也不受这样的罪了，这不是人干的活，你们爱干你们就干，我代表单位明确表示不干。"便打道回府了。而项目经理在此时没有放弃，没有追究设计人员事先没进行相关的现场勘察等原因造成的被动，而是积极出主意想办法，以平常积累的经验和对该项目的了解，全面配合有关人员完善新的方案并组织落实。对这样的项目，指挥部或设计人员几乎就是动脑、动嘴，而施工单位就不是这样简单了，不光要动脑、动嘴一块商量方案，而且必须落实方案需要的设备、人员、材料等，最不可不思议的是，工期几乎是以小时计算，刚订好的方案多次在落实过程中又变化了，造成项目部的人员有时就和无头的苍蝇一样派出去一会又追回来按新方案再出去准备。面对来水不能及时外排，100 多 km 的河道不能按期清淤的现实情况，省领导要求指挥部立即采取措施增加排水设备，但是，现场临时供电只能满足 7 台 1m³ 的水泵用电量，再加上现场前池面积小并狭长，大型电动泵根本不能增加太多，最后决定：首先，增加与现在六台轴流泵相同排水泵一台，其次，增加 20 台 0.2m³/s 的柴油混流泵。这样一来，把整个前池占得满满当当，现场能够摆放水泵的地方本来就狭窄，现在全是水泵和港、橡胶管道。按此方案落实后，河水仍然排不出去，主要原因是七台 1m³ 的电动轴流泵吃水深度不足，达不到设计流量的 50%，再加上水中杂物太多，经常阻塞叶轮，20 台柴油泵同样不能满负荷工作，效率也就在 60% 左右，这样，仍不能将水及时排出。针对现实情况，指挥部又决定，在现在的前池东侧新开挖一个侧前池，安装 15 台 0.5m³/s 的电动混流泵，定设备、加工管道、开挖、安装等还好解决，就是电力比较麻烦，最后决定调用济南柴油机厂生产的 500kW 柴油发电机作为动力，但该发电机体积庞大，自重达 30 多吨，运行后振动力较大，必须坐落在混凝土基座上才行。经与厂家联系，合格的混凝土基座厚底不低于 1.2m，长宽均大于发电机尺寸一定数量，经计算要近 30m³ 混凝土，但指挥部要求一夜之间将混凝土浇筑完成，第二天早上 8：00 带省领导到现场察看发电机安装情况并必须保证领导来现场时，发电机一定要在混凝土基座上调试。前面讲过该项目本来没有一方混凝土和钢筋，现在必须把将近 30m³ 的混凝土在一夜之间浇筑完，只有一下午的时间，联系水泥、砂石料、找拌和机、模板、振捣器、运输工具等这些混凝土工程的材料和用具一个也少不了，当地的建筑队伍为这么点量的活没有来的，而老百姓家里又不具备这样的东西，非正常情况下只能采取非常规办法，动用村委干部到晚上 8：00 多东拼西凑总算把上述材料和用具准备好，但是，当地村民几乎没有一个真正干过混凝土拌和、建筑的，不到 30m³ 混凝土，整整到早晨 6：30 才勉强算浇筑完，根本没有混凝土凝固的时间，把 30t 的发电机放上就能把基座压坏。

　　上述情况只是项目部在该项目施工过程中遇到的一部分，所有情况不能在此面面俱到。本来安装一种动力一种型号 6 台套的中性临时提水泵站最终达到三种动力（电网供电、自发电和柴油）三种型号 42 台套的大型提水泵站，现场有的部位土方挖了填填了挖，价格几乎超过同样数量的面粉。通过上述情况，大家基本能体会到在这样的项目上作为一个项目经理要具备什么素质和应变反应能力，可以讲，整个项目部的工作不仅没有任何计划性可言，甚至一天随干随商定的方案还没有执行或在执行中又变化了不知几次，然而，该项目经理带领项目部一班人硬是把所有变化和险情逐步化解并按时实施，达到了指挥部的要求，最终不仅获得了指挥部的肯定和应得的效益，还得到了省领导的书面赞扬，并通过该项目的成功实施，指挥部在后续工程中给予该单位上千万元的新项目作为奖励，可以说是经济和声誉双丰收。虽然该项目是水利工程施工中的特例，但它充分说明一个问题，那就是一个项目部尤其是项目经理，必须具备良好的心理素质和应对一切预料之外的事情发生时的快速反应能力，没有这种能力就不能处置好现场朝夕变化的各种情况，不仅该项目实施不好，也将影响企业的信誉和声望因而失去市场和希望。无论什么情况下承接政治任务往往比承接纯经济任务要复杂得多，企业在接受政治任务或带有政治性的任务时必须高度重视，要根据企业的实际能力接受并根据具体情况选择有能力的人员实施，这样才能保证既把任务完成又能给企业获得意想不到的收获。

# 第3章　水利工程施工管理的主要内容

　　水利工程施工管理的内容很多,在项目实施整个过程中所有的人、财、物、关系单位、合作单位、主管部门等,都是管理的内容,都要一一进行妥善处理才能获得满意的结果。在此将水利工程施工管理的八个主要内容分别讲述,这八个内容主要涉及人、财、物,而其他方面的管理因人而异、因项目而异,需要根据不同的人和项目进行不同的管理和处理。

## 3.1　技术管理

　　就水利工程施工而言,技术管理涉及的面很广也很深,需要做的管理工作很多、很细致,而不同性质和类型的水利工程在技术上又有很大的差异,这就需要项目部根据项目的具体情况考虑该项目的各项技术管理工作。每一项管理工作首先需要人来完成和执行,因此,对承接的工程项目如何根据具体的技术情况确定合适的技术人员并制定可行的技术管理制度和方法,是项目经理和总工程师等主要管理人员首先应考虑的问题。技术管理在项目实施过程中就项目部而言主要是通过总工程师指导有关机构来完成,而就企业而言,主要是通过技术部门和企业总工程师来协助和监督项目部完成。

### 3.1.1　图纸会审

　　图纸会审顾名思义就是在收到设计图和设计文件后,召集各参建单位(建设单位、监理单位、施工单位)有关技术和管理人员,对准备施工的项目设计图纸等设计资料进行集中、全面、细致的熟悉,审查出施工图中存在的问题及不合理情况,并将有关问题和情况提交设计单位进行处理或调整的活动。简言之,图纸会审是指工程各参建单位在收到设计单位图纸后,组织有关人员对图纸进行全面细致的熟悉、审查,找出图纸中存在的问题和不合理情况,经整理并提交设计单位处理的活动。图纸会审一般由建设单位负责组织并记录,会审的目的是使各参建单位特别是施工单位熟悉设计图纸，领会设计意图，了解工程施工的特点及难点，查找需要解决的技术难点并据此制订解决方案，达到将设计缺陷及时掌握并解决的目的。就施工单位的技术和管理人员而言，审查的目的不外乎四点：

一是让技术人员通过图纸审查熟悉设计图纸，解决不明白的地方，使各类专业技术人员首先在技术上做到心中有数，为以后在实际工作中如何按图施工创造条件并提前做好各自相应的技术准备，同时，通过图纸会审使土建、电气、机械、金属结构和自动化等各专业有关技术如何进行配合有一个初步方案；

二是集中商讨设计中体现的该项目技术重点和难点。每一个施工项目都有其技术重点和难点，事先对该项目的重点和难点进行共同商讨，使主要专业技术和管理人员心中统一重点和难点目标，有利于这些重点和难点问题的解决；

三是通过图纸会审查找设计上的不足和差错。任何设计尤其是一些复杂项目的设计都不可能是尽善尽美的，或多或少存在一些不足甚至错误，尤其现在有不少设计人员几乎是大学毕业后就进了设计部门，根本没有施工经验，纸上谈兵的设计经常出现，给施工人员带来很大麻烦甚至无法施工，这就要求施工单位凭借施工经验，通过图纸会审程序，查找图纸中的毛病和欠缺，以此弥补设计人员考虑不周的地方，使设计达到更完善和合理；

四是通过图纸会审及时考虑和安排如何满足设计要求的施工实施方案，为以后的顺利施工奠定基础。

图纸会审工作是一步仔细的审查工作程序，对较大或较复杂的项目，应该由企业总工程师和技术职能部门负责组织项目部有关专业技术人员和主要管理人员共同参加审查，有的企业还邀请主要设计人员共同参加，一般项目应该由项目总工程师带队，召集项目部有关各类专业技术人员和主要管理人员并邀请企业技术主管部门人员参加审查。这项工作在以前的大中型正规企业中开展得都比较好，但现在的施工企业往往不重视图纸会审甚至干脆不进行这项工作，所有问题都是在进场后边干边考虑和解决，实际上这是不妥的，很容易给项目的技术管理工作带来麻烦甚至损失，望企业管理者尤其是企业总工程师和企业技术主管部门，要督促各项目部和分公司等，重视图纸会审工作，坚持图纸会审程序，并尽可能地做通企业主要负责人的工作，使其重视图纸审查工作，将图纸审查作为每个项目必须进行的主要程序之一，把应该前期解决的问题真正解决在前期准备工作中，避免或减少以后的麻烦甚至损失。同时，希望建设单位采取相应措施，高度重视并积极组织图纸会审工作，把该项工作作为一项重要事项抓好落实及实效。

图纸会审的主要内容包括：

（1）设计单位是否符合要求，如有无设计证书，设计资质是否符合国家规定，是否为越级设计等；

（2）地质勘探资料是否齐全、真实，勘探点次或度是否符合要求，能否代表工程地址的地质情况；

（3）各种设计图纸与说明是否齐全，如果欠缺有无明确的分期供图时间表；

（4）设计地震烈度是否符合当地要求，与工程等级是否匹配；

（5）如果是几个单位共同完成的设计，各设计单位图纸之间有无互相矛盾的地方，即使同一设计单位，各专业图纸之间、平立剖面图之间有无矛盾，各图纸标注有无遗漏和差错；

（6）总平面图与施工图的几何尺寸、位置、标高等是否统一；

（7）防火和消防设施是否满足规范要求；

（8）土建与机电、金结、自动化等各专业图纸是否存在差错和矛盾，预埋件是否清楚统一，各部位配筋标示是否清楚、一致，有无钢筋明细表，明细表中的钢筋种类、规格、尺寸等与图纸是否一致；

（9）施工图中罗列的各种标准图集施工单位是否具备，是否为通用图册购买是否方便；

（10）设计结构所用材料其来源有无保障，如为特殊材料或不便采购材料能否替换，替换的依据；

（11）基础处理方法是否合理，建筑物构造是否存在不能施工、不便施工等技术问题，是否存在容易导致安全、质量不易保障的重大隐患，是否存在具体施工过程中费用严重增加的问题；

（12）各专业设计与结构物设计是否存在相互矛盾或布置不合理问题，重大运输构件与当地交通情况是否冲突，各专业设计能否满足设计功能要求；

（13）施工安全、环境保护有无保证；

（14）设计图纸及资料是否符合监理大纲的要求；

（15）其他需要明确的问题。

上述内容应一一审查，对存在或发现的问题应翔实记录，对已经记录的问题要重新审查核实，确认无误后，由建设单位负责与设计人员交流沟通，对核定准了的问题，由设计人员负责通过设计程序予以明确或解答，需要出修改图的应及时出修改图以代替原图纸。

图纸会审时间、记录内容和修改意见等，应作为设计资料之一归档保存。

对施工单位来说，重要或结构复杂的项目，在参加建设单位组织的图纸会审前后，尽量自行组织一次图纸会审。对一般项目的图纸会审工作按以下程序进行：

第一，项目中标后要尽早确定项目经理和总工程师等主要管理人员和专业技术人员。现在有不少企业在投标时报的项目经理和总工程师等往往和中标后能派出的人员不相符，无论符与不符，尽快确定主要人员是做好相关工作的基础；

第二，根据设计资料和招投标文件，由企业技术主管部门或项目总工程师负责，安排有关专业技术人员定期分头查看和熟悉土建工程、机电工程、自动化工程和金属结构工程等相关专业图纸，并将图纸中存在的问题包括看不懂的、有错误的、不详细的、与其他专业脱节或矛盾的等记录下来，特别对一些采用新工艺、新材料、新技术的设计，应作为各类专业技术人员熟悉和了解的重点；

第三，确定图纸会审时间和地点及参加人员，提前通知并做好会审准备工作；

第四，集中进行图纸会审。

（1）对人员的确定企业主管部门或领导应充分考虑该项目的技术要求和特点，有针对性地进行安排，并通过集体协商等民主方式加以确定，不应该采取主观臆断的办法安排项目部人员，这容易在根本上埋下项目管理失败的种子，因此，作为企业主要管理和技术部门，应对企业各类管理和专业技术人员有较深刻的了解和熟悉，掌握他们的基本情况和能力，做到有的放矢地安排人员，最大限度地减少和避免每个项目因为人员的安排而造成失败或损失，这是企业负责人及分管领导和技术、管理主管部门应该做的基本工作。一个项目的失败表面上看是项目部有关人员的直接责任，而究其原因，企业主管人员和部门必然逃脱不了用人不当或跟踪监管不到位等间接责任，到此时，不管是谁的责任都不重要了，企业的损失已经造成，能否以此为戒避免以后不再发生类似问题才是最重要的，然而，就有不少企业一而再再而三地出现项目管理失败的情况，始终不能及时接受教训，最终只有被市场抛弃，实际上是自己放弃了市场。所以，在确定有关管理和技术人员时，企业主管部门一定要针对设计要求及项目特点及难点，综合考虑各方面因素，力争做到项目部人员精干、全面、团结、到位、负责，这是企业主管部门应该做好的工作，这样才能保证对每一个项目从根本上做到负责任，从根本上消灭失败的人为因素。而确定的项目经理和总工程师等主要管理和技术人员，应对企业安排的项目部人员严格审查，不合适的应及时进行调节，以此弥补企业对人员安排不周的缺陷，否则，作难的将是项目经理和总工程师等项目主管人员。人员确定后应及时根据项目管理办法和具体工程情况确定项目管理机构设置，明确各职能部门负责人，项目经理召开各职能部门负责人会议，安排图纸会审事宜，具体由总工程师负责安排。

（2）总工程师根据项目经理确定的各职能部门负责人员，召集各部门负责人会议，安排图纸会审前各职能部门要审查的图纸内容，尤其是对技术部门负责人讲明白图纸审查的意思和要求，并给予一定时限，到时间后总工程负责汇总图纸审查的意见，根据汇总的意见，总工程师解答可以解答的地方，解答不了的总工程师给项目经理或企业技术主管部门负责人汇报，听取项目经理或企业技术部门负责人的意见，再由总工程师决定给各部门负责人安排如何回去核对，同时，要求各职能部门互相沟通，不能各行其道各自为政，必须本着互相合作和协调的思路彼此兼顾。

（3）总工程师将上述工作安排后，尽早确定图纸会审时间及场所和参加人员，及时准备图纸会审资料。

（4）按时进行图纸集中会审。会审时把各职能部门技术人员和管理人员提出的问题安排专人负责记录，最后由总工程师对记录进行审查，不合理或错误的进行修改，最终确定图纸会审意见并报项目经理或企业技术主管部门负责人审查，并根据审查后的意见修改图纸会审记录并备案。

根据已经备案的图纸会审内容，由总工程师与设计单位联系，让设计人员解答我们图纸会审的疑问和问题。此解答最好是书面资料，以防备查。

图纸会审工作一定要仔细，同时做好记录，对图纸会审时已经解答的问题是哪几个，没有解答的问题是哪几个，都要记录清楚且参加会审的人员共同签字确认，作为图纸会审的依据。

综上所述，图纸会审重点内容如下：

（1）图纸的主要尺寸是否有差错或互相矛盾；

（2）土建图和机电设备、金属结构、自动化等图纸技术要求是否一致；

（3）设计的技术方案和具体施工方案是否有较大差异，存在差异时是否满足设计要求；

（4）图纸表达的宽度和深度能否满足施工要求，有无遗漏或不明确之处；

（5）需要加工的构件现有的自身的加工能力和技术是否满足，社会上的加工企业是否可以完全解决；

（6）各专业设计之间是否严密协调，有无空缺或不兼顾；

（7）如果采用了新技术、新工艺、新材料、新设备等，在施工技术、物资和施工机具等方面有无困难；

（8）按图施工后能否满足将来项目的正常、安全、经济运行，检修维护是否经济方便；

（9）大型设备及构件尺寸和布置能否满足运输和吊装要求；

（10）各系统自身及联动能否满足启动调试及正常运转要求；

（11）材料表给出的材料和设备等数量、材质、规格、尺寸等与图面表示的是否统一；

（12）汇总上述问题并逐一核实，无误后以书面资料与设计人员沟通。

## 3.1.2 技术交底

技术交底是指在某一单位工程开工前，或一个分部（分项）和重要单元工程开工前，由项目总工程师等技术主管人员，向参与该工程或工序的施工人员进行的技术方面的交代，其目的是使施工人员对工程或工序特点、技术和质量要求、施工方法及措施、安全生产及工期等有一个较详细的了解和掌握，以便于各工种或班组合理组织施工，最大限度地避免或减少质量、安全等事故的发生。各种技术交底记录应作为技术档案资料保存，是将来移交的技术资料的组成部分。

技术交底分为设计交底和施工设计交底，设计交底即设计图纸交底，一般由建设单位组织，由设计人员（各专业）向施工人员（各单位、各专业）进行的技术交底，主要交代设计功能与特点、设计意图与要求、重点和难点部位注意事项等。施工设计技术交底又分为集中技术交底和阶段技术交底，集中技术交底由项目总工程师负责在进场前或进场后对参加该项目建设的各部门负责人及各专业技术人员进行项目结构、技术要求、工期、施工方案等的全面交底工作。阶段技术交底是随着项目进度情况，逐步对准备施工的部位、方案、工期、质量等逐次交底，让参加施工所有人员明白下一步要施工的部位或工艺要求，同时，对施工方案和保障措施有书面材料备案，并将施工方案和保障措施报业主及监理工程师审查，待业主和监理工程师审查并签字后按施工方案和保障措施进行监督管理。技术交底工作要和项目副经理每天安排的施工任务一起安排，先由负责项目工作调度的副经理安排一天的施工任务，接着由项目总工程师安排今天施工的任务技术上有什么要求和注意事项，同时，对安全生产一起布置下去，即"任务、技术、安全"三同步。以后的技术交底按此进行，这样管理人员和技术人员都熟悉了这样的程序，循序渐进就是。技术交底工作根据不同的工程项目其内容各不相同，就一般的工程项目而言，技术交底的内容主要包括：

（1）是否具备施工条件，不具备时如何解决，各工种之间的配合有无矛盾和冲突，如有矛盾或冲突如何协调；

（2）施工的范围、内容、工程量、工作量和进度要求；

（3）解读施工图纸，交代设计要求及意图，提醒完成设计要求应注意的事项；

（4）将事先编制的施工方案和技术保障措施及安全文明施工措施翔实传达；

（5）重点部位或工艺的操作要领和方法进行交代；

（6）明确工艺或工序要求，质量标准情况；

（7）施工期间自检、复检要求，监理工程师重点检查和关注情况；

（8）减少或避免浪费，增加经济指标的方法和注意事项；

（9）应进行技术记录的内容和要求；

（10）其他需要交代的注意事项。

### 3.1.3　现场测量

现场测量工作是技术工作的基础，也是工程开工后最先进行的业务。首先，测量人员进场前根据工程具体情况准备测量仪器并进行鉴定；其次，进场后尽早与业主或监理人员进行控制网交桩和高程点交接，交接后让交桩和交高程点的人员提供书面资料并在资料上签字，如果交接人员不能提供书面资料，测量人员需自行绘出书面资料让交接人员签字认可。然后，安排自己的人员对控制桩和高程点进行复核，并做好复核记录，如果复核后无误，书面汇报给交接人员及项目监理工程师审查并签字。控制桩和高程点的交接和审查是一件严肃和严谨的事情，任何人员均不能马虎从事，交接前由业主单位负责看管维护，交接后由施工单位负责看护，监理工程师作为中间方有责任和义务对控制桩和高程点进行监管。控制桩和高程点的准确交接和维护是确保工程项目准确实施的关键和基础，在此出现问题将是根本性的，严重者将导致整个项目废弃或不能发挥其应有的作用，造成的损失是巨大的或无法挽回的，因此，交接过程必须按规程进行，以防将来出现测量问题，据此追究有关人员的责任。测量人员对签字后的资料要妥善保管。为了保证测量工作进展顺利无误，希望各施工企业加强测量专业人员的培训和锻炼，同时，跟上科技的发展，及时更新单位的测量设备，有责任心的专业人才又有技术先进的设备，才能保证测量工作圆满顺利。

至此，测量人员根据现场具体情况布设适合施工要求的测量控制网和现场高程控制点，并将控制网、点进行必要复核并加固后，绘出控制网、点书面资料。同时，按测量规范定期对网、点进行复核和检查，如有变化随时矫正。对控制桩的布设一定要兼顾整个工程项目施工过程的方便使用，工程项目坐落在山区岩基上，施工控制桩应设在附近坚硬岩石等牢固不动的地方，用钢钎钻细微的浅孔用醒目的油漆点点并画圈示意，工程项目坐落在土基上，附近没有牢固不动的地方设点，应现场找不妨碍施工的地方挖坑用混凝土加固，加固混凝土深度 30cm 以上，宽度约 50cm 见方，混凝土中间插入直径 12mm 以上，长度 20cm 以上顶部平滑的钢筋，钢筋顶部用钢锯锯出十字线，也可以用坚硬的木质桩打入土中用混凝土将木桩加固，在桩顶嵌入铁钉。钢筋十字线交点或铁钉中心就是该控制桩的基点；对高程控制点，岩基工程应布设在坚硬凸起岩石部位，用醒目的油漆点点并画圈示意，土基工程采用混凝土基础中插入钢筋柱，钢筋柱顶部呈半球状。所有控制桩和高程点均应编号管理，各高程点周围应详细注明高程值。各控制桩和高程点均要设置其复核或恢复桩、点，以防损坏后能及时补充。

复核或恢复桩、点的设置可近可远，应根据具体情况考虑，复核或恢复桩、点既不能没有又不能过多，没有一旦桩、点损坏则影响正常使用，过多则容易出现混乱导致差错。对现场的控制桩、点，测量人员必须根据进度和工程实施情况及时绘制书面资料并随时进行调整，对已经废弃的桩、点应及时处理掉，免得被误用导致错误。

测量人员必须随时熟悉图纸，根据图纸尺寸和高程掌握现场测量布局和高程控制，同时，测量人员必须提前一步放好下一步施工部位的控制桩和点，否则，就会影响工期，在上道工序施工期间，测量人员要随时到现场观察施工部位的情况，发现桩、点不能满足要求时应及时增补，以后据此进行。

测量工作是一项细致、具体、专业性强的工作，关乎整个工程的准确就位和进度，因此，测量人员必须根据现场具体情况，将内业和外业工作进行良好结合，同时，由于施工现场随时都可能发生影响测量的情况，又必须根据新情况进行完善或弥补。如在进行内业工作时，两个桩、点之间是通视的，现场情况也是如此，但可能不知什么时间两点之间就被弃土或堆存了其他大宗材料，使外业工作不能按内业准备进行，这时测量人员必须设想补救方案进行工作。现场发生这样的情况是正常的，尤其是建筑物工程，由于场地狭窄或基坑较深，工人随处堆放周转材料的事情比较常见，他们也不会注意哪儿有桩、点，甚至发生直接存放在桩、点上的事情都不稀奇，再者，由于天气等影响也会将桩、点损坏导致不能正常使用，所以，要求测量人员发生类似情况时不能怨天尤人，应根据现场的具体情况及时补救，以此为理由就拖延测量甚至直接借此撂挑子的行为都是错误的，同时，为了减少或避免这类事情的发生，在设置桩、点时，应尽量考虑不占用主要场地并做好预防天气影响的工作，将设置的桩、点及时告知现场负责生产调度的负责人，使他在安排有关工作时能有的放矢从而减少对测量工作的直接影响。加强交流和沟通是减少测量工作和其他工作矛盾的基础和有效方法。

工程阶段验收和竣工验收前，测量人员一定要再次复核控制桩和高程点情况，以防发生意外。竣工后，测量人员根据第一手资料整理出该项目测量资料，报总工程师审查后，由总工报监理或业主单位人员审查。

测量工作和质检工作必须配合，互相检查互相监督，质检工作用的桩、点都是测量人员布设的，所以，测量和质检不可分，不能使用各自不同的桩、点，即施工现场只能有一套由测量人员专门布设的、兼顾测量和质检要求的统一控制桩、点，否则，测量和质检各自为政各有各的桩、点，将导致桩、点混乱，必将出现差错。

工程竣工验收并移交后，项目部测量人员应将最终使用的有效桩、点绘制详细的书面资料，交付业主单位有关技术人员，并带领业主单位技术人员现场查验各桩、点，以便业主单位将来在工程管理运行期间，对工程运行监管发挥控制和检测作用，这是施工企业对业主应该尽的义务，也是项目部测量人员的职责。对交付给业主的测量桩、点必须准确无误，现场实物与书面资料一致。

### 3.1.4　试验检测

负责现场试验的人员，进场前根据设计资料确定现场常规试验设备型号、规格、数量等，需要鉴定的到有资质的部门及时进行鉴定，对符合要求的设备妥善包装，以防运输途中造成损坏，同时编制出装运清单。运至工地的设备应对照清单注意开封检查有无损坏或遗失，一旦有损坏或遗失应及时维修或查找。设备到场后，应根据事先确定的实验室将各种设备按规定安装就位并进行使用前的试用，将试用数据与规范数据比对后，在稳定的允许误差内即可将试验情况书面报项目总工程师复核，无误后报监理工程师审查后使用。为了提高工作效率并能及时对现场工作进行检测，希望各施工企业尽量配齐配全合格的常规试验检测设备，最起码要按照投标文件提供的设备数量和型号配置，不能出现说一套做一套。而现实中，说做不一的单位不是少数，投标时投标文件中几乎要什么有什么，而中标后几乎要什么又没什么，这样的企业是不负责任的企业，业主或监理人员应对照其投标文件和试验规范强行使其配齐配全相关设备，否则，必将影响工程的正常实施或发生虚假资料。作为负责人的施工企业，有义务按照投标文件配备相应设备，这不仅是企业的承诺也是对自己和项目负责。

对混凝土工程，进场后根据项目经理或总工联系的供料厂家或供货商，事先提取水泥、钢材、地材、外加剂等样品，到有资质的试验部门进行混凝土配比试验、钢筋物理性能试验和钢筋焊接试验等，并将设计要求提供给试验部门，合格后经项目监理工程师审查汇报项目总工程师或项目经理订货并签订供货合同。正常工作期间，试验人员随时对进场的水泥、钢材、地材、外加剂等进行取样检查，对地材还要根据季节和天气情况测试沙石料含水量，对外加剂要根据混凝土设计要求和试验规定添加，据此调整混凝土配合比，并据此开具当日混凝土浇筑配比并留好当日试验资料。

试验人员要根据试验情况确定各部位混凝土的养护、拆模等时间和方法，以确保成型混凝土不因为养护和拆模时间不足和方法不对造成损坏。

对土方工程，试验人员在开工前根据规范规定确定试验段，据此提取试验段土方进行含水量、压实度、铺土厚度、压实设备等数据，报总工程师审查后，报监理工程师审核，无误后，将试验结果对项目经理汇报，可以据此全面铺开工作面。工作面铺开后，试验人员要根据取土场土层和含水量情况，随时进行快速检验，据检验数据通知现场进行铺土厚底、碾压遍数等的调整，并根据天气情况调整铺土厚底和碾压遍数。

试验工作也是质量验收的重要依据，一切资料必须满足各种验收要求，项目部总工要具体把关，监理工程师要随时监管，这就需要试验人员把日常工作中的各种试验资料及时整理归档，防止缺项、漏项、遗失、损坏等，为防止以上问题发生后给项目造成不必要的损失，实验室应设置专门资料存放档案柜并妥善保存，非项目部主要管理和技术人员最好不进实验室。项目经理在职工会议上一定要郑重强调这一点，也包括测量资料、质检资料、采购资料、财务资料、订货计划等。

## 3.1.5　质量检查

质量检查是项目能否实现质量目标的关键，质检人员必须具备公正、实事求是的工作心态和素质，不能徇私情，不能忘了自己的工作性质和职责。质量检查说重要很重要，说不重要就不重要，质量检查人员不要以为质量好坏是你们检查出来的，那就错了，前面说了从事质量检查的人员要公正、要实事求是、要有素质和正常心态，就是这个意思。质量是职工干出来的，绝对不是质检人员检查出来的，质检人员只是对职工的工作成果给予一个合理的评判而已，也是对职工工作任务的专业检查，据此肯定或弥补工作中的不足，使其达到质量要求，并通过质检人员的检查填报有关书面资料作为以后工程监管的档案材料。假如职工干出来的就是次品，质检人员检查后是正品，或职工干出来的就是正品，质检人员检查后是次品，那都可以充分证明检查人员的素质和水平，可以用一个词形容质检人员，那就是"信口雌黄"。质检人员不要不爱听，也不用不高兴，事实就是这样，如果质检人员有素质、有水平，那职工干出来的东西是正品就是正品，不用检查也是正品，反之同样成立。质检人员所从事的工作就是对职工所干的工作或作品给予客观评价，同时肯定他们的成绩，纠正他们的不足，为以后的工作或工序打下更坚实的基础。

质量检查人员作为项目部主要技术人员，必须和测量人员、试验人员等各专业技术人员经常交流沟通，质检人员从事的检查工作离不开测量人员等的辛勤劳动，质检用的网、点都是测量人员布设的，也是测量人员维护和保养的，质检人员需要鉴定或了解的指标数据，都是试验人员等提供的，因此，技术人员之间互相配合协作才是最理想的。作为一个项目部就是一个整体，技术、质检、测量、试验、金结、机电、自动化等都是技术部门，密切配合互相帮助才能实现共赢。

同时，质检人员要经常到施工现场观察了解职工是怎样工作的，向他们学习实践经验，既能在现场通过观察了解施工质量情况，同时对以后的质量检查工作会有意想不到的帮助和提高，尤其是隐蔽工程更要旁站至工程完工为止，否则，一旦存在问题只能重新挖开再看。职工或民技工是实现项目各项目标的关键和基础，技术人员、测量人员、质检人员、试验人员等，都是为职工或民技工服务的，没有他们的辛苦劳动就没有技术和管理人员的工作岗位，所以，一切从事技术工作和管理工作的人员，都要虚心向他们学习，和他们成为朋友，这样，技术人员尤其是质检人员的工作就更好做了，也更放心了，否则，他们就会给我们一个眼色看看。他做出的是次品，你检查的是正品，他就会在心里讥笑质检人员是个书呆子甚至傻瓜，相反，他就会说你不懂业务或故意刁难。

质检人员打交道最多的是监理工程师，要征得监理工程师对质检工作的信任和支持，就必须做到合格就是合格，自检不合格坚决不报，资料和实际必须相符，否则，一旦要聪明，以后不会都聪明，最终必将弄巧成拙，这是从事质检工作的大忌。质量检查工作要的是真实、务实、统一，不能马虎从事有应付和感情因素，对合格的工序或工作就要给予肯定和表扬，对不合格的就要及时给予指正和完善办法，这就需要质检人员要了解熟悉设计要求，要了解施工程序，要知道怎样完善不足之处，对拒不服从质检人员修改建议和意见的，项目部必须给予处罚或警告，支持质检人员的工作是项目部质量管理的重要内容，树立质检人员的威信和权威也是项目经理和总工程师的职责。

质检工作不仅要把建设过程掌握好，更要把资料整理好、保管好，将来验收时资料是必查的，资料要和实物相符，否则就是假资料。单元工程验收、分部分项工程验收、单位工程验收都是如此。

对每一个项目，质检人员针对质量目标应进行分解，把层层分解的目标放在工序、工艺、材料、半成品、成品中，层层分解到责任人并落实到责任制，这样质检人员才能把整个项目的质量目标统一起来，以工序、工艺、材料等源头抓起，不放过任何进入工地的材料检查，不放过任何工序、工艺，同时，要和职工、民技工打成一片，这样就可以获得更多真实信息，就能更好地掌握各项质量指标，以阶段质量目标为基础，最终实现总目标。

质检人员对所检查的材料、工艺、工序等必须留下真实的第一手资料，因为，项目完成后，质检资料是保存最长久的资料，是项目运行后诊断项目的命脉。

就目前水利工程而言，各施工企业都有自己的质量检查规定，全国和各省主管部门对施工质量的控制和检查也有相关的制度和规程，三检制、初检、复检、终检等各种规定很多，但在实际工作中往往做不到规定要求，说做不一的情况比较常见，班组自检有不少工地只是落实在纸面或口头上，没有真正付诸于行动，大量检查工作主要依靠专业质检人员和监理工程师，而不少项目所谓的专业质检人员根本不专业，有的是非专业人员，有的是刚毕业的学生，还有的是临时工，相对测量和试验人员而言，质检人员的专业素质和水平可能更差。而监理部的监理人员水平和素质也是参差不齐鱼目混杂，尤其是近些年国家对水利工程的投资加大后，为数不多的合格监理公司承接的监理项目和施工企业一样与日俱增，因此，一个项目真正懂技术会监理的监理工程师少而又少，不少监理公司中标后，只是派出一两个专业人员，其他几乎全是在当地或社会上聘请一些几乎没有证书或没从事过监理工作的人员充数，班组自检几乎不检，工段复检流于形式，专业质检人员终检水平不到，监理工程师总检又缺乏经验和能力，致使有的项目部整个质检过程就像演戏一样只有花架子，只是表演没有多大实质，这也是招标人和上级主管部门头痛的现实。人人都知道"百年大计，质量第一"，而落实到现实工作和项目中的却不是这样并且相去甚远。在此，建议从事质检工作的人员首先要加强自身业务水平的提高和道德修养，其次，尽量多地在项目现场观察和熟悉工人的施工过程，能亲自动手操作和体验更好，脱离职工、远离施工过程的质检人员不可能做好质检工作，第三，全面了解和掌握各种水利工程质量检查方面的综合知识，第四，对身边正在施工的项目质量要求和检查程序等有深刻全面的了解和理解，通过自己对质量的认知和理解，将质量意识提升到一个更高的标准并贯穿于施工全过程全工序，引导和督促所有施工人员都有重视工作质量的理念和习惯，通过自己的工作将设计和规范要求及时传达到施工操作人员脑中，形成团队力量和优势，第五，建立健全质量目标和质量计划，完善质量监督机制和制度，建立资料档案填写、签证、整存规程，第六，养成勤业、合作、严谨、负责、公正的良好工作习惯。班组、工段、监理工程师和业主方等与项目质量管理有关的人员也要根据质量管理要求加强自身的修养和知识学习，并在工作中各方紧密配合互相促进提高，使整个项目的质量检查、监督、监管等在透明、和谐、友好、真诚、实际、严密、规范的氛围中进行。

如何检查各工序、工艺、材料等，有关规程、规范都有明确规定，在此只是讲解如何进行质检工作的一些心得体会。

## 3.1.6 计量支付

### 3.1.6.1 建设管理模式

现代社会随着科学技术的发展，工程项目建设管理模式逐步稳定化和规范化，这是市场经济的必然趋势并将越来越规范。总结目前水利工程常见的建设管理模式主要有以下五种：

（1）自营式模式（也称内部实施模式或自行实施模式）。这种模式是业主自行组织项目建设，人员全部或主要由业主所属单位派出来完成项目实施的一种模式。其特点是：不与外面发生任何经济或法律方面的纠纷和冲突，主要依靠行政手段对项目的实施进行监督管理，属于封闭式小生产模式，不适应社会化大生产要求，也很难将先进的技术或设备等引入建设过程中，凭借自身技术水平和能力完成建设任务，自己建设、自己管理、自己验收、自己结算，只适合规模小、技术简单、工期短、使用自有资金的项目。这种模式目前在水利建筑市场上几乎很少见了，仅在一些地方利用水利系统自有资金或地方自筹资金进行一些小型工程建设或小型水库及塘坝等防汛应急加固方面还有出现。由于这种模式不透明，质量和安全难保证，将会逐步被市场经济所淘汰。

（2）项目总承包模式（也称全过程承包或交钥匙模式）。这种模式是业主将工程项目的规划、设计、施工全部委托给一家具有总承包资质的单位承包实施，而业主的任务主要是按照合同筹措资金和接受工程。总承包模式能较好地适应业主资金短缺时由承包商自行垫付的 BT 或 BOT 项目，也适应业主缺乏建设管理经验和人员时的项目。这种模式业主的责任及压力相对较小，而总承包方的责任及压力相对较大。其特点是：业主将项目的实施全部交给总承包商运作，业主方的权利就相对减少，对项目的管理和监督力下降，自己的意图不能完全保证，同时，如果委托的总承包商实力强、诚信度高、技术水平高，项目的实施就相对顺利，反之就不容易控制。这种模式在国际上很常见，在国内也逐步兴盛起来，是一种适应社会化大生产的模式，尤其适应于业主资金短缺时的大型项目建设。

（3）项目部管理模式（简称项目管理模式）。这种模式是业主根据不同单位的工作性质和优势，将规划、设计、施工等各项工作独立开，分别委托不同的单位承担完成各自的任务，而业主除了筹措资金外，也要组织人员从事项目实施过程中的管理、监督和协调工作。其特点是：业主有比较充分的自主权，在项目实施的各个阶段都能较好地发挥组织、监督和协调职能，自己的意图可以得到有效保证，主动权较大，在不同阶段都能获得专业化程度更高的意见并进行专业化管理，可以有效地组织竞争性招标的模式。这种模式目前在利用国家资金的行业最常见，因此，水利行业也是这种模式的普遍使用行业，是一种充分发挥社会资源及各自优势的组合式大生产模式，比较适应于大中小各种项目建设。

（4）FIDIC 模式（是国际咨询工程师联合会的法文缩写，中文音译为"菲迪克"）。这种模式是业主与承包商以合同关系为基础，以独立公正的施工监理为核心而形成的由业主、监理（工程师）、施工三方互相联系、互相监督、互相制约的合同管理模式。其最大特点是：程序公开、机会均等，对任何人都不持偏见，以竞争性招投标方式选择承包商，合同履行过程中采用以监理（工程师）为核心的合同管理方式。由于这种模式公开度高、透明性强，在国际上被广泛使用，但在国内很少见，山东省 20 世纪 90年代开始的第一条高速公路——济青高速施工时，采用了这种模式，但也不是纯粹的。

（5）代建制模式。为了解决国家投资项目长期以来存在的"工程马拉松、投资无底洞、质量无保障"问题，国家将项目初步设计批准以后的实施阶段以目标责任制、费用索赔制和履约担保制为管理主线，对工程建设过程委托专业化的建设管理单位代表需方对项目建设进行管理，废除以往国家出资地方政府组建建设指挥部等临时机构负责建设管理向使用单位负责的传统模式。目前，国家的出资方式主要有两种：一种是国家资金以资本金注入方式援助地方政府，地方政府仍以独立的需方组建建设单位；另一种是随着国家投资体制改革的实行，国家资金可以以投资方式进入非经营性政府投资项目中，国家作为出资方、地方政府作为用方，两方合作成为项目的需方，并委托社会专业化项目管理单位组建建设单位。为了区分由地方政府部门作为独立需方组建建设单位的传统指挥部模式，把后者称为代建制。其特点有三个：一是基本属性，它是政府投资项目的管理模式，代建单位与有自认之间的关系是委托代理关系，代建单位依据合同约定可以行使业主的职责对项目投资、工期、质量等进行控制；二是代建模式的出发点，代建制进一步深化了固定资产投资体制改革，是投资体制改革的产物，充分利用社会专业化组织的技术和管理经验，提高政府投资项目的建设管理水平和投资效益，可避免有效改革传统模式投资、建设、管理、使用不分带来的弊端；三是管理的时间范围，代建单位一般从项目的可行性研究就开始介入，会同使用单位依据项目建议书批复内容，组织编制项目可行性研究报告，一直到项目的竣工验收并移交给使用单位。代建制模式目前由于规范操作程序和管理办法不健全，代建人资格的标准不完善，代建人与投资人、使用人三者的关系定位不明确等原因，在中央政府投资项目中还没有施行。但是，这种模式将是以后中央投资项目的发展趋势。

### 3.1.6.2　计量支付

无论什么建设管理模式，都离不开计量支付工作，只是管理模式不同其计量支付的方式和程序有所不同罢了。在此，仅探讨在我国目前使用最多的项目管理模式计量支付方面的问题，其他模式的计量支付工作如何进行，业余时间可以逐步了解和掌握或通过承接的其他管理模式项目在实践中学习。

计量支付已成为现代工程项目建设过程中项目部与业主间结算的主要方式。计量是监理工程师根据合同约定，按照技术规范的方法对承包商符合规定的已完工程的实际数量、工作内容和进场合格材料等所进行的测量、计算和核查。计量的主要任务是：确定实际工程数量的多少。工程量有预估工程量和实际工程量之分，投标时投标书工程量清单中的工程量即为预估工程量，而计量支付时计量证书中的工程量则是实际工程量。计量的原则是准确、真实、合法、及时。

支付是指按合同规定对承包商的应付款项进行确认并办理付款手续的过程。支付是业主与承包商之间的一种货币收支活动，既是施工合同中经济关系全面实现的一个主要环节，也是监理工程师控制工程的主要手段和制约合同双方的有力杠杆。支付签认权是监理工程师质量否决权、计量确认权和支付签认权三大权力之一，是监理工程师控制工程的最后环节，也是监理工作的关键和核心。支付必须以合同为依据、计量为基础、质量为前提。

计量支付的原则是：合同原则，公正性、程序性、时效性原则。

计量程序：工程计量是项目承包商向监理工程师提出并附有必要的中间交工验收资料或质量合格的证明文件。计量工作可以由监理工程师和承包人双方委派合格人员在现场进行，也可以采用记录和图纸在室内按计量规则进行计算，其结果必须经监理工程师和承包人双方同意并共同签字认可。

支付程序：

（1）承包商提出要求，通过监理工程师核查后向业主提出付款申请并出具填好的进度报和进度结账单（按月计量支付的是月报和月结账单）；

（2）监理工程师审核在支付证书上签字工程费用的数额；

（3）业主收到经监理工程师签字确认的支付证书后，按照合同规定的时限将费用支付给承包商。

计量的依据是：

（1）质量合格证书，计量的基本管理条件和前提是质量合格；

（2）工程量清单前言和技术规范；

（3）设计图纸等设计资料；

（4）测量数据。

支付种类：

按时间分为：预先支付、期中支付、交工支付和最终支付四类。

按内容分为：工程量清单内的付款及基本支付、工程量清单外的付款及附加支付（索赔费用、变更费用、价格调整等）两种。

按工程内容分为：土方工程支付、石方工程支付、基础工程支付、临时工程支付、不同部位混凝土工程支付、金属结构支付、机电设备支付等。

按合同执行情况分为：正常支付和合同终止支付两类。

常见支付表：

（1）工程进度表；

（2）中期支付证书；

（3）清单支付报表；

（4）计日工支付报表、计日工计量表；

（5）工程变更一览表、变更工程支付报表；

（6）价格调整汇总表；

（7）价格调整表；

（8）单价变更一览表；

（9）永久性工程材料到达现场一览表、材料进场一览表；

（10）扣回材料设备预付款一览表；

（11）扣回开工预付款一览表；

（12）中间计量支付表；

（13）中间计量支付汇总表；

（14）材料消耗一览表等。

不同的工程项目采用不同的计量支付表，不同的建设管理模式采用不同的计量支付表，一般由监理工程师根据工程具体情况选定或制订，同一工程项目根据不同的计量时间和计量内容，也可使用不同的计量支付表，仍由监理工程师提前通知计量支付人员。

关于计量支付常见业务的程序及说明：

（1）开工预付款：该款是业主预先支付给承包商用于开工动员的一笔款项，主要用于承包商人员、设备、施工准备等前期的资金周转。开工预付款支付程序：业主与承包人签订了施工合同后，承包人按时提交了工程履约担保和开工预付款担保 14 日内，由监理工程师按照承包商投标书附录中规定的金额签发开工预付款支付证书并报业主审批。开工预付款担保金额与开工预付款金额相等，由承包人将等额款项存入业主认可的银行，由银行出具银行保函，该保函正本由业主保存，该保函在开工预付款没有完全扣回前一直有效，担保金额可以随着开工预付款的逐次扣回逐渐减少。业主在收到监理工程师签发的开工预付款支付证书后 14 日内核批，并支付开工预付款总额的 70％，剩余 30％在承包商按其投标文件载明的主要施工设备进场后支付。承包人不得将开工预付款挪作他用，监理工程师有权对该款项进行监督，如经发现和核实承包人将开工预付款改为他用，业主有权立即通知担保银行以收回开工预付款担保函的方式收回该款项。

开工预付款的收回：开工预付款在中期支付证书累计金额未达到合同价款的 30％前不得扣回，达到 30％后开始以固定比例在中期支付中分期扣回，开工预付款全部金额在合同金额完成 80％前全部扣回。扣回方式有等额扣回和按进度扣回两种，具体项目按合同约定的方式执行。

（2）保留金（也叫质量保证金）：保留金是业主预防承包商在缺陷责任期内，如果工程发生事故、失误、属承包商责任的维护、维修、剩余工程等，承包商不能或不愿履行责任时，监理工程师认为需要尽早进行补救以确保工程安全所发生的费用，可以从承包商的保留金中扣除。保留金的扣留按照合同约定进行，由监理工程师监督实施。

（3）材料设备预付款：该款项是按照合同约定业主支付承包商一定比例的设备、材料预付款，供承包商用于永久工程中的设备及材料采购，以降低承包商前期费用过高的资金压力。该款项应按照投标文件附录中写明的主要材料和设备清单所列费用的百分比支付。支付条件是：

1）材料、设备符合规范要求并经监理工程师认可；

2）承包商已出具材料、设备费用凭证或支付单据；

3）材料、设备已在场交货，且存储量好，监理工程师认为材料、设备存储条件符合要求。

材料、设备预付款的扣回和开工预付款基本相同，在合同中应有明确约定，按其约定条款执行，由监理工程师监督。在此要点明的是，业主已经支付材料、设备预付款的全部材料和设备，其所有权属于业主，承包商不得以任何理由擅自处理；工程竣工后剩余材料、设备属于承包商，业主不得以任何理由扣留这部分材料和设备。

（4）暂定金：暂定金是指包括在合同之内，在工程量清单中以暂定金名义标明的一项金额，该资金主要有三项用途：

1）实施工程中尚未以图纸最后确定其具体细节或某一工程部分或在施工过程中可能增加的工程细目或支付项；

2）为了专项工程施工供货、供料、供设备而由指定分包人或供货人提供专业服务增加的支付项；

3）留作不可预见费或用于计日工。暂定金除合同另有规定外，暂定金额由监理工程师报业主批准后指令全部或部分地使用，或者根本不予动用。承包人有权得到的暂定金额应限于监理工程师根据合同有关条款规定决定动用暂定金的工程、供应或不可预见费用等方面的金额。监理工程师应将作出的每项暂定金额报业主批准后再通知承包人。对于业主批准的每一笔暂定金额，监理工程师有权向承包人发出为实施工程或提供货物、材料、设备或服务的指令。这些指令可以是：

①由承包人完成，在这种情况下应付给承包人的金额为合同约定的金额；

②由指定的分包人或指定供货人完成，在这种情况下承包人应得的款额同样按合同有关条款约定确定并支付。

暂定金在水利工程项目中一般按工程总价的 5％提取，投标方按招标文件规定如实列支即可。动用该资金时一般要有设计变更等材料证明及各方签字。

（5）计日工：监理工程师如认为必要或可取，可以指令按计日工完成任何需要变更的工作。对于这种变更的工作，应按合同中包括的计日工明细表中所定的细目，与承包人在其投标书中所报的单价或总额价向承包人付款。承包人应向监理工程师提交已付款的凭证、收据或其他凭单，并应在订购材料之前向监理工程师提交订货报价单，以供批准。对所有按计日工方式施工的工程，承包人应在该工程持续进行过程中，每天向监理工程师提交从事该项工作的所有工人的姓名、工种、工时的清单（一式两份），以及表明该项工程所用的材料或承包人装备的名称、数量报表（一式两份），如果清单和报表的内容或经同意时，由监理工程师在每种清单和报表的一份上签字，再退还给承包人。在每次进度计量支付结束时，承包人应向监理工程师提交一份所用劳务、材料和承包人装备的附有价格的账单，除非已完全而准确地提交了上述清单与报表，否则，承包人无权获得任何款项。但如监理工程师认为承包人由于某种原因不可能按上述规定报送清单和报表，监理工程师仍有权核准为该种工作付款。此项付款可以是对该工程所用的劳务、材料和承包人装备按计日工计算的，也可以是按监理工程师以为是对该项工程公平合理的价格计算。

（6）合同违约：如监理工程师证明承包人有下列情况：

1）承包人无视监理工程师事先的书面警告，一贯或公然忽视其履行合同规定的义务；

2）承包人违反按其投标文件及时配备称职的关键管理与技术人员的规定，或违反承包人承诺配备的关键施工设备；

3）在接到按合同约定关于修复或运走、替换不合格材料、设备的规定而发出的通知或指令后 28 天内不遵守该通知或指令的；

4）承包商无正当理由未按合同约定开工，或在接到业主按合同规定的开工日后 28 天内无正当理由未能采取措施加快进行工程进度或关键部分的施工；

5）证明已经违反分包条款的规定而分包的；

6）在保修期内承包人不履行合同义务；

7）承包人违反合同专用条款规定的其他重要规定。

业主在向承包人发出书面通知后 14 日内未见纠正的，可以向承包人收取专用条款中规定的违约金。

（7）迟付款利息：监理工程师根据合同有关条款发出的任何中期支付证书项下应付给承包人的款额，业主应该在收到该中期支付证书后 21 日内或在投标书附录中另有规定并以此为准的天数内支付给承包人。如果业主在上述规定时限内没能付款，则业主应按投标文件附录中规定的利率向承包人支付全部未付款额的利息，付息时间从应付而未付该款额之日算起（不计复利）。

（8）业主违约：如果业主发生下列情况：

1）在合同约定的支付期到期后 42 天内，未能向承包人支付根据监理工程师签发的任何支付证书项下的应付款项，也未向承包人说明理由；

2）未根据合同任何条款而无理阻挠或拒绝对任何上述支付证书颁发的所需批准，则承包人有权终止本合同项下的承包，书面通知业主后并抄送监理工程师，该终止在发出通知后 14 天生效。

（9）价格调整：费用的增加或减少除非合同另有规定，凡是合同预期工期在 24 个月以上者，在合同执行期间，由于人工或材料的价格涨落因素引起的费用增加或减少，应对价格进行调整，调价时应按规定的公式计算，每年调整一次。

（10）变更：业主或监理工程师认为必要时，可根据合同条款的规定对本合同工程或任何部分的结构形式、质量、等级或数量做出变更，为此，监理工程师有权指令承包商进行下述变更、增加或取消：

1）增加或减少本合同项下的任何工程的数量；

2）取消合同项下的任何单项工程；

3）改变合同中任何工作的性质、质量或种类；

4）改变本工程任何部分的高程、线行、位置和尺寸；

5）改变完成本工程所必需的任何种类的附加工作；

6）改变本工程任何分期工程规定的施工顺序或时间安排。

上述变更不应使双方合同作废或无效，所有这类变更的结果应根据合同约定作价。但是，如果发出本工程的变更指令是因为承包人的过错或承包人违反合同或因承包人责任造成的，这种违约引起的任何额外费用应由承包人单方面承担。变更后价格的增加或减少额以工程量清单中的单价或总额价为依据，如果工程量清单中没有适用于变更工程的单价，则采用工程量清单中监理工程师认为合适的单价用于作价的依据，如果仍不适用，则由监理工程师和承包人协议一个合适的单价或总额价并报业主批准。如果监理工程师和承包人不能达成协议，则监理工程师根据实际情况并报业主批准后，定出监理工程师认为合适的单价或总额价，再通知承包人并报送业主。如果此单价或总额价一时不能或不好议定，监理工程师可以确定一个暂时的单价或总额价，作为暂定账款列入并按合同规定签发的中期支付证书中，待议定价确定后在其后的中期支付证书中调整。

（11）证书与支付：

1）进度结账单（按月支付的为月结账单，下同）：承包人应在本期支付进度款时间末向监理工程师提交其由项目经理签署的按监理工程师批准格式填写的进度结账单一式多份，结账单按以下栏目由承包人逐项填写清楚（结账单一般有国家或行业规定的格式，由总监理工程师根据该工程具体情况选定或修改）：

①自开工截至本期计量支付末止已经完成的工程价款；

②自开工截至上期计量支付末止已经结算的工程价款；

③本次计量支付期内已经完成（应该结算）的工程价款；

④本次计量支付期内应该结算的暂定金额价款；

⑤本计量支付期内按合同应该支付的已经进场将用于或安装在永久工程中的材料、设备预付款；

⑥根据合同约定，本计量支付期内应该支付的其他价款；

⑦费用或法规变更发生的款额；

⑧本计量支付期应扣回的材料设备预付款、开工预付款、保留金（质保金）；

⑨按合同约定应扣回的其他款项。

2）进度支付（按月支付的为月支付，下同）：监理工程师收到上述结算单21天或合同专用条款数据表中规定的时间内应签发中期支付证书，签发时应写明监理工程师认为应该到期支付的价款及需要扣留和扣回的款额并及时报业主审批。如果该进度结算期结算的价款经扣留和扣回的款额少于投标书附录中列明的中期支付证书的最低金额，则本计量支付期监理工程师可不核证支付，上述款额将按支付期结转，直至累计应支付的款额达到投标书附录中列明的中期支付证书的最低金额为止。

作为施工企业，效益是项目部和企业最盼望的目标，一切效益的获得均要在各种计量工作中体现和实施，因此，项目部应有专门人员从事计量工作。计量工作是细致和烦琐的事，粗制滥造是行不通的，计量工作要依据合同的计量条款进行，要依靠充分的数据和资料，要具备业主、监理、设计等各方的签字认可。计量工作最难的就是设计变更和追加、索赔等，要做好这三项工作必须有充分的理由和证据。有变更必须有项目部的变更申请、监理工程师和业主的签字认可、设计单位出具的变更通知，三者缺一不可；追加必须是监理现场签字，业主签字认可；索赔一定要谨慎，在国际上索赔是很平常的事，但在我国尤其在水利行业还不常用，因为，水利工程大都由政府投资，项目法人一般不是公务员就是事业编制，他们都是代表政府从事监管工作，一旦索赔，他们就会以为是他们的工作不到位，对他们来讲就是有点找别扭，别说索赔不成功，就是有100％的理由索赔成了，今后的工作或当地的市场就由不得施工企业了。所以，小来小去的损失就不要计较，真是因为业主的原因造成大的损失或影响，也完全具备合同关于索赔的条件，希望提前和业主、监理等沟通，有时沟通后主动放弃索赔比坚持到底更有收获。在此，也提醒业主、监理等单位领导，索赔是正常的，并不是施工企业要和谁过不去，也不是项目部只认钱不认人，反过来，施工企业违背合同，业主照样可以依据合同索赔条款索赔，不能只允许官府放火，老百姓连灯都不能点，未免有点强势了。随着社会的进步和法律意识的增强，合理的索赔必将变成双方正常的工作程序，真正到了这一天才是实现互相监督、互相促进、互相提高、互相负责的时间。无论在什么情况下，施工企业在现实中总是处于弱势地位，要获得业主和监理等单位的认同首先必须练好自身素质，把硬件工作做好，其次，需要有真诚合作和奉献精神，各项工作达到业主放心、监理满意，再次，协调工作要注意方式方法，投标前当孙子中标后想长辈的企业管理几乎都不可能有好的结局，而这种管理更让人不齿。

要搞好一个项目的计量支付工作，首先总工程师要亲自挂帅，各职能部门负责人亲自上阵，所有技术人员共同参与，项目经理倾心关注，平常做好一切计量支付的工作，一切资料要齐全、真实，所有签字人员都及时签证，达到上述条件后，按时上报，项目经理或总工程师在前几次计量时应亲自带领计量支付专管员到总监理工程师处汇报，征得总监认可后，再邀请总监一起到业主处汇报，这样更容易及时通过，也显示出项目部对计量工作的重视和对总监及业主的尊重，更体现了项目主管者对计量人员的工作支持和鼓励，使他们更有信心和勇气做好计量工作。

任何时候，施工企业在一定程度上都处于劣势，虽然合同中规定甲乙双方地位平等，但是，花钱的人和挣钱的人什么时候平等过？现在都是市场经济，市场经济的前提必须先有市场，没有市场经济无从谈起，因此，作为项目部成员的项目经理或总工，不要以为你们和业主是地位平等，来到别人家门挣人家的钱还要和人家平等，换位思考也是不可能的，无论施工企业是国有、集体还是个体，也不论是什么级别、资质的企业，派来的人员就是代表企业来完成建设任务的，圆满完成任务是关键，挣到钱是目的，最终留下好印象是收获，这就为以后再来该市场奠定了基础，有市场何愁无经济。

现在的市场竞争日益激烈，中个标太不容易甚至可以说是很难，投标时要交保证金，中标后要交履约保证金，进场后要预付款需交预付款保证金，完工后还要扣质量保证金，按期验收还好，有的项目迟迟不能验收，质量保证金也就不可避免地顺延无期了。据统计，现在的施工企业尤其是水利施工企业，由于水利在历史上都具有一定公益性，因此，定额也好、取费也罢、管理费也中，都低于其他行业，更有甚者，在山东省水利行业，各级资质的施工企业几百家，各市各县平均都有多家，竞争可想而知。施工企业是凭职工流汗、掉肉、抛家舍业挣得血汗钱，计量支付人员一定要重视自己的工作，争取每月或每期的计量支付都能及时得到支付，否则，就是计量支付专管员的失职或项目经理的渎职。

几乎每个项目在竣工前后都实现不了利润，现在的水利工程项目竞争后即使脱颖而出的中标单位获得的纯利润平均不会超过5%，试想，各种履约金、保证金就押了企业15%～20%，施工期间及验收后质保金没收回前，几乎无利润可言，就是按时收回履约金、保证金，算算利息可能都不够，这就应了一句现在在施工企业比较流行的话"我们都是为银行做贡献的人"。以前履约金、保证金可以用银行开具的证明，企业只要信誉好，银行也会帮忙，现在不同了，可能银行在这方面吃过亏才变得现实和聪明了，必须把现金押在银行且没有业主的通知不能解冻，算算最终企业都是给银行打工，项目接得越多越麻烦，造成恶性循环越严重。同时，银行也不是自己造钱的机器，也是通过资金的运转挣钱的企业。

希望各位业主能体谅施工企业的难处！能及时支付的尽量及时支付。但施工企业也要理解业主的难点，因为，在目前不正常的情况下，水利行业不会自相难为，由于水利行业至今没有引起有关领导的重视，大多数水利局不能掌握资金支付，有赖于财政部门，重视水利的领导还好，不重视水利的领导就不用说了。水利行业投资不像市政、房地产、交通、铁路、电力等政绩显现，不少地方领导为了政绩不能说歧视水利最起码是水利次要，遇到这样的地方项目，施工企业不作难都难。当然，随着中央专题水利工作会议的召开和国家2011年中央1号文件（水利）的下发，全国重视水利的呼声越来越高涨，水利行业的春天即将来临。

### 3.1.7 各种验收

为了加强公益性建设项目的验收管理，《国务院办公厅关于加强基础设施工程质量管理的通知》中指出："必须实行竣工验收制度。项目建成后必须按国家有关规定进行严格的竣工验收，由验收人员签字负责。项目竣工验收合格后，方可投入使用。对未经验收或验收不合格就交付使用的，要追究项目法定代表人的责任，造成重大损失的，要追究其法律责任。"对于水利工程建设项目，《国务院批转国家计委、财政部、水利部、建设部关于加强公益性水利工程建设管理若干意见的通知》中再次指出"严格水利工程项目验收制度"。这里所指的验收制度，既包括法人验收，也包括政府验收。

有关水利工程建设项目的竣工验收工作，过去一直执行的是行业技术标准《水利水电建设工程验收规程》（SL 223—1999），但缺少行业管理具体的规章。2006 年 12 月 18 日水利部颁发了《水利工程建设项目验收管理规定》（水利部令第 30 号），该规定自 2007 年 4 月 1 日起施行。《水利工程建设项目验收管理规定》是水利行业第一部针对验收工作的具体管理规章，该规定的办法和实施，是完善水利工程建设管理方面制度的一项重要举措，标志着水利工程项目建设过程中的验收工作以及竣工验收管理工作进一步走向规范化、制度化，将有力地推动水利工程建设管理各方面管理水平的提高。

《水利工程建设项目验收管理规定》的颁布和实施，为一系列围绕工程项目验收所需要的规章制度（如工程建设的技术鉴定、质量检测、优质工程评定、质量监督管理规定等）和技术标准（如验收规程、质量检验与评定规程、单元工程施工质量评定标准等）的修订提供了重要的依据。

《水利工程建设项目验收管理规定》中关于违反该规定的主要处罚有：

（1）违反本规定，项目法人不按时限要求组织法人验收或者不具备验收条件而组织法人验收的，由法人验收监督管理机关责令改正。

（2）项目法人以及其他参建单位提交验收资料不真实导致验收结论有误的，由提交不真实验收资料的单位承担责任。竣工验收主持单位收回验收鉴定书，对责任单位予以通报批评；造成严重后果的，依照有关法律法规处罚。

（3）参加验收的专家在验收工作中玩忽职守、徇私舞弊的，由验收监督管理机关予以通报批评；情节严重的，取消其参加验收的资格；构成犯罪的，依法追究刑事责任。

（4）国家机关工作人员在验收工作中玩忽职守、滥用职权、徇私舞弊，尚不构成犯罪的，依法给予行政处分；构成犯罪的，依法追究刑事责任。

为加强水利水电建设工程验收管理，使水利水电建设工程验收制度化、规范化，保证工程验收质量，依据《水利工程建设项目验收管理规定》（水利部令第 30 号）等有关文件，按照《水利技术标准编写规定》（SL 1—2002）的要求，对《水利水电建设工程验收规程》（SL 223—1999）进行修订。水利部 2008 年 3 月 3 日发布《水利水电建设工程验收规程》（SL 223—2008），自 2008 年 6 月 3 日实施。该规程适用于由中央、地方财政全部投资或部分投资建设的大中型水利水电建设工程（含 1、2、3 级堤防工程）的验收，其他水利水电建设工程的验收可参照执行。

《水利水电建设工程验收规程》共 9 章 15 节 146 条和 25 个附录。

《水利水电建设工程验收规程》（SL 223—2008）所替代标准的历次版本为：SD 184—86，SL 223—1999。

**3.1.7.1　水利水电工程验收分类**

根据《水利水电建设工程验收规程》，水利水电建设工程验收按验收主持单位可分为法人验收和政府验收。

法人验收应包括：分部工程验收、单位工程验收、水电站（泵站）中间机组启动验收、合同工程完工验收等；政府验收应包括：阶段验收、专项验收、竣工验收等。验收主持单位可根据工程建设需要增设验收的类别和具体要求。

**3.1.7.2　水利水电工程验收的基本要求**

（1）工程验收应以下列文件为主要依据：

1）国家现行有关法律、法规、规章和技术标准；

2）有关主管部门的规定；

3）经批准的工程立项文件、初步设计文件、调整概算文件；

4）经批准的设计文件及相应的工程变更文件；

5）施工图纸及主要设备技术说明书等；

6）法人验收还应以施工合同为依据。

（2）工程验收工作的主要内容如下：

1）检查工程是否按照批准的设计进行建设；

2）检查已完工程在设计、施工、设备制造安装等方面的质量及相关资料的收集、整理和归档情况；

3）检查工程是否具备运行或进行下一阶段建设的条件；

4）检查工程投资控制和资金使用情况；

5）对验收遗留问题提出处理意见；

6）对工程建设作出评价和结论。

（3）政府验收应由验收主持单位组织成立的验收委员会负责；法人验收应由项目法人组织成立的验收工作组负责。验收委员会（工作组）由有关单位代表和有关专家组成。

验收的成果性文件是验收鉴定书，验收委员会（工作组）成员应在验收鉴定书上签字。对验收结论持有异议的，应将保留意见在验收鉴定书上明确记载并签字。

（4）工程验收结论应经 2/3 以上验收委员会（工作组）成员同意。

验收过程中发现的问题，其处理原则应由验收委员会（工作组）协商确定。主任委员（组长）对争议问题有裁决权。若 1/2 以上的委员（组员）不同意裁决意见时，法人验收应报请验收监督管理机关决定；政府验收应报请竣工验收主持单位决定。

（5）工程项目中需要移交非水利行业管理的工程，验收工作宜同时参照相关行业主管部门的有关规定。

（6）当工程具备验收条件时，应及时组织验收。未经验收或验收不合格的工程不应交付使用或进行后续工程施工。验收工作应相互衔接，不应重复进行。

（7）工程验收应在施工质量检验与评定的基础上，对工程质量提出明确结论意见。

（8）验收资料制备由项目法人统一组织，有关单位应按要求及时完成并提交。项目法人应对提交的验收资料进行完整性、规范性检查。

（9）验收资料分为应提供的资料和需备查的资料。有关单位应保证其提交资料的真实性并承担相应责任。工程验收的图纸、资料和成果性文件应按竣工验收资料要求制备。除图纸外，验收资料的规格宜为国际标准 A4（210mm×297mm）。文件正本应加盖单位印章且不应采用复印件。需归档资料应符合《水利工程建设项目档案管理规定》（水利部水办［2005］480 号）要求。

提供资料是指需分发给所有技术验收专家组专家和验收委员会委员的资料；备查资料是指按一定数量准备，放置在验收会场，由专家和委员根据需要进行查看的资料。

3.1.7.3 水利水电工程验收监督管理的基本要求

（1）水利部负责全国水利工程建设项目验收的监督管理工作。水利部所属流域管理机构（以下简称流域管理机构）按照水利部授权，负责流域内水利工程建设项目验收的监督管理工作。县级以上地方人民政府水行政主管部门按照规定权限负责本行政区域内水利工程建设项目验收的监督管理工作。

（2）法人验收监督管理机关应对工程的法人验收工作实施监督管理。由水行政主管部门或者流域管理机构组建项目法人的，该水行政主管部门或者流域管理机构是本工程的法人验收监督管理机关；由地方人民政府组建项目法人的，该地方人民政府水行政主管部门是本工程的法人验收监督管理机关。

（3）工程验收监督管理的方式应包括现场检查、参加验收活动、对验收工作计划与验收成果性文件进行备案等。

工程验收监督管理应包括以下主要内容：

1）验收工作是否及时；

2）验收条件是否具备；

3）验收人员组成是否符合规定；

4）验收程序是否规范；

5）验收资料是否齐全；

6）验收结论是否明确。

（4）当发现工程验收不符合有关规定时，验收监督管理机关应及时要求验收主持单位予以纠正，必要时可要求暂停验收或重新验收并同时报告竣工验收主持单位。

（5）项目法人应在开工报告批准后 60 个工作日内，制定法人验收工作计划，报法人验收监督管理机关备案。当工程建设计划进行调整时，法人验收工作计划也应相应地进行调整并重新备案。

（6）法人验收过程中发现的技术性问题原则上应按合同约定进行处理。合同约定不明确的，应按国家或行业技术标准规定处理。当国家或行业技术标准暂无规定时，应由法人验收监督管理机关负责协调解决。

3.1.7.4 水利工程分部工程验收的要求

根据《水利水电建设工程验收规程》（SL 223—2008），分部工程验收的基本要求如下。

（1）分部工程验收应由项目法人（或委托监理单位）主持。验收工作组应由项目法人、勘测、设计、监理、施工、主要设备制造（供应）商等单位的代表组成。运行管理单位可根据具体情况决定是否参加。质量监督机构宜派代表列席大型枢纽工程主要建筑物的分部工程验收会议。

（2）大型工程分部工程验收工作组成员应具有中级及其以上技术职称或相应执业资格；其他工程的验收工作组成员应具有相应的专业知识或执业资格，参加分部工程验收的每个单位代表人数不宜超过 2 名。

（3）分部工程具备验收条件时，项目部应向项目法人提交验收申请报告。项目法人应在收到验收申请报告之日起 10 个工作日内决定是否同意进行验收。

（4）分部工程验收应具备以下条件：

1）所有单元工程已完成；

2）已完单元工程施工质量经评定全部合格，有关质量缺陷已处理完毕或有监理机构批准的处理意见；

3）合同约定的其他条件。

（5）分部工程验收工作包括以下主要内容：

1）检查工程是否达到设计标准或合同约定标准的要求；

2）评定工程施工质量等级；

3）对验收中发现的问题提出处理意见。

（6）项目法人应在分部工程验收通过之日后 10 个工作日内，将验收质量结论和相关资料报质量监督机构核备。大型枢纽工程主要建筑物分部工程的验收质量结论应报质量监督机构核定。质量监督机构应在收到验收质量结论之日后 20 个工作日内，将核备（定）意见书面反馈项目法人。当质量监督机构对验收质量结论有异议时，项目法人应组织参加验收单位进一步研究，并将研究意见报质量监督机构。当双方对质量结论仍然有分歧意见时，应报上一级质量监督机构协调解决。

（7）分部工程验收遗留问题处理情况应有书面记录并有相关责任单位代表签字，书面记录应随分部工程验收鉴定书一并归档。

（8）分部工程验收的成果性文件是分部工程验收鉴定书。正本数量可按参加验收单位、质量和安全监督机构各一份以及归档所需要的份数确定。自验收鉴定书通过之日起 30 个工作日内，由项目法人发送有关单位，并报送法人验收监督管理机关备案。

（9）根据《水利水电建设工程验收规程》（SL 223—2008），"分部工程验收鉴定书"的主要内容及填写注意事项如下：

1）开工完工日期，系指本分部工程开工及完工日期，具体到日。

2）质量事故及缺陷处理，达不到《水利工程质量事故处理暂行规定》（水利部第 9 号令）所规定分类标准下限的，均为质量缺陷。对于质量事故的处理程序应符合《水利工程质量事故处理暂行规定》（水利部第 9 号令），对于质量缺陷按有关规范及合同进行处理。需说明本分部工程是否存在上述问题，如果存在是如何处理的。

3）拟验工程质量评定，主要填写本分部单元工程个数、主要单元工程个数、单元工程合格数和优良数以及优良品率，并应按《水利水电工程施工质量检验与评定规程》（SL 176—2007）和《水利水电工程单元工程施工质量验收评定标准——堤防工程》（SL 634—2012）的要求进行质量评定。工程质量指标，主要填写有关质量方面设计指标（或规范要求的指标），项目部自检统计结果，监理单位抽检统计结果，以及各指标之间的对比情况。

4）存在问题及处理意见：主要填写有关本分部工程质量方面是否存在问题，以及如何处理，处理意见应明确存在问题的处理责任单位，完成期限以及应达到的质量标准，存在问题处理后的验收责任单位。

5）验收结论，填写验收的简单过程（包括验收日期、质量评定依据）和结论性意见。

6）保留意见，填写对验收结论的不同意见以及需特别说明与该分部工程验收有关的问题，并需持保留意见的人签字。

3.1.7.5　单位工程验收的基本要求

根据《水利水电建设工程验收规程》（SL 223—2008），单位工程验收的基本要求如下：

（1）验收的组织。

1）单位工程验收应由项目法人主持。验收工作组应由项目法人、勘测、设计、监理、施工、主要设备制造（供应）商、运行管理等单位的代表组成。必要时，可邀请上述单位以外的专家参加。单位工程验收工作组成员应具有中级及其以上技术职称或相应执业资格，每个单位代表人数不宜超过三名。

2）单位工程完工并具备验收条件时，项目部应向项目法人提出验收申请报告。项目法人应在收到验收申请报告之日起 10 个工作日内决定是否同意进行验收。

3）项目法人组织单位工程验收时，应提前 10 个工作日通知质量和安全监督机构。主要建筑物单位工程验收应通知法人验收监督管理机关。法人验收监督管理机关可视情况决定是否列席验收会议，质量和安全监督机构应派员列席验收会议。

4）需要提前投入使用的单位工程应进行单位工程投入使用验收。单位工程投入使用验收应由项目法人主持，根据工程具体情况，经竣工验收主持单位同意，单位工程投入使用验收也可由竣工验收主持单位或其委托的单位主持。

（2）验收的条件。

单位工程验收应具备以下条件：

1）所有分部工程已完建并验收合格。

2）分部工程验收遗留问题已处理完毕并通过验收，未处理的遗留问题不影响单位工程质量评定并有处理意见。

3）合同约定的其他条件。

4）单位工程投入使用验收除应满足以上条件外，还应满足以下条件：

工程投入使用后，不影响其他工程正常施工，且其他工程施工不影响该单位工程安全运行；

已经初步具备运行管理条件，需移交运行管理单位的，项目法人与运行管理单位已签订提前使用协议书。

（3）验收的主要工作。

单位工程验收工作包括以下主要内容：

1）检查工程是否按批准的设计内容完成。

2）评定工程施工质量等级。

3）检查分部工程验收遗留问题处理情况及相关记录。

4）对验收中发现的问题提出处理意见。

5）单位工程投入使用验收除完成以上工作内容外，还应对工程是否具备安全运行条件进行检查。

（4）验收工作程序。

单位工程验收应按以下程序进行：

1）听取工程参建单位工程建设有关情况的汇报。

2）现场检查工程完成情况和工程质量。

3）检查分部工程验收有关文件及相关档案资料。

4）讨论并通过单位工程验收鉴定书。

（5）验收工作的成果。

单位工程验收的成果性文件是单位工程验收鉴定书。项目法人应在单位工程验收通过之日起 10 个工作日内，将验收质量结论和相关资料报质量监督机构核定。质量监督机构应在收到验收质量结论之日起 20 个工作日内，将核定意见反馈项目法人。当质量监督机构对验收质量结论有异议时，应按分部工程验收的有关规定执行。

单位工程验收鉴定书正本数量可按参加验收单位、质量和安全监督机构、法人验收监督管理机关各一份以及归档所需要的份数确定。自验收鉴定书通过之日起 30 个工作日内，由项目法人发送有关单位并报法人验收监督管理机关备案。

3.1.7.6　合同工程完工验收的基本要求

根据《水利水电建设工程验收规程》（SL 223—2008），合同工程完成后，应进行合同工程完工验收。当合同工程仅包含一个单位工程（分部工程）时，应将单位工程（分部工程）验收与合同工程完工验收一并进行，但应同时满足相应的验收条件。

合同工程完工验收的基本要求如下：

（1）验收的组织。

1）合同工程完工验收应由项目法人主持。验收工作组应由项目法人以及与合同工程有关的勘测、设计、监理、施工、主要设备制造（供应）商等单位的代表组成。

2）合同工程具备验收条件时，项目部应向项目法人提出验收申请报告。项目法人应在收到验收申请报告之日起 20 个工作日内决定是否同意进行验收。

（2）验收的条件。

合同工程完工验收应具备以下条件：

1）合同范围内的工程项目已按合同约定完成。

2）工程已按规定进行了有关验收。

3）观测仪器和设备已测得初始值及施工期各项观测值。

4）工程质量缺陷已按要求进行处理。

5）工程完工结算已完成。

6）施工现场已经进行清理。

7）需移交项目法人的档案资料已按要求整理完毕。

8）合同约定的其他条件。

（3）验收的主要工作。

合同工程完工验收工作包括以下主要内容：

1）检查合同范围内工程项目和工作完成情况。

2）检查施工现场清理情况。

3）检查已投入使用工程运行情况。

4）检查验收资料整理情况。

5）鉴定工程施工质量。

6）检查工程完工结算情况。

7）检查历次验收遗留问题的处理情况。

8）对验收中发现的问题提出处理意见。

9）确定合同工程完工日期。

10）讨论并通过合同工程完工验收鉴定书。

（4）验收工作程序及成果。

1）合同工程完工验收的工作程序可参照单位工程验收的有关规定进行。

2）合同工程完工验收的成果性文件是合同工程完工验收鉴定书。正本数量可按参加验收单位、质量和安全监督机构以及归档所需要的份数确定。自验收鉴定书通过之日起30个工作日内，应由项目法人发送有关单位，并报送法人验收监督管理机关备案。

### 3.1.7.7 堤防工程验收的要求

根据《堤防工程施工质量评定与验收规程（试行）》（SL 239—1999）以及《水利水电建设工程验收规程》（SL 223—2008），堤防工程建设管理中应注意以下几点：

（1）工程质量事故处理后，应按照处理方案的质量要求，重新进行工程质量检测和评定。

（2）单元工程（或工序）质量达不到合格标准时，必须及时处理。其质量等级按下列规定确定：

全部返工重作的，可重新评定质量等级。

经加固补强并经鉴定能达到设计要求的，其质量只能评定为合格。

经鉴定达不到设计要求，但项目法人认为能基本满足安全和使用功能要求的，可不加固补强；或经加固补强后，造成外形尺寸或永久性缺陷的，经项目法人认为基本满足设计要求，其质量可按合格处理。

（3）项目法人或监理单位在核定单元工程质量时，除应检查工程现场外，还应对该单元工程的施工原始记录、质量检验记录等资料进行查验，确认单元工程质量评定表所填写的数据、内容的真实和完整性，必要时可进行抽检。单元工程质量评定表中应明确记载项目法人或监理单位对单元工程质量等级的核定意见。

（4）堤防工程验收包括分部工程验收、阶段验收、单位工程验收和竣工验收。与其他水利工程一样。

（5）工程竣工验收前，项目法人应委托省级以上水行政主管部门认定的水利工程质量检测单位对工程质量进行一次抽检。工程质量抽检所需费用由项目法人列支。

（6）工程质量检测单位应通过技术质量监督部门计量认证，不得与项目法人、监理单位、项目部隶属同一经营实体，并按有关规定提交工程质量检测报告。

（7）工程质量检测项目和数量由质量监督部门确定。

（8）土料填筑工程质量抽检主要内容为干密度和外观尺寸。

（9）干（浆）砌石工程质量抽检主要内容为厚度、密实程度和平整度，必要时应拍摄图像资料。

（10）混凝土预制块砌筑工程质量抽检主要内容为预制块厚度、平整度和缝宽。

（11）垫层工程质量抽检主要内容为垫层厚度及垫层铺设情况。

（12）堤脚防护工程质量抽检主要内容为断面复核。

（13）混凝土防洪墙和护坡工程质量抽检主要内容为混凝土强度。

（14）堤身截渗、堤基处理及其他工程，工程质量抽检的主要内容及方法由工程质量监督机构提出方案报项目主管部门批准后实施。

（15）凡抽检不合格的工程，必须按有关规定进行处理，不得进行验收。处理完毕后，由项目法人将处理报告连同质量检测报告一并提交竣工验收委员会。

（16）工程竣工验收时，竣工验收委员会可以根据需要对工程质量再次进行抽检，抽检内容和方法由验收委员会确定。

以上是水利部等上级主管部门制定的有关水利工程验收规定，根据上述规定，项目部怎样具体处理和进行验收工作是项目部班子成员和有关技术人员应该了解的东西。

验收从施工单位的角度主要包括：单元工程、分部（分项）工程、单位工程验收等。单元工程验收一般由业主和监理单位组织，业主、监理和施工单位参加，重要的单元工程或隐蔽工程验收，需要时应提前邀请设计人员参加。分部（分项）工程验收一般由质量监督部门、业主、监理、设计及施工单位、运行管理单位等共同参加；单位工程验收除了分部（分项）工程验收的单位人员外，需要时应邀请上级主管部门、地方财政、发改等单位有关人员一同参加。单元工程和分部（分项）工程验收，均需按事先划分的单元和分部分项工程情况，完成一项验收一项。无论是单元、分部（分项）还是单位工程验收，均需要项目部根据具体情况经业主和监理工程师认可后，以书面形式提出验收申请。验收时必须成立验收小组或委员会，选举组长或主任委员和副组长或副主任委员作为验收负责人，验收小组或委员会成员必须详细查看各种资料，依据水利水电工程验收规范规程进行，对资料查验后无误的，依据资料实地察看现场实物，能进行现场鉴定的还要进行现场鉴定。查看资料和现场绝不能走马观花，一定要深入细致，同时，对资料和实物经查看对比后，做出客观公正地评价。对存在的不影响移交和运行的问题详细列出清单，并提出明确的要求和完成时限后通过验收，现场出具验收报告并签字；对存在影响移交和运行问题的，提出完善意见和时限延期验收，可由主任委员或组长签署整改完善通知。这是常规的水利水电工程验收程序或要求。针对上述验收程序，项目经理、总工程师、质检、技术、测量、试验、金结、机电设备和自动化等相关专业技术人员，必须提前做好各自的准备工作，首先进行自查自验，自查自验通不过的应及时处理查出的问题并经监理和业主当场查验通过，需要修改或补充资料的如实修改或补充资料，需要企业主管部门一起参加联合自检的应在项目部自检合格后，及时通知企业技术或质量监管部门到场按程序进行联合复检。

验收工作是证明成果的时间，是通过验收人员的评价表面上是给予施工单位工作认可的时间，实际上是对业主、监理、设计、施工等相关单位工作的综合检验和总结，结果好坏是以平常的质量工作抓得好坏相联系的，日常工作做得到位、细致、严谨、规范、协调，结果应该是等同的，当然，豆腐渣工程被评为优质工程、合格工程被评为不合格的也有，但不能因为个别腐败项目或人员而否认验收工作和全部验收人员，什么时候主流还是公平、公正和正义的。施工企业要清楚，验收人员的评价和其责任是等量的，好的评成坏的、坏的评成好的，对验收人员来讲，首先是良心上受到谴责，同时，对其今后的工作甚至前途也埋下隐患，所谓"优良工程"的豆腐渣工程最终被处理的参验人员不是少数，因此而丢掉职位、工作甚至入狱的也不乏其人。望所有施工企业尤其是各项目部主管人员，都有质量优先的意识和工作作风，凭自身能力和水平真正干出合格工程，而不采取投机取巧的办法骗取合格或优良，这就从根本上不给一些从中有曲折想法的个别人提供机会。腐败项目的产生一般都不是单方面的，但是，施工企业作为实施方总是首当其冲，而根源主要在项目管理者的理念和意识偏离了正常的思维，把获利作为重于一切的己任。

竣工验收是所有验收工作中最重要的验收，因此，业主、监理、设计、管理和施工等单位应高度重视并密切配合，及早了解竣工验收的程序及各自应该提供的相关资料，将相关资料在验收前准备充分并按档案管理的要求进行分类保存和管理，在验收前进行全面自查和对照，确保验收时没有遗漏和差错，以保证验收工作的顺利进行。竣工验收要出验收报告，报告的主要内容包括：

1）建设依据；

2）工程概况；

3）初验与试运行情况；

4）竣工决算情况；

5）技术档案整理情况；

6）经济技术分析；

7）运行前准备工作情况；

8）尾工处理意见；

9）工程投产后的建议和意见；

10）工程建设经验、教训及今后工作的建议等。不同的项有不同的验收报告，不能一概而论。

工程项目到了竣工验收阶段已经接近项目的尾声了，紧接着就会进入收尾阶段，工地上往日的喧哗和沸腾将失去，现场人员会逐渐稀少，施工设备也大都在几天内销声匿迹，各种材料零零碎碎难引人注意，生活区和办公区也将是人去屋空。项目经理班子在联想到进入这种场景时应该有一种紧迫感，而不是松懈，原因很简单：就是利用人员没有完全撤离前全面检查工程现场状况，全面检查工程竣工资料准备情况，为工程顺利验收和尽早撤离创造有利条件。

任何工程的竣工验收都是阶段验收的积累和总结，有远见和称职的项目经理和技术负责人应该在进场前就要考虑到竣工验收的组织和安排，否则，工程的阶段验收不会顺利，阶段验收不顺利必将影响竣工验收的进行，因此，自工程正式开工的第一次工作例会，项目经理和技术负责人就要谈到验收准备工作和验收人员安排事宜，使各个职能部门都要自始至终将各自的资料收集整理好，同时，通过提前安排验收工作，可使大家引起对工作的重视和细致，避免粗心大意造成验收时的被动和尴尬。验收工作从表面上看是几个人和一时一刻的事，实际上是整个项目部所有人和贯穿整个施工过程的事，这种观念不及时树立就很难组织好验收工作。单元工程验收和分部分项工程验收通常也叫阶段验收，无论是阶段验收还是竣工验收，都要做好充分的准备及组织工作。

1. 阶段验收准备

阶段验收主要包括三部分内容：一是察看工程现场，二是检查工程资料，三是听取工作汇报。就目前正规的水利工程施工企业而言，工程现场和工作汇报都不会有什么显著问题，问题较多的一般都是在资料方面，在此，仅就验收资料准备强调一下。要想使资料一次性符合验收要求，项目部应做好以下工作：

（1）在工程开工后，项目总工程师应及时组织技术科等有关职能部门负责人及专业技术人员，对照有关规范和规程及该项目的具体情况划分分部分项工程和单元工程，具体确定该工程项目一共分哪几个分部分项工程，每一个分部分项工程包括多少个单元工程，列出详细的划分清单报总监理工程师审核，总监理工程师也会根据监理职责对该工程有一个划分方案，二者结合后，总监理工程师会及时制定一份详细的划分报告报予业主审核并批复，确定后业主或总监理工程师会将批复的意见转发给项目部同时上报工程质量监督部门备案；

（2）项目总工程师应将确定批复的划分意见及时传达到各职能部门及专业技术人员，并根据批复意见编制该工程每个分部分项验收资料清单、每个分部分项工程包括的各单元工程验收资料清单、单位工程验收资料清单，据此布置有关职能部门分头负责收集、整理、保存有关资料并具体到各部门具体工作人员；

（3）根据部门的分工下发各部门资料准备清单和存档要求，使所有部门和资料负责人员都及早明确所需资料的种类、规格、份数、指标、时间、签证人员、形式、格式等；

（4）定期组织有关人员并邀请总监理工程师对各职能部门的资料进行检查，发现问题及时纠正，如有遗漏及时补充；

（5）质量检查科是整个项目所有资料的具体负责部门，负责成品资料的签证、整理、存档、管理工作，负责对所有资料进行核对；

（6）各种资料必须保证其真实性和原始性，严禁随意更改资料，防止资料和材料、设备等实物不符，严禁突击编写资料；

（7）办公室、质量检查科等负责施工过程中影像资料的采集、整理、编辑、保存；

（8）技术负责人负责施工大事记的记录和整理，并将工程大事记定期与总监理工程师进行核对；

（9）各分部分项工程综合资料存装一档案盒，该分部分项工程所有单元工程分别存装一个档案盒，在没有进行竣工验收前严禁装订成册，以便于将来复印。

2. 阶段验收组织

阶段验收作为施工方一般由项目部直接组织并排除相关技术人员参加。阶段验收一般是根据批复的分部分项工程进行，可以对一个分部分项工程在完工后紧接着组织验收，也可以几个分部分项工程一起验收，这要根据总监理工程师的安排和业主意见具体确定。

(1) 察看现场：察看现场是每次验收必然要进行的项目，因此，在验收前项目部应将要验收的部位或分部分项工程的现场清理干净，使要验收的部位暴露出来，以便验收人员详细察看实物的外观质量和工程量数量，确认该分部分项工程确已完成，对表观质量有一个初步的感性认知。在察看现场时，项目部应准备测量仪器、检测仪器等，以备验收人员随时抽检具体指标，对规格质量和局部尺寸等有进一步的了解。进行现场察看时，项目经理、技术负责人带领技术、测量、质检、有关科室及被验收部位施工工段等代表陪同，其中，技术负责人在察看前应向验收小组简要汇报该分部分项工程施工情况，如有专家询问时，主要由技术负责人回答，涉及比较专业的问题时由技术负责人指定有关部门的专业人员回答。回答验收组的问题时应问一答一，没有问到的不必多答，回答应答对所问，不要答非所问。察看现场时项目部应安排办公室负责摄像和摄影工作，及时留下阶段验收影像资料。现场察看前，项目部应准备好验收组人员的安全帽、胶鞋、雨衣或雨伞等用品，同时，对偏僻的部位应提前将现场进行必要的平整处理，以便验收人员能走到工程跟前察看情况并没有安全隐患。

(2) 检查资料：验收前头一天，技术负责人应安排有关科室及工段将全部资料存放到项目部会议室或总监理工程师指定地点，按分部分项综合、各单元工程顺序摆放整齐，同时，在每一盒资料的外封面粘贴资料清单目录以便查找。会议室一般分两面布置，光线好的一侧安排验收组人员就座，项目部人员在对面就座，资料摆放在会议桌的一端或两端，会议桌较小时也可以将资料单独摆放在临时增加的书桌上。资料的摆放位置要便于验收组人员取放。到会议室参加查看资料的项目部人员，项目经理和技术负责人应事先商定，能满足回答资料中的问题为度，多余人员不必进入，同时，安排办公室人员提前摆放会议常用品，并有专人负责服务工作。验收的前一天，办公室人员应检查会议室卫生情况，及时将室内外卫生打扫整洁。在查看资料过程中，对验收人员提出的问题仍然由技术负责人为主回答，专业方面由技术负责人指定有关专业人员回答。对验收人员提出的意见和建议，项目部入会人员应认真记录详细，尤其是不符合要求的问题如何整改才能达到要求应记录清楚。第一次验收时，项目部应详细询问资料存档要求，力争按统一的档案管理方式进行以后的档案管理。

(3) 项目经理和技术负责人应各有侧重点地向验收组汇报工程施工过程和组织管理情况，必要时可提前形成书面材料。验收结束后，项目经理及技术负责人应详细总结验收情况，将验收要求和以后应注意的问题及时在下次例会上公布并有针对性地进行安排调整，对表现好的职能部门和人员应提出表扬甚至奖励，对存在问题的部门和人员要严厉批评，再有类似情况发生一并给予处罚，始终使项目部职工把按要求准备和存放资料作为自己重要工作的一部分，并尽早形成良好的习惯。第一次验收存在点问题也是正常的，但是，同样的问题绝对不能再次出现，这样，到验收第三、四个分部分项工程时几乎就不会存在什么问题了，以后的验收不但轻松顺利，更为最后的竣工验收创造了有利条件，赢得了好的印象。

所以，阶段验收必须达到一次又一次水平的要求和目标，必须达到尽早消除验收组对项目部存有疑虑的念头，以有效的组织、真实的资料、规范的档案、过硬的实物、良好的服务、得体的言行赢得验收组的信任，才能为竣工验收画上圆满的句号。

3. 竣工验收组织

竣工验收对整个工程项目来说是一次定性的总结过程，业主、监理、设计、质量监督部门、当地政府、新闻媒体等都比较关注，验收场面和验收程序也是任何阶段验收所不具备的，所以，项目部应根据确定的验收时间提前通知企业领导安排有关领导及部门派员参加，同时，项目部应围绕竣工验收工作召开专题会议进行详细的组织安排：

（1）安排项目总工程师选定参加验收的部门和人员，并由总工程师核查填报的竣工验收报告；

（2）安排项目副经理负责施工现场的清理、平整、维护等工作，规划车辆进出路线，修整有关道路；

（3）安排办公室设置停车场、安置行驶路线标志牌，联系会议场所和食宿场所，准备验收人员现场察看物品，准备摄影、摄像用品，准备横幅、标语、广告宣传牌、彩旗等衬托现场气氛用的有关物品；

（4）总工程师安排技术、质检、机电、金属结构、自动化、测量等科室工段人员提前准备原始资料，根据竣工资料要求编制竣工资料清单，报总监理工程师和业主审查后，据此组织专门业务人员集中整理、汇总有关资料，依次排序、分册装订，对影像资料挑选有代表性的照片按时间顺序或分部分项顺序，注上简要的图片说明制成相册，经剪辑后对摄像资料汇总成整体影片资料并根据影片编制编写解说词，经配音后制成直观性强的影视资料；

（5）安排卫生室和司务科全面清理生活区和办公区的室内外卫生；

（6）安排钢、木、水工段带领劳务工人仔细检查工程表观质量情况，清理悬挂物、黏附物、外露物（钢筋头、铅丝头、分缝材料凸出物等），对被污染的外露面进行清洗；

（7）安排验收车辆并对车辆进行编号，统计乘车人员，将所有人员确定乘坐车辆号并通知到人；

（8）落实车辆指挥人员、摄像人员、拍照人员、搬运资料人员、会议服务人员、食宿安排人员、纪念品采购人员、会场布置人员、现场物品回收人员等，到时应各就各位分别完成各自的工作；

（9）项目经理和技术负责人应事先准备书面的工作汇报材料，详细汇报工程的施工过程和技术情况，对质量、安全、工期、文明施工、环境保护、对外协调、该工程施工经验和教训、工程移交后的管理建议等应分序汇报；

（10）提前准备工程移交清单，工程移交后对运行管理的书面建议，经总监理工程师审查后编制正式移交资料。

至于察看现场、查看资料、听取汇报等与阶段验收没有根本性差别，只是局部与整体的区分而已。

## 3.1.8　竣工报告

竣工总结报告简称竣工报告，是工程完工并验收后以施工企业或项目部为主就工程施工情况进行的总结，主要包括：竣工文字报告、施工大事记、竣工图纸以及试验、质检、测量等专业技术资料。竣工报告是对工程项目从施工管理的角度对工程实施过程及结果的一个详细总结，也是今后运行管理工作中了解施工过程中施工情况的主要资料，因此，竣工报告要求的是真实、概括、全面，既能真实地反映各部位施工情况，又能为以后工程的管理提供翔实的查阅资料，所以，要求施工企业尤其是项目部人员，必须自工程开工后，就工程的具体施工情况进行详细记载，把整个工程的施工过程能全面地记录清楚，最后，从日常记录中概括出应记载到竣工报告中的内容。该项工作由项目总工程师负责，以工程或技术科为主导，负责质检、测量、试验、金结、机电、自动化等人员共同参加并完成，主要内容包括：

1. 工程概况
(1) 工程简介；
(2) 施工设计简介。
2. 施工组织机构设置
3. 施工过程
(1) 施工布置及施工步骤情况；
(2) 主要施工方法。
4. 重点、关键部位施工及保障措施
5. 施工安全措施
(1) 就工程的施工特点建立安全规章制度，完善安全保障及预防体系情况；
(2) 强化安全教育增强防范意识情况；
(3) 建立全程安全控制平台消除施工安全隐患情况；
(4) 安全隐患排查及防患于未然情况；
(5) 制定防灾预案及事故应急处理预案达到掌控安全生产主动权情况；
(6) 安全生产落实情况及结果等。
6. 质量保证及控制措施
(1) 质保机构建立情况；
(2) 质保制度建立情况；
(3) 质保开展情况；
(4) 质保奖惩及考核情况；
(5) 质保专项检查情况；
(6) 质保培训情况；
(7) 质保技术保障情况；
(8) 质保把关情况（进场材料、测量、资料等）；
(9) 重点、难点工程质保措施情况等。
7. 施工进度控制情况
(1) 确保工期的主要管理措施；
(2) 确保工期的主要技术措施。
8. 质量、安全事故的处理
9. 文明施工及环境保护措施
10. 合同履行情况

11. 施工大事记

竣工总结报告既是对已经施工的项目真实合理的总结，也是为以后的工作积累的经验和财富，因此，竣工总结必须实事求是、公正评价，把应该总结的经验概括清楚，把应该接受的教训研究明白，它不仅是给建设和管理单位提供的一份资料，更是给建设和管理单位提供的一份企业品德和良知，对敢于面对不足的竣工总结更有利于今后的管理，隐瞒真情有可能赢得建设和管理单位一时的欣慰和信任，最终必将适得其反。同时，竣工总结报告作为档案资料，对企业内部同样需要真诚的记录内容，以作为今后企业类似工程的有价参考，否则，必将使新的项目重蹈覆辙或引入歧途，再次造成不必要的损失或影响。

## 3.2　质量管理

### 3.2.1　水利工程项目划分和施工质量检验

#### 3.2.1.1　水利工程项目划分的原则

为加强水利水电工程建设质量管理，保证工程施工质量，统一施工质量检验与评定方法，使施工质量检验与评定工作标准化、规范化，水利部组织有关单位对《水利水电工程施工质量评定规程（试行）》（SL 176—1996）进行修订，修订后更名为《水利水电工程施工质量检验与评定规程》（SL 176—2007），自 2007 年 10 月 14 日实施。有关项目名称和项目划分原则规定如下。

1. 项目名称和划分原则

（1）水利水电工程质量检验与评定应进行项目划分。项目按级划分为单位工程、分部工程、单元（工序）工程等三级。

（2）工程中永久性房屋（管理设施用房）、专用公路、专用铁路等工程项目，可按相关行业标准划分和确定项目名称。

（3）水利水电工程项目划分应结合工程结构特点、施工部署及施工合同要求进行，划分结果应有利于保证施工质量以及施工质量管理。

2. 单位工程项目的划分原则

（1）枢纽工程，一般以每座独立的建筑物为一个单位工程。当工程规模大时，可将一个建筑物中具有独立施工条件的一部分划分为一个单位工程。

（2）堤防工程，按招标标段或工程结构划分单位工程。规模较大的交叉联结建筑物及管理设施以每座独立的建筑物为一个单位工程。

（3）引水（渠道）工程，按招标标段或工程结构划分单位工程。大、中型引水（渠道）建筑物以每座独立的建筑物为一个单位工程。

（4）除险加固工程，按招标标段或加固内容，并结合工程量划分单位工程。

3. 分部工程项目的划分原则

（1）枢纽工程，土建部分按设计的主要组成部分划分；金属结构及启闭机安装工程和机电设备安装工程按组合功能划分。

(2) 堤防工程，按长度或功能划分。

(3) 引水（渠道）工程中的河（渠）道按施工部署或长度划分。大、中型建筑物按工程结构主要组成部分划分。

(4) 除险加固工程，按加固内容或部位划分。

(5) 同一单位工程中，各个分部工程的工程量（或投资）不宜相差太大，每个单位工程中的分部工程数目，不宜少于 5 个。

4. 单元工程项目的划分原则

(1) 按《水利水电基本建设工程单元工程质量等级评定标准（试行）》（SDJ 249.1—88，SL 38—92，SL 239—1999）（以下简称《单元工程评定标准》）规定进行划分。

(2) 河（渠）道开挖、填筑及衬砌单元工程划分界限宜设在变形缝或结构缝处，长度一般不大于 100m。同一分部工程中各单元工程的工程量（或投资）不宜相差太大。

(3)《单元工程评定标准》中未涉及的单元工程可依据工程结构、施工部署或质量考核要求，按层、块、段进行划分。

5. 项目划分程序

(1) 由项目法人组织监理、设计及施工等单位进行工程项目划分，并确定主要单位工程、主要分部工程、重要隐蔽单元工程和关键部位单元工程。项目法人在主体工程开工前应将项目划分表及说明书面报相应工程质量监督机构确认。

(2) 工程质量监督机构收到项目划分书面报告后，应在 14 个工作日内对项目划分进行确认并将确认结果书面通知项目法人。

(3) 工程实施过程中，需对单位工程、主要分部工程、重要隐蔽单元工程和关键部位单元工程的项目划分进行调整时，项目法人应重新报送工程质量监督机构确认。

项目经理或小型项目负责人应掌握项目划分的程序，了解单位工程、分部工程的划分情况；在施工过程中要及时掌握其质量等级及质量情况。

6. 质量术语

(1) 水利水电工程质量。工程满足国家和水利行业相关标准及合同约定要求的程度，在安全、功能、适用、外观及环境保护等方面的特性总和。

(2) 质量检验。通过检查、量测、试验等方法，对工程质量特性进行的符合性评价。

(3) 质量评定。将质量检验结果与国家和行业技术标准以及合同约定的质量标准所进行的比较活动。

(4) 单位工程。具有独立发挥作用或独立施工条件的建筑物。

(5) 分部工程。在一个建筑物内能组合发挥一种功能的建筑安装工程，是组成单位工程的部分。对单位工程安全、功能或效益起决定性作用的分部工程称为主要分部工程。

(6) 单元工程。在分部工程中由几个工序（或工种）施工完成的最小综合体，是日常质量考核的基本单位。

(7) 关键部位单元工程。对工程安全、效益或功能有显著影响的单元工程。

（8）重要隐蔽单元工程。主要建筑物的地基开挖、地下洞室开挖、地基防渗、加固处理和排水等隐蔽工程中，对工程安全或功能有严重影响的单元工程。

（9）主要建筑物及主要单位工程。主要建筑物，指其失事后将造成下游灾害或严重影响工程效益的建筑物，如堤坝、泄洪建筑物、输水建筑物、电站厂房及泵站等。属于主要建筑物的单位工程称为主要单位工程。

（10）中间产品。工程施工中使用的砂石骨料、石料、混凝土拌合物、砂浆拌合物、混凝土预制构件等土建类工程的成品及半成品。

（11）见证取样。在监理单位或项目法人监督下，由施工单位有关人员现场取样，并送到具有相应资质等级的工程质量检测单位进行的检测。

（12）外观质量。通过检查和必要的量测所反映的工程外表质量。

（13）质量事故。在水利水电工程建设过程中，由于建设管理、监理、勘测、设计、咨询、施工、材料、设备等原因造成工程质量不符合国家和行业相关标准以及合同约定的质量标准，影响工程使用寿命和对工程安全运行造成隐患和危害的事件。

（14）质量缺陷。对工程质量有影响，但小于一般质量事故的质量问题。

3.2.1.2　水利工程施工质量检验要求

1. 基本规定

（1）承担工程检测业务的检测单位应具有水行政主管部门颁发的资质证书。其设备和人员的配备应与所承担的任务相适应，有健全的管理制度。

（2）工程施工质量检验中使用的计量器具、试验仪器仪表及设备应定期进行检定，并具备有效的检定证书。国家规定需强制检定的计量器具应经县级以上计量行政部门认定的计量检定机构或其授权设置的计量检定机构进行检定。

（3）检测人员应熟悉检测业务，了解被检测对象性质和所用仪器设备性能，经考核合格后，持证上岗。参与中间产品及混凝土（砂浆）试件质量资料复核的人员应具有工程师以上工程系列技术职称，并从事过相关试验工作。

（4）工程质量检验项目和数量应符合《单元工程评定标准》规定。

（5）工程质量检验方法，应符合《单元工程评定标准》和国家及行业现行技术标准的有关规定。

（6）工程质量检验数据应真实可靠，检验记录及签证应完整齐全。

（7）工程项目中如遇《单元工程评定标准》中尚未涉及的项目质量评定标准时，其质量标准及评定表格，由项目法人组织监理、设计及施工单位按水利部有关规定进行编制和报批。

（8）工程中永久性房屋、专用公路、专用铁路等项目的施工质量检验与评定可按相应行业标准执行。

（9）项目法人、监理、设计、施工和工程质量监督等单位根据工程建设需要，可委托具有相应资质等级的水利工程质量检测单位进行工程质量检测。施工单位自检性质的委托检测项目及数量，应按《单元工程评定标准》及施工合同约定执行。对已建工程质量有重大分歧时，应由项目法人委托第三方具有相应资质等级的质量检测单位进行检测，检测数量视需要确定，检测费用由责任方承担。

（10）堤防工程竣工验收前，项目法人应委托具有相应资质等级的质量检测单位进行抽样检测，工程质量抽检项目和数量由工程质量监督机构确定。

（11）对涉及工程结构安全的试块、试件及有关材料，应实行见证取样。见证取样资料由施工单位制备，记录应真实齐全，参与见证取样人员应在相关文件上签字。

（12）工程中出现检验不合格的项目时，应按以下规定进行处理：

原材料、中间产品一次抽样检验不合格时，应及时对同一取样批次另取两倍数量进行检验，如仍不合格，则该批次原材料或中间产品应定为不合格，不得使用。

单元（工序）工程质量不合格时，应按合同要求进行处理或返工重作，并经重新检验且合格后方可进行后续工程施工。

混凝土（砂浆）试件抽样检验不合格时，应委托具有相应资质等级的质量检测单位对相应工程部位进行检验。如仍不合格，应由项目法人组织有关单位进行研究，并提出处理意见。

工程完工后的质量抽检不合格，或其他检验不合格的工程，应按有关规定进行处理，合格后才能进行验收或后续工程施工。

2. 质量检验职责范围

（1）项目部应依据工程设计要求、施工技术标准和合同约定，结合《单元工程评定标准》的规定确定检验项目及数量并进行自检，自检过程应有书面记录，同时结合自检情况如实填写质量评定表，评定表格式可按安徽省地方标准《安徽省水利工程施工质量评定标准》（DB 34/371—2003）执行。

（2）监理单位应根据《单元工程评定标准》和抽样检测结果复核工程质量。其平行检测和跟踪检测的数量按《水利工程建设项目施工监理规范》（SL 288—2003）或合同约定执行。

（3）法人应对施工单位自检和监理单位抽检过程进行督促检查，对报工程质量监督机构核备、核定的工程质量等级进行认定。

（4）工程质量监督机构应对项目法人、监理、勘测、设计、施工单位以及工程其他参建单位的质量行为和工程实物质量进行监督检查。检查结果应按有关规定及时公布，并书面通知有关单位。

（5）临时工程质量检验及评定标准，应由项目法人组织监理、设计及施工等单位根据工程特点，参照《单元工程评定标准》和其他相关标准确定，并报相应的工程质量监督机构核备。

3. 质量检验内容

（1）质量检验包括施工准备检查，原材料与中间产品质量检验，水工金属结构、启闭机及机电产品质量检查，单元（工序）工程质量检验，质量事故检查和质量缺陷备案，工程外观质量检验等。

（2）主体工程开工前，施工单位应组织人员进行施工准备检查，并经项目法人或监理单位确认合格且履行相关手续后，才能进行主体工程施工。

（3）项目部应按《单元工程评定标准》及有关技术标准对水泥、钢材等原材料与中间产品质量进行检验，并报监理单位复核。不合格产品，不得使用。

（4）水工金属结构、启闭机及机电产品进场后，有关单位应按有关合同进行交货检查和验收。安装前，施工单位应检查产品是否有出厂合格证、设备安装说明书及有关技术文件，对在运输和存放过程中发生的变形、受潮、损坏等问题应做好记录，并进行妥善处理。无出厂合格证或不符合质量标准的产品不得用于工程中。

（5）项目部应按《单元工程评定标准》检验工序及单元工程质量，作好书面记录，在自检合格后，填写《水利水电工程施工质量评定表》报监理单位复核。监理单位根据抽检资料核定单元（工序）工程质量等级。发现不合格单元（工序）工程，应要求项目部及时进行处理，合格后才能进行后续工程施工。对施工中的质量缺陷应书面记录备案，进行必要的统计分析，并在相应单元（工序）工程质量评定表"评定意见"栏内注明。

（6）项目部应及时将原材料、中间产品及单元（工序）工程质量检验结果报监理单位复核。并应按月将施工质量情况报送监理单位，由监理单位汇总分析后报项目法人和工程质量监督机构。

（7）单位工程完工后，项目法人应组织监理、设计、施工及工程运行管理等单位组成工程外观质量评定组，现场进行工程外观质量检验评定，并将评定结论报工程质量监督机构核定。参加工程外观质量评定的人员应具有工程师以上技术职称或相应执业资格。评定组人数应不少于5人，大型工程不宜少于7人。

## 3.2.2 水利工程施工质量评定的基本要求

水利工程施工质量等级评定的主要依据有：

（1）国家及相关行业技术标准；

（2）《单元工程评定标准》；

（3）经批准的设计文件、施工图纸、金属结构设计图样与技术条件、设计修改通知书、厂家提供的设备安装说明书及有关技术文件；

（4）工程承发包合同中约定的技术标准；

（5）工程施工期及试运行期的试验和观测分析成果。

《水利水电工程施工质量检验与评定规程》（SL 176—2007）规定水利工程质量等级分为"合格"和"优良"两级。合格标准是工程验收标准，优良等级是为工程项目质量创优而设置的。

### 3.2.2.1 合格标准

1. 单元工程施工质量合格标准

单元（工序）工程施工质量合格标准应按照《单元工程评定标准》或合同约定的合格标准执行。

当达不到合格标准时，应及时处理。处理后的质量等级应按下列规定重新确定：

（1）全部返工重作的，可重新评定质量等级。

（2）经加固补强并经设计和监理单位鉴定能达到设计要求时，其质量评为合格。

（3）处理后的工程部分质量指标仍达不到设计要求时，经设计复核，项目法人及监理单位确认能满足安全和使用功能要求，可不再进行处理；或经加固补强后，改变了外形尺寸或造成工程永久性缺陷的，经项目法人、监理及设计单位确认能基本满足设计要求，其质量可定为合格，但应按规定进行质量缺陷备案。

2. 分部工程施工质量合格标准

（1）所含单元工程的质量全部合格。质量事故及质量缺陷已按要求处理，并经检验合格；

（2）原材料、中间产品及混凝土（砂浆）试件质量全部合格，金属结构及启闭机制造质量合格，机电产品质量合格。

3. 单位工程施工质量合格标准

（1）所含分部工程质量全部合格；

（2）质量事故已按要求进行处理；

（3）工程外观质量得分率达到 70％以上；

（4）单位工程施工质量检验与评定资料基本齐全；

（5）工程施工期及试运行期，单位工程观测资料分析结果符合国家和行业技术标准以及合同约定的标准要求。

4. 工程项目施工质量合格标准

（1）单位工程质量全部合格；

（2）工程施工期及试运行期，各单位工程观测资料分析结果均符合国家和行业技术标准以及合同约定的标准要求。

### 3.2.2.2 优良标准

1. 单元工程施工质量优良标准

单元工程施工质量优良标准应按照《单元工程评定标准》以及合同约定的优良标准执行。全部返工重作的单元工程，经检验达到优良标准时，可评为优良等级。

2. 分部工程施工质量优良标准

（1）所含单元工程质量全部合格，其中 70％以上达到优良等级，重要隐蔽单元工程和关键部位单元工程质量优良率达 90％以上，且未发生过质量事故；

（2）中间产品质量全部合格，混凝土（砂浆）试件质量达到优良等级（当试件组数小于 30 时，试件质量合格），原材料质量、金属结构及启闭机制造质量合格，机电产品质量合格。

3. 单位工程施工质量优良标准

（1）所含分部工程质量全部合格，其中 70％以上达到优良等级，主要分部工程质量全部优良，且施工中未发生过较大质量事故；

（2）质量事故已按要求进行处理；

（3）外观质量得分率达到 85％以上；

（4）单位工程施工质量检验与评定资料齐全；

（5）工程施工期及试运行期，单位工程观测资料分析结果符合国家和行业技术标准以及合同约定的标准要求。

4. 工程项目施工质量优良标准

（1）单位工程质量全部合格，其中 70％以上单位工程质量达到优良等级，且主要单位工程质量全部优良。

（2）工程施工期及试运行期，各单位工程观测资料分析结果均符合国家和行业技术标准以及合同约定的标准要求。

### 3.2.2.3 质量评定工作的组织与管理

（1）单元（工序）工程质量在项目部自评合格后，应报监理单位复核，由监理工程师核定质量等级并签证认可。

（2）重要隐蔽单元工程及关键部位单元工程质量经项目部自评合格、监理单位抽检后，由项目法人（或委托监理）、监理、设计、施工、工程运行管理（施工阶段已经有时）等单位组成联合小组，共同检查核定其质量等级并填写签证表，报工程质量监督机构核备。

（3）分部工程质量，在项目部自评合格后，由监理单位复核，项目法人认定。分部工程验收的质量结论由项目法人报工程质量监督机构核备。大型枢纽工程主要建筑物的分部工程验收的质量结论由项目法人报工程质量监督机构核定。

（4）单位工程质量，在项目部自评合格后，由监理单位复核，项目法人认定。单位工程验收的质量结论由项目法人报工程质量监督机构核定。

（5）工程项目质量，在单位工程质量评定合格后，由监理单位进行统计并评定工程项目质量等级，经项目法人认定后，报工程质量监督机构核定。

（6）阶段验收前，工程质量监督机构应提交工程质量评价意见。

（7）工程质量监督机构应按有关规定在工程竣工验收前提交工程质量监督报告，工程质量监督报告应有工程质量是否合格的明确结论。

3.2.2.4　水利水电工程单元工程质量等级评定标准

根据《水利水电工程施工质量检验与评定规程》（SL 176—2007），《水利水电基本建设工程单元工程质量等级评定标准》是单元工程质量等级标准，现行《水利水电基本建设工程单元工程质量等级评定标准》主要有以下几个方面：

（1）《水工建筑工程》（SDJ 249.1—88）；

（2）《金属结构及启闭机械安装工程》（SDJ 249.2—88）；

（3）《水轮发电机组安装工程》（SDJ 249.3—88）；

（4）《水力机械辅助设备安装工程》（SDJ 249.4—88）；

（5）《发电电气设备安装工程》（SDJ 241.5—88）；

（6）《升压变电电气设备安装工程》（SDJ 249.6—88）；

（7）《碾压式土石坝和浆砌石坝工程》（SL 38—92）；

（8）《堤防施工质量评定与验收规程（试行）》（SL 239—1999）。

其他相关项目参照建筑工程、交通工程等质量标准执行：

（1）《建筑工程施工质量验收统一标准》（GB 50300—2001）；

（2）《砌体工程施工质量验收规范》（GB 50203—2002）；

（3）《混凝土结构工程施工质量验收规范》（GB 50204—2002）；

（4）《屋面工程质量验收规范》（GB 50207—2002）；

（5）《建筑地面工程施工质量验收规范》（GB 50209—2002）；

（6）《建筑装饰装修工程施工质量验收规范》（GB 50210—2001）；

（7）《公路工程质量检验评定标准土建工程》（JTGF 80/1—2004）；

（8）《公路工程质量检验评定标准机电工程》（JTGF 80/2—2004）。

## 3.2.3　水利工程质量事故及处理

为了加强水利工程质量管理，规范水利工程质量事故处理行为，根据《中华人民共和国建筑法》和《中华人民共和国行政处罚法》，水利部于1999年3月4日发布实施了《水利工程质量事故处理暂行规定》（水利部第9号令）。凡在中华人民共和国境内进行各类水利工程的质量事故处理时，必须遵守本规定。

水利工程质量事故是指在水利工程建设过程中，由于建设管理、监理、勘测、设计、咨询、施工、材料、设备等原因造成工程质量不符合规程、规范和合同规定的质量标准，影响工程使用寿命和对工程安全运行造成隐患和危害的事件。

### 3.2.3.1 质量事故分类

根据《水利工程质量事故处理暂行规定》，工程质量事故按直接经济损失的大小，检查、处理事故对工期的影响时间长短和对工程正常使用的影响，分为一般质量事故、较大质量事故、重大质量事故、特大质量事故。

（1）一般质量事故指对工程造成一定经济损失，经处理后不影响正常使用并不影响使用寿命的事故。

（2）较大质量事故指对工程造成较大经济损失或延误较短工期，经处理后不影响正常使用但对工程使用寿命有一定影响的事故。

（3）重大质量事故指对工程造成重大经济损失或较长时间延误工期，经处理后不影响正常使用但对工程使用寿命有较大影响的事故。

（4）特大质量事故指对工程造成特大经济损失或长时间延误工期，经处理仍对正常使用和工程使用寿命有较大影响的事故。

水利工程质量事故分类标准见表3-1。

**表 3-1 水利工程质量事故分类标准**

| 事故类别 | | 特大质量事故 | 重大质量事故 | 较大质量事故 | 一般质量事故 |
|---|---|---|---|---|---|
| 事故处理所需的物质、器材和设备、人工等直接损失费用（万元） | 大体积混凝土，金结制作和机电安装 | >3 000 | >500，≤3 000 | >100，≤500 | >20，≤100 |
| | 土石方工程混凝土薄壁工程 | >1 000 | >100，≤1 000 | >30，≤100 | >10，≤30 |
| 事故处理所需合理工期（月） | | >6 | >3，≤6 | >1，≤3 | ≤1 |
| 事故处理后对工程功能和寿命影响 | | 影响工程正常使用，需限制条件使用 | 不影响正常使用，但对工程寿命有较大影响 | 不影响正常使用，但对工程寿命有一定影响 | 不影响正常使用和工程寿命 |

### 3.2.3.2 事故报告内容

根据《水利工程质量事故处理暂行规定》（水利部第9号令），事故发生后，事故单位要严格保护现场，采取有效措施抢救人员和财产，防止事故扩大。因抢救人员、疏导交通等原因需移动现场物件时，应作出标志、绘制现场简图并作出书面记录，妥善保管现场重要痕迹、物证，并进行拍照或录像。

发生质量事故后，项目法人必须将事故的简要情况向项目主管部门报告。项目主管部门接到事故报告后，按照管理权限向上级水行政主管部门报告。

一般质量事故向项目主管部门报告。

较大质量事故逐级向省级水行政主管部门或流域机构报告。

重大质量事故逐级向省级水行政主管部门或流域机构报告并抄报水利部。

特大质量事故逐级向水利部和有关部门报告。

发生（发现）较大质量事故、重大质量事故、特大质量事故，事故单位要在 48 h 内向有关单位提出书面报告。突发性事故，事故单位要在 4h 内电话向上述单位报告。

直接经济损失费用为必需条件，其余两项主要适用于大中型工程。

小于一般质量事故的质量问题称为质量缺陷。

在《水利工程建设重大质量与安全事故应急预案》（水建管［2006］202 号）中，关于水利工程质量与安全事故的分级是针对事故应急响应行动进行的分级。

事故报告应当包括以下内容：

(1) 工程名称、建设规模、建设地点、工期，项目法人、主管部门及负责人电话；

(2) 事故发生的时间、地点、工程部位以及相应的参建单位名称；

(3) 事故发生的简要经过、伤亡人数和直接经济损失的初步估计；

(4) 事故发生原因初步分析；

(5) 事故发生后采取的措施及事故控制情况；

(6) 事故报告单位、负责人以及联络方式。

有关单位接到事故报告后，必须采取有效措施，防止事故扩大，并立即按照管理权限向上级部门报告或组织事故调查。

### 3.2.3.3 质量事故处理要求

根据《水利工程质量事故处理暂行规定》（水利部第 9 号令），因质量事故造成人员伤亡的，还应遵从国家和水利部伤亡事故处理的有关规定。其中质量事故处理的基本要求包括以下内容。

(1) 质量事故处理原则。

发生质量事故，必须坚持"事故原因不查清楚不放过、主要事故责任者和职工未受教育不放过、补救和防范措施不落实不放过"的原则（简称"三不放过"原则），认真调查事故原因，研究处理措施，查明事故责任，做好事故处理工作。

(2) 事故处理。

发生质量事故后，必须针对事故原因提出工程处理方案，经有关单位审定后实施。

1) 一般质量事故，由项目法人负责组织有关单位制定处理方案并实施，报上级主管部门备案。

2) 较大质量事故，由项目法人负责组织有关单位制定处理方案，经上级主管部门审定后实施，报省级水行政主管部门或流域管理机构备案。

3) 重大质量事故，由项目法人负责组织有关单位提出处理方案，征得事故调查组意见后，报省级水行政主管部门或流域管理机构审定后实施。

4) 特大质量事故，由项目法人负责组织有关单位提出处理方案，征得事故调查组意见后，报省级水行政主管部门或流域管理机构审定后实施，并报水利部备案。

(3) 事故处理中设计变更的管理。

事故处理需要进行设计变更的，需原设计单位或有资质的单位提出设计变更方案。

需要进行重大设计变更的，必须经原设计审批部门审定后实施。

事故部位处理完毕后，必须按照管理权限经过质量评定与验收后，方可投入使用或进入下一阶段施工。

（4）事故处理后的质量评定。

工程质量事故处理后，应由项目法人委托具有相应资质等级的工程质量检测单位检测后，按照处理方案确定的质量标准，重新进行工程质量评定。

（5）质量缺陷的处理。

《水利工程质量事故处理暂行规定》（水利部第 9 号令）规定，小于一般质量事故的质量问题称为质量缺陷。所谓质量缺陷，是指小于一般质量事故的质量问题，在施工过程中，因特殊原因，使得工程个别部位或局部达不到规范和设计要求（但不影响使用），且未能及时进行处理的工程质量问题（质量评定仍定为合格）。根据水利部《关于贯彻落实"国务院批转国家计委、财政部、水利部、建设部关于加强公益性水利工程建设管理若干意见的通知"的实施意见》（水建管〔2001〕74 号），水利工程实行水利工程施工质量缺陷备案及检查处理制度。

1）对因特殊原因，使得工程个别部位或局部达不到规范和设计要求（不影响使用），且未能及时进行处理的工程质量缺陷问题（质量评定仍为合格），必须以工程质量缺陷备案形式进行记录备案。

2）质量缺陷备案的内容包括：质量缺陷产生的部位、原因，对质量缺陷是否处理和如何处理以及对建筑物使用的影响等。内容必须真实、全面、完整，参建单位（人员）必须在质量缺陷备案表上签字，有不同意见应明确记载。

3）质量缺陷备案资料必须按竣工验收的标准制备，作为工程竣工验收备查资料存档。质量缺陷备案表由监理单位组织填写。

4）工程项目竣工验收时，项目法人必须向验收委员会汇报并提交历次质量缺陷的备案资料。

## 3.2.4　水利工程质量监督与建设档案

### 3.2.4.1　水利工程质量监督

《建设工程质量管理条例》（国务院第 279 号令）规定，国家实行建设工程质量监督管理制度。国务院建设行政主管部门对全国的建设工程质量实施统一监督管理。铁路、交通、水利等有关部门按照国务院规定的职责分工，负责对全国的有关专业建设工程质量的监督管理。

县级以上地方人民政府建设行政主管部门对本行政区域内的建设工程质量实施监督管理。县级以上地方人民政府交通、水利等有关部门在各自的职责范围内，负责对本行政区域内的专业建设工程质量的监督管理。

根据《水利工程质量管理规定》（水利部第 7 号令）的有关规定，水利工程质量实行项目法人（建设单位）负责、监理单位控制、施工单位保证和政府监督相结合的质量管理体制。

水利工程质量由项目法人（建设单位）负全面责任，监理、施工、设计单位按照合同及有关规定对各自承担的工作负责。质量监督机构履行政府部门监督职能，不代替项目法人（建设单位）、监理、设计、施工单位的质量管理工作。水利工程建设各方均有责任和权利向有关部门和质量监督机构反映工程质量问题。

　　为了加强水行政主管部门对水利工程质量的监督管理，保证工程质量，确保工程安全，发挥投资效益，水利部于 1997 年 8 月 25 日发布《水利工程质量监督管理规定》（水建［1997］339 号），该规定共分为总则、机构与人员、机构职责、质量监督、质量检测、工程质量监督费、奖惩、附则等 8 章计 38 条。与之配套使用的文件包括《水利工程质量检测管理规定》（水利部令第 36 号，2009 年 1 月 1 日施行）。根据《水利工程质量监督管理规定》（水建［1997］339 号），在我国境内新建、扩建、改建、加固各类水利水电工程和城镇供水、滩涂围垦等工程（以下简称水利工程）及其技术改造，包括配套与附属工程，均必须由水利工程质量监督机构负责质量监督。工程建设、监理、设计和施工单位在工程建设阶段，必须接受质量监督机构的监督。

　　1. 工程质量监督的依据

　　根据《水利工程质量监督管理规定》，水行政主管部门主管质量监督工作。水利工程质量监督机构是水行政主管部门对工程质量进行监督管理的专职机构，对水利工程质量进行强制性的监督管理。

　　工程质量监督的依据是：

　　（1）国家有关的法律、法规；

　　（2）水利水电行业有关技术规程、规范，质量标准；

　　（3）经批准的设计文件等。

　　2. 工程质量监督的主要内容

　　根据《水利工程质量监督管理规定》，水利工程建设项目质量监督方式以抽查为主。大型水利工程应设置项目站，中小型水利工程可根据需要建立质量监督项目站（组），或进行巡回监督。从工程开工前办理质量监督手续始，到工程竣工验收委员会同意工程交付使用止，为水利工程建设项目的质量监督期（含合同质量保修期）。各级质量监督机构的质量监督人员由专职质量监督员和兼职质量监督员组成。其中，兼职质量监督员为工程技术人员，凡从事该工程监理、设计、施工、设备制造的人员不得担任该工程的兼职质量监督员。

　　工程质量监督的主要内容为：

　　（1）对监理、设计、施工和有关产品制作单位的资质及其派驻现场的项目负责人的资质进行复核。

　　（2）对由项目法人（建设单位）、监理单位的质量检查体系和施工单位的质量保证体系以及设计单位现场服务等实施监督检查。

　　（3）对工程项目的单位工程、分部工程、单元工程的划分进行监督检查和认定。

　　（4）监督检查技术规程、规范和质量标准的执行情况。

　　（5）检查项目部和建设、监理单位对工程质量检验和质量评定情况，并检查工程实物质量。

　　（6）在工程竣工验收前，对工程质量进行等级核定，编制工程质量评定报告，并向工程竣工验收委员会提出工程质量等级的建议。《水利水电工程施工质量检验与评定规程》（SL 176—2007）5.3.7 条中规定：工程质量监督机构应按有关规定在工程竣工验收前提交工程质量监督报告，工程质量监督报告应有工程质量是否合格的明确结论。

3. 工程质量监督机构的质量监督权限

根据《水利工程质量监督管理规定》，工程质量监督机构的质量监督权限如下：

（1）对监理、设计、施工等单位的资质等级、经营范围进行核查，发现越级承包工程等不符合规定要求的，责成项目法人（建设单位）限期改正，并向水行政主管部门报告。

（2）质量监督人员需持"水利工程质量监督员证"进入施工现场执行质量监督。对工程有关部位进行检查，调阅建设、监理单位和项目部的检测试验成果、检查记录和施工记录。

（3）对违反技术规程、规范、质量标准或设计文件的施工单位，通知项目法人（建设单位）、监理单位采取纠正措施，问题严重时，可向水行政主管部门提出整顿的建议。

（4）对使用未经检验或检验不合格的建筑材料、构配件及设备等，责成项目法人（建设单位）采取措施纠正。

（5）提请有关部门奖励先进质量管理单位及个人。

（6）提请有关部门或司法机关追究造成重大工程质量事故的单位和个人的行政、经济、刑事责任。

4. 水利工程质量检测

根据《水利工程质量监督管理规定》和《水利工程质量检测管理规定》（水利部第 36 号令），水利工程质量检测是水利工程质量监督、质量检查、质量评定和验收的重要手段。

水利工程质量检测是指水利工程质量检测单位依据国家有关法律、法规和标准，对水利工程实体以及用于水利工程的原材料、中间产品、金属结构和机电设备等进行的检查、测量、试验或者度量，并将结果与有关标准、要求进行比较以确定工程质量是否合格所进行的活动。

3.2.4.2　水利工程建设档案的要求

为了加强水利工程建设项目档案管理工作，明确档案管理职责，规范档案管理行为，充分发挥档案在水利工程建设与管理中的作用，根据《中华人民共和国档案法》、《水利档案工作规定》及有关业务建设规范，结合水利工程的特点，水利部于 2005 年 11 月 1 日发布了《水利工程建设项目档案管理规定》（水办〔2005〕480 号）。该规定共 5 章 32 条，其中第一章总则、第二章档案管理、第三章归档与移交管理、第四章档案验收、第五章附则。

水利工程建设项目档案是指水利工程建设项目根据水利工程建设程序在工程建设各阶段（前期工作、施工准备、建设实施、生产准备、竣工验收等）形成的，具有保存价值的文字、图表、声像等不同形式的历史记录。

水利工程档案工作是水利工程建设与管理工作的重要组成部分。有关单位应加强领导，将档案工作纳入水利工程建设与管理工作中，明确相关部门、人员的岗位职责，健全制度，统筹安排档案工作经费，确保水利工程档案工作的正常开展。

1. 档案管理的基本要求

（1）水利工程档案工作应贯穿于水利工程建设程序的各个阶段。即从水利工程建设前期就应进行文件材料的收集和整理工作；在签订有关合同、协议时，应对水利工程档案的收集、整理、移交提出明确要求；检查水利工程进度与施工质量时，要同时检查水利工程档案的收集、整理情况；在进行项目成果评审、鉴定和水利工程重要阶段验收与竣工验收时，要同时审查、验收工程档案的内容与质量，并作出相应的鉴定评语。

（2）项目法人对水利工程档案工作负总责，须认真做好自身档案的收集、整理、保管工作，并应加强对各参建单位归档工作的监督、检查和指导。大中型水利工程的项目法人，应设立档案室，落实专职档案人员；其他水利工程的项目法人也应配备相应人员负责工程档案工作。项目法人的档案人员对各职能处室归档工作具有监督、检查和指导职责。

（3）勘察设计、监理、施工等参建单位，应明确本单位相关部门和人员的归档责任，切实做好职责范围内水利工程档案的收集、整理、归档和保管工作；属于向项目法人等单位移交的应归档文件材料，在完成收集、整理、审核工作后，应及时提交项目法人。项目法人应认真做好有关档案的接收、归档和向流域机构档案馆的移交工作。

2. 归档与移交的基本要求

（1）水利工程档案的保管期限分为永久、长期、短期三种。长期档案的实际保存期限，不得短于工程的实际寿命。

（2）水利工程档案的归档工作，一般是由产生文件材料的单位或部门负责。总包单位对各分包单位提交的归档材料负有汇总责任。各参建单位技术负责人应对其提供档案的内容及质量负责；监理工程师对项目部提交的归档材料应履行审核签字手续，监理单位应向项目法人提交对工程档案内容与整编质量情况的专题审核报告。

（3）水利工程文件材料的收集、整理应符合《科学技术档案案卷构成的一般要求》（GB/T 1182—2008）。归档文件材料的内容与形式均应满足档案整理规范要求。即内容应完整、准确、系统；形式应字迹清楚、图样清晰、图表整洁、竣工图及声像材料须标注的内容清楚、签字（章）手续完备，归档图纸应按《技术制图复制图的折叠方法》（GB/T 10609.3—2009）要求统一折叠。

（4）竣工图是水利工程档案的重要组成部分，必须做到完整、准确、清晰、系统、修改规范、签字手续完备。项目法人应负责编制项目总平面图和综合管线竣工图。项目部应以单位工程或专业为单位编制竣工图。竣工图须由编制单位在图标上方空白处逐张加盖"竣工图章"，有关单位和责任人应严格履行签字手续。每套竣工图应附编制说明、鉴定意见及目录。项目部应按以下要求编制竣工图：

1）按施工图施工没有变动的，须在施工图上加盖并签署竣工图章。

2）一般性的图纸变更及符合杠改或划改要求的，可在原施工图上更改，在说明栏内注明变更依据，加盖并签署竣工图章。

3）凡涉及结构形式、工艺、平面布置等重大改变，或图面变更超过 1/3 的，应重新绘制竣工图（可不再加盖竣工图章）。重绘图应按原图编号，并在说明栏内注明变更依据，在图标栏内注明"竣工阶段"和绘制竣工图的时间、单位、责任人。监理单位应在图标上方加盖并签署"竣工图确认章"。

4）水利工程建设声像档案是纸质载体档案的必要补充。参建单位应指定专人，负责各自产生的照片、胶片、录音、录像等声像材料的收集、整理、归档工作，归档的声像材料均应标注事由、时间、地点、人物、作者等内容。工程建设重要阶段、重大事件、事故，必须要有完整的声像材料归档。

5）电子文件的整理、归档，参照《电子文件归档与管理规范》（GB/T 18894—2002）。

6）项目法人可根据实际需要，确定不同文件材料的归档份数，但应满足以下要求：

项目法人与运行管理单位应各保存 1 套较完整的工程档案材料（当二者为一个单位时，应异地保存 1 套）；

工程涉及多家运行管理单位时，各运行管理单位则只保存与其管理范围有关的工程档案材料；

当有关文件材料需由若干单位保存时，原件应由项目产权单位保存，其他单位保存复制件；

流域控制性水利枢纽工程或大江、大河、大湖的重要堤防工程，项目法人应负责向流域机构档案馆移交 1 套完整的工程竣工图及工程竣工验收等相关文件材料。

7）工程档案的归档时间，可由项目法人根据实际情况确定。可分阶段在单位工程或单项工程完工后向项目法人归档，也可在主体工程全部完工后向项目法人归档。整个项目的归档工作和项目法人向有关单位的档案移交工作，应在工程竣工验收后 3 个月内完成。

3. 工程档案验收方面的基本要求

根据《水利工程建设项目档案管理规定》以及水利部《水利工程建设项目档案验收管理办法》（水办〔2008〕366 号）的有关规定，档案验收是指各级水行政主管部门，依法组织的水利工程建设项目档案专项验收。工程档案验收方面的基本要求如下：

（1）档案验收依据《水利工程建设项目档案验收评分标准》对项目档案管理及档案质量进行量化赋分，满分为 100 分。验收结果分为三个等级：总分达到或超过 90 分的，为优良；达到 70～89.9 分的，为合格；达不到 70 分或"应归档文件材料质量与移交归档"项达不到 60 分的，均为不合格。

《水利工程建设项目档案验收评分标准》中，"应归档文件材料质量与移交归档"满分为 70 分，其中：

1）文件材料完整性（24 分）。

2）文件材料的准确性（32 分）。

反映同一问题的不同文件材料内容应一致。

竣工图编制规范，能清晰、准确地反映工程建设的实际；竣工图图章签字手续完备；监理单位按规定履行了审核手续。

归档材料应字迹清晰，图表整洁，审核签字手续完备，书写材料符合规范要求。

声像与电子等非纸质文件材料应逐张、逐盒（盘）标注事由、时间、地点、人物、作者等内容。

案卷题名简明、准确；案卷目录编制规范，著录内容翔实。

卷内目录著录清楚、准确；页码编写准确、规范。

备考表填写规范；案卷中需说明的内容均在案卷备考表中清楚注释，并履行了签字手续。

图纸折叠符合要求，对不符合要求的归档材料采取了必要的修复、复制等补救措施。

案卷装订牢固、整齐、美观，装订线不压内容；单份文件归档时，应在每份文件首页右上方加盖、填写档号章；案卷中均是图纸的可不装订，但应逐张填写档号章。

3）文件材料的系统性（10 分）。

分类科学。依据项目档案分类方案，归类准确，每类文件材料的脉络清晰，各类文件材料之间的关系明确。

组卷合理。遵循文件材料的形成规律，保持文件之间的有机联系，组成的案卷能反映相应的主题，且薄厚适中、便于保管和利用；设计变更文件材料，应按单位工程或分部工程或专业单独组成一卷或数卷。

排列有序。相同内容或关系密切的文件按重要程度或时间循序排列在相关案卷中；反映同一主题或专题的案卷相对集中排列。

4）归档与移交（4 分）。

归档。项目法人各职能部门和相关工程技术人员能按要求将其经办的应归档的文件材料进行整理、归档。

移交。各参建单位按单位工程或单项工程已向项目法人移交了相关工程档案，并认真履行了交接手续。

（2）水利工程档案验收是水利工程竣工验收的重要内容，应提前或与工程竣工验收同步进行。凡档案内容与质量达不到要求的水利工程，不得通过档案验收；未通过档案验收或档案验收不合格的，不得进行或通过工程的竣工验收。

（3）水利工程在进行档案验收前，项目法人应组织工程参建单位对工程档案的收集、整理、保管与归档情况进行自检，确认工程档案的内容与质量已达要求后，可向有关单位报送档案自检报告，并提出档案专项验收申请。

档案自检报告应包括：工程概况，工程档案管理情况，文件材料的收集、整理、归档与保管情况，竣工图的编制与整理情况，档案自检工作的组织情况，对自检或以往阶段验收发现问题的整改情况，按《水利工程建设项目档案验收评分标准》自检得分与扣分情况，目前仍存在的问题，对工程档案完整、准确、系统性的自我评价等内容。

### 3.2.5　质量管理的概念、影响因素、控制原理和原则

#### 3.2.5.1　工程施工质量管理的定义

工程质量管理是指为了保证和提高工程质量，运用一整套质量管理体系、手段、方法和措施等，对建设工程所进行的系统管理活动及过程。工程质量合格与否是一个根本性问题，容不得草率马虎。水利工程项目建设投资大，建成及使用时间长，有的甚至关乎当地及沿线百姓的人身及财产安全，因此，只有达到质量标准，才能投入生产和交付使用并发挥其应有的作用，否则，不仅仅是造成浪费和占有破坏了资源，更重要的是将给人民的生命和财产带来灾难。工程质量管理有狭义和广义之分，狭义的

工程质量管理是指施工阶段的质量管理。这一概念注重的仅仅是工程项目自开工到完工的质量管理，强调的是阶段效果。

而广义的工程质量管理，泛指建设全过程的质量管理，体现的是工程建设的决策、勘察、可研、论证、设计、招标、监理、施工等全过程对质量的管理。

工程施工质量管理的核心是对工程项目施工过程中的质量控制。

(1) 工程施工项目质量控制是《质量管理体系　基础和术语》(GB/T 19000—2008)(等同采用 ISO 9000—2000) 质量管理体系标准的一个质量术语。工程施工项目质量控制是质量管理的一部分，是致力于满足质量要求的一系列相关活动。

(2) 工程施工项目质量控制包括采取的作业技术和管理活动。作业技术是直接产生产品或服务质量的条件，但并不是具备相关作业技术能力，都能产生合格的质量。在社会化大生产的条件下，还必须通过科学的管理来组织和协调作业技术活动的过程，以充分发挥其质量形成能力，实现预期的质量目标。

(3) 工程施工项目质量控制是质量管理的一部分。按照《质量管理体系　基础和术语》(GB/T 19000—2008) 定义，质量管理是指确立质量方针及实施质量方针的全部职能及工作内容，并对其工作效果进行评价和改进的一系列工作。因此，两者的区别在于质量控制是在明确的质量目标条件下通过行动方案和资源配置的计划、实施、检查和监督来实现预期目标的过程。

(4) 工程施工项目从本质上说是一项拟建的建筑产品，它和一般产品具有同样的质量内涵，即满足明确和隐含需要的特性之总和。其中明确的需要是指法律法规技术标准和合同等所规定的要求，隐含的需要是指法律法规或技术标准尚未作出明确规定，然而随着经济发展，科技进步及人们消费观念的变化，客观上已存在的某些需求。因此建筑产品的质量也就需要通过市场和营销活动加以识别，以不断进行质量的持续改进。其社会需求是否得到满足或满足的程度如何，必须用一系列定量或定性的特性指标来描述和评价，这就是通常意义上的产品适用性、可靠性、安全性、经济性以及环境的适宜性等。

(5) 由于工程施工项目是由业主(或投资者、项目法人、建设单位)提出明确的需求，然后再通过一次性承发包生产，即在特定的地点建造特定的项目。因此工程项目的施工质量总目标是业主建设意图通过项目策划，包括项目的定义及建设规模、系统构成、使用功能和价值、规格档次标准等的定位策划和目标决策来提出的。工程项目质量控制，包括勘察设计、招标投标、施工安装，竣工验收各阶段，均应围绕着致力于满足业主要求的质量总目标而展开。

### 3.2.5.2 建设工程项目质量形成的影响因素

(1) 人的质量意识和质量能力是质量活动的主体，对建设工程项目而言，人是泛指与工程有关的单位、组织及个人，包括：建设单位、勘察设计单位、施工承包单位、监理及咨询服务单位、政府主管及工程质量监督、监测单位、策划者、设计者、作业者、管理者等。

建筑业实行企业经营资质管理、市场准入制度、执业资格注册制度、持证上岗制度以及质量责任制度等，规定按资质等级承包工程任务，不得越级，不得挂靠，不得转包，严禁无证设计、无证施工。

（2）建设项目的决策因素没有经过资源论证、市场需求预测，盲目建设，重复建设，建成后不能投入生产或使用，所形成的合格而无用途的建筑产品，从根本上是社会资源的极大浪费，不具备质量的适用性特征。同样盲目追求高标准，缺乏质量经济性考虑的决策，也将对工程质量的形成产生不利的影响。

（3）建设工程项目勘察因素包括建设项目技术经济条件勘察和工程岩土地质条件勘察，前者直接影响项目决策，后者直接关系工程设计的依据和基础资料。

（4）建设工程项目的总体规划和设计因素总体规划关系到土地的合理利用，功能组织和平面布局，竖向设计，总体运输及交通组织的合理性，工程设计具体确定建筑产品或工程目的物的质量目标值，直接将建设意图变成工程蓝图，将适用、经济、美观融为一体，为建设施工提供质量标准和依据。建筑构造与结构的设计合理性、可靠性以及可施工性都直接影响工程质量。

（5）建筑材料、构配件及相关工程用品的质量因素它们是建筑生产的劳动对象。建筑质量的水平在很大程度上取决于材料工业的发展，原材料及建筑装饰装潢材料及其制品的开发，导致人们对建筑消费需求日新月异的变化，因此正确合理选择材料，控制材料、构配件及工程用品的质量规格，性能特性是否符合设计规定标准，直接关系到工程项目的质量形成。

（6）工程项目的施工方案包括施工技术方案和施工组织方案。前者指施工的技术、工艺、方法和机械、设备、模具等施工手段的配置，显然，如果施工技术落后，方法不当，机具有缺陷，都将对工程质量的形成产生影响。后者是指施工程序、工艺顺序、施工流向、劳动组织方面的决定和安排。通常的施工程序是先准备后施工，先场外后场内，先地下后地上，先深后浅，先下部后上部，先土建后安装，先主体后装修等，都应在施工方案中明确，并编制相应的施工组织设计。这些都是对工程项目的质量形成产生影响的重要因素。

（7）工程项目的施工环境包括地质水文气候等自然环境及施工现场的通风、照明、安全卫生防护设施等劳动作业环境，以及由工程承发包合同结构所派生的多单位多专业共同施工的管理关系，组织协调方式及现场施工质量控制系统等构成的管理环境对工程质量的形成产生相当的影响。

### 3.2.5.3　工程施工项目质量控制的基本原理

1. PDCA 循环原理

PDCA（P-Plan 即计划，D-Do 即实施，C-Check 即检查，A-Action 即处置）循环，是人们在管理实践中形成的基本理论方法。从实践论的角度看，管理就是确定任务目标，并按照 PDCA 循环原理来实现预期目标。由此可见，PDCA 是目标控制的基本方法。

（1）计划 P 可以理解为质量计划阶段，明确目标并制订实现目标的行动方案。在建设工程项目的实施中，"计划"是指各相关主体根据其任务目标和责任范围，确定质量控制的组织制度、工作程序、技术方法、业务流程、资源配置、检验试验要求、质量记录方式、不合格处理、管理措施等具体内容和做法的文件，"计划"还须对其实现预期目标的可行性、有效性、经济合理性进行分析论证，按照规定的程序与权限审批执行。

（2）实施 D 包括两个环节，即计划行动方案的交底和按计划规定的方法与要求展开工程作业技术活动。计划交底目的在于使具体的作业者和管理者，明确计划的意图和要求，掌握标准，从而规范行为，全面地执行计划的行动方案，步调一致地去努力实现预期的目标。

（3）检查 C 指对计划实施过程进行各种检查，包括作业者的自检，互检和专职管理者专检。各类检查都包含两大方面：一是检查是否严格执行了计划的行动方案；实际条件是否发生了变化；不执行计划的原因。二是检查计划执行的结果，即产出的质量是否达到标准的要求，对此进行确认和评价。

（4）处置 A 对于质量检查所发现的质量问题或质量不合格，及时进行原因分析，采取必要的措施，予以纠正，保持质量形成的受控状态。处理分纠偏和预防两个步骤。前者是采取应急措施，解决当前的质量问题；后者是信息反馈管理部门，反思问题症结或计划时的不周，为今后类似问题的质量预防提供借鉴。

2. 三阶段控制原理

就是通常所说的事前控制、事中控制和事后控制。这三阶段控制构成了质量控制的系统过程。

（1）事前控制：要求预先进行周密的质量计划。尤其是工程项目施工阶段，制订质量计划或编制施工组织设计或施工项目管理实施规划（目前这三种计划方式基本上并用），都必须建立在切实可行，有效实现预期质量目标的基础上，作为一种行动方案进行施工部署。目前有些施工企业，尤其是一些资质较低的企业在承建中小型的一般工程项目时，往往把施工项目经理责任制曲解成"以包代管"的模式，忽略了技术质量管理的系统控制，失去企业整体技术和管理经验对项目施工计划的指导和支撑作用，这将造成质量预控的先天性缺陷。

事前控制，其内涵包括两层意思，一是强调质量目标的计划预控，二是按质量计划进行质量活动前的准备工作状态的控制。

（2）事中控制：首先是对质量活动的行为约束，即对质量产生过程各项技术作业活动操作者在相关制度的管理下的自我行为约束的同时，充分发挥其技术能力，去完成预定质量目标的作业任务；其次是对质量活动过程和结果，来自他人的监督控制，这里包括来自企业内部管理者的检查检验和来自企业外部的工程监理和政府质量监督部门等的监控。

事中控制虽然包括自控和监控两大环节，但其关键还是增强质量意识，发挥操作者自我约束自我控制，即坚持质量标准是根本的，监控或他人控制是必要的补充，没有前者或用后者取代前者都是不正确的。因此在企业组织的质量活动中，通过监督机制和激励机制相结合的管理方法，来发挥操作者更好的自我控制能力，以达到质量控制的效果，是非常必要的。这也只有通过建立和实施质量体系来达到。

（3）事后控制：包括对质量活动结果的评价认定和对质量偏差的纠正。从理论上分析，如果计划预控过程所制订的行动方案考虑得越是周密，事中约束监控的能力越强越严格，实现质量预期目标的可能性就越大，理想的状况就是希望做到各项作业活动"一次成功"、"一次交验合格率 100％"。但客观上相当部分的工程不可能达到，因为在过程中不可避免地会存在一些计划时难以预料的影响因素，包括系统因素和偶然因素；因此当出现质量实际值与目标值之间超出允许偏差时，必须分析原因，采取措施纠正偏差，保持质量受控状态。

以上三大环节，不是孤立和截然分开的，它们之间构成有机的系统过程，实质上也就是 PDCA 循环具体化，并在每一次滚动循环中不断提高，达到质量管理或质量控制的持续改进。

3. 三全控制管理

（1）三全管理是来自于全面质量管理 TQC 的思想，同时包容在质量体系标准（GB/T 19000—2008，ISO 9000—2000）中，它指生产企业的质量管理应该是全面、全过程和全员参与的。这一原理对建设工程项目的质量控制，同样有理论和实践的指导意义。

（2）全面质量控制是指工程（产品）质量和工作质量的全面控制，工作质量是产品质量的保证，工作质量直接影响产品质量的形成。对于建设工程项目而言，全面质量控制还应该包括建设工程各参与主体的工程质量与工作质量的全面控制。如业主、监理、勘察、设计、施工总包、施工分包、材料设备供应商等，任何一方任何环节的怠慢疏忽或质量责任不到位都会造成对建设工程质量的影响。

（3）全过程质量控制是指根据工程质量的形成规律，从源头抓起，全过程推进。《质量管理体系　基础和术语》（GB/T 19000—2008）强调质量管理的"过程方法"管理原理，按照建设程序，建设工程从项目建议书或建设构想提出，历经项目鉴别、选择、策划、科研、决策、立项、勘察、设计、发包、施工、验收、使用等各个有机联系的环节，构成了建设项目的总过程。其中每个环节又由诸多相互关联的活动构成相应的具体过程，因此，必须掌握识别过程和应用"过程方法"进行全过程质量控制。主要的过程有：项目策划与决策过程；勘察设计过程；施工采购过程；施工组织与准备过程；检测设备控制与计量过程；施工生产的检验试验过程；工程质量的评定过程；工程竣工验收与交付过程；工程回访维修服务过程。

（4）全员参与控制从全面质量管理的观点看，无论组织内部的管理者还是作业者，每个岗位都承担着相应的质量职能，一旦确定了质量方针目标，就应组织和动员全体员工参与到实施质量方针的系统活动中去，发挥自己的角色作用。全员参与质量控制作为全面质量所不可或缺的重要手段就是目标管理。目标管理理论认为，总目标必须逐级分解，直到最基层岗位，从而形成自下到上，自岗位个体到部门团队的层层控制和保证关系，使质量总目标分解落实到每个部门和岗位。就企业而言，如果存在哪个岗位没有自己的工作目标和质量目标，说明这个岗位就是多余的，应予调整。

3.2.5.4　质量管理八项原则的具体内容

1. 原则一　以顾客为关注焦点

组织（从事一定范围生产经营活动的企业）依存于其顾客。组织应理解顾客当前的和未来的需求，满足顾客要求并争取超越顾客的期望。水利工程施工项目的"顾客"就是我们常说的业主或建设单位。在当今的市场情况下，任何一项工程项目在经营和施工期间，都必须关心业主的需要和想法，围绕业主对项目的设想和思路开展工作同时将好的建议及时反馈给业主，从而达到交流沟通的目的是企业领导应具备的素质和意识。企业领导和项目部经理在日常工作中应以业主满意为工作出发点，教育和带动职工尽早养成尊重业主的良好习惯。

2. 原则二　领导作用

领导者确立本组织统一的宗旨和方向，并营造和保持使员工充分参与实现组织目标的内部环境。因此领导在企业的质量管理中起着决定的作用。只有领导重视，各项质量活动才能有效开展。项目经理作为工程施工项目的最高管理者和指挥者，必须从思想和行动上真正营造出重视质量、关心质量、以质量为中心的工作氛围，从而带动和感染项目部成员全过程落实质量方针和宗旨。无论项目部有多少质量检查和管理人员，都不可能将每一个环节或部位检查和管理透彻，而每一个环节或部位都是职工一点一滴干出来的，他们最了解自己的工作情况，只要领导真正重视质量，他们就会在工作中认真对待每一步，所以说质量靠领导主抓最终靠工人干。

3. 原则三　全员参与

各级人员都是组织之本，只有全员充分参加，才能使他们的才干为组织带来收益。所有建筑产品质量是项目建造过程中全体参建人员共同努力的结果，其中也包含着为他们提供支持的管理、设计、监理、监督、行政、地方等人员的贡献。项目经理应对员工进行质量意识、质量标准、质量要求、质量控制等各方面的教育，激发他们自觉关注质量的积极性和责任感，利用各种方式为其能力、知识、经验的提高提供机会，发挥他们的创造精神，鼓励持续改进，对表现突出的员工给予必要的物质和精神奖励，创造良好的内部施工环境，以便带动全员积极参与，为达到让顾客满意的目标而共同奋斗。同时，全面协调好与各主管部门、设计、监理、地方、监督等单位和人员的关系，营造和谐的外部施工氛围。

4. 原则四　过程方法

将相关的资源和活动作为过程进行管理，可以更高效地得到期望的结果。任何使用资源生产活动和将输入转化为输出的一组相关联的活动都可视为过程。

《质量管理体系》（ISO 9000—2000）标准是建立在过程控制的基础上。一般在过程的输入端、过程的不同位置及输出端都存在着可以进行测量、检查的机会和控制点，对这些控制点实行测量、检测和管理，便能控制过程的有效实施。既然工程项目质量控制是过程管理，就要求项目部成员不能出现心血来潮式的控制方法，必须自始至终坚持质量标准和质量方针，只能越来越严不能前紧后松，更不能松松紧紧摆动不定。

5. 原则五　管理的系统方法

将相互关联的过程作为系统加以识别、理解和管理，有助于组织提高实现其目标的有效性和效率。不同企业应根据自己的特点，建立资源管理、过程实现、测量分析改进等方面的关联关系，并加以控制。即采用过程网络的方法建立质量管理体系，实施系统管理。一般建立实施质量管理体系包括：

（1）确定顾客期望；

（2）建立质量目标和方针；

（3）确定实现目标的过程和职责；

（4）确定必须提供的资源；

（5）规定测量过程有效性的方法；

（6）实施测量确定过程的有效性；

（7）确定防止不合格并清除产生原因的措施；

（8）建立和应用持续改进质量管理体系的过程。由上述实施质量管理体系可以看出，工程质量控制和管理是以业主的期望为起点制定质量目标和方针，并在实施过程中加以改进和完善，是不断总结、不断提高、不断发展的持续过程。

6. 原则六　持续改进

持续改进总体业绩是组织的一个永恒目标，其作用在于增强企业满足质量要求的能力，包括产品质量、过程及体系的有效性和效率的提高。持续改进是增强和满足质量要求能力的循环活动，使企业的质量管理走上良性循环的轨道。无论在什么时候，产品质量永远是企业生存和发展的根源，随着社会的进步和人们审美观的提高，任何产品不仅仅只是性能的保证，产品本身以外的附属条件越来越被人们重视和认知，这就要求生产企业软硬都要强。对工程施工而言，不仅内部质量要保证，工程的外观质量要求越来越高，同时业主对施工企业的管理、控制、实力、信誉、服务等方面也非常关注，哪一方面业主有顾虑都有可能给企业带来被动和不利，所以，当代施工企业的发展要建立在综合持续发展的基础上。

7. 原则七　基于事实的决策方法

有效的决策应建立在数据和信息分析的基础上，数据和信息分析是事实的高度提炼。以事实为依据作出决策，可防止决策失误。为此企业领导应重视数据信息的收集、汇总和分析，以便为决策提供依据。现代企业管理应有管理现代企业的方式和方法，行政式的命令手段和方式管理不好现代企业，这就要求管理者应尽早采取务实的管理策略，以事实为基础，以数据为依据，以分析判断为决策点才有针对性和有效性。在工程项目施工质量管理中，项目经理和技术负责人应随时观察各工序和部位的质量情况，了解和掌握造成质量不佳的原因和情况，对照标准寻找差距，根据具体差距商讨解决的措施并及时贯彻下去，笼统地强调改进和提高往往是管的累，干的还不知怎么干才对，久而久之形成管的埋怨干的不会干，干的说管的是外行，双方矛盾加深有时甚至对立，对工程质量带来严重影响。

8. 原则八　与供方互利的关系

组织与供方是相互依存的，建立双方的互利关系可以增强双方创造价值的能力。供方提供的产品是企业提供产品的一个组成部分。处理好与供方的关系，涉及企业能否持续稳定提供顾客满意产品的重要问题。因此，对供方不能只讲控制，不讲合作互利，特别是关键供方，更要建立互利关系，这对企业与供方双方都有利。这里所说的"供方"对工程项目施工来说就是指设备、劳务、材料等的供应方，项目部必须和他们建立良好的互利合作关系，项目部对供应商来讲在一定程度上应该是消费者，但在工程建设过程中，项目部不能以消费者自居，应该充分认识到项目部和供应商是利益共同体，共同为业主提供建筑产品，真正的消费者是业主而不是项目部，摆正了这层关系才能使各方协调一心全面完成施工任务，达到双赢，否则，摆不正位置必将影响最终结果，而最终结果只有项目部承受，几乎与供应商无关。

## 3.2.6　质量管理系统的构成、建立和运行

### 3.2.6.1　工程施工项目质量管理系统的构成

（1）工程施工项目质量管理系统是面向工程项目而建立的质量管理系统，它不同于企业按照《质量管理体系》（GB/T 19000—2008）建立的质量管理体系。其不同点主要在于：

1）工程项目质量管理系统只用于特定的工程项目质量控制及管理，而不是用于整个行业的质量管理，即目的不同；

2）工程项目质量管理系统涉及工程项目实施中所有的质量责任主体，而不只是某一个班组或工种，即范围不同；

3）工程项目质量管理系统的控制目标是工程项目的质量标准，并非某一建筑企业的质量管理目标，即目标不同；

4）工程项目质量管理系统与工程项目管理组织相融，是一次性的，并非永久性的，即时效不同；

5）工程项目质量管理系统的有效性一般只做自我评价与诊断，不进行第三方认证，即评价方式不同。

（2）工程项目质量管理系统的构成，按内容分有：

1）工程项目勘察设计质量管理子系统；

2）工程项目材料设备质量管理子系统；

3）工程项目施工安装质量管理子系统；

4）工程项目竣工验收质量管理子系统。

（3）工程项目质量管理系统构成，按实施的主体分有：

1）建设单位建设项目质量管理子系统；

2）工程项目总承包企业项目质量管理子系统；

3）勘察设计单位勘察设计质量管理子系统（设计—施工分离式）；

4）施工企业（分包商）施工安装质量管理子系统；

5）工程监理企业工程项目质量管理子系统。

（4）工程项目质量管理系统构成，按原理分有：

1）质量管理计划系统，确定建设项目的建设标准、质量方针、总目标及其分解；

2）质量管理网络系统，明确工程项目质量责任主体构成、合同关系和管理关系，控制的层次和界面；

3）质量管理措施系统，描述主要技术措施、组织措施、经济措施和管理措施的安排；

4）质量管理信息系统，进行质量信息的收集、整理、加工和文档资料的管理。

（5）工程质量管理系统的不同构成，只是提供全面认识其功能的一种途径，实际上它们是交互作用的，而且和工程项目外部的行业及企业的质量管理体系有着密切的联系，如政府实施的建设工程质量监督管理体系、工程勘察设计企业及施工承包企业的质量管理体系、材料设备供应商的质量管理体系、工程监理咨询服务企业的质量管理体系，建设行业实施的工程质量监督与评价体系等。

**3.2.6.2 工程项目质量管理系统的建立**

（1）根据实践经验，可以参照以下几条原则来建立工程项目质量管理体系。

1）分层次规划的原则，第一层次是建设单位和工程总承包企业，分别对整个建设项目和总承包工程项目，进行相关范围的质量管理系统设计；第二层次是设计单位、施工企业（分包）、监理企业，在建设单位和总承包工程项目质量管理系统的框架内，进行责任范围内的质量管理系统设计，使总体框架更清晰、具体、落到实处。

2) 总目标分解的原则，按照建设标准和工程质量总体目标，分解到各个责任主体，明示于合同条件，由各责任主体制定质量计划，确定控制措施和方法。

3) 质量责任制的原则，即贯彻谁实施谁负责，质量与经济利益挂钩的原则。

4) 系统有效性的原则，即做到整体系统和局部系统的组织、人员、资源和措施落实到位。

(2) 工程项目质量管理系统的建立程序。

1) 确定管理系统各层面组织的工程质量负责人及其管理职责，形成控制系统网络架构。

2) 确定管理系统组织的领导关系、报告审批及信息流转程序。

3) 制订质量管理工作制度，包括质量例会制度、协调制度、验收制度和质量责任制度等。

4) 部署各质量主体编制相关质量计划，并按规定程序完成质量计划的审批，形成质量控制依据。

5) 研究并确定管理系统内部质量职能交叉衔接的界面划分和管理方式。

3.2.6.3　工程施工项目质量管理系统的运行

(1) 管理系统运行的动力机制：工程项目质量管理系统的活力在于它的运行机制，而运行机制的核心是动力机制，动力机制来源于利益机制。建设工程项目的实施过程是由多主体参与的价值增值链，因此，只有保持合理的供方及分供方关系，才能形成质量管理系统的动力机制，这一点对业主和总承包方都是同样重要的。

(2) 管理系统运行的约束机制：没有约束机制的管理系统是无法使工程质量处于受控状态的，约束机制取决于自我约束能力和外部监控效力，前者指质量责任主体和质量活动主体，即组织及个人的经营理念、质量意识、职业道德及技术能力的发挥；后者指来自于实施主体外部的推动和检查监督。因此，加强项目管理文化建设对于增强工程项目质量管理系统的运行机制是不可忽视的。

(3) 管理系统运行的反馈机制：运行的状态和结果的信息反馈，是进行系统控制能力评价，并为及时做出处置提供决策依据，因此，必须保持质量信息的及时和准确，同时提倡质量管理者深入生产一线，掌握第一手资料。

(4) 管理系统运行的基本方式：在建设工程项目实施的各个阶段、不同的层面、不同的范围和不同的主体间，应用 PDCA 循环原理，即计划、实施、检查和处置的方式展开控制，同时必须注重抓好控制点的设置，加强重点控制和例外控制。

## 3.2.7　质量管理的目标、过程、内容

3.2.7.1　施工质量管理的目标

(1) 施工质量管理的总体目标是贯彻执行建设工程质量法规和强制性标准，正确配置施工生产要素和采用科学管理的方法，实现工程项目预期的使用功能和质量标准。这是建设工程参与各方的共同责任。

(2) 建设单位的质量管理目标是通过施工全过程的全面质量监督管理、协调和决策，保证竣工项目达到投资决策所确定的质量标准。

(3) 设计单位在施工阶段的质量管理目标，是通过对施工质量的验收签证、设计

变更控制及纠正施工中所发现的设计问题，采纳变更设计的合理化建议等，保证竣工项目的各项施工结果与设计文件（包括变更文件）所规定的标准相一致。

（4）施工单位的质量管理目标是通过施工全过程的全面质量自控，保证交付满足施工合同及设计文件所规定的质量标准（含工程质量创优要求）的建设工程产品。

（5）监理单位在施工阶段的质量管理目标是，通过审核施工质量文件、报告报表及现场旁站检查、平行检测、施工指令和结算支付控制等手段的应用，监控施工承包单位的质量活动行为，协调施工关系，正确履行工程质量的监督责任，以保证工程质量达到施工合同和设计文件所规定的质量标准。

3.2.7.2 施工质量管理的过程

（1）施工质量管理的过程，包括施工准备质量管理、施工过程质量管理和施工验收质量管理。

1）施工准备质量管理是指工程项目开工前的全面施工准备和施工过程中各分部分项工程施工作业前的施工准备（或称施工作业准备）管理。此外，还包括季节性的特殊施工准备管理。施工准备质量管理属于工作质量范畴，它对建设工程产品质量的形成产生重要的影响。

2）施工过程的质量管理是指施工作业技术活动的投入与产出过程的质量管理，其内容包括全过程施工生产及其中各分部分项工程的施工作业过程管理。

3）施工验收质量管理是指对已完工程验收时的质量管理。包括隐蔽工程验收、检验批验收、分项工程验收、分部工程验收、单位工程验收和整个建设工程项目竣工验收过程的质量管理。

（2）施工质量管理过程既有施工承包方的质量管理职能，也有业主方、设计方、监理方、供应方及政府的工程质量监督部门的管理职能，他们具有各自不同的地位、责任和作用。

1）自控主体：施工承包方和供应方在施工阶段是质量自控主体，他们不能因为监控主体的存在和监控责任的实施而减轻或免除其质量管理责任。

2）监控主体：业主、监理、设计单位及政府的工程质量监督部门，在施工阶段是依据法律和合同对自控主体的质量管理行为和效果实施监督控制。

3）自控主体和监控主体：在施工全过程相互依存、各司其职，共同推动着施工质量管理过程的发展和最终工程质量目标的实现。

（3）施工方作为工程施工质量的自控主体，既要遵循本企业质量管理体系的要求，也要根据其在所承建工程项目质量管理系统中的地位和责任，通过具体项目质量计划的编制与实施，有效地实现自主控制的目标。一般情况下，对施工承包企业而言，无论工程项目的功能类型、结构形式及复杂程度存在着怎样的差异，其施工质量管理过程都可归纳为以下相互作用的八个环节：

1）工程调研和项目承接：全面了解工程情况和特点，掌握承包合同中工程质量的合同条件；

2）施工准备：图纸会审、施工组织设计、施工力量设备的配置等；

3）材料采购；

4）施工生产；

5）试验与检验；

6）工程功能检测；

7）竣工验收；

8）质量回访及保修。

### 3.2.7.3　质量管理的内容

（1）施工质量计划的编制。

1）按照《质量管理体系》（GB/T 19000—2008），质量计划是质量管理体系文件的组成内容。在合同环境下质量计划是企业向顾客表明质量管理方针、目标及其具体实现的方法、手段和措施，体现企业对质量责任的承诺和实施的具体步骤。

2）施工质量计划的编制主体是施工承包企业。在总承包的情况下，分包企业的施工质量计划是总包施工质量计划的组成部分。总包有责任对分包施工质量计划的编制进行指导和审核，并承担施工质量的连带责任。

3）根据建筑工程生产施工的特点，目前我国工程项目施工的质量计划常用施工组织设计或施工项目管理实施规划的文件形式进行编制。

4）在已经建立质量管理体系的情况下，质量计划的内容必须全面体现和落实企业质量管理体系文件的要求（也可引用质量体系文件中的相关条文），同时结合本工程的特点，在质量计划中编写专项管理要求。施工质量计划的内容一般应包括：

①工程特点及施工条件分析（合同条件、法规条件和现场条件）；

②履行施工承包合同所必须达到的工程质量总目标及其分解目标；

③质量管理组织机构、人员及资源配置计划；

④为确保工程质量所采取的施工技术方案、施工程序；

⑤材料设备质量管理及控制措施；

⑥工程检测项目计划及方法等。

5）施工质量控制点的设置是施工质量计划的组成内容。

①质量控制点是施工质量管理的重点，凡属关键技术、重要部位、控制难度大、影响大、占用时间长、经验欠缺的施工内容以及新材料、新技术、新工艺、新设备等，均可列为质量控制点，应对其实施重点控制和专项管理。

②施工质量控制点设置的具体方法是，根据工程项目施工管理的基本程序，结合项目特点，在制定项目总体质量计划后，列出各基本施工过程对局部和总体质量水平有影响的项目，作为具体实施的质量控制点。如：在复杂建筑物施工质量管理中，可列出地基处理、工程测量、设备采购、大体积混凝土施工及有关分部分项工程中必须进行重点控制的专题等，作为质量控制重点。又如：在工程功能检测的控制程序中，可设立建筑物构筑物防雷检测、自动化系统调试检测、机电设备系统调试等专项质量控制点。

③通过质量控制点的设定，质量控制的目标及工作重点就能更加明晰。加强事前预控的方向也就更加明确。事前预控包括明确控制目标参数、制定实施规程（包括施工操作规程及检测评定标准）、确定检查项目数量及跟踪检查或批量检查方法、明确检查结果的判断标准及信息反馈要求。

④施工质量控制点的管理应该是动态的，一般情况下在工程开工前、设计交底和图纸会审时，可确定一批整个项目的质量控制点，随着工程的展开、施工条件的变化，

随时或定期进行控制点范围的调整和更新，始终保持重点跟踪的控制状态。

6）施工质量计划编制完毕，应经企业技术领导审核批准，并按施工承包合同的约定提交工程监理或建设单位批准确认后执行。

（2）对施工生产要素的质量管理。

1）影响施工质量的五大要素：

①劳动主体——人员素质，即作业者、管理者和技术人员的业务素质及其组织效果。

②劳动对象——材料、半成品、工程用品、设备等的质量。

③劳动方法——采取的施工工艺及技术措施的水平及落实程度。

④劳动手段——工具、模具、施工机械、设备等条件。

⑤施工环境——现场水文、地质、气象等自然环境，交通、照明、通风、安全等作业环境以及协调配合的管理环境。

2）劳动主体的管理。

劳动主体的管理包括参与工程各类人员的生产技能、文化素养、生理体能、心理行为等方面的个体素质及经过合理组织充分发挥其潜在能力的群体素质。因此，企业应通过择优录用、加强思想教育及技能方面的教育培训；合理组织、严格考核，并辅以必要的激励机制，使企业员工的潜在能力得到最好的组合和充分的发挥。从而保证劳动主体在质量控制系统中发挥主体自控作用。

施工企业必须坚持对所选派的项目领导者、组织者进行质量意识教育和组织管理能力训练，坚持对分包商的资质考核和施工人员的资格考核，坚持工种按规定持证上岗制度。

3）劳动对象的管理。

原材料、半成品、设备是构成工程实体的基础，其质量是工程项目实体质量的组成部分。故加强原材料、半成品及设备的质量管理，不仅是提高工程质量的必要条件，也是实现工程项目投资目标和进度目标的前提。

对原材料、半成品及设备进行质量管理的主要内容为：控制材料设备性能、标准与设计文件的相符性；控制材料设备各项技术性能指标、检验测试指标与标准要求的相符性；控制材料设备进场验收程序及质量文件资料的齐全程度等。

施工企业应在施工过程中贯彻执行企业质量程序文件中明确材料设备在封样、采购、进场检验、抽样检测及质保资料提交等一系列明确规定的控制标准。

4）施工工艺的管理。

施工工艺的先进合理是直接影响工程质量、工程进度及工程造价的关键因素，施工工艺的合理可靠还直接影响到工程施工安全。因此在工程项目质量控制系统中，制订和采用先进合理的施工工艺是工程质量控制的重要环节。对施工方案的质量控制主要包括以下内容：

①全面正确地分析工程特征、技术关键及环境条件等资料，明确质量目标、验收标准、控制的重点和难点；

②制订合理有效的施工技术方案和组织方案，前者包括施工工艺、施工方法；后者包括施工区段划分、施工流向及劳动组织等；

③合理选用施工机械设备和施工临时设施，合理布置施工总平面图和各阶段施工平面图；

④选用和设计保证质量和安全的模具、脚手架等施工设备；

⑤编制工程所采用的新技术、新工艺、新材料的专项技术方案和质量管理方案；

⑥为确保工程质量，尚应针对工程具体情况，编写气象地质等环境不利因素对施工的影响及其应对措施。

5）施工设备的管理。

①对施工所用的机械设备，包括起重设备、各项加工机械、专项技术设备、检查测量仪表设备等，应根据工程需要从设备选型、主要性能参数及使用操作要求等方面加以控制。

②对施工方案中选用的模板、脚手架等施工设备，除按适用的标准定型选用外，一般需按设计及施工要求进行专项设计，对其设计方案及制作质量的控制及验收应作为重点进行专人控制和管理。

③按现行施工管理制度要求，工程所用的施工机械、模板、脚手架，特别是危险性较大的现场安装的起重机械设备，不仅要对其设计安装方案进行审批，而且安装完毕交付使用前必须经专业管理部门的验收，合格后方可使用。同时，在使用过程中尚需落实相应的管理制度，以确保其安全正常使用。

6）施工环境的管理。

环境因素主要包括地质水文状况，气象变化及其他不可抗力因素，以及施工现场的交通、通风、照明、安全卫生防护设施等劳动作业环境等内容。环境因素对工程施工的影响一般难以避免。要消除其对施工质量的不利影响，主要是采取预测预防的控制方法：

①对地质水文等方面的影响因素的控制，应根据设计要求，分析基地地质资料，预测不利因素，并会同设计等方面采取相应的措施，如降水排水加固等技术控制方案；

②对天气气象方面的不利条件，应在施工方案中制订专项施工方案，明确施工措施，落实人员、器材等方面各项准备以紧急应对，从而控制其对施工质量的不利影响；

③对环境因素造成的施工中断，往往也会对工程质量造成不利影响，必须通过加强管理、调整计划等措施，加以控制。

（3）施工作业过程的质量管理。

1）建设工程施工项目是由一系列相互关联、相互制约的作业过程（工序）所构成，控制工程项目施工过程的质量，必须控制全部作业过程，即各道工序的施工质量。

2）施工作业过程质量管理的基本程序。

①进行作业技术交底，包括设计意图、作业技术要领、质量标准、施工依据、与前后工序的关系等。

②检查施工工序、程序的合理性、科学性，防止工序流程错误，导致工序质量失控。检查内容包括：施工总体流程和具体施工作业的先后顺序，在正常的情况下，要坚持先准备后施工、先深后浅、先土建后安装、先验收后交工等。

③检查工序施工条件，即每道工序投入的材料，使用的工具、设备及操作工艺及环境条件等是否符合施工组织设计的要求。

④检查工序施工中人员操作程序、操作质量是否符合质量规程要求。

⑤检查工序施工中间产品的质量，即工序质量、分项工程质量。

⑥对工序质量符合要求的中间产品（分项工程）及时进行工序验收或隐蔽工程验收。

⑦质量合格的工序经验收后可进入下道工序施工。未经验收合格的工序，不得进入下道工序施工。

3）施工工序质量管理要求。

工序质量是施工质量的基础，工序质量也是施工顺利进行的关键。为达到对工序质量控制的效果，在工序管理方面应做到：

①贯彻预防为主的基本要求，设置工序质量检查点，对材料质量状况、工具设备状况、施工程序、关键操作、安全条件、新材料新工艺应用、常见质量通病，甚至包括操作者的行为等影响因素列为控制点作为重点检查项目进行预控；

②落实工序操作质量巡查、抽查及重要部位跟踪检查等方法，及时掌握施工质量总体状况；

③对工序产品、分项工程的检查应按标准要求进行目测、实测及抽样试验的程序，做好原始记录，经数据分析后，及时作出合格及不合格的判断；

④对合格工序产品应及时提交监理进行隐蔽工程验收；

⑤完善管理过程的各项检查记录、检测资料及验收资料，作为工程质量验收的依据，并为工程质量分析提供可追溯的依据。

（4）施工质量验收管理。

1）工程项目质量验收是对已完工的工程实体的外观质量及内在质量按规定程序检查后，确认其是否符合设计及各项验收标准的要求，可交付使用的一个重要环节。正确地进行工程项目质量的检查评定和验收，是保证工程质量的重要手段。

鉴于水利工程项目工程施工规模较大，专业分工较多，技术安全要求高等特点，国家水行政管理部门对各类工程项目的质量验收标准制订了相应的规范，以保证工程验收的质量，工程验收应严格执行规范的要求和标准。

2）工程质量验收分为过程验收和竣工验收，其程序及组织包括：

①施工过程中，隐蔽工程在隐蔽前通知建设单位和工程监理共同进行验收，并形成验收文件，三方共同签字；

②单元工程完工后，施工单位自行验收合格后，填报质检表报监理工程师检查验收，合格后签订质检表；

③分部分项工程完成后，应在施工单位自行验收合格后，通知建设单位和工程监理验收，合格后三方共同签订质检资料（重要的分部分项应邀请设计单位参加验收）；

④单位工程完工后，施工单位应自行组织检查、评定，符合验收标准后，向总监理工程师提交验收申请，总监理工程师根据监理情况符合验收条件的，批复并转报建设单位申请验收；

⑤建设单位收到验收申请后，应组织质量监督、业主、施工、勘察、设计、监理单位等方面人员进行单位工程验收，明确验收结果，并形成验收报告。

3）工程施工项目质量验收应符合下列要求：

①工程质量验收均应在施工单位自行检查评定的基础上进行；

②参加工程施工质量验收的各方人员，应该具有规定的资格；

③工程项目的施工，应符合工程勘察、设计文件的要求；

④隐蔽工程应在隐蔽前由施工单位通知有关单位进行验收，并形成验收文件；

⑤单位工程施工质量应该符合相关验收规范的标准；

⑥涉及结构安全的材料及施工内容，应有按照规定对材料及施工内容进行见证取样检测资料；

⑦对涉及结构安全和使用功能的重要部分工程、专业工程等应进行功能性抽样检测；

⑧工程外观质量应由验收人员通过现场检查后共同确认；

⑨涉及金属结构、机电设备、自动化、新材料、新工艺等专业性强的，应事先邀请有关专业的专家参加验收。

4）工程施工项目质量检查评定验收的基本内容及方法：

①单元工程内容的抽样检查；

②分部分项工程内容的抽样检查；

③施工质量保证资料的检查，包括施工全过程的技术质量管理资料，其中又以原材料、施工检测、测量复核、金属结构、机电设备、自动化及功能性试验资料为重点检查内容；

④工程外观质量的检查。

5）工程质量不符合要求时，应按规定进行处理：

①经返工或更换设备的工程，应该重新检查验收；

②经有资质的检测单位检测鉴定，能达到设计要求的工程，应予以验收；

③经返修或加固处理的工程，虽局部尺寸等不符合设计要求，但仍然能满足使用要求，可按技术处理方案和协商文件进行验收；

④经返修和加固后仍不能满足使用要求的工程严禁验收。

### 3.2.8　质量管理体系文件构成

就一般水利工程项目而言，其质量管理体系文件由以下内容组成：

（1）《质量管理体系》（GB/T 19000—2008）对质量体系文件的重要性作了专门的阐述，要求企业重视质量体系文件的编制和使用。编制和使用质量体系文件本身是一项具有动态管理要求的活动。因为质量体系的建立、健全要从编制完善体系文件开始，质量体系的运行、审核与改进都是依据文件的规定进行，质量管理实施的结果也要形成文件，作为证实产品质量符合规定要求及质量体系有效的证据。

（2）《质量管理体系》（GB/T 19000—2008）对文件提出明确要求，企业应具有完整和科学的质量体系文件。质量管理体系文件一般由以下内容构成：

1）形成文件的质量方针和质量目标；

2）质量手册；

3）质量管理标准所要求的各种生产、工作和管理的程序性文件；

4）质量管理标准所要求的质量记录。

以上各类文件的详细程度无统一规定，以适于企业使用，使过程受控为准则。

（3）质重方针和质量目标。

一般都以简明的文字来表述，是企业质量管理的方向目标，应反映用户及社会对工程质量的要求及企业相应的质量水平和服务承诺，也是企业质量经营理念的反映。

（4）质量手册。

质量手册是规定企业组织建立质量管理体系的文件，质量手册对企业质量体系作系统、完整和概要的描述。其内容一般包括：企业的质量方针、质量目标、组织机构及质量职责；体系要素或基本控制程序；质量手册的评审、修改和控制的管理办法。

质量手册作为企业质量管理系统的纲领性文件应具备指令性、系统性、协调性、先进性、可行性和可检查性。

（5）程序文件。

质量体系程序文件是质量手册的支持性文件，是企业各职能部门为落实质量手册要求而规定的细则，企业为落实质量管理工作而建立的各项管理标准、规章制度都属程序文件范畴。各企业程序文件的内容及详略可视企业情况而定。一般有以下六个方面的程序为通用性管理程序，各类企业都应在程序文件中制订下列程序：

1）文件控制程序；

2）质量记录管理程序；

3）内部审核程序；

4）不合格品控制程序；

5）纠正措施控制程序；

6）预防措施控制程序。

除以上六个程序以外，涉及产品质量形成过程各环节控制的程序文件，如：生产过程、服务过程、管理过程、监督过程等管理程序，不作统一规定，可视企业质量控制的需要而制定。

为确保过程的有效运行和控制，在程序文件的指导下，尚可按管理需要编制相关文件，如：作业指导书、具体工程的质量计划等。

（6）质量记录。

质量记录是产品质量水平和质量体系中各项质量活动进行及结果的客观反映。对质量体系程序文件所规定的运行过程及控制测量检查的内容如实加以记录，用以证明产品质量达到合同要求及质量保证的满足程度。如在控制体系中出现偏差，则质量记录不仅需要反映偏差情况，而且还要反映出针对不足之处所采取的纠正措施及纠正效果。

质量记录应完整地反映质量活动实施、验证和评审的情况，并记载关键活动的过程参数，具有可追溯性的特点。质量记录以规定的形式和程序进行，并有实施、验证、审核等签署意见。

### 3.2.9 企业和项目部质量管理体系的建立及运行

#### 3.2.9.1 企业质量管理体系的建立与运行

（1）质量管理体系的建立是企业按照八项质量管理原则，在确定市场及顾客需求的前提下，制定企业的质量方针、质量目标、质量手册、程序文件及质量记录等体系文件，确定企业在生产（或服务）全过程的作业内容、程序要求和工作标准，并将质量目标分解落实到相关层次、相关岗位的职能和职责中，形成企业质量管理体系执行系统的一系列工作。质量管理体系的建立还包含着组织不同层次的员工培训，使体系工作和执行要求为员工所了解，为形成全员参与的企业质量管理体系的运行创造条件。

（2）质量管理体系的建立需识别并提供实现质量目标和持续改进所需的资源，包括人员、基础设施、环境、信息等。

（3）质量管理体系的运行是在生产及服务的全过程按质量管理文件体系制定的程序、标准、工作要求及目标分解的岗位职责进行操作运行。

（4）在质量管理体系运行的过程中，按各类体系文件的要求，监视、测量和分析过程的有效性和效率，做好文件规定的质量记录，持续收集、记录并分析过程的数据和信息，全面体现产品的质量和过程符合要求及可追溯的效果。

（5）按文件规定的办法进行管理评审和考核：过程运行的评审考核工作，应针对发现的主要问题，采取必要的改进措施，使这些过程达到所策划的结果和实现对过程的持续改进。

（6）落实质量体系的内部审核程序，有组织有计划开展内部质量审核活动，其主要目的是：

1）评价质量管理程序的执行情况及适用性；

2）揭露过程中存在的问题，为质量改进提供依据；

3）建立质量体系运行的信息；

4）向外部审核单位提供质量体系有效的证据。

为确保系统内部审核的效果，企业领导应进行决策领导，制定审核政策、计划，组织内审人员队伍，落实内部审核，并对审核发现的问题采取纠正措施和提供人财物等方面的支持。

3.2.9.2 项目部质量体系的建立及运行

项目部要把企业交给的工程项目建设好，真正达到业主满意、企业放心、项目有利的目的，必须建立健全工程质量管理和控制体系。

（1）建立健全质量管理组织机构：项目部应建立以项目经理为组长，总工程师为副组长，各职能部门负责人及技术骨干和质量专职员为成员的质量管理领导小组，具体负责工程项目施工过程中的质量管理、控制、检查和考核工作；

（2）根据国家有关质量标准、设计资料、合同规定、企业质量目标和方针、该工程具体情况等，编制项目部质量控制措施、质量目标、质量方针、质量控制和管理办法；

（3）将制定的质量措施、办法等尽早传达到所有参建员工，使大家都清楚该工程的质量要求和标准，在项目一开始便形成以质量为目标的管理气氛；

（4）坚持和完善三级技术交底制度，做到在新工序开工前必须进行技术交底，使所有工序工作人员在没有工作之前先清楚操作程序和技术要求；

（5）全面推行内部质量培训，尤其对没有施工过该工程类似项目的人员必须进行上岗前的技术培训，随着工程进度的发展随时组织培训，让工作人员始终在工作前心中有数；

（6）提倡质量是干出来的管理理念，充分肯定基层人员的贡献，全面协调质量管理人员和操作人员的矛盾，推行管、干结合，干重于管，防止二者对立情况的发生；

（7）坚持布置工作任务必须布置质量要求的工作方法，禁止任务安排和质量交底相互脱离；

（8）自始至终严格坚持三检制度，全过程推行全面质量管理，开展质量竞赛和质量赶、帮、学活动，大力提倡和鼓励在现场和工作中互相传授技术的风格，使每一个工作人员只要下手干活心中就想着质量，别人就交给他按质量标准操作，养成这样的工作环境将使许多问题失去生存时机；

（9）全面贯彻质量考核制度，分阶段、分部位进行考核，奖严罚松，及时兑现，对抵制质量的情况和人员坚决予以及时果断处理，使类似情况和人员无存留之地；

（10）坚持专职质量检查人员跟班制度，推行教重于查的工作方法，真正落实预防制度，对重点部位和工序实行签订质量责任状制度，做到事前预防重于事中控制，尽量避免事后追查情况的发生。

工程质量体系的建立和运行二者是相辅相成的，没有完善的体系就不可能有良好的运行，而仅重视体系的建立不重视实际运行只能给项目增加负担并带来不利影响，因此，体系的建立和运行都是项目管理者必须重点组织好和控制好的持续严谨工作。

## 3.3 进度管理

### 3.3.1 进度管理的含义、目的和任务以及进度计划系统的概念

3.3.3.1 工程施工项目进度管理的含义和目的

（1）工程施工项目进度管理方法有多种类型，更是因人而异，因项目而异，因角度而异，代表不同利益的各方对项目（业主方和监理等）进度等要素都有进行管理和控制的责任和义务，但是，因所处地位和角度不同，各方对进度管理和控制的目标和时间范畴也不尽相同。

（2）工程施工项目是在动态条件下实施的，因此进度管理必然是一个动态的管理过程，主要包括进度目标、编制进度计划和进度计划的调整。

编制进度计划需要结合实际情况，即使结合了实际情况在实施过程中仍需要对进度计划作必要的调整，因为，现实和想象总是有差距的，一成不变的进度无法实现控制作用，就是说进度控制的过程也就是进度计划不断调整的过程。

（3）进度管理的目的是通过控制和调整来实现工程的进度目标。

3.3.3.2 各利益方对工程施工项目进度管理的任务

（1）业主方对进度管理的任务是控制整个项目实施阶段的进度，包括控制设计准备阶段的工作进度、设计进度、施工进度、物资采购进度、项目启用前的准备进度等。

（2）设计方进度管理的任务是依据设计委托合同履行合同的义务，对设计过程控制设计工作进度，达到业主按期招标、施工和物资采购等进度要求。

（3）施工方进度管理的任务是依据施工委托合同履行合同的义务，对工程施工过程控制施工进度。在编制施工进度计划时，编制人员应根据项目的特点和施工进度控制的

需要，可以编制深度不同的进度计划（如控制性计划、指导性计划和实施性计划等），以及根据工程总工期长短按不同计划周期（年、季、月、旬、周）的阶段施工计划等。

### 3.3.3.3　工程进度计划系统的概念

（1）工程施工项目进度计划系统是由多个相互关联的进度计划组成的系统，它是项目进度控制的依据。由于各种进度计划编制所需要的必要资料是在项目进展过程中逐步形成的，因此工程施工项目进度计划系统的建立和完善也有一个逐步形成的过程。

（2）根据工程施工项目进度控制其不同的需要和不同的用途，业主方和项目各参与方可以构建多个不同的工程施工项目进度计划系统，如：由不同计划深度的进度计划组成的计划系统（总进度计划、项目子系统进度计划、项目子系统中的单项工程进度计划）、由不同计划功能的进度计划组成的计划系统（控制性进度计划、指导性进度计划、实施性进度计划）、由不同项目参与方的进度计划组成的计划系统（业主方编制的整个项目实施的进度计划、设计进度计划、施工和设备安装进度计划采购和供货进度计划）、由不同计划周期的进度计划组成的计划系统（年、季、月和旬计划）等。

（3）在工程施工项目进度计划系统中，各进度计划或各子系统进度计划编制和调整时必须注意其相互间的联系和协调。

## 3.3.2　工程进度计划的分类和编制要求

### 3.3.2.1　施工进度计划的分类

水利工程项目施工进度计划是以每个在建的具体项目的施工为计划体系，依据项目的施工生产计划的总体要求和合同规定，以及施工的具体条件要求和可利用的各种资源，预先合理计划该项目施工进度的过程。

水利工程项目施工进度计划主要包括：

（1）整个工程项目施工总进度方案、施工总进度规划、施工总进度计划。对大型及以上项目应同时编制总进度方案、总进度规划和总进度计划，对一般的中小型项目可以只编制总进度计划。

（2）子项目施工进度计划、单体工程施工进度计划。

（3）项目施工的年度、季度、月度施工进度计划和旬度施工作业计划。

水利工程项目施工进度计划主要按计划的功能划分，分为控制性施工进度计划、指导性施工进度计划和实施性施工进度计划三种；就计划的具体细致性而言，控制性施工进度计划表述的是宏观或战略层面，指导性施工进度计划表述的是具有指导意义的战术性层面，而控制性施工进度计划则要根据具体的施工组织和施工方案非常细致地进行编制，由此可见，对特大型和比较复杂的大型工程建设项目，需要同时编制三个层面的施工进度计划，分别满足不同时期的施工进度要求，以便对施工进度有总体和阶段的了解和指导，而对一般的中小型工程项目建设可以只编制两个层面甚至仅编制控制性施工进度计划即可。

### 3.3.2.2　施工进度计划编制的主要依据、步骤和内容

1. 编制依据

（1）设计图纸及资料；

（2）项目当地各种水文、气象、季节、地质、交通、电力、施工环境条件等资料；

（3）合同规定的工期、开竣工时间、重大事件、政治因素；

（4）主体工程施工方案和技术保证措施，企业内部及社会在施工方案和技术方面的辅助情况；

（5）分类工程内容及施工定额数据；

（6）各类资源（人力、材料、设备等）供应保障程度和效率情况；

（7）业主支付资金保障情况和企业内部资金协调能力；

（8）业主、监理、设计等项目直接关联单位整体协调配合情况；

（9）其他对工程进度有影响的情况。

2. 进度计划编制的步骤及内容

（1）核算工程量。根据招标文件和投标书工程量清单内容，结合设计图纸核算工程量。核算工程量必须细致、准确，为编制进度计划提供确切依据；

（2）确定各单位工程施工期限。根据与业主签订的施工合同中规定的工期确定各单位工程工期，在确定时要充分考虑建筑物类型、设计结构、具体的施工方法和技术措施、项目组织管理水平、施工机械化程度、劳务队伍技术及人员能力、施工外部环境和施工现场条件等。

3. 确定各单位工程的开、竣工时间和交叉作业关系

主要包括以下几点：

（1）资源搭配要相对均匀，相同时期开工的项目不宜集中，避免技术、人力、设备、材料等资源过于分散；

（2）在重点部位或有特殊限制的工艺必须集中施工外，总体计划应尽量达到均衡，以确保劳务人员、技术和管理人员、施工设备、永久材料和周转材料等的供应在整个工期内相对平衡；

（3）将可供工程实施期间可以使用的永久工程尽量提前施工，以便节省临时工程费用；

（4）始终以主体工程作为施工控制的主线，对急需或关键项目、技术复杂、工期较长、施工难度较大的部位或工艺尽量先施工，以避免影响整体工程按时交工；

（5）施工顺序按底、中、上或结合投入运行的先后次序相吻合，并对与其配套的项目进行合理搭配，以保证底部工程为中上部工程的施工提供场地条件或建成的项目能独立投入运行；

（6）要充分考虑季节对施工的客观影响，对不同的季节如冬、雨季和麦收、秋收等，必须采取有效的措施保证不拖延施工进度，更不能对施工质量产生影响；

（7）根据项目部实际资源情况，适当安排一部分相对独立的附属项目作为调节，有利于资源平衡和整体工程的总体进度；

（8）突出主要工种和主要施工机械集中、连续施工，避免因此造成人员和设备闲置或中断带来的不利影响；

（9）技术和管理人员以及机构设置要与工程项目相配套，安全预防和保证措施、质量保证措施要有效具体，资金调配要合理并满足施工进度要求，现场文明施工和环境保护措施要健全；

（10）物资采购、劳务技术、后勤供应、各种天气、地方干扰、资金短缺、政治影

响、各种检查、参观观摩等必然发生的不利因素要根据经验适当考虑并尽量化解在总体进度中。

4. 编制初步施工进度计划

初步施工进度计划主要是根据正常的施工资源和经验，考虑以流水作业为主的全工地性的施工计划安排，以工程量大、工期长的项目为主导，组织若干条流水线并兼顾其他项目的实施。初步施工进度计划既可以用横道图表示也可以用网络图体现。

5. 编制正式施工进度计划

对初步施工进度计划进行检查和完善，使其达到更准确合理就形成了正式施工进度计划。检查和完善的重点是工期是否符合合同要求，各种资源的供应和使用是否得到保证和均衡利用，主要项目或工艺的质量、安全和技术措施及实施方案是否可行等。

### 3.3.3 工程进度计划简介

#### 3.3.3.1 横道图进度计划

横道图进度计划法是比较传统但使用较广泛的进度计划方法，其优点是：横道图中的工作内容与计划表中的进度线（横道）和时间坐标三者相对应，表达方式直观，编制意图明确；其缺点是：工序之间的逻辑关系不易表达清楚，适用于手工编制计划，没有通过严谨的进度计划时间参数计算，不能确定计划的关键工作、关键路线与时差，计划调整只能用手工方式进行，其工作量较大，难以适应编制复杂的进度计划。

横道图主要用于小型项目或大型项目的子项目上，也可以用于计算资源需要量、概要预示进度和计划技术的表示结果等。

#### 3.3.3.2 工程网络计划

（1）我国《工程网络计划技术规程》（JGJ/T 121—99）推荐的常用的工程网络计划类型包括：双代号网络计划；单代号网络计划；双代号时标网络计划；单代号搭接网络计划等。

（2）双代号网络图是以箭线及其两端节点的编号表示工作的网络图，工作之间的逻辑关系可包括工艺关系和组织关系。

（3）单代号网络图是以节点及其编号表示工作，以箭线表示工作之间逻辑关系的网络图，工作之间的逻辑关系和双代号网络图一样，应正确反映工艺关系和组织关系。

（4）双代号时标网络计划是以时间坐标为尺度编制的网络计划。双代号时标网络计划中应以实箭线表示工作，以虚箭线表示虚工作，以波形线表示工作的自由时差。

（5）单代号搭接网络计划是前后工作之间有多种逻辑关系的肯定型网络计划，前后工作之间的多种逻辑关系包括：两项工作开始到开始的时距；两项工作完成到完成的时距；两项工作开始到完成的时距；两项工作完成到开始的时距。

（6）工程网络计划的类型主要的划分方法有：

1）工程网络计划按工作持续时间的特点划分为：肯定型问题的网络计划；非肯定问题的网络计划；随机网络计划等。

2）工程网络计划按工作和事件在网络图中的表示方法划分为：事件网络——以节点表示事件的网络计划；工作网络——以箭线表示工作的网络计划和以节点表示工作的网络计划。

3) 工程网络计划按计划平面的个数划分为：单平面网络计划；多平面网络计划（多阶网络计划，分级网络计划）。

无论是横道图还是网络图，要真正编制好均需要专门学习有关资料，尤其是网络图更是复杂细致。目前的工程招标一般均要求施工企业同时编制施工进度计划横道图和网络图，这就要求施工企业的技术人员既要学习横道图又要学习网络图，二者兼备才能独立完成进度计划的编制工作。

### 3.3.4 工程进度控制的措施

3.3.4.1 工程施工项目进度控制的组织措施

（1）施工组织是工程施工项目目标能否实现的决定性因素，为实现施工项目的进度目标，应充分重视并健全项目管理的组织机构体系，形成有权威和有力度的进度指挥及控制机制。

（2）在工程项目施工组织管理过程中，应安排专门的职能部门和熟悉进度控制的专人负责进度计划编制和调整工作，达到按计划进行调度力争实现各阶段计划，同时，因主客观原因造成计划提前或滞后时，能随时调整进度计划，使计划不失去其指导性和控制性。

（3）施工进度控制的主要工作包括：根据工程具体情况分析和论证施工方案，并结合合同和实践经验确定该工程进度目标；编制进度计划；定期跟踪进度计划的执行情况；采取纠偏措施；调整进度计划等。

（4）编制项目进度控制的工作流程，如：确定工程项目进度计划系统的组成；制定各类进度计划的编制程序、审批程序和计划调整程序等。

（5）施工进度控制工作包含了复杂的组织和协调工作，需要通过有效的手段解决相关的组织和协调工作，而会议就是较好的组织和协调的有效手段，因此，进度控制人员应协助项目经理进行有关进度控制会议的组织设计，如会议的类型、会议的主持人及参加单位和人员、会议召开的时间地点、会议文件的整理、分发和确认等。

（6）要完成进度计划必须有一个团结、配合、熟练的战斗集体，这就要求项目部主要成员具备懂业务、善管理、能协调、有威信、讲诚信、负责任的能力和实力，同时，各职能部门主动密切合作，各合作单位愿意紧密配合，各工种人员齐全、技术熟练、工作作风顽强并听从指挥。

（7）资源组织有力、及时，调度和管理有方，施工方法和措施有效并到位，各种制约机制和考核制度健全并落实。

3.3.4.2 工程项目施工进度控制的管理措施

（1）工程项目施工进度控制的管理措施涉及管理思想、管理方法、管理手段、承发包模式、合同管理和风险管理等。

（2）要真正把工程项目施工进度控制落实到位，必须克服管理观念方面的问题。现实工作中常遇到的管理观念方面的问题主要包括：分别编制各种独立而互不联系的计划，不能形成计划系统，这是典型的缺乏系统进度计划的观念；只重视进度计划的编制不重视对进度计划进行及时有效的动态调整，这是典型的缺乏动态控制的观念；缺乏对进度计划进行多方案比较和选优的观念。理想的进度计划应充分体现对有限资源的合理使用、对工作面的合理安排、对工序的合理交叉，并有利于提高施工质量，有利于文明施工和有利于合理地缩短工程周期等。

（3）工程网络计划的方法有利于实现进度控制的科学化。目前各施工企业在投标阶段大都采用了工程网络计划编制施工进度计划，但是，实际工作中真正应用工程网络计划进行施工进度控制的项目并不多。用工程网络计划的方法编制施工进度计划时，必须对工作（工序）之间的逻辑关系进行严谨地分析和考虑，通过工程网络的计算发现关键工作和关键路线，知道非关键工作可使用的时差，从而抓住关键工作和线路，利用有效时差及时调整进度计划。

（4）承发包模式的选择直接关系到工程实施的组织和协调。为了实现施工进度目标，业主应选择合理的承发包合同结构，从而避免过多的合同交界面对工程的进展造成影响。工程物资的采购模式对工程进度也有直接的影响，因此也应作分析比较，必要时可以专门咨询和考察成功项目的合同模式。

（5）为实现工程施工进度目标，不但应对工程施工进度进行控制，还应分析影响工程进度的风险因素，并在分析的基础上采取避免或降低措施，以减少进度失控的风险量。常见的影响工程进度的风险主要有：组织风险、管理风险、合同风险、资源（人力、物力和财力）风险、技术风险、安全风险、市场风险、自然灾害等。

（6）信息技术在施工管理中的应用越来越广泛，目前对大部分项目部而言信息技术在进度控制方面只是处于初级水平。而信息技术的应用将有利于提高进度信息处理的效率、有利于提高进度信息的透明度、有利于促进进度信息的交流和项目各参与方的协同工作，在此希望越来越多的水利工程施工项目尽早推广和应用信息技术。

3.3.4.3　工程施工项目进度控制的经济措施

（1）工程施工项目进度控制的经济措施涉及资金需求计划、资金供应条件和经济激励措施等。

（2）为确保进度目标的实现，应编制与进度计划相适应的资源需求计划（也叫资源进度计划），包括资金需求计划和其他资源（人力和物力资源）需求计划，以反映工程实施的各时段所需要的资源。通过资源需求的分析，可发现所编制的进度计划实现的可能性，若资源条件不具备，则应调整进度计划。

（3）资金供应条件包括可能的资金总供应量、资金来源（自有资金和外来资金）以及资金供应的时间。

（4）在工程预算中应考虑加快工程进度所需要的资金，其中包括为实现进度目标将要采取的经济激励措施所需要的费用。

3.3.4.4　工程施工项目进度控制的技术措施

（1）工程施工项目进度控制的技术措施涉及对实现进度目标有利的设计技术和施工技术的选用。

（2）不同的设计理念、设计技术路线、设计方案会对工程进度产生不同的影响，在设计工作的前期，特别是在设计方案评审和选用时，应对设计技术与工程进度的关系作分析比较。在工程进度受阻时，应分析是否存在设计技术的影响因素，为实现进度目标有无设计变更的可能性。

（3）施工方案对工程进度有直接的影响，在选用时不但应分析技术的先进性和经济合理性，还应考虑其对进度的影响。在工程进度受阻时，应分析是否存在施工技术的影响因素，为实现进度目标有无改变施工技术、施工方法和施工机械的可能性。

工程进度的控制关键落实在施工过程中对计划工期的调整和安排上，尤其是一些特殊的工程，项目部不能按部就班、按常规项目施工的程序进行，而应以大局为主暂时放弃局部利益以获取最终利益。按正常程序进行工期控制的事例就不在这里讲了，多数项目经理对常规项目也都有一定的工期控制经验和能力，但在市场竞争激烈的今天，尤其是一些政绩工程，超常规施工的项目经常遇到，项目经理因工期跟不上被业主或企业领导责骂几乎每年都有，遇到类似情况，可能有的项目经理就控制不了工程的工期，甚至会撂挑子，这种做法是不明智的。几乎所有单位都存在"顺风航船欢歌笑语，逆水行舟一筹莫展"的人，作为项目管理者，不可能事事时时顺利，遇到不顺时更不能有逃避之心，应面对困难及时寻找解决办法和有效措施，这样才能渡过难关，才能在困境中得到锻炼和升华。项目经理是整个项目的指挥核心，在关键时刻一言一行都有可能影响全局，一句不经意的灰心话都有可能导致人心涣散，相反，只要自己有坚定的决心和信心，全体职工就会紧紧围绕在你的身边和你一同共渡难关，也就没有解决不了的困难。施工企业的人常听到"抢工期"一词，一个"抢"字生动全面地概括了工期在项目管理中的地位和重要性，但抢工期不是简单地硬拼硬打武力蛮干，而需要智慧和措施的有力结合，需要调动各方面的力量和资源统一行动，需要凝结全体参建人员的聪明才智，让每个人都能在自己的岗位上发挥最佳作用并愿意帮助他人完成任务。一个有能力有水平有威望的项目经理或领导者可以把一个集体管理得像一个人一样，团结、协调、整齐、有力，这样的集体几乎任何困难都能克服，越是关键时刻越能创造出意想不到的工作业绩，形成这样的集体领导者越是轻松自如，因为他已经把一个团队带到一个相当高的境界了，几乎没有困难和问题可以难住；而一个能力平平威望无存的项目经理或领导者，几乎整天愁眉不展，自己忙得几乎没有干完的事，而其他人反而好像在看玩意仿佛无事可做，越是到了关键时刻或遇到重大问题，这样的集体越是离心离德一事无成。因此，无论是项目管理还是其他管理，都有很深的学问和综合的能力，团队的表现就是对管理者或领导者最好最真实地评价和总结。工期管理和其他管理一样，没有计划是不成的，而完全按照计划进行也是行不通的，因为计划是死的，而变化是随时存在的，如何根据随时发生的变化及时进行一些适合变化了的工作才能保证计划的最终实现，按部就班照计划工作的管理必然是失败的管理，因为天气、资源、人为等主客观因素无时不在影响着我们，用一个死的计划去对应瞬息万变的现实，失败是必然的。要确保计划如期完成，需要管理者将死的计划用活的思维和方法使其变为活的规划，活的规划围绕死的计划开展工作，才能将死的计划灵活完成。

**案例：** 2000 年，山东省一家水利工程企业在德州马颊河承接了一座拦河闸工程，合同工期是 3 月份开工，主汛来临前完成地步工程达到度汛要求，年底前完成主体工程。工程规模是九孔闸，闸门尺寸 $10m \times 6.3m$，混凝土约 $16\,000m^3$，土建为一个标，金属结构及机电设备为一个标，招标时以联合体方式招标，金属结构和机电设备标放在土建中，中标后土建和金属结构及机电设备各自独立完成。由于地方配套资金不能及时到位，合同中明确规定施工过程中甲方资金只拨付 50%，因此，资金是制约该项目最大的困难，永久材料采购、人工费、周转材料租赁、施工设备租赁等都受资金的限制不能如愿进行。但该工程最终于 10 月底完成建设任务，使整个施工计划提前几个月，受到当地政府及甲方和上级主管部门等的高度好评，项目被评为优质工程，项目部被评为优秀项目部。就工期而言，主汛期由于河水调度有方，没有拆除上下游围堰创造了施工条件是提前工期的重要因素，而项目部对该工程两大影响工期的环节抓得及时得力，也是保证整个工期计划提前完成不容忽视的因素。当然，其他影响工期计划的方面很多，项目部怎样逐项解决，在此不赘述。

一是基坑开挖：工程坐落在老河道中，而马颊河常年通水，虽然施工过程中进行了基坑单侧导流，上下游搭设了围堰，但由于闸址距永久线路较远无法使用电网供电，只能采取自备发电机供电，自备电源就存在保障性低的问题，而老河道基坑开挖首要的问题就是排水，只要发电机出现故障停机，很快基坑水位就回到几个小时以前的水位上。上下游是五六米高的围堰，堰外水深枯水时上游两米以上，下游近四米（每天有潮水回流），丰水时上游四米多，下游接近堰顶，基坑左侧开有近八米深的导流沟，每天平均过水流量在 $20m^3$ 以上，这样一个三面直接环深度明水的基坑，其排水难度可想而知。而基坑排水过程中又发现，按施工组织设计计划布设的深井，大部分其出水量远远不能达到设计要求，井内水位下得很快，但井外土中水位变化不大，究其原因是老河道淤泥层比较厚，其渗透力特别差，按照招标文件提供的渗透资料设计的排水方案根本不能解决实际问题，再加上自发电带来的隐患，使得排水方案更加雪上加霜。面对这样的新情况，项目部在基坑四周打井的排水原方案的基础上，又在闸室前的铺盖段和消力池后的海曼段横向垫土并增加深井，使整个排水井设计由原来的"口"字形布置改为"目"字形布置，同时，在局部开挖深度大的地方增加小型井点，使排水工作满足了进度要求。但接踵而来的是基坑开挖时，由于淤泥太厚，含水量几近饱和，大型车辆根本进不去，就是进入基坑，装两三铲土就出不来，使原来的开挖计划和方案也不能实施，在此情况下，项目部主动征求当地有经验的队伍和业主驻工地代表等的意见，将自卸车运输改为当地一种特有的四轮翻斗车运输。由于其容量太小，一立方米的土都装不了，即使装上了也爬不上基坑的坡道，同时，由于是饱和淤泥，往往爬到半坡因为车斗后面没有挡板就会一点不剩地流了下来，导致车上去了而土留在坡道上。就是在这样的施工条件下，项目部没有灰心和动摇，没有因排水方案和开挖方案的大改变而增加的费用而退却，积极想方设法保证排水效果，同时增加运输车辆并改进原有的车斗，最终以不常见的开挖场面和不气派的蚂蚁搬家式战术结束了基坑开挖工序，保证了制约整个工程的前期计划按期完成，为以后的后续工作能提前完工创造了得天独厚的条件，否则，别说提前就是按时完工都是不可能的。

二是消力池浇筑：消力池是整个工程开挖最深的部位，混凝土浇筑量也最大最集中。为了尽早将该部位施工完毕，以减少排水费用并消除雨季来临时该部位给项目带来的影响，项目部根据汛前完成全部底部工程的总体计划，决定在确保闸室浇筑的同时，穿插时间及早把消力池施工完毕。由于此时上游铺盖和闸室底板还没有全部施工完毕，同时，即使已经浇筑的底板因龄期问题也不能达到通车要求，所以，要浇筑消力池混凝土，必须在其下游海曼段打通横向交通道路，才能保证连续浇筑时的运输要求。消力池垫层浇筑时，由于混凝土方量较少，采取从河道右岸滩地搭设滑槽，在池内土基上铺设木板用手推车运输的办法解决，但消力池浇筑因方量大手推车运输根本满足不了要求。上面已经讲到，该地区河道以淤泥为主，不下雨时看着地面很干燥，行人及轻型交通工具行走也没有大问题，但是，只要重复走上几次将下层土扰动后，地下水便会被吸上来且形成小型管涌，根本无法再行驶，稍重一点的车辆更无法运行。此时已进入 5 月份，不尽早将该部位施工完毕费用问题是小，关键是无法安全度汛。围绕如何在这样的地质条件下解决交通运输道路问题，项目部征求了好多意见，用厚钢板铺设、用原木铺设、用厚木板铺设等，这些意见都可以解决，但是，由于项目部资金几乎每天都是在捉襟见肘中度日，根本没有多余资金采购或租赁上述大宗材料，况且时间也来不及，因此，一个个方案全部放弃，最终，项目经理采取了就地取材立即动手的措施，在土层上铺设一层草袋子，草袋子上垫 20cm 厚的石子，石子层上铺一层沙子，沙子上铺 30cm 的干土，这样，完工后，将沙子和土清除，大部分石子还能回收利用，损失的只是一些沙子和草袋子，但这些物品工地都有且经济。同时，由于草袋子增加了托浮力，而石子起到隔离管涌水上升的作用，能确保道路顶层土不被地下水浸透。方案确定后，项目经理立即组织人员当天下午就开始进行道路铺设，因为，天气预报报的第二天就有雨，如果不能将该道路当天铺成，别说无法浇筑混凝土，雨后连道路铺设都要再等几天，因为，一旦降雨整个土层连人都进不去，更不用说还要在上面铺设石子和沙土了。该道路经参建人员共同奋斗，将近第二天凌晨全部完成，雨水来临前用塑料薄膜将道路全部保护起来，停雨后拿掉塑料薄膜马上就可以进车。就这样，项目部及时解决了消力池混凝土浇筑遇到的卡脖子问题，争取了宝贵的时间，赢得了争抢工期的先机。

由上述简单陈述的案例可以悟出这样的道理：确保工期、确保质量、确保安全等项目管理目标，不是仅仅挂在嘴上的几句话，必须有有效的措施和方法去落实和行动。而实际工作当中就有相当一部分管理人员不是不动脑就是光会说不见行动。项目管理需要的是智慧、指挥、组织、协调相统一的管理者，项目经理尤其要在实践中学习和锻炼自己，掌握多种经验和知识，以便提高自己的综合能力及水平，在关键的时刻和关键的问题面前，有自己独到的见解和处理问题的信心及勇气，这样，才能在职工中不言自威，整个项目部才能军心稳、士气壮，处处战而无不胜。同时，工期计划需要根据具体情况随时进行变化和调整，并将变化调整后的方案及时组织落实到位才能确保计划和目标的如期甚至提前实现。

## 3.4 安全管理

建筑行业安全生产在当前的形势下是国家、社会、主管部门、业主、企业、项目部、监理和家庭等全员关注的问题，和其他目标相比更是没有弹性的目标，而建筑行业又是安全事故的高危行业之一，同时，安全问题具有瞬间发生并且是不可逆转和补救的特性，因此，项目实施过程中安全问题始终是最焦点问题，理论上谁都知道不容有任何麻痹和疏忽，而现实工作中偏偏安全问题往往是说得最多落实到位的又可能最少，使安全生产工作始终难易摆脱出"最被人人挂在嘴边的问题又最被大部分人忽视，最值得抓的问题又最没投入精力，最念念不忘的问题又念后就忘，最不应该出现问题的时候就偏偏发生事故"这样一个怪圈。现在媒体的嗅觉相当发达，国家对各种安全事故的曝光率和透明度逐步提升，只要关注媒体的人都知道，在国家如此加大力度预防安全生产事故发生的今天，各类安全事故还是层出不穷、屡禁不止，究其原因实际很简单，根源不外乎安全与效益是矛盾的双方，侥幸心理和说说就行代替了落实和行动。"事前不真管，事后真后悔"是不少管理者出现安全事故后的切身体会。抓好安全生产工作是每个企业和项目部应该时时、事事不松懈的持续工作。在此愿我们水利建设行业各级管理者能充分重视安全生产工作的落实和行动，在所有建筑领域第一个走出"怪圈"。

### 3.4.1　安全管理的目的和任务

工程施工项目安全管理的目的是最大限度地保护生产者的人身安全，控制影响工作场所内员工、临时工作人员、合同方人员、访问者和其他有关部门进入现场人员安全的条件和因素，考虑和避免因使用不当对使用者造成的安全危害。

安全管理的任务是建筑生产企业为达到建筑工程施工过程中安全的目的，指挥、协调、控制和组织全体员工安全生产的活动，包括制定、实施、实现、评审和保持安全方针所需的组织机构、计划活动、职责、惯例、程序、过程和资源。不同的企业根据自身的实际情况制定相应方针，并围绕实施、实现、评审、保持、改进等建立健全组织机构、策划活动、明确职责、遵守有关法律法规和惯例编制程序控制文件，实行全过程全方位控制并提供充足的人员、设备、资金和信息资源等。

### 3.4.2　工程施工项目安全管理的特点

3.4.2.1　工程项目的固定性和生产的流动性及受外部环境影响因素多等特性，决定了职业安全管理的复杂性

（1）工程项目生产过程中生产人员、工具与设备的流动性，主要表现为：

1）同一工地不同工序之间的流动；

2）同一工序不同工程部位上的流动；

3）同一部位不同时间段上的流动；

4）一个工程项目完成后，又要向另一新项目动迁的流动。

（2）工程项目受不同外部环境影响的因素多，主要表现为：

1）露天作业多；

2）气候条件变化的影响；

3）工程地质和水文条件的变化；

4）地理条件和地域资源的影响；

5）人员复杂语言交流障碍的影响。

由于生产人员、工具和设备的交叉和流动作业，受不同外部环境的影响因素多，使安全管理很复杂，稍有考虑不周就会出现问题。

3.4.2.2　工程项目的多样性和生产的单件性决定了安全管理的多样性

工程项目的多样性决定了生产的单件性。每一个工程项目都要根据其特定要求进

行施工，主要表现是：

（1）不能按同一图纸、同一施工工艺、同一生产设备进行批量重复生产；

（2）施工生产组织及机构变动频繁，生产经营的"一次性"特征特别突出；

（3）生产过程中试验性研究课题多，所碰到的新技术、新工艺、新设备、新材料给安全管理带来不少难题；

（4）即使采用同样的技术方案、相同的设备、一样的工艺，由于人员的改变又需要时间磨合，带来安全隐患。

因此，对于每个工程施工项目都要根据其实际情况，制定安全管理计划，不可相互套用。

3.4.2.3　施工生产过程的连续性和分工性决定了安全管理的协调性

工程项目施工不能像其他许多工业产品一样可以分解为若干部分同时生产，而必须在同一个固定场地按严格程序连续生产，上一道程序不完成，下一道程序不能进行，上一道工序生产的结果往往会被下一道工序所掩盖，而且每一道程序由不同的人员和部门来完成。因此，在安全管理中要求各部门和各专业人员横向配合和协调，共同注意施工生产过程接口部分的安全管理的协调性。

3.4.2.4　工程项目的委托性决定了安全管理的不符合性

工程项目在建造前就确定了买主，按建设单位特定的要求委托进行生产建造。而建设工程市场在供大于求的情况下，业主经常会压低标价，造成产品的生产单位对安全管理的费用投入的减少，不符合安全管理有关规定的现象时有发生。这就要建设单位和生产组织都必须重视对安全生产费用的投入，不可不符合安全管理的要求。

## 3.4.3　安全管理组织机构的建立

建立健全安全生管理组织机构是安全生产有序推进的根本保证。项目部安全管理组织机构在项目部安全生产的管理中是一项最基本也是最重要的工作。安全的重要性人人都明白，但是，现实生活中安全事故又频频发生，项目部要保证施工过程不发生安全问题，必须建立安全生产管理组织机构，统一制定该项目的安全目标、安全措施、检查制度、考核办法、宣传教育等。

安全管理组织机构的设置总体上要遵守《中华人民共和国安全生产法》的规定，按照法律规定，安全管理组织机构设置具体到一个工程项目上有四层内容：

（1）项目第一责任人（项目经理）同时也是安全生产第一责任人，负责安全生产工作重大问题的组织研究和决策；

（2）主管生产的项目副经理和主管技术的总工程师是安全生产的主要负责人，具体负责安全生产管理工作；

（3）项目安全职能部门负责日常安全生产工作的管理和监督；

（4）全员参与。

按照上述要求，项目部安全管理组织机构的设立一般是：

1）成立以项目经理为首的安全生产和文明施工领导小组，具体负责施工期间的安全工作和文明工作；

2）项目副经理、总工程师作为项目安全管理主要负责人，具体负责安全生产管理工作；

3）安全科或安全办公室，具体负责项目部安全生产日常管理和监督工作，负责安全生产交底工作；

4）各科室和工段负责人作为小组主要成员，共同肩负安全和文明工作；

5）设立专职安全员并经培训合格后持证上岗，专门负责项目施工过程中的安全工作，只要现场有作业人员，专职安全员就必须跟班执勤。专职安全员在工序开工前应提前检查工程环境及设施情况，确认安全后方可进行工序施工；

6）各科室及工段设兼职安全员，具体负责本科室及工段的安全生产预防和检查工作，各作业班组的组长兼本班组安全检查员，具体负责本班组的安全生产检查；

7）项目部应定期召开安全生产工作会议，总结前段安全工作情况，布置和落实下一阶段安全生产工作，利用业余时间和风雨误工时间，举办安全生产培训和教育工作，项目部班子成员和专职安全员从不同方面讲解安全知识和安全生产的重要性，增强全员安全警觉意识，把安全生产工作真正落实在预防阶段，同时，根据工程的具体情况，项目部可以把不安全因素和防范措施编制成小册子发到各科室及工段，使所有参建人员随时了解有关情况；

8）严格按国家有关规定在施工现场设置安全警示标牌，在不安全因素部位设立或悬挂警示标志，严格进场人员必须佩戴安全帽的检查工作，严格高空作业必须佩戴安全带的检查工作，严格持证上岗制度落实工作，严格风雨天气禁止高空作业工作，严格施工设备专人使用制度，严禁在场内乱拉乱扯用电线路，严禁非电工人员操作电工工作；

9）安全生产工作要与文明施工和现场管理工作同时进行，防止因脏乱差等产生不安全隐患，工地防风、防雨、防火、防盗、防疾病等预防措施要健全，每个具体方面都有专人负责，确保各项措施能及时得到实施；

10）完善安全生产和文明施工考核制度，推行安全一票否决制度，推行安全生产互相监督制度，提高自检自查意识，鼓励科室（工段）及班组内部进行经验交流和批评与自我批评等丰富多样的安全教育及交流活动；

11）对构件和设备吊装、爆破、高空作业、拆除、上下交叉作业、夜间作业、疲劳作业、带电作业、汛期施工、地下施工、脚手架搭拆等重要安全环节，必须在开工前进行技术交底的同时进行安全交底及联合检查，确认安全后方可开工；开工过程中要加强安全员的执勤工作，加强专职指挥协调工作，严禁出现乱指挥。

## 3.4.4　安全技术措施计划及其实施

### 3.4.4.1　工程施工安全技术措施计划

（1）工程施工安全技术措施计划的主要内容包括：工程概况，控制目标，控制程序，组织机构，职责权限，规章制度，资源配置，安全措施，检查评价，奖惩制度等。

（2）编制施工安全技术措施计划时，对于某些特殊情况应考虑：

1）对结构复杂、施工难度大、专业性较强的工程项目，除制定项目总体安全保证计划外，还必须制定单位工程或分部分项工程的安全技术措施；

2）对高处作业、井下作业等专业性强的作业，电器、压力容器等特殊工种作业，应制定单项安全技术规程，并应对管理人员和操作人员的安全作业资格和身体状况进行合格检查。

（3）制定和完善施工安全操作规程，编制各施工工种，特别是危险性较大工种的安全施工操作要求，作为规范和检查考核员工安全生产行为的依据。

（4）施工安全技术措施：施工安全技术措施包括安全防护设施的设置和安全预防措施，主要有以下方面的内容，如防火、防毒、防爆、防洪、防尘、防雷击、防触电、防坍塌、防物体打击、防机械伤害、防起重设备滑落、防高空坠落、防交通事故、防寒、防暑、防疫、防环境污染等。

3.4.4.2　施工安全技术措施计划的实施

（1）建立安全生产责任制是施工安全技术措施计划实施的重要保证。安全生产责任制是指企业对项目经理部各级领导、各个部门、各类人员所规定的在他们各自职责范围内对安全生产应负责任的制度。

（2）安全教育的要求如下：

1）广泛开展安全生产的宣传教育，使全体员工真正认识到安全生产的重要性和必要性，懂得安全生产和文明施工的科学知识，牢固树立安全第一的思想，自觉地遵守各项安全生产法律法规和规章制度。

2）把安全知识、安全技能、设备性能、操作规程、安全法规等作为安全教育的主要内容。

3）建立经常性的安全教育考核制度，考核成绩要记入员工档案。

4）电工、电焊工、架子工、司炉工、爆破工、机操工，起重工、机械司机、机动车辆司机等特殊工种工人，除一般安全教育外，还要经过专业安全技能培训，经考试合格持证后，方可独立操作。

5）采用新技术、新工艺、新设备施工和调换工作岗位时，也要进行安全教育，未经安全教育培训的人员不得上岗操作。

（3）安全技术交底。

1）安全技术交底的基本要求：

①项目经理部必须实行逐级安全技术交底制度，纵向延伸到班组全体作业人员；

②技术交底必须具体、明确，针对性强；

③技术交底的内容应针对分部分项工程施工中给作业人员带来的潜在危害和存在问题；

④应优先采用新的安全技术措施；

⑤应将工程概况、施工方法、施工程序、安全技术措施等向工长、班组长进行详细交底；

⑥定期向由两个以上作业队和多工种进行交叉施工的作业队伍进行书面交底；

⑦保持书面安全技术交底签字记录。

2）安全技术交底主要内容：

①本工程项目的施工作业特点和危险点；

②针对危险点的具体预防措施；

③应注意的安全事项；

④相应的安全操作规程和标准；

⑤发生事故后应及时采取的避难和急救措施。

## 3.4.5  安全控制的特点、程序和基本要求

### 3.4.5.1  安全控制的概念

1. 安全生产的概念

安全生产是指使生产过程处于避免人身伤害、设备损坏及其他不可接受的损害风险（危险）的状态。

不可接受的损害风险（危险）通常是指：超出了法律、法规和规章的要求；超出了方针、目标和企业规定的其他要求；超出了人们普遍接受（通常是隐含的）要求。

因此，安全与否要对照风险接受程度来判定，是一个相对性的概念。

2. 安全控制的概念

安全控制是通过对生产过程中涉及的计划、组织、监控、调节和改进等一系列致力于满足生产安全所进行的管理活动。

### 3.4.5.2  安全控制的方针与目标

1. 安全控制的方针

安全控制的目的是为了安全生产，因此安全控制的方针也应符合安全生产的方针，即："安全第一，预防为主"。

"安全第一"是把人身的安全放在首位，安全为了生产，生产必须保证人身安全，充分体现了"以人为本"的理念。

"预防为主"是实现安全第一的最重要手段，采取正确的措施和方法进行安全控制，从而减少甚至消除事故隐患，尽量把事故消灭在萌芽状态，这是安全控制最重要的思想。

2. 安全控制的目标

安全控制的目标是减少和消除生产过程中的事故，保证人员健康安全和财产免受损失。具体可包括：

（1）减少或消除人的不安全行为的目标；

（2）减少或消除设备、材料的不安全状态的目标；

（3）改善生产环境和保护自然环境的目标；

（4）安全管理的目标。

### 3.4.5.3  施工安全控制的特点

1. 控制面广

由于建设工程规模较大，生产工艺复杂、工序多，在建造过程中流动作业多，野外工作量大，高处作业多，作业位置多变，遇到的不确定因素多，安全控制工作涉及范围大，控制面广。

2. 控制的动态性

（1）由于建设工程项目的单件性，使得每项工程所处的条件不同，所面临的危险因素和防范措施也会有所改变，员工在转移工地后，熟悉一个新的工作环境需要一定的时间，有些工作制度和安全技术措施也会有所调整，员工同样有个熟悉的过程。

（2）工程项目施工的分散性。因为现场施工是分散于施工现场的各个部位，尽管

有各种规章制度和安全技术交底的环节，但是面对具体的生产环境时，仍然需要自己的判断和处理，有经验的人员还必须适应不断变化的情况。

3. 控制系统交叉性

工程项目是开放系统，受自然环境和社会环境影响很大，安全控制需要把工程系统和环境系统及社会系统结合。

4. 控制的严谨性

安全状态具有触发性，其控制措施必须严谨，一旦失控，就会造成损失和伤害。

3.4.5.4 施工安全控制的程序

1. 确定项目的安全目标

按"目标管理"方法在以项目经理为首的项目管理系统内进行分解，从而确定每个岗位的安全目标，实现全员安全控制。

2. 编制项目安全技术措施计划

对生产过程中的不安全因素，用技术手段加以消除和控制，并用文件化的方式表示，这是落实"预防为主"方针的具体体现，是进行工程项目安全控制的指导性文件。

3. 安全技术措施计划的落实和实施

包括建立健全安全生产责任制、设置安全生产设施、进行安全教育和培训、沟通和交流信息、通过安全控制使生产作业的安全状况处于受控状态。

4. 安全技术措施计划的验证

包括安全检查、纠正不符合情况，并做好检查记录工作。根据实际情况补充和修改安全技术措施。

5. 持续改进，直至完成建设工程项目的所有工作

3.4.5.5 施工安全控制的基本要求主要有以下几方面

（1）必须取得安全行政主管部门颁发的《安全施工许可证》后才可开工。

（2）总承包企业和每一个分包单位都应持有《施工企业安全资格审查认可证》。

（3）各类人员必须具备相应的执业资格才能上岗。

（4）所有新员工必须经过安全教育和必要的培训。

（5）特殊工种作业人员必须持有特种作业操作证，并严格按规定定期进行复查。

（6）对查出的安全隐患要做到"五定"，即定整改责任人、定整改措施、定整改完成时间、定整改完成人、定整改验收人。

（7）必须把好安全生产"六关"，即措施关、交底关、教育关、防护关、检查关、改进关。

（8）施工现场安全警示设置齐全，进入现场的人员必须按规定佩戴安全帽，高工作业必须佩戴安全带等保护工具，并符合国家及地方有关规定。

（9）施工机械尤其是现场的起重设备等，必须经安全检查合格后方可使用。

## 3.4.6 安全管理的方法

3.4.6.1 危险源的概念

1. 危险源的定义

危险源是可能导致人身伤害或疾病、财产损失、工作环境破坏或这些情况组合的

危险因素和有害因素。

危险因素强调突发性和瞬间作用的因素，有害因素强调在一定时期内的慢性损害和累积作用。

危险源是安全管理的主要对象，所以，有人把安全控制也称为危险控制或安全风险控制。

2. 两类危险源

在实际生活和生产过程中的危险源是以多种多样的形式存在，危险源导致事故可归结为能量的意外释放或有害物质的泄漏。根据危险源在事故发生发展中的作用把危险源分为两大类。即第一类危险源和第二类危险源。

**第一类危险源**

可能发生意外释放的能量的载体或危险物质称作第一类危险源。能量或危险物质的意外释放是事故发生的物理本质。通常把产生能量的能量源或拥有能量的能量载体作为第一类危险源来处理。

**第二类危险源**

造成约束、限制能量措施失效或破坏的各种不安全因素称作第二类危险源。

在生产、生活中为了利用能量，人们制造了各种机器设备，让能量按照人们的意图在系统中流动、转换和做功为人类服务，而这些设备设施又可以看成是限制约束能量的工具。正常情况下，生产过程中的能量或危险物质受到约束或限制，不会发生意外释放，即不会发生事故。但是，一旦这些约束或限制能量或危险物质的措施受到破坏或失效（故障），则将发生事故。第二类危险源包括人的不安全行为、物的不安全状态和不良环境条件三个方面。

3. 危险源与事故

事故的发生是两类危险源共同作用的结果，第一类危险源是事故发生的前提，第二类危险源的出现是第一类危险源导致事故的必要条件。在事故的发生和发展过程中，两类危险源相互依存，相辅相成。第一类危险源是事故的主体，决定事故的严重程度，第二类危险源出现的难易，决定事故发生的可能性大小。

3.4.6.2　危险源控制的方法

1. 危险源辨识与风险评价

（1）危险源辨识的方法：

1）专家调查法。

专家调查法是通过向有经验的专家咨询、调查，辨识、分析和评价危险源的一类方法，其优点是简便、易行，其缺点是受专家的知识、经验和占有资料的限制，可能出现遗漏。常用的有：头脑风暴法和德尔斐法。

2）安全检查表法。

安全检查表实际上就是实施安全检查和诊断项目的明细表。运用已编制好的安全检查表，进行系统的安全检查，辨识工程项目存在的危险源。检查表的内容一般包括分类项目、检查内容及要求、检查以后处理意见等。可以用"是"、"否"作回答或"√"、"×"符号作标记，同时注明检查日期，并由检查人员和被检查单位同时签字。

安全检查表法的优点是：简单易懂容易掌握，可以事先组织专家编制检查项目，使安全检查做到系统化、完整化。缺点是一般只能做出定性评价。

（2）风险评价方法：

风险评价是评估危险源所带来的风险大小及确定风险是否可容许的全过程。根据评价结果对风险进行分级，按不同级别的风险有针对性地采取风险控制措施。

（3）危险源的控制方法：

1）第一类危险源的控制方法。

①防止事故发生的方法：消除危险源、限制能量或危险物质、隔离。

②避免或减少事故损失的方法：隔离、个体防护、设置薄弱环节、使能量或危险物质按人们的意图释放、避难与援救措施。

2）第二类危险源的控制方法。

①减少故障：增加安全系数、提高可靠性、设置安全监控系统。

②故障安全设计：包括故障消极方案（即故障发生后，设备、系统处于最低能量状态，直到采取校正措施之前不能运转）；故障积极方案（即故障发生后，在没有采取校正措施之前使系统、设备处于安全的能量状态之下）；故障—正常方案（即保证在采取校正行动之前，设备、系统正常发挥功能）。

2. 危险源控制的策划原则

（1）尽可能完全消除有不可接受风险的危险源，如用安全品取代危险品。

（2）如果是不可能消除有重大风险的危险源，应努力采取降低风险的措施，如使用低压电器等。

（3）在条件允许时，应使工作适合于人，如考虑降低人的精神压力和体能消耗。

（4）应尽可能利用技术进步来改善安全控制措施。

（5）应考虑保护每个工作人员的措施。

（6）将技术管理与程序控制结合起来。

（7）应考虑引入诸如机械安全防护装置的维护计划的要求。

（8）在各种措施还不能绝对保证安全的情况下，作为最终手段，还应考虑使用个人防护用品。

（9）应有可行、有效的应急方案。

（10）预防性测定指标是否符合监视控制措施计划的要求。

不同的组织可根据不同的风险量选择适合的控制策略。

### 3.4.7　安全检查

工程项目安全检查的目的是为了消除隐患、防止事故、改善劳动条件及提高员工安全生产意识的重要手段，是安全控制工作的一项重要内容。通过安全检查可以发现工程中的危险因素，以便有计划地采取措施，保证安全生产。施工项目的安全检查应由项目经理组织，定期进行。

3.4.7.1　安全检查的类型

安全检查可分为日常性检查、专业性检查、季节性检查、节假日前后的检查和不定期检查。

（1）日常性检查即经常的、普遍的检查。企业一般每年进行1～4次；工程项目组、车间、科室每月至少进行一次；班组每周、每班次都应进行检查。专职安全技术人员的日常检查应该有计划，针对重点部位周期性地进行。

（2）专业性检查是针对特种作业、特种设备、特殊场所进行的检查，如电焊、气焊、起重设备、运输车辆、锅炉压力容器、易燃易爆场所等。

（3）季节性检查是指根据季节特点，为保障安全生产的特殊要求所进行的检查。如春季风大，要着重防火、防爆；夏季高温多雨雷电，要着重防暑、降温、防汛、防雷击、防触电，冬季着重防寒、防冻等。

（4）节假日前后的检查是针对节假日期间容易产生麻痹思想的特点而进行的安全检查，包括节日前进行安全生产综合检查，节日后要进行遵章守纪的检查等。

（5）不定期检查是指在工程或设备开工和停工前，检修中，工程或设备竣工及试运转时进行的安全检查。

### 3.4.7.2　安全检查的注意事项

（1）安全检查要深入基层、紧紧依靠职工，坚持领导与群众相结合的原则，组织好检查工作。

（2）建立检查的组织领导机构，配备适当的检查力量，挑选具有较高技术业务水平的专业人员参加。

（3）做好检查的各项准备工作，包括思想、业务知识、法规政策和检查设备、奖金的准备。

（4）明确检查的目的和要求。既要严格要求，又要防止“一刀切”，要从实际出发，分清主、次矛盾，力求实效。

（5）把自查与互查有机结合起来。基层以自检为主，企业内相应部门间互相检查，取长补短，相互学习和借鉴。

（6）坚持查改结合。检查不是目的，只是一种手段，整改才是最终目的。发现问题，要及时采取切实有效的防范措施。

（7）建立检查档案。结合安全检查表的实施，逐步建立健全检查档案，收集基本的数据，掌握基本安全状况．为及时消除隐患提供数据，同时也为以后的职业健康安全检查奠定基础。

（8）在制定安全检查表时，应根据用途和目的具体确定安全检查表的种类。安全检查表的主要种类有：设计用安全检查表；厂级安全检查表；车间安全检查表；班组及岗位安全检查表；专业安全检查表等。制定安全检查表要在安全技术部门的指导下，充分依靠职工来进行。初步制定出来的检查表，要经过群众的讨论，反复试行，再加以修订，最后由安全技术部门审定后方可正式实行。

### 3.4.7.3　安全检查的主要内容

（1）查思想主要检查企业的领导和职工对安全生产工作的认识。

（2）查管理主要检查工程的安全生产管理是否有效。主要内容包括：安全生产责任制，安全技术措施计划，安全组织机构，安全保证措施，安全技术交底，安全教育，持证上岗，安全设施，安全标识，操作规程，违规行为，安全记录等。

（3）查隐患主要检查作业现场是否符合安全生产、文明生产的要求。

（4）查整改主要检查对过去提出问题的整改情况。

（5）查事故处理对安全事故的处理应达到查明事故原因、明确责任并对责任者作出处理、明确和落实整改措施等要求。同时还应检查对伤亡事故是否及时报告、认真调查、严肃处理。

安全检查的重点是违章指挥和违章作业。安全检查后应编制安全检查报告，说明已达标项目，未达标项目，存在问题，原因分析，纠正和预防措施。

3.4.7.4 项目经理部安全检查的主要规定

（1）定期对安全控制计划的执行情况进行检查、记录、评价和考核。对作业中存在的不安全行为和隐患，签发安全整改通知，由相关部门制定整改方案，落实整改措施，实施整改后应予复查。

（2）根据施工过程的特点和安全目标的要求确定安全检查的内容。

（3）安全检查应配备必要的设备或器具，确定检查负责人和检查人员，并明确检查的方法和要求。

（4）检查应采取随机抽样、现场观察和实地检测的方法，并记录检查结果，纠正违章指挥和违章作业。

（5）对检查结果进行分析，找出安全隐患，确定安全程度。

（6）如实编写安全检查报告并上报。

3.4.7.5 安全事故处理的原则

（1）事故原因不清楚不放过。

（2）事故责任者和员工没有受到教育不放过。

（3）事故责任者没有处理不放过。

（4）没有制定防范措施不放过。

3.4.7.6 安全事故处理程序

（1）报告安全事故。

（2）处理安全事故，抢救伤员，排除险情，防止事故蔓延扩大，做好标识，保护好现场等。

（3）安全事故调查。

（4）对事故责任者进行处理。

（5）编写调查报告并上报。

## 3.4.8 安全生产事故应急救援预案

在工程项目实施前，项目部应根据工程具体情况，对安全生产活动可能引发的安全事故制定相应的预案，一旦发生事故能及时、有序地进行处置，从而降低事故危害或损失。

3.4.8.1 有关基本概念

1. 应急预案

是指针对可能发生或潜在事故，为达到事故发生后能迅速、有序、有效地开展应急行动而预先制定的行动方案。

2. 应急准备

是指针对可能发生的或潜在事故，为达到事故发生后能迅速、有序、有效地开展应急行动而预先进行的组织准备和应急保障。

**3. 应急响应**

是指事故发生后，与预案有关的组织和人员按照预案采取的应急行动。

**4. 应急救援**

是指在应急响应过程中，为了最大限度地消除和减少事故危害、阻止事故扩大或恶化、降低损失或危害程度而采取的救援措施或行动。

**5. 恢复**

是指事故发生后按照预案及时进行处理，在事故影响得到初步控制后，尽快使生产、生活、工作和生态环境恢复到正常状态而采取的措施或行动。

**6. 综合应急预案**

是指从整体出发阐述处理事故的应急方针和政策，主要包括：应急组织机构及职责、应急行动、应急措施、应急保障等基本要求和程序，是应对各类事故的综合性或纲领性文件。

**7. 专项应急预案**

是指针对具体的事故类别、危险源和应急保障等而制定的计划或方案，是综合应急预案的有机组成部分。专项应急预案应按照综合应急预案的程序和要求组织并制定，作为综合预案的附件。专项应急预案体现的是确切的救援程序和明确具体的救援措施。

**8. 现场处置方案**

是指针对具体的装置、场所、设施及岗位等所制定的应急处置措施。方案具体、简单、针对性强、便于组织实施是现场处置方案的关键。编制现场处置方案时应根据风险评估及危害性控制措施注意编制，便于事故处置相关人员应知易会。现场处置方案应及时通过应急演练使相关人员尽早掌握，以便于事故发生时能够迅速反应并正确处理。

综合应急预案、专项应急预案和现场处置方案三者是事故应急救援措施有机统一密不可分的组成部分，不仅仅落实在口头或书面形式上，更重要的是要切实落实到演练行动和事故发生时的实践中。

**3.4.8.2　综合应急预案的主要内容**

**1. 总则**

（1）编制目的。简述应急预案编制的目的、作用及意义等。

（2）编制依据。简述应急预案编制时所依据的法律法规、章程以及有关安全监管部门、建筑行业、水利行业等管理规定、技术规范和标准等。

（3）适用范围。说明该应急预案适用的区域范围以及事故的类型、级别等。

（4）应急预案体系。说明本项目部应急预案体系构成情况。

（5）应急工作原则。以简明扼要、明确具体的文字，说明本项目部应急工作的原则方针。

**2. 项目部的危险性分析**

（1）项目部概况。主要包括项目地址、主体构造、主要工程量、参建人数、主要施工方法、业主及监管单位、监理单位、隶属关系、主要施工材料、设备、现场布局、质量标准、工期要求和安全生产目标等，同时对项目周围有无重大危险源、重要设施、目标、场所和周边布局情况进行必要说明。对以文字不能表达清晰的应附平面图进行定位说明或表述。

（2）危险源及风险分析。主要阐述针对本项目存在危险源和风险分析结果。

3. 组织机构及职责

（1）应急组织体系。最好用清晰直观的结构图形式表述项目部应急组织的形式、构成部门或人员。

（2）指挥机构及职责。明确项目部应急救援指挥机构的总指挥、副总指挥、各成员部门负责人的姓名、职责范围。根据应急救援指挥机构根据事故类型和应急工作的需要，可以设置不同的应急救援工作小组，对各小组明确工作任务、责任人和职责范围。

4. 预防与预警

（1）危险源监控。明确项目部对危险源监测监控的主要方式、方法以及拟采取的预防措施。

（2）预警行动。明确事故预警的条件、方式、方法和信息发布的程序。

（3）信息报告与通知。按照上级主管部门的相关规定，明确事故及未遂伤亡事故信息报告与处置方法。

1）信息报告与通知。公布 24 小时应急值守电话及值守人员、事故信息接收方式、事故通报程序等。

2）信息上报。明确事故发生后向上级主管部门、企业本部、地方人民政府等报告事故信息的流程、内容、时限。

3）信息传递。明确事故发生后向有关部门或单位通报事故信息的方式、方法、程序。

5. 应急响应

（1）响应分级。针对事故危害程度、影响范围和项目部控制事态的能力，将事故分为不同的等级，按照分级负责的原则，明确应急响应级别。

（2）相应程序。根据事故的大小和发展态势，明确应急指挥、应急行动、资源调配、应急避险、扩大应急等响应程序。

（3）应急结束。明确应急终止的条件。当事故现场得以控制，环境检查符合有关标准，可能导致次生、衍生事故隐患已消除，经事故现场应急指挥机构批准后，现场应急即告结束。

应急结束后应明确的主要事项：

1）事故情况上报事项；

2）需向事故调查处理小组移交的相关事项；

3）事故应急救援工作总结报告。

6. 信息发布

主要明确事故信息发布的部门和发布原则。事故信息应有事故现场指挥部及时准确地向新闻媒体等通报事故情况。

7. 后期处置

事故主要发生并经过有效应急处理，确保事故不会再发生扩散后，事故现场指挥部应及时有序地做好以下工作：对因事故造成的污染物及时进行处理、及早恢复生产秩序、妥善处理事故善后赔偿等事宜，通过此次事故处理，对抢险过程和现行的应急救援能力进行切实评估并据此修订应急预案。

8. 保障措施

（1）通讯与信息保障。

明确与项目部应急工作相关联的单位或个人通讯联系方式和方法，建立齐全确切的信息通讯系统及维护和变更方案，确保应急期间信息畅通、准确。

（2）应急队伍保障。

各类应急响应的人力资源必须有充分的组织和保障，主要包括专业应急队伍相关人员、兼职应急队伍相关人员等的组织方案和保障措施。

（3）应急物资和装备保障。

明确应急救援所需各种物资的规格、数量、质量、储存位置、管理人员及联系方式等，明确应急救援所需使用的机械装备或工器具的类型、数量、性能、停放位置、管理人员及联系方式等。确保发生应急事件时物资和装备能及时顺利投入救援工作。

（4）经费保障。

应急救援应明确专项经费并保障来源，对经费的使用范围、数额和监督管理等应明确并制定专项措施，确保应急状态时经费能及时到位，不因资金问题而影响应急救援工作。

（5）其他保障。

根据项目部应急工作需要确定其他相关保障措施，如场地及交通运输保障、警戒及治安保障、技术和措施保障、医疗救援保障、后勤资源保障等。

9. 培训和演练

（1）培训。

根据项目具体情况制订并明确项目部人员开展的应急培训计划、方式和要求。如果预案必须涉及社区或当地居民，要及时做好宣传教育和事先告知工作，并要宣传、告知到位。

（2）演练。

明确每次应急演练的规模、方式、范围、内容、组织、评估、总结等。

10. 奖惩

根据事故应急救援工作中不同表现，制订奖励和处罚的条件及内容。

11. 附则

（1）术语和定义；

（2）应急预案备案；

（3）维护和更新；

（4）制定与解释；

（5）应急预案实施等。

在充分制定综合应急预案的基础上，项目部还应根据事故类型和可能发生的时间及其严重程度等，制定相应的专项应急预案。

应急预案编制完成后，经主管人员组织评审，对通过的预案进行发布。在预案实施过程中，应根据具体情况对预案进行修订和完善，使预案真正起到预防和遇到问题时能按预案处置得当从而最大限度地减少损失的作用。

## 3.5 资源管理

就水利工程施工而言，资源主要包括人力资源、材料资源、设备资源和公共资源等四大类。施工过程中，如何对上述资源进行组织与管理是工程项目能否顺利实施并决定最终效益的关键。

### 3.5.1 人力资源的组织与管理

#### 3.5.1.1 人力资源组织

任何工作要确保顺利进行都必须首先解决人的问题，解决不好人的问题，其他什么都免谈。人力资源的组织与管理好坏是工程项目实施能否成功和是否顺利的关键，没有充分的人力资源组织及管理工作就没有项目的成功实施。因此，对于水利工程项目施工管理来说人力资源的组织与管理至关重要。什么工作都是由人做的，没有人就没有一切，而有了人也未必就能干好一切，主要看如何组织和管理好人。由此说明，组织和管理好人是成功的首要条件，是决定成败的基础和关键。作为项目不来说，人力资源是多方面和多样化的，既有管理人员，又有专业技术人员，既有职工又有民技工，既有固定人员又有临时人员，既有现场人员又有后勤供应人员，既有业主、监理等责任关系人员又有材料、设备、劳务等利益合作关系人员等，所有这些复杂的人员共同组成完成工程项目的群体，要充分组织和管理好这样的混杂群体，其难易程度不言而喻。而上述群体中，起纽带和协调作用的关键人员就是项目经理，作为项目的主要责任人项目经理，要把项目实施好又必须面对这样的群体人际关系并要组织和处理好，否则，就不可能实施好项目。由此说明，项目的成败如果落实到个人身上的话那毫无疑问就是项目经理。因此，在众多的人力资源中，如何挑选一个合格的项目经理又是关键中的关键。随着上级主管部门和业主对工程项目管理和监督力度的逐步加强，投标时一套班子中标后又换一套班子的情况几乎已经成为历史或将成为历史，因此，为了避免中标后更换主要人员带来的麻烦和困难，企业在投标时就必须根据项目的具体情况，选定合适的、中标后能出任的项目经理及总工程师等主要管理和技术人员，同时，对各职能部门和各专业工种等人力资源也应该有比较明确的、针对性地选择和安排，否则，一旦中标将给企业在人力资源组织上带来很大被动和不利。因此，企业在投标一个工程项目时，应按照以下程序组织人力资源：

（1）首先挑选适合本项目施工的项目经理；

（2）充分参考项目经理的意见配备能够友好协商相处、有组织管理实践经验、懂生产调度的项目副经理和真正能理解该项目设计意图和熟悉施工方法和工艺技术的项目总工程师；

（3）根据项目设计要求和施工管理需要设置适合该工程项目的组织机构并由项目

经理、副经理、总工程师为主选择各职能部门负责人；

（4）由各职能部门负责人为主选择各部门工作人员；由项目经理和副经理、总工程师等选择适合该项目施工的劳务队伍，并与该劳务队伍联系落实是否有满足该项目施工要求的各种民技工；

（5）如果中标，应由副经理和总工程师牵头，有关职能部门参与落实主要永久材料供应商、周转材料供应商、当地施工设备供应商等；

（6）如果中标，在正式进场前项目经理等主要管理和技术人员应及时组织一次与业主和监理工程师见面的非正式交谈活动，以尽早了解业主和监理工程师对项目部的建议和想法。

按照上述人员的组织程序组织人力资源，对一般的工程施工项目来说就不会出现大的问题，项目的实施也就会有基本保障。就水利工程施工项目人力资源组织时可参考以下组织原则选择相关人员：

（1）项目经理的人选是第一位的。首先项目经理要具备一定的专业技术知识和经验，懂得该工程施工的程序、方法和工艺；其次，最好是亲自主管过类似工程或参加过类似工程的管理，对工程的组织和管理程序比较了解，有一定的管理经验和社交能力；第三，有组织能力和协调能力，对工程当地的风俗习惯相对了解，在职工中有相当的威信；第四，为人正直、品德良好、做事公正、顾全大局、言行有度、应变力强、作风顽强、不搞任人唯亲；第五，有责任心和事业心，为人诚实，关心职工，团结他人，组织观念强，有一定的凝聚力，工作踏实，处事稳重，既有主见又善于听取别人的意见；第六，遇事不慌，应对突发事件能力强，不随便撂挑子，敢于面对不正之风而加以管理和纠正，敢于承担责任，在关键时刻敢于冲在最前面；第七，不搞专权，不讲享受，不专横跋扈，对内与职工和民技工和睦相处融为一体，对外不亢不卑处事有度，协调有方，懂得尊重他人并能获得他人尊重，有充分的话语权。

一个称职的项目经理应该具备上述综合条件，当前在不少企业中具备上述条件的建造师所占比例不是很高，希望想成为一名优秀项目经理的建造师们严格要求自己，学好怎样做人才能真正学会做成事。目前，在一定比例的施工企业中存在一些不正常的现象，其中之一就有毕业没几年的大学生几乎没真正参加一两个正式项目的技术和管理工作，靠脑力考了一个建造师证书后便傲气起来，不专心其基本的技术和管理工作，还瞧不起老的管理人员甚至前后脚来得同事，到处吹嘘自己如何有能力，总想担任项目经理甚至对公司经理位置也是虎视眈眈，而真有这样的企业领导，以锻炼年轻人为借口真让其担任项目经理了，当然，不少表现不错，但有相当比例的并不让人放心，主要表现在：有的专权蛮横、目中无人、高高在上，有的无视法纪、以权谋私、中饱私囊，有的谎话连篇、欺下瞒上、报喜不报忧，有的拉帮结派、任人唯亲、排挤异己，有的不务正业、行贿受贿、偷工减料，有的讲究虚荣、享受排场、表面主义，有的拍马奉承、两面三刀、克扣他人，有的道德沦丧、低级趣味、败坏声誉，有的不学无术、自以为强、盛气凌人，有的坑蒙拐骗、假话连篇、言行不一，有的鼠目寸光、现实主义、眼光短浅，有的滥用职权、奖惩无度、搞一言堂。有上述十二种情况或几种相混合的人就是担任了项目经理，也不会长久和成功，必将被企业和社会所抛弃，有的会付出惨重的代价，希望各位水利系统的建造师们严格要求自己，虚心学习，谨慎做人，踏实工作，慎用权力，有朝一日担任项目经理或更高的管理者时，能以此为契机长长远远步步稳健；有上述问题的建造师尤其是年轻的项目经理，望能对照自查，坚决舍弃自身弊端，才能成为对企业和社会真正有贡献的人才。

（2）技术负责人（项目总工程师）的人选是第二位的。第一，业务熟练、全面，有类似工程专业技术及管理经验；第二，有事业心和责任感，在技术人员和各工段间有一定的权威性和影响力；第三，有一定的社交能力和协调能力，工作细致有序，脑勤、嘴勤、腿勤、手勤；第四，善于团结，尊重上级，关心下属，懂得资料整理及档案管理知识，懂得各工序及各分部分项工程施工方法和质量控制措施，懂得成本控制及计量支付业务，熟悉计量支付程序和各项工程验收程序，对设计图纸资料理解能力强，有一定口才和交谈技巧，能以不同方式完成好技术交底工作；第五，能充分协调好各工种、科室有关技术和专业人员的配合工作，起到穿针引线的作用，有一定的判断和决策能力，对有争议的施工技术和工艺有自己的见解和主导意见，关键时刻能果断决策；第六，工作认真细致，作风顽强，生活朴素，为人诚实，善于尊重他人，有传帮带风格，甘心为项目经理做好技术和管理的帮手及顾问。

（3）项目副经理的人选是第三位的。该人选除了具有项目经理的某些条件外，现场组织和内部协调能力是其必备的，最主要的是其道德素质和为人水平，不拉帮结派，尊重项目经理和技术负责人，处事圆滑，上传下达能力强，调度指挥水平高，质量和安全意识强，有实践经验和协调、指挥、组织能力，处事原则性强，懂一定业务知识，善于和项目经理及总工程师团结协作，集体观念强，对项目各阶段的人力资源、材料资源和设备资源等有需求和调整思路，对各工段或班组及民技工有原则，有分寸，一视同仁，关键时刻能调度项目各工种和班组及民技工不计较报酬先把工作完成，并对完成的临时工作或计日工等随时进行记录并给予合理报酬，不会无原则行事。

（4）财务科。财务科是整个项目资金管理的中心和对内对外结算的窗口，也是项目资金使用监管的部门，因此，不管大小项目，均必须在现场设置财务科，以确保资金的正常回笼和流动，保证项目的正常运转。大的项目可以派出两名及以上专职财务人员组成财务科，分别管理计量支付、材料设备、人员工资、出纳等；中小型工程最好出纳和记账分开由两人管理，特别小的项目，为了减少人员工资，项目上可只派一名出纳，账目由总部财务人员监管，定期到项目上处理，尽量避免记账和出纳一人兼的情况。财务科不管几名人员都必须在项目经理的领导下进行资金收入和支出，尤其资金支出只能由项目经理一人签字，同时，财务科应根据财务法和企业财务管理规定制定有关项目财务制度。

（5）工程技术科。工程技术科是项目的技术控制和实施中心，该科的直接领导是项目总工程师。该科的设置必须结合该项目的结构情况和工程特点挑选有一定业务经验的人员，以便分工指导和管理各职能部门和工段，在工序施工前，该科应针对设计要求，主动商讨和拟定和技术实施方案和质量保证措施，一旦实施方案被批准，施工过程中应做到标准统一，要求统一，指标统一，方法统一，未经项目总工程师同意，不得随意变更方案。同时，该科室是基础或隐蔽工程及混凝土浇筑、钢筋绑扎、立模以及土石方开挖和回填等昼夜施工项目现场主要技术指导和控制科，现场值班人员数量要保证。同时，在总工程师的带领下积极做好技术交底工作、资料收集整理工作、验收技术资料签证和竣工资料的准备整理等。

(6) 质量检查科。该科室主要是负责工程项目的质量控制，是确保项目施工质量的主管部门，因此，人员要精，责任心要强，业务要熟练，工作作风要泼辣，原则性要强，规范和标准要熟，设计要求要清楚，同时，跟班作业要到位。质量检查科作为项目重要的业务科室，同样直接受技术负责人的领导，同时，与技术科、测量科和试验检测科要进行不间断的技术和业务沟通。质量检查人员必须时刻跟踪各工艺、各工序、各部位的施工，并按质检程序经检查后真实填写有关资料并报监理工程师检查。因此，质检人员要熟悉质检程序和要求，对质量不能徇私舞弊。

(7) 测量科。对于大型的项目一般都独立设置测量科，同时选派熟练的专职测量人员进行专职测量工作。测量工作是每道工序的基础，测量工作出现差错必然导致后续工作的错误，有时会给工程造成不可挽回的错误。而且，测量质量和进度也是决定施工质量和进度的重要环节，测量资料更是工程永久存档的重要原始资料，因此，对该科的设置及管理技术负责人要特别关注和重视，人员的细致和业务水平的保障以及责任心是确定人选的前提。

(8) 试验检测科。试验检测科是原材料检测、施工过程检测和成品半成品检验的主要职能部门，是依相应指标衡量现实情况的专业精细工作，因此，在选派人员时，土工、原材料、混凝土、钢材和水泥等物理性能的常规试验检测要熟练，掌握钢筋的拉伸、弯曲、焊接试验操作要领，对钢材成分、水泥稳定性以及其他材料的成分分析等了解。试验检测科也是在技术负责人的直接领导下开展工作。

对中小型项目，技术科、质量检查科、测量科和试验检测科可统一归并设置工程科，内部设技术组、测量组、质检组和试验室，以减少人员数量。

(9) 机电设备科。机电设备科主要承担两项任务，一是施工用电的设计、安装和施工机电设备的维护管理，二是工程项目中永久机电设备的定购、检验、安装、试运行。因此，项目实施前期，主要安排常规电工和设备维修工在现场即可满足施工要求，资深人员先在总部了解设备情况，编制安装方案，核定相关成本，之后，到拟定厂家考察、订货、签订供货协议等，在正式安装前一定时间进场熟悉环境，察看安装条件，落实安装人员及设备，修订原方案或实施方案。

(10) 金属结构科。金属结构科主要承担三项任务，一是施工过程中临时金属结构的制作安装，二是土建工程施工过程中永久机电设备和金属结构预埋件的制作安装，三是永久金属结构的安装和调试。因此，在前期和土建工程施工期间，金属结构科也同样只进场常规人员即可，主要人员在本部负责永久金属结构的加工制作或订货等，编制安装方案，安装前进场结合实际情况修订方案、落实人员和设备。

中小型工程，机电设备科和金属结构科可以合并，设置金属结构及机电科，全面负责上述两科的工作。

(11) 器材（采购）科。该科是项目部后勤供应部门，除了大型的机电设备外，各种材料及工器具和等都要通过该科采购和管理，同时，该科也最容易出现经济问题，和其他科室及工段纠纷相对较多，因此，在选派人员时，应着重考虑责任心、正直、服务意识强、勤快、诚实的职工，并且要加强制度管理，完善指标考核机制。

(12) 办公室。办公室是项目部对外宣传和形象的主要窗口，起草项目部有关规章制度和规定、内外部宣传、迎来送往、人事管理等都在办公室，所以，人员要干练，待人要礼貌有度，有一定的写作水平和人事管理经验。

（13）安全保卫科。该科主要挑选责任心强，懂安全知识，抓工作严谨的人员，同时，安全生产重在预防，安全保卫重在看守和宣传。

（14）司务科。司务科的工作直接关系到参建人员的饮食安全和职工个人利益，同时也容易滋生腐败，因此，在账目和资金使用方面要接受财务科的领导和管理。

（15）医务室。该科室关系到职工和参建人员遭受人身损伤时的处理和疾病的防治和卫生管理，除了责任心和相应的专业知识外，预防意识是重要和必要的条件。

中小型工程安全保卫科和医务室可归并到办公室，由办公室统一负责项目的安全生产和工地保卫，同时小型项目，在办公室存放一定量的常规包扎医药用品和常规药品，安排一名有一定医务知识的人兼职即可，为了应对突发安全事故及重病号的妥善处理，办公室在进场后应及早考察当地有关医院并取得联系方式。

（16）钢筋工段。该工段是项目部隐蔽工序的关键工段，施工质量直接决定工程的命运或寿命，因此，应挑选熟悉图纸、熟悉钢筋配料、熟悉钢筋加工和安装的人员。

（17）木工及脚手工段。该工段承担着混凝土外观质量的重任，也是主要人身安全和工程安全事故易发工段，在表观工程质量和人身安全事故预防日益提高的今天，该工段的工作不言自明，因此，选派人员时，业务是一方面，责任心和安全意识及管理经验也是不可降低的必要条件。

（18）混凝土工段。该工段是整个项目部最辛苦、阶段时间内最忙碌的工段之一，所派人员不但有专业知识和经验，还要懂得设备的维护和修理，能根据天气和结构部位情况，准确控制拌合料物成分和质量。该工段一旦出现大的问题将是不可挽回的损失。

上述（16）、（17）、（18）三个工段习惯称"钢、木、水"工段，是混凝土工程中最常见的工段，也是确保混凝土工程质量和进度最必要的工段，三者之间配合最频繁，因此，在选派人员时，要充分考虑这三个工段负责人能否紧密协调，否则将给以后的工作留下隐患，同时，对一些小型工程，这三个工段可以合并为一。

（19）砌石工段。对有砌体且工程量较大的工程应单独设立该工段，如果工程量很小，可将其归到土石方工段。

（20）土石方工段。该工段主要是管理施工设备和使用爆破物资，并根据测量要求和施工方案控制开挖和回填。不少人以为土石方工段是最粗犷的工种，其实不然，其开挖回填的程序、方法以及设备的进出线路设计、熟练程度等，直接决定了施工质量和进度，同时，石方爆破是技术含量和技术指标要求最严格的工序和任务，不能有丝毫的疏忽和大意，所以，有石方爆破的项目，一定要选派对爆破指标、爆破方案、爆破控制、爆破安全等有经验的人员专门管理。对有围堰和导流的项目，围堰搭设、拆除以及导流沟控制开挖其技术含量都很高，没有相当的组织能力和实战经验都有可能给工程带来不可估量的损失。

如果没有石方开挖只设土方工段，对中小型工程，土方工段可和砌石工段合并，设置土石方工段。

（21）其他专业工段。如基础工程、分缝与止水工程、机房建筑工程等，如果工程量较大，均可独立设置相应的工段，以便于组织和管理；如果工程量不大，可将它们归并到职能相似的工段统一管理或兼职。

从上述水利工程项目施工人力资源组织的原则可以了解到，人力组织不是一成不变的，可以根据项目的具体情况和项目的大小以及工程内容情况等灵活掌握，综合性强的特大型项目以及工程内容齐全的大型项目可以组织得齐全些，技术复杂且工程内容多的中型项目，可以根据管理需要适当合并，小型项目和工程内容少的项目，其组织越简单越有效。总之，水工项目人力资源组织要本着简单、实用、高效、节省、便于管理和协调的原则，不同的项目管理层对同一项目或类似项目也有不同，只要各职能部门人员能充分发挥其作用，避免人浮于事，对项目能达到全方位、全过程监管和控制，节约人力资源就是合理的组织。同时，组织得再合理，离不开项目经理和项目管理层的协调和调度，组织只是表面现象，能否有效运行、能否真正发挥其作用、能否高效联动完全决定在管理者的管理，因此，项目经理在进驻工地前，要认真研究该项目的人力资源组织是否合理，并根据项目机构设置认真挑选各职能部门的负责人人选，从机构体制上做到管理有效快捷，部门协调统一。实际工作中，项目部领导层分工明确、统一调度、密切合作、考核到位，这样的项目组织加以管理才不会出现意外情况。根据上述人力资源组织原则选定有关人员后，针对具体项目特点设置项目组织机构。

在项目经理和总工程师确定后，以项目经理和总工程师为首的项目经理班子应立即着手项目部组织机构的设置工作。组织机构设置应遵循以下原则：

（1）针对工程具体情况设置。工程的设计结构、分部分项数量、工程量大小、地理位置、交通情况、地方情况、地形地貌、水文地质条件、工期长短、合同规定、项目资源、质量标准、安全要求、文明生产、项目目标等都是设置项目组织机构的重要参考条件；

（2）针对项目组织管理需要设置。主要包括：组织管理目标、质量目标、工期目标、安全生产目标、现场管理目标、成本控制目标、环境卫生和职工健康目标、材料节约目标等；

（3）针对企业对项目的管理习惯设置。企业规章制度、企业项目管理制度、企业资金管理制度、企业物资管理制度、企业 ISO 9000 认证办法、企业安全规章制度、企业人事管理办法、企业设备管理办法、企业材料管理办法等；

（4）针对提高服务意识设置。业主满意度、企业满意度、合作单位满意度、监督单位满意度等；

（5）针对方便协调和考核设置。对内对外协调原则、言行规定、各利益相关者协调方法、考核办法、合同和协议签订和履行原则等。

在上述设置原则的基础上，认真研究该工程实际情况，参考企业类似工程项目部组织机构设置的情况拟定组织机构草案，主要包括：经理班子、技术部门、质量检查部门、实验室、财务部门、采购部门、办公室、后勤供应部门、机电设备和金属机构部门、相关工段等，经项目经理班子研究后定出具体的部门名称，报企业分管领导审查并批复。

针对已经批复的组织机构情况，在企业现有人员中挑选各部门负责人，经与本人联系并同意后一一确定。之后，召开部门负责人会议，征求他们的意见确定各部门具体人员名单并由各部门负责人一一通知落实，有不能参加的及时提出更换人选。将最终确定的项目部全体人员名单及部门负责人名单报企业人事部门备案。

3.5.1.2　人力资源管理

1. 进场前的管理工作

（1）组织召开项目部全体职工会议。

人员确定后立即组织召开项目部全体职工会议，宣布项目部班子成员名单及分工、组织机构设置及各部门负责人名单，介绍工程概况，介绍主要施工方法，讲述质量标准和工期计划，通告项目部组织管理思路，分配近期工作任务。

（2）审核投标文件技术方案，核对投标文件工程量，规划现场临时工程布置技术负责人安排技术科和质量检查科人员详细研究投标文件施工技术方案是否可行，并对其进行可行性修改和补充，形成以后具体的实施方案；安排预算人员对照招标文件和设计图纸一一查对投标文件工程量清单是否准确，发现问题详细记录，同时，编制出准确的工程量清单；安排机电和金属机构科人员查对机电设备和金属机构工程量，核对设备型号和金属机构规格数量等，发现问题详细记录，同时，编制出准确的工程量清单；项目副经理带领技术、采购、机电等人员尽早到现场作实地考察，绘出现场草图，请业主方介绍当地情况，了解当地材料供应情况等（如工程离当地城镇较远应临时租用房屋以备临时工程建设时使用），为规划布置临时工程提供依据。实地考察后应立即设计施工现场布置格局，绘出详细的现场布置图。

（3）统计材料用量，统计机电设备数量，编排采购供应计划。

安排技术人员根据工程量及混合物各料物配合比例计算各种材料理论用量，加入常规消耗量制出材料实际用量表；安排机电设备和金属机构科统计设备数量并制出设备数量表。根据上述实际材料用量和设备数量，结合投标文件工期安排编排材料采供和设备供应计划。

（4）落实施工机械设备和仪器，编排调拨计划。

安排机电设备科和测量及试验人员分头落实项目部拟使用的施工设备和试验、检测、测量仪器，详细掌握各种设备仪器具体存放或使用地点、状况、检测期限等，各方面人员将了解的情况汇总后，根据投标文件工期情况编制施工设备和仪器调拨计划。

（5）落实施工队伍，组织劳务人员。

项目经理重点要落实施工队伍和劳务人员，包括与业主联系沟通确定他们有无安排当地施工队伍的情况，如果有应及时通知有关队伍到企业详谈，如果没有应尽量从合作过或了解的队伍中挑选并立即谈判；如果必须选择新队伍，应起码掌握三家以上的信息，分析后有重点地实地考察其施工业绩、施工经验、管理水平、施工设备、安全生产、队伍信誉、工人素质、合作精神、服从管理等情况，经综合分析后确定并签订详细的合作协议；对劳务人员，也是先从使用过的或熟悉的公司中挑选，对新的劳务公司同样要实地考察，考察内容基本与考察施工队伍相同，确定后签订详细的合作协议。在此说的选择施工队伍和劳务人员并不矛盾，施工队伍是指可以独立分包、有一定施工设备和管理经验的分包商，劳务人员是指仅承担劳务输出的公司，工程量大或技术比较复杂的工程可能同时需要分包施工队伍和劳务人员，工程量小或技术比较简单的工程可能只需要其中之一即可，实际工作中根据具体需要确定。

（6）预测项目成本。

项目经理和总工带头组织有关部门骨干人员详细预测该工程项目有可能发生的实际工程成本。工程成本的测算必须结合具体的施工方案、工程量、施工方法、工期、人员情况、劳务工资、施工计划、内外协调、采购和供应计划、装运卸及仓管、材料价格及供应条件、设备订购及供应、现场管理、设备使用及调拨、后勤供应及管理、临时工程搭拆、验收、水电、办公、安全及消防设施、卫生管理、突发事件处理、关系协调、安全度汛、特殊季节施工、抢工、招待、资料、上缴、税金、管理人员工资及奖金、审计和结算、不可预见等与该工程施工过程有关的全部直接费用和间接费用。成本测算应遵循：预测力求切合实际，费用项目尽量全面，估测数量尽量准确，额外费用尽量节俭等。所以，项目部在预测项目成本时务实是根本原则。

（7）签订项目部承包协议。

在企业有关部门将项目成本预测出来后，企业和项目部应及时交流沟通双方测算情况，尽量心平气和地听取对方的测算方法和结算结果，对差距过大之处发表自己的意见，在先将成本项目、数量、实施方法、实施工艺、时间限定等主要决定因素达成共识后，仔细计算费用情况，最终定出双方均比较满意的数额，至此，双方签订承包协议进入履行阶段。

（8）分路准备，按期汇合。

一路：项目副经理带领有关人员及必要设备先期进场暂住临时租赁房屋，全面采购和搭建临时工程；

二路：项目经理带领财务和办公室等人员，尽早与业主方和总监理工程师见面，具体商定开户银行、税务登记点、发票购置点、临时户口办理派出所、办公用品购置商场、与当地邻村村委见面、咨询当地通讯部门通讯情况、了解当地市场等；

三路：总工程师带领有关技术人员准备开工前后的有关资料、规程规范、测量和试验检测仪器，第一批设备和人员进场安排等。

在临时工程基本就绪时，立即进驻施工现场，根据方便管理和便于工作的原则分配职能部门办公和生活区域，安排办公设施，交接工程控制桩点，安排控制测量，布置施工控制网。

2. 进场后的管理工作

人员应根据前期准备阶段制定的人员进场计划分批进场，施工过程中根据工程实际进度预先研究人员调配及组合，在部分项目完工后计划收尾工作，考虑该部分人员交接后及时退场。

（1）人员进场计划制定的必要性。

人员进场计划对单纯的土石方开挖和回填工程来说比较简单，在临时管理工程建成后具备开工临时工程和永久工程的条件时一般即可全部进驻工地，以便各自按分工职责完成自己的任务。在此谈的人员进场计划是指结构物工程的人员计划，相对土石方工程稍微复杂一些。制定人员进场计划的主要目的是降低成本、利用优势、有序进退。因为，任何施工企业一般都有外业施工补助和加班、加点、绩效等费用，施工队伍和劳务人员提前进场也必须支付相应的工资最起码应支付误工补贴，对大型水利工程而言，这笔费用不是一个小数目，应引起项目部管理人员的重视。

（2）人员进场计划的制定原则：

1）项目部副经理带领临时工程搭设人员先期进场。主要包括：技术科人员2名，测量人员2名，器材科2名，劳务工人20名左右。对距离村庄较近，临时工程量不大，又不是农忙季节，当地日工工资不是太高的项目，也可以借用当地村庄的百姓承当劳务工，以节省租房费用；

2）项目经理带领在业主驻地办理相关手续的人员二批进场；

3）项目总工程师带领剩余技术科人员、测量科人员、质检科主要人员、实验室主要人员、办公室主要人员、机电设备科现场布置人员、钢木水工段主要人员三批进场；

4）项目临时工程施工队伍及设备四批进场；

5）先期开工项目施工队伍，先期开工项目劳务队伍五批进场；

6）财务科、司务科、质检科、实验室、办公室、钢木水工段剩余人员，机电设备科和金属结构科现场值班人员六批进场；

7）根据实际工期安排有关施工队伍和劳务工人再分两道三批进场；

8）进入设备和金属结构安装阶段前，安装人员进场。

（3）人员进场计划的实施。

人员进场计划的实施主要由项目副经理和总工程师等先商定意见，报项目经理同意后由项目副经理负责执行并落实，办公室、司务科负责安排食宿，财务科负责进场人员生活费发放和差旅费报销等，各科室、工段负责本部门人员的接待及现场情况介绍；对新来的施工队伍，则由技术科负责现场介绍；劳务工人由工段负责人负责介绍各自工段情况及现场情况并按照事先确定的临时工程布置和计划安排进场人员食宿。

（4）工程施工过程中的人员调配及组合。

虽然每个工程项目部都根据具体工程情况设立了独立的职能部门和组织机构，施工队伍和劳务工人也是根据其承包任务和特长进行了界定和划分，但是，随着工程各部位的陆续开工，各职能部门和施工队伍以及劳务工人的分工界限必然会被打破，既有分工又有合作成为项目部根本的人员组织形式，所以，分工只是相对的，合作才是真正意义上的分工。项目经理和班子成员应充分组织和协调好每一个阶段的人员调配和组合，切不可被所谓"专业、专职"观念所左右，目前的项目管理已经做到了一人多岗、一技多能，对常规的施工程序可以说已经成为了现实，尤其是一些中小型企业，由于受管理人员和技术力量的限制，三五个人就承担一个项目的情况普遍存在，单就这一点来说，中小型企业比大型企业确实锻炼人：综合能力强、各种工作都不陌生、敢干、胆子大、不怕承担责任；而大型企业因为各种各样的人才比较多，分工明晰，专业性、专职性强，把着自己的工作干好互相不搀和别人的事，久而久之使职工养成业务专一、工作具体、怕担责任、好自为之的工作习惯，往往一个中小型项目也要组建一个臃肿的庞大机构，只要工程量清单中有的项目所有的工种人员一应俱全独立承担各自的任务，可能这就是在中小型项目中，大型企业竞争不过中小型企业的原因之一。当前的建筑市场环境迫使企业降低管理成本，而人员的压缩几乎是所有项目部首选的措施，因为，材料、设备、质量、安全是硬指标，除了极个别胆大妄为的项目经理敢在硬指标上做文章外，几乎没有人或企业支持项目部以降低硬指标而获得效益，所以，压缩人员、缩短工期变成了项目部仅有的两条明显见效的路，但是，在此也要提醒项目管理人员尤其是项目经理们，一般岗位、工序或工种可以并提倡一人多职或一技多能，而部分岗位、工序或工种则需慎重使用兼职或非专业技术人员代为组织管理或操作，少数岗位、工序或工种绝不能施行兼职或非专业技术人员代为组织管理或操作，这也是工程施工过程中人员调配和组合时必须遵守的原则之一。像土石方工段一般工人与钢木水工段一般工人，技术科和质检科、测量科之间一般技术人员等，均可以根据施工进度进行调配和组合，以满足某一阶段一般技术岗位和工种一般工作人员缺少的情况，达到有效调配人力资源、节省费用的目的，但是像财务、机电设备等岗位和专业工种，就不能随便兼职或代替，否则必将出现问题甚至是严重问题。单就职一方面来说，大型企业承担的项目其工程质量远远好于小型企业，主要原因是大型企业人员专一，不随便替代，人员目标明确，组织管理内行，操作熟练。由此说明：项目部在施工过程中，对人员的调配和组合既要灵活又要规范，对业务相近的岗位和大众化的工种可以在项目部内部灵活调配人员，对特殊岗位或专业化强的工种一旦缺少人员必须规范地在项目部以外选择补充。

施工过程中的人员调配及组合，主要由项目副经理和技术负责人为主，与有关科室及工段负责人商量制定调配计划，报项目经理同意后由项目副经理或技术负责人根据其分工范围负责实施并监督落实。人员合理调配及组合是项目施工期间的重要组织工作，项目经理在进场后的第一次职工全体会议上就应将这个问题加以强调，使每个职能部门和施工队伍及劳务工人负责人和全体职工心里都明白，为以后调配工作的开展创造条件，否则，必将增加协调的困难，给工作带来负面影响。同时，在调配前，项目副经理或技术负责人应将调配的必要性和原因提前与调配部门或工段的负责人进行深入的交谈，争取他们的理解和支持，不得采用强制命令式或行政手段直接调用，因为强制和命令只能达到表面上的调配而实现不了真正的目的，一个职能部门负责人的情绪往往影响整个部门，有时甚至感染其他部门导致调配的失败而造成工作的被动和项目部班子权威性受到影响，久而久之将助长别有用心的人利用人员调配的机会发难的思想，使项目部有可能逐步走向分离最终导致管理失败；如果个别负责人一时不接受调配，项目副经理或技术负责人应认真听取原因，并将情况详细汇报给项目经理，在共同商量意见后由项目经理直接与该部门负责人交谈，达到按刚才商定的意见办理的目的。抓项目部组织工作与党委和机关组织工作不同，党委和机关组织工作考虑的是长久兼顾眼前，而项目部组织工作主要考虑眼前适当兼顾以后，因为，项目部的组织工作临时性强，要求每一步都处于协调、融洽、凝聚、高效的轨迹上，效率与和谐是项目部组织工作的中心和出发点，这就需要每一个部门和人员始终处于情绪高昂、团结协作的气氛和环境中，尽量避免阳奉阴违的事情发生，不到万不得已不使用组织纪律手段和行政手段。

由于项目部人员调配频繁，所以，一般的人员变动不需要召开专题会议公布，项目副经理和总工商定后完全可以在现场与有关部门负责人交流后立即执行，重要的调配可以在调度会上沟通并宣布，只有这样才能适合工程项目人力资源组织和管理工作的需要，才能适应"在实施中变化组织，组织变化是为了更好地实施"的工程项目人力资源组织和管理总原则。

　　水利工程施工项目组织和管理总原则，总结起来用 20 个字可以概括：筹、简、通、严、活、高、协、效、听、询、变、实、诚、真、务、全、访、誉、拓、展。

　　筹：是指进场前的前期筹备阶段工作，是对项目人员、施工设备和主要材料等的筹备，原则是：要细致、要充分、要有计划、要注重按详细清单及时落实；

　　简：是指项目部人员组织及机构设置要简捷，原则是根据项目具体情况以灵便和适用相结合，不要臃肿，以减少人员费用；

　　通：是指进驻现场前和进场后，项目经理与业主就该工程情况以及地方情况及要求等要及时沟通，要深入了解当地的各种情况，对了解的情况要力争尽早有掌控措施，随着项目进度的发展，与业主、监理等合作方随时沟通交流工程管理及安排情况，使各方对下一阶段的工作提前预知，并接受监督。原则是：诚信、诚意、务实、具体；

　　严：是指多方面的甚至具体的制度、规章、考核指标等要严格，主要是项目部的规章制度、组织纪律、考核办法、言行准则等制度性规定要严格、严密、严肃，充分树立项目部的权威性；同时，对质量目标、进度目标、安全目标、文明生产和环保目标、效益指标等要制定严密并严格执行、全程控制且随时调整；对各职能部门和人员要严格要求并监督，随时履行好各自的职责，一旦失职或出现问题必须严肃处理绝不留情。原则是：结合该项目具体情况制定有针对性和严肃性的书面制度，并严格检查不与国家、企业或行业制度相悖；

　　活：是项目部在具体施工过程中，应根据各个阶段情况和现场实际需要，灵活调节工作及人员，灵活调节各项计划和各种资源，在调节前要有调查，要尽量征求各方面的意见，调查和征求意见要具体，要有利于调节，使调节后的情况更有利于组织管理工作并节省成本；活还体现在资金的用活上，因为，在工程建设期间尤其是建筑物工程，资金往往不足，没有灵活的资金使用计划和调整计划就会造成资金被动而影响工程进度或质量、安全等目标的实现。原则是：围绕主要目标结合实际情况，灵活掌握各种计划和各类资源的调节运用；

　　高：是指在组织管理过程中一定要围绕高效率开展工作，事前组织要本着高效原则进行计划；事中管理决策要果断，行动要快捷，执行要彻底；事后总结要细致、实际，形成高效率的组织、管理和总结工作习惯。原则是：兼顾施工全过程，兼顾施工措施和方案，兼顾各种资源和工期，兼顾业主要求和实际；

　　协：是指在整个施工过程中，需要协作、协调的环节，哪一个环节都要重视，一旦不慎就有可能给项目带来影响，所以在协调方面的原则是：言行要慎重，事前经过深思熟虑；处理过程中要得体大方，对关键问题要适时并适度；处理后善于总结经验教训；

　　效：是指项目组织管理的根本目的就是提高效率创造效益，这是每个项目部和项目经理以及施工企业所关心的。要达到高效益就要围绕效率思考安排工作，围绕成本控制下工夫，所以思考和安排工作要尽量切合实际并力争精益求精，要想有效地控制成本必须琢磨可靠有效的措施和方案，脱离实际没有措施地抓管理"向管理要效益"只能是一句空话；进场前预测的成本并不是真正的成本，在工程建设期间还要进行成本核算，以便调整和检查预测的成本情况，为今后的预测积累资料，也为本项目的成本控制提高效益提供依据，成本核算要根据工程进度分阶段进行。当工程接近尾声时要及时组织成本决算，此时，工程的实际情况已经明了，效益情况几乎确定，同时，及早决算也为下一步工程审计提供相应的准备工作，等待审计代替决算的项目经理即使工程管理得再好也是差了最后一把，说得严重点就是功亏一篑。"效"和"高"相辅相成，但又有其区别，高效率才效益高。原则是：面面俱到，精打细算；

听：是指要把一个工程项目组织和管理好，依靠一个人或几个人是万万不可能的，这就需要项目经理需具备兼听别人意见和建议的素质和习惯，然后加以总结和分析，形成决议性的主导意见供项目部班子商讨。原则是：兼听要广泛，分析要贴切，总结要筛选，主导意见要酝酿成熟；

询：是指工程项目施工期间涉及的面非常广泛，打交道的单位和部门及个人很多，使用的设备、材料、仪器、工器具比较全面，在目前建筑市场竞争激烈的环境中，即使是有把握的事再行咨询也是必要的，没把握的事更得咨询，这样才不至于造成被动。原则是：咨询要提前，咨询要细致，咨询要寻内行，咨询要有针对性，咨询后要有自己的意见；

变：是指任何工作和计划不可能是一成不变的，变是正常不变则不正常了。工程项目施工过程中，对实施方案、实施计划、组织措施、管理方法、各种资源、相关目标等都要根据实际情况进行调整。原则是：变要及时，变是为了更好，变后要落实，落实要总结，总结是为了更好地变；

实：一个"实"字包含许多含义，可以说理解和抓住了这个字，其他问题就不那么愁了。在此抛开我们常提到的工程讲究"内实外光"不谈，单就像为人要老实、做事要扎实、组织要贴实、管理要现实、待人要真实、工作要务实、合作要心实、资料要翔实、采购要价实、服务要诚实、安全要落实、成本要抓实等，就是项目组织管理中不可缺少的以实为本的内容，做到了这一些何愁工程"内不实外不光"。由此可见"实"是为人之本，也是项目管理之魂。原则是：做人诚实，做事踏实，处处务实；

诚："诚"和"实"有相同之处也有不同之处，诚信是项目所有利益相关者和睦共处的前提，要最终达到利益共享，在异地施工的不能等着他人诚信，项目部要主动讲诚信，以我们的态度感染别人的心灵，最终才能皆大欢喜。在现实生活中光知"实"不重"诚"往往被别人小瞧，二者密切结合才能达到较高的组织管理境界，才能和与项目部打交道的各路人处理好关系，最终受益最大的还是项目部。原则是：诚和实相结合；

真："诚"、"实"、"真"三者同多异少，但是无论运用到做人还是项目组织管理中，"真"又有其更深刻的意义。项目管理无论是硬件还是软件追求的最高目标应该是"真诚实"，业主能用这三个字评价项目部说明项目管理达到了最高境界。同时，项目组织管理把"真诚"和"真实"作为目标，业主、上级主管单位和质量监督部门等对工程的内部质量和资料等哪有持怀疑态度的道理。原则是：树立真是建立在诚与实基础之上的；

务：是指服务方面。项目部要明确地教育职工和所有参建人员，来当地施工就是为业主服务的，用真诚的服务赢得客户是任何企业必须贯彻的宗旨，只有懂得为他人服务才会赢得效益、赢得市场，才能享受服务带来的快乐和换来别人给我们的服务，这也是当今国家提倡和谐的重要方面。原则是：服务要真诚，服务要彻底，服务要到位，服务要细致，服务不图回报；

全：是指组织管理好一个项目，抓重点固然重要，但次点甚至细微之处都不能放过，这才是真正地抓组织管理。业主对一个工程项目的评价不仅仅是主要方面，在一定条件下细节之处恰好是关注的倾向点，尤其是在项目刚开始实施时，业主往往会根据一些他们关心的细节问题看到项目部的管理本质，因此，工程项目的管理更讲究全面，项目部班子成员不可能事无巨细面面俱到亲自过问，但必须安排有关部门及人员履行相应的职责。原则是：争取做到滴水不漏，有漏必补；

访：在此直观地说就是回访。"干一个工程，树一座丰碑，交一帮朋友"，这几乎是每一个施工企业的经营者和项目经理的口头禅，但是，真正能做到这一点的又有几何？在工程建设过程中甚至在工程款没有结清前，有一定比例的企业和项目经理"干工程，就是交朋友，工程能完朋友永存"的豪言有一定的真诚和可信度，但是，一旦工程结束了尤其是工程款结算完了，同时，当地近些年几乎又没有工程了，真正能交成朋友的有几许呢？直接原因就是回访制度不健全、不重视。不少企业和项目经理在经营期间和进场前期的豪言壮语远远高于建设期间，建设期间的雄心壮志又远远高于工程结束以后，到回访阶段有的是音信皆无，更有甚者，有时业主找到门上了还避而不见。"市场无情人有情"，望有远见的企业和项目经理能真正将工程回访工作落到实处，就是花点油、跑点路、吃顿饭、花点时间，有时是绕绕路的事，有可能就是这点所谓"不起眼"的事，将在当今的市场激流中导致沉浮。原则是：联系、走动才能成"朋友"，既不联系又不见走动，口头上的"朋友"岂不是空中楼阁毫无价值；

誉：是指增强企业信誉，维护企业声誉，提高企业名誉，是企业赋予项目部尤其是项目经理义不容辞的责任和义务。施工企业和商品生产企业不同，它是把每一个项目作为广告窗口达到宣传的效应，项目经理在具体组织管理过程中，必须将企业赋予的崇高使命和良好作风融合到实际工作中，不是单纯地挂挂横幅，树几块牌子那么简单，这只是低级的理解和基本的做法。一个项目部或项目经理，只把局部利益或个人得失看得太重，必然完不成企业的使命和深层次的目的，这样的项目部或项目经理也不会得到企业的认同。原则是：顾全大局，放眼长远，胸怀大志，誉满当地，辐射周边，影响行业；

拓：稳定和拓展市场是每一个企业梦寐以求的事，工程项目管理同样分担着企业稳定市场和扩大市场的任务。工程项目组织管理绝不能仅仅局限在就事论事上，企业挑选项目经理也绝不是仅看他的组织管理项目的能力，尤其对一个新市场或有后续工程的项目，怎样稳定和扩展市场往往占了相当的成分，而这种成分又不能以指标的形式量化清楚，这就需要项目经理不仅要掌握组织管理综合能力，而且要熟悉经营常识，善于通过成功组织管理已有项目适时达到站稳市场并发展市场的长远目的，也就是说项目经理应该有"吃着碗里的，看着锅里的"贪婪欲望才能达到目的。企业在确定利润指标时，对这样的项目可以给予一定的照顾，让项目部有经营费用进行经营，"光让马儿跑，不让马儿吃草"的政策不利于通过项目经营项目。原则是：即使没有开拓市场的任务，也给予项目相应的任务和政策，可能获得意想不到的结果；

展："发展才是硬道理"这是几乎每个中国人都耳熟能详的一句话，从工程项目上获得效益是施工企业发展的主要来源。改革开放以来，国家的基本建设突飞猛进、日新月异，而建筑队伍的发展则远远快于国家建设项目增加的速度，导致各种各样的工程施工企业遍地都是，在这种情况下，竞争是不可避免的，针对这样的现实，上级主管部门和业主也是想方设法甚至采取有意将标段划小、划多等手段能多照顾几个企业或关系，虽有一定作用，但这种无奈之举最终受害的是各方，主管部门不好监督，业主不好管理，施工企业费用增加，实践证明这根本解决不了"僧多粥少"的局面，更残酷的竞争将在我国的建筑市场全面对外开放以及国家发展到一定时期基本建设速度逐步放慢以后，所以，建筑施工企业要想在弱肉强食的市场现实中生存并发展，企业对项目和项目对企业的关系绝不能仅仅局限在监管到位和完成指标上，而要有更深层次的默契和配合，使企业和项目部逐步形成发展共同体，同步应对市场危机。当前，有些效益好的项目部经理看到企业老总整天为钱发愁时不是考虑自己能为企业做些什么，而是不闻不问甚至窃喜；也有一部分企业老总们对举步维艰的项目经理敬而远之，唯恐拉他一把把企业带进去，反正企业也不在乎一两个项目，业主追急了就派人应付一阵，时过境迁我还是我你还是你，几乎仍是各不相干，项目经理见了老总就诉苦，老总听了诉苦就发火，企业和项目几乎到了对立的地步，这种模式和做法项目和企业还有发展可言吗！还能发展吗？原则是：企业、项目同呼吸共命运，真正达到和谐一家人共渡难关共享成功。

当然，一个项目的管理工作包含的内容很多，不是上述几个字就可以包罗万象的，总结项目的组织管理，说复杂也真复杂，说简单也就不复杂，关键看项目经理怎样组织和管理人力资源。有句老话对项目管理也非常实用"会者不难，难者不会"，反过来如果会不用心照样组织管理不好项目，虽然不是熟悉但只要有方法、用心，照样创造奇迹。

由此说明：项目经理能否成功组织和管理项目就是看他能否把人真正抓好、用好，人是根本，就这么简单。

**案例：**在此用一个简单实例说明没有太多管理和施工经验的一个项目部最终干出斐然成绩的真实项目：2004 年省内一家一级企业的某个公司，在莱芜市承接了一个大型水库五孔溢洪闸工程。该工程闸门尺寸 10m×5m，闸墩厚 1.2m，高 10m，闸前左岸现浇混凝土挡墙与边墩连接由直变弧形与新建浆砌石横向挡墙衔接，闸前右岸现浇混凝土挡墙自边墩由直变为半圆形裹头与主坝衔接，下游两岸挡墙平均高度 11m 以上，均为重力式现浇混凝土，整个工程现浇混凝土约 14 000m³，预制混凝土约 400m³，制作并安装闸门 5 扇，启闭机制作安装 5 台套及相应的配套电气安装。就该企业整体素质而言这样的项目经常做，在相对合理的工期内完全可以施工得很好。巧的是承接该项目的该企业这个公司职工和技术人员十几年了从未接过水闸工程，派出的项目经理以前只是参加过水闸的电气安装等，学的和工作后做的主要是电气安装方面的业务，也就是说，项目经理、参建技术和管理人员及职工几乎没有施工过水闸工程。这都不是最困难的事，最大的问题是工期非常紧，为了防汛要求，合同工期规定 2 月 21 日开工，5 月 31 日前必须完成主体工程达到安全度汛，即除了机房以外几乎所有部位要全部完成，满打满算正好 100 天的工期。合同签订后，公司经理和项目经理非常担心和着急，邀请我到项目部给全体职工和民技工经理等开一次施工动员会，怎样把工程在规定工期内保质保量完成，怎样组织和管理施工过程。我于下午晚饭前到了工地，利用吃饭时间了解了工程的大概情况，饭后便开始开会。会议于 7：00 开始，我首先简单介绍了该溢洪闸的结构及主要工程量，对汛前必须完成的部分进行了重点说明，与会人员先清楚自己在 100 天里的任务是什么，要做哪些工作，然后从对项目经理班子到职工再到民技工如何配合，从吃住行到工序施工，从材料组织到管理，从底部工程实施到中上部工程控制，从质量到安全，从进度到文明施工和环境保护，从内部关系协调到外部关系处理，从测量如何引点到现场如何定位监控，从技术方法到技术措施，从进场材料控制到按程序鉴定及资料收集，从各种资源组织到各种资源调配，从目标计划制定到计划调整，从整体进度控制措施到阶段计划控制管理，从工作时间安排到业余时间生活调节，从该项目的劣势到该项目的优势，从抢工的政治意义到如期完工后的社会影响等，把我负责溢洪闸施工的所有管理中运用的办法只要能想到的全部给讲了，直到 11：30 四个半小时的时间，参会人员没有一个说话和交头接耳的，都在认真听。当时在会议上记录是跟不上我讲的速度的，主要人员也只能记录个大概或重点地方。最后，用这样一段发自肺腑的话结束了我的发言：该项目不要说你们这些几乎没有干过溢洪闸项目的人在这里干，就是我亲自来当项目经理带着一批熟悉溢洪闸施工的人来干也不敢保证按期完成，但工期就是这样规定的，是地方政府和业主考虑水库下游百姓安全大局，不容我们质疑和讲任何条件，唯一的办法就是拼一次，用事实证明我们在座人员的能力和水平，只要大家有信心并团结一致，上下协调配合，成功就没有问题，否则，必然失败。工程建设期间，我几次到工地看过，但是，再没有召开这样的会议，因为，我看到的现场情况是：以项目经理为首的项目班子和在场的各方面人员，不仅把我讲到的做到了并做得很好，我没有讲到的项目部也做得很好。在现场和我熟悉的职工甚至民技工每次我去时都有人主动过来给我介绍现场施工和组织管理情况，从开始去看到的压力下的愁眉不展到中间去见到的眉目舒展信心十足，到最后一次去满脸是胜利前的喜颜，职工的表情就是对项目管理最好最直接的见证。第99 天时，我突然接到公司经理的电话，高兴地邀请我到工地住下，究其原因，答复是提前 1 天圆满完成主体工程建设任务，业主、监理、项目部准备了几千元的礼花和鞭炮庆祝胜利，说职工提议邀请我们到现场一起享受成功后喜悦。对此，我兴奋地接受了邀请，放下手头的工作按时和公司经理到达现场。可以讲，我参建过不止几个水闸和类似工程的建设管理，在施工企业工作了 20 多年，从来没有那晚的心情和感触。工地一片喜庆气氛，一片仍然忙碌的身影，一片成功后抑制不住的自然笑脸。我们到了现场后，安排给伙房帮忙准备庆功宴的职工不由分说把我们俩拉到伙房让我们摘菜，说我们光会说不干活，这次怎么也得亲自给职工出点力，让辛苦了九十多天的所有现场人员尝尝我们摘的菜，能给炒个菜更好，从几句再平常不过的玩笑话中体会到职工对我们的欢迎和信任。在整个庆祝活动中，在眼花缭乱、鞭炮齐鸣的现场，业主和监理给予项目部的评价那真是太高了，五十好几的老水利总监对我说这个项目是他从事几十年水利工作从未见到和听到的成功，是山东省水利建设的奇迹甚至是国内水利建设的奇迹，当然，这是高兴之际的夸张，但也代表他对项目管理及各方配合的肯定和赞许。业主、监理、职工、民技工、公司经理等，在现场异口同声表扬最有功劳的项目经理，对该企业的顽强风格和敢于不服输的敬业精神等全是赞美之词。该项目的成功充分证明了一个事实：只要大家团结一心众志成城，就没有克服不了的困难和问题。

我们中国人就是不服输,我们水利人更有一股永无干涸的不服软的骨气和劲头!胜利是给虚心学习和扎实工作并善于应变的组织管理者准备的,一项工作从主要负责人开始只要从正气抓起、正劲做起并持之以恒,影响工作的歪风邪气就会敬而远之,职工就会有用不完的干劲和智慧,这就是成功领导者为什么成功的法宝。实际成功者的成功往往总结起来也很简单,简单的总结中必然包含其顽强的信心和执着的努力与百倍的艰辛。领导的付出一言一行都铭刻在职工明亮的目光里,对他们信任和敬佩的领导职工会用几倍的汗水和努力去维护你,反之,对他们不信任和蔑视的心中不待见领导他们不会心甘情愿用自己的血肉之躯全身心付出托浮之力,水能载舟也能覆舟是古人对这个道理最深刻最贴切的总结。

一个工程项目的建设虽然是短暂和临时性的,但同样涵盖组织管理者和建设者互相协调、互相信任、相互融洽、相互配合共筑成功的干群关系。

## 3.5.2 材料资源组织与管理

施工用的材料简单分为三部分,一是永久工程使用的材料即永久性材料,如水泥、钢筋、沙石料等;二是保证施工工艺用的周转性材料,如模板、脚手管、卡扣等;三是消耗性材料,如铅丝、电焊条、钉子、塑料薄膜、养护材料等。

### 3.5.2.1 永久性材料

#### 1. 永久性材料组织

每一项工程都是由不同的材料经过施工人员的组合和实施而形成,永久性材料是工程项目的基本元素,也是决定工程质量的关键和根本,更是工程施工过程中使用量最大、控制最复杂、成本费用最高的元素,因此,对永久性材料的组织项目经理和总工应亲自抓好考察和订货关,严格质量、严格检验、严格供需关系确立、严格计量方法、明确价格、明确付款方式、明确违约责任,将有可能影响工程质量、影响施工工期、影响数量确定、影响价格控制、造成人员腐化、引起事后纠纷的问题一并在考察或订货环节解决。如果项目经理和总工不能意识到这一点,将占工程直接成本 60%以上的永久材料考察和供货全权交给有关人员办理,失败或出问题的概率将大大提高。当然,有关人员也不是素质很低专爱贪图金钱和享乐,关键是在众多激烈竞争市场环境下的供货商为了达到获利目的,什么方法和诱惑都有可能使用上,在利益和诱惑面前经不住考验的不是少数,久而久之本来经得起考验的潜移默化也不由自主地进了套。同时,这样的人员也不是每个项目他们都敢那么胆大妄为,关键看项目部经理等管理者的自律和对他们的要求,如果领导者一身正气,这些人也很会夹着尾巴做事,如果主管人员就不干净,那这些人便有了充分发挥的空间,因此,在材料组织过程中项目经理和总工应当起到纠正当今市场上不正之风的表率,让别人不能做的首先自己不做。永久材料在组织过程中有考察、检验、定货、定价、供应、管理、使用、处理等八大环节,前四个环节为后四个环节创造条件和开辟道路,也是材料组织的关键环节,因为,在这四个环节当中,成章、成套、成文的制度比较缺乏,即使有也显得无力和冠冕堂皇。出发点和责任心在材料组织前期至关重要,也是最容易出问题和留下隐患的环节。比如,在考察期间供货商会想尽一切办法推销他们的产品,部分考察人员抵挡不住诱惑自然而然就会出现偏袒和倾向性;检验应该是严肃认真的,也有明确严格的规程和规范，不说项目部自己进行的常规检验，就是具备国家检测资质的部门为了增加其局部利益有的也是叫出具什么证明就出具什么证明，只要肯花钱；订货过程更是五花八门，有的订货人员竟让供货方起草供货协议，自己找地方醒酒去了，红包一塞或所谓"特产"一装，再被拉到一旁耳语上几句，协议写得啥都不看，盖章、签字一气呵成，"将军风范"十足，在这种被他人左右的情况下定价结果可想而知。有这样的前奏，即使后面的环节再规范，项目经理再有本事，结果不言而喻。后四个环节几乎每一个正规企业都有比较明细的制度和办法，又是领导和职工眼皮子底下的事，即使有点差错或失误也不至于造成不可挽回的局面，顶多是总结教训下不为例，所以，从供应环节项目经理完全可以交给器材部门接管，对不放心的人员加强约束、监督和检查，必要时随机抽查，同时，注意观察和了解，确定事实立即处理，用不了两次可以高枕少忧了。永久性材料的组织程序主要包括：考察货源、货比三家、鉴定质量、商定价格、确定数量、明确供货地点、提供供应计划、确立装运卸责任、进场验收、付款方式、价格变动、双方责任义务、违约责任、签订协议、场内储存、监督使用、剩余清理等（其中包含签订协议的主要内容），在所有程序或环节，对主要材料或大宗材料及特殊材料，项目经理和总工都要主动参加亲自组织，否则，有可能因材料的组织失败造成项目停工、怠工甚至返工等。同时，材料的组织还必须根据季节的变化而变化，根据储存条件的变化而变化，根据天气和运输情况等的变化而变化。对永久材料的组织是否成功，在质量和价格合理的情况下，主要考核指标就是有无影响工程进度、工程质量、现场储存量是否合适。永久性材料的组织应制定翔实的使用计划，由总工安排技术部门完成并经总工核实，随着进度的开展要随时调整相关计划并按调整后的计划组织。

2. 永久性材料管理

永久性材料管理国家或行业都有明确的管理规定和规范，只要项目部经理、总工重视和熟悉这些规定和规范就能将材料的管理工作交代好和监管好，在此不多重复，每个企业也都有成章成册的管理准则或手册，望有关人员按照相关材料的管理规定或投标文件的承诺执行就行。在此要强调的是，永久性材料的管理在按照规定执行的同时，必须最大限度地满足使用现场方便，以此减少场内运输成本，尤其是地材的储备场地要满足质量、数量要求并与拌和站、水泥储存库相结合，离施工现场最近，水、电、路通畅便利安全，同时，防雨、防尘、防雪等要有预防措施，对存放在土基上的地材要按规定进行适当硬化处理，以满足质量要求尤其是雨后能尽快使用的要求。对进场的各种材料要按规范或监理工程师规定随时取样检测，不合格材料及时清理出场。就目前的施工工地而言，各项目部对水泥、钢材、外加剂等都基本能按规范要求进行管理和检测，监理工程师也比较放心。长期困扰主管部门、业主、监理和项目部的是地材管理容易被忽视，因此，只要一个项目对地材管理的规范有序，其他材料基本不用检查就知道没有大的失误或问题；在此，由于山东省各地水质情况的差异较大，对生产和生活用水同样容易忽视，虽然监理工程师对水质都要求进行鉴定，但有的施工企业明明知道水质不达标，但是，为了降低工程成本，竟有偷换取水水样的情况发生，导致业主和监理等虽有怀疑但又没有充分的证据进行否认，为了防止此类问题的发生，监理工程师和业主应当亲自取样送样进行规范鉴定，以杜绝个别施工企业有投机取巧的机会。

各种材料的管理和调配是综合和复杂的，技术部门、质检人员、试验检测人员、器材部门等应联合组成管理小组，各负其责、各司其职，在总工的监督下完成各种进场材料的管理工作。项目经理和副经理要随时关注现场材料的管理情况，及时纠正不合规定的管理现象，按照规章制度兑现优劣人员。

各种材料在管理期间的质量、数量、时间、价格等要及时准确地填报第一手资料，应当办理签证的必须及时办理签证手续并存档，为以后验收、核算、审计等提供基本的原始依据。

### 3.5.2.2　周转性材料

#### 1. 周转性材料的组织

周转性材料的组织最好由技术人员协助有关工段制定计划，由项目副经理或总工程师带领工段负责人考察租赁商、签订供需协议，之后，由使用工段直接与租赁商联系进货和退货事宜，工段在项目副经理的监督下按现场管理制度和周转材料管理办法进行管理使用。周转性材料的租赁和退回也有其内部的潜规则，"租时容易退时难"是一些不正规的出租商最常用的方法，因此，考察过程和签订协议是重要环节，必须为退回时创造有利条件。周转性材料在使用过程中丢失、损坏、变形是常有的事，因周转次数太多，不少都是几经修复处理过的，在对货源检查时很难像新材料那样容易以肉眼分辨，且数量大，种类、规格杂，要减少不利问题的发生建议采取工段承包的办法加以控制，以降低个别不正规的出租者利用周转性材料的上述特点大做文章，这些文章的主要表现在：第一，租赁押金按新材料本金的一半以上缴纳或抵押；第二，稍有损坏租金照付还得按新材料原价赔偿，如不同意便从已交的高额押金中扣除；第三，收回时不嫌麻烦逐一检查（如脚手管有点弯曲、短缺、污染，模板有轻微变型、凿孔、破损、污染等），按其内部标准一一对照，达不到"标准"租赁费一分不能少，按其规定折价赔偿；第四，丢失的材料先算租金再按市场新材料最高价赔偿。只要是赔偿的材料，几乎都是按市场最好的材质价格，强调他的材料是次品或低等品几乎是对牛弹琴白忙活。所以，只有考察一个正规出租方并签订相对合理的租赁协议，才能从根本上防止无谓损失的发生，才能避免或减少麻烦，同时，在不管使用自有或租赁的周转材料时，都要加强管理，严格制度，杜绝浪费。

#### 2. 周转性材料的管理

周转性材料除了上述组织过程中应注意的问题外，定量、及时进退和现场使用管理也是不可忽视的环节。定量是指在租赁高峰期之前，根据各个阶段使用的周转性材料的种类、规格、数量计划确定进货车辆的大小及数量，尽量按整车满载控制，以节省运费，高峰期过后退货时同样需组合成整车装载量后退出，数量小的可采取租用小型车辆的办法调节；及时是指进货时在该材料被使用前两三天进来，退回时凑足一车立即运走，以减少在工地存放和滞留时间。项目部总工和技术及器材部门，应根据施工进度计划预先制定详细的周转材料使用调配计划，分阶段、分部位对各种周转性材料进行规划，列出翔实的使用时间、进场时间、退出时间、规格、型号、尺寸、运输车辆吨位等。在现场为了最大限度地减少损坏，工段管理制度必须严格，卸车、装车、存放、场内运输、使用等应尽量平稳轻拿轻放，禁止野蛮装车卸车，禁止使用过程中重甩重放，严禁高空直接下抛，严禁随地乱堆乱放，用前按规格数量专人运至使用现场规范堆存，用后应立即安排人员检查清理，对轻微损坏的及时进行维修，对暂时用不到的应运出基坑外合适的地方整齐堆放，对仍需使用的应人工运至下一个使用面就近堆放。周转性材料尤其是小型材料也是比较容易丢失的物品，一是容易被盗，二是小物件容易丢弃，有的被踩压到泥里，有的掉到水里，有的被当地百姓捡拾走等，因此应加强工地周转材料管理使用工作和治安，同时对卡扣、销子、螺丝等应加强回收和清理检查。可安排工地治安保卫人员白天在确保治安的情况下专门负责小物品回收拾遗工作，因为，白天工地施工人员多，防盗警卫任务不像夜间那样专注劳神，完全可以在履行治安职责的同时兼顾现场零星物品的回收拾遗工作，对此，项目部可以给他们增加适当的报酬予以鼓励。

周转性材料和永久性材料相比在管理上是容易被忽略的材料，但组织管理不当同样会给项目部造成不小的损失或麻烦。

**案例：** 20 世纪 90 年代末，同一个企业的两个公司先后施工了两个水闸工程，先期施工的甲项目部工程是四孔 10m 宽水闸，后续施工的乙项目部工程是九孔 10m 宽水闸，甲闸中边墩相对比较高，乙闸比较矮，两个工程的混凝土量基本相当，甲乙两闸总投资均为 1 000 万元左右，所用周转材料基本一样，因乙闸表面积大，总体算起来乙闸使用的脚手钢管和模板及各种小构件量稍多于甲闸，两闸项目部都是采用从当地租赁公司租赁所有周转材料。工程先后竣工后决算时，乙闸各种周转材料租赁相关的费用 37 000 余元，甲闸 230 000 余元，只周转材料租赁费一项甲闸就比乙闸高出近 20 万元的支出，约占总投资的 2%，也就是说仅周转材料租赁就降低施工利润 2%。

**原因分析：** 仅从二者某一阶段的现场情况看不容易直观地发现明显差别，但是，沿工地现场转上一周，再了解一下整个周转材料组织管理过程情况和对比二者的调拨清单就会发现根本差距。

差距一，甲工地在基坑开挖初期就将大部分周转性材料运进了现场，本来计划 20 天左右将基坑开挖完，但由于开挖方法不对、排水措施不利，又没有及时采取补救办法加以挽救整整开挖了两个月，这样，进来的所有周转材料闲置了近 60 天，同时，在闸底板施工一个多月期间，由于模板和钢管的使用量很少，所进的大部分材料又是闲置了 30 余天；而乙工地在基坑开挖过程中也遇到排水不利的情况（因为两个工程的地质条件基本相同），但是他们及时采取了补救措施，改变了开挖和排水方法，基本按原计划将基坑开挖完毕，用时 24 天，在基坑验收时开始通知早已考察好的租赁公司先按满足六块闸底板施工用的模板、钢管、卡扣、脚手架等供货，在垫层铺筑期间集中运至基坑边按规格存放，用量大的模板比实际使用量仅多 4 至 6 块，用量小的多进来 2 至 3 块，用满足六块底板同时周转的模板等材料周转使用了一个半月把全部底部工程完成。仅此一项，乙闸比甲闸节省租赁费 23 000 余元；

差距二，在施工中边墩及翼墙等中部结构期间，甲工地由于缺乏计划性，所进周转性材料规格不全，对此又在半停滞中等待材料，而使用人员又担心以后再出现类似情况，在提供材料用量时故意加大了规格种类和数量，造成进场的材料有相当一部分根本没有使用过一次，使原来准备作停车场的大片空地全部作了周转材料堆放地；乙闸在邻近底部工程完成前，详细规划了中部工程各种材料的规格和用量，按满足三个闸墩周转的计划制定，将底部工程能用的规格、数量扣除后，提前两三天将短缺材料进齐并将中部工程用不上的底部剩余材料在进中部材料时捎回租赁公司，尽量做到往返满载运输，近三个月的中部工程施工时间，甲工地比乙工地多支出周转材料费近34 000元；

差距三，中部工程接近尾声时，乙闸按上部工程的需用量规划了具体使用规格和数量，剩余部分凑足一个大车就及时用一个大车退回，够一个小车用一个小车退回，而甲工地将使用后的材料仍然堆放在现场没有及时办理退回手续，有关人员又忙于其他业务了，整个排架、机房等上部工程结束约120天，这一项甲工地比乙工地多支出租赁费35 000元；

差距四，主体工程完工时，乙工地现场几乎找不到周转材料，早就随拆随退回了，而甲工地在工程快要竣工验收时正在热火朝天地退运周转材料，所有车辆均是满载走而空车回单程运输，仅滞后退货和整个材料运费，甲工地比乙工地又多支付18 000余元；

差距五，乙工地租赁的是国有租赁公司的材料，同时退还及时，材料在露天存放时间很短，几乎没有堆压变形，外观也变化不大，污染锈蚀几乎没有，同时注意及时清理保养，每次退货都很顺利，几乎没有发生赔偿费用；而甲工地恰恰相反，租赁的公司是一个没有正规经营资质的个体经营者，再加上所有材料在工地堆放时间太长，有相当一部分材料进了工地就一次没有使用过，脚手管等线型、模板脚手板等板型材料不少已变形，外观都已经生锈，再加上平常没有及时清理保养，采取集中租赁、存放、退回的办法，使得装卸车因量大劳累变野蛮，使用中因量大而应接不暇，退回时因不达标的太多变得火药味十足，最后导致租赁公司将每根钢管都放在水泥地上滚动，不滚或滚动不到一定位置的全部挑出来算作损坏品照新价赔偿，租赁费照算，仅赔偿金这一项甲工地比乙工地多支付56 000多元；

差距六，由于乙工地基坑较浅积水地较少，每天安排治安人员带着水泥袋子随时收捡现场散落遗失的小物件，同时，项目部与木工工段签订了周转材料承包协议，使卡扣、螺丝、销子等易失品丢失量基本在有效的损失范围内；而甲工地由于基坑深，排水问题始终没有根本解决，尤其雨后更是全场泥泞，水坑连连，既没有承包又没安排人员拾遗，中部工程施工期间用铁丝钩随便在水坑中钩一下就能钩出几个 U 形销，但是，螺丝等无法回收，同时捞上来的物品大都锈迹斑斑，仅小物件多租赁、多赔偿一项，甲工地又比乙工地多支付近20 000元；

差距七，由于甲工地一次性租赁材料多，按种类存放但没有按规格存放，使用时找半天找不到要用的规格，安排专人从大垛中挑选，据说有时两个人挑一天挑不出几块要用的规格模板来，没有办法后来干脆用翻斗车将大部分材料运到基坑周围随用随挑，再满足不了就采用增加规格和数量的办法二次甚至三次租赁，导致现场周转材料遍地，越来越多一片狼藉，不仅影响了现场交通运输，更给送料的、当地百姓、心怀不轨之人提供了顺手牵羊或生财的便利及机会，仅场内二次、三次倒运和被盗，就多支出费用16 000余元；

差距八，两个工地在施工期间都遇上一次台风，由于两个项目预防应对措施不同，甲工地把已经搭设脚手架被风刮倒，造成大部分管件折损无法恢复，损失赔偿近

30 000元。

不比不知道，比比吓一跳，甲闸最终的周转材料支付款比完全自购还超出10万元以上，结果是钱都给了租赁公司，自己只落了一堆变形和锈蚀的废品，几乎没有利用价值。这样的项目管理不能不让人痛心，同时，通过该项目部对周转材料的管理也可以了解其他方面的组织管理情况了，在此不再进行其他方面的对比。

由此说明，工程项目施工管理要有周密的计划，要有严格的控制，管理生效益，管理增效益，管理涉及项目的方方面面，费用大的方面要管，而费用小的地方同样要管，因为，效益的产生是由点点滴滴积累而成的。

### 3.5.2.3　消耗材料的组织与管理

每个工程尤其是建筑物工程，零星材料不是什么太大的费用，但是，组织不好照常会给项目部带来较大的损失。零星材料本身花钱不多，关键是要控制好采购方式。有的工地就因为急用一把特殊规格的电焊条专门派车外购，来回车辆的油钱能买一箱焊条，类似的情况项目部经常发生，买材料的费用寥寥无几，而搭上的人工和车辆费用则远远高于材料，同时，由于这样的小材料而影响工期造成怠工或窝工带来的间接损失就更大了。这种情况比较常见，在一些资历深的项目经理心中还习以为常，根本没有当回事对待和解决，认为这样很平常，谁没有点考虑不周，老虎还有打盹的时候，这显然是在为自己开脱。是的，谁也不能把所有的管理细节做得面面俱到、细致入微、滴水不漏，但前事不忘后事之师应该知道，在以前的项目管理中出现的问题如何在以后的项目中减少甚至避免并不难，难的是想不想减少和避免。同样规模的项目不同的人员管理效果可能大不一样，就消费材料采购而言，有的工地两辆采购车都手忙脚乱打不开点，司机疲于奔波，采购人员忙于应付，有时拿着给的采购清单好不容易办理完半路上又接到增加物件的通知折返再办，采购人员和司机别说有空干点其他工作了，能按时吃饭和休息就不错了，有的工地一部车还经常有闲置时间，司机和采购人员腾出空帮助干一些力所能及的后勤工作。其实，这个问题很好解决，就看项目经理考虑没考虑到和考虑到了是否安排到。

简单的做法是：每个部门和工段负责人一人发一个笔记本，要求他们根据实际进度提前一周以上考虑一周后该部门有可能要用到的零星物品记录在本，及时将记录的物品按零星材料采购程序报项目副经理或技术负责人审批，审核后转交器材部门安排采购时间，器材部门必须在该物品正式使用前三天以上采购回来并经使用部门人员检验后入库备用，对不合格或规格不符的在近一两日内的采购时捎带更换。对开始做不到的部门或工段负责人提出批评，如还不改正外派车辆费用由该部门或工段承担，用不了两次保准没有再记不住的，各种消耗材料的小计划就肯定能齐全、及早地提供出来。零星材料除极特殊的情况外要形成不专门安排采购的习惯，只能在有其他采购或有外出事宜时（如采购生活品、找业主、到银行等）捎带采购，这样就必须有严格的时间限制和超前的计划才能做到既不误事、又不专程安排，日积月累节约的费用也是可观的，同时，这样的管理最大的好处是要用的消耗材料什么时间用什么时间仓库就有，不会因为一些小物品而影响大事情。

对工期比较长或使用消耗材料比较多的建筑物工程，项目部应设置专门仓库进行储存和保管，对材料计划、审批、采购、验收、入库、保管、出库、回收、处理等建立台账，明确职责，并有专人负责。对项目施工期间经常使用的工器具等，原来有的应及早通知公司本部仓库管理人员提前准备，进场时安排项目部有关人员按计划办理借用手续，对仓库没有或数量不足的，经批准后按计划尽早采购并参照消耗材料的管理程序和规定，建立工器具管理台账并及时回收，周转使用。

工程施工过程中对人员、设备、材料的组织每一个项目经理和项目部都有各自的组织办法和制度，项目的组织也不可能相同，现实工作中大家要互相交流取长补短共同进步，同时，项目经理的组织管理意识决定着该项目部组织管理的方向，随时完善和弥补管理中的弱项和不足，纠正一些不良的习惯做法，都是进步的良好表现。工程项目组织管理讲究"短平快"，只要对企业有利、对项目有利、对集体有利的想法就应该及时落实到行动中去检验和推广，同时，阶段例会是推广合理化建议的良好时机，也是完善各种制度和措施的重要场所，不好形成书面材料的东西均可以通过例会或调度会进行强调和安排，使参建人员随时知道项目部始终是在向良好的方向开展组织，发挥大家的想象力和智慧，集中民主意见形成严格的行为规范才可以使组织工作顺利开展。

### 3.5.3　设备资源组织与管理

#### 3.5.3.1　设备的组织

任何一项水利工程的施工均离不开各种各样的施工设备，可以说施工设备是保证工程项目实施的必要条件和重要手段，施工设备已经成为企业制定投标方案、落实实施计划必不可少的重要有形资源。不同的工程采用的机械设备各有不同，相同的工程因自然条件、工作习惯、实践经验和设计要求等不同也有较大差异，因此，根据具体的工程项目特性规划适用对路的施工方案并据此确定和组织配套的施工设备是项目部组织管理工作的重要内容。

施工机械设备的组织主要应考虑以下几个方面：

（1）根据施工方案选择设备。施工方案是选择施工设备的基础和落脚点，任何一个工程其施工方案都不是固定和不变的，都有几种实施办法可供选择，一旦施工方案确定了，完成这种方案的设备也就基本明朗了，也就为挑选和确定设备圈定了范围和方向。所以，在制定设备使用计划时必须依据拟采用的施工方案，施工方案是设备计划的前提条件。由此可见，企业中标后，投标书中的施工方案已被专家和业主认可了，项目经理部需要认真研究投标书中的方案和方法，据此进行完善和修改，使其更切合实际更具有实用性，从而形成一整套具体的施工工艺方案，再围绕此方案逐一对照实施该方案的各种设备。投标书中的方案因其阶段出发点不同往往与实际有较大的出入，这一阶段的方案和设备计划以满足招标文件的要求为目标，人员和设备的配备往往也是企业最好和最齐的，宁愿出现浪费和富余也不出现不足和欠缺，"纸上谈兵"保守总比冒险让专家放心，投标时聪明的企业玩得就是数字游戏，怎么让专家放心就怎么填，反正不是动真格的，同时，正因为纸上谈兵其方案也不可能细致和具体，而真正中标后进入实干阶段，投标文件基本退居到参考资料的位置，各方面都需要务实和细化，根据务实和细化的方案决定施工设备计划才是最现实的必要工作。设备的选择包括型号、性能、数量、状况、操作人员、调拨计划、进退时间、运输方式、存放场地、维修保养、备品备件、使用说明、维护管理等一系列细致化的数据和资料。

（2）根据拟定的工期制定设备组织计划。设备费用是工程项目直接费用的重要组成部分，因此设备的调拨、使用和管理等环节都要有详细的组织管理计划才能保证设备调拨及时、使用高效、管理成本最低，要达到这一步必须将工程的阶段工期划分细致，根据细致的工期计划制定设备阶段进出场计划。一个工程项目使用的设备有多有少、有早有晚，设备使用和人员使用有许多相似之处，在制定计划时力求"招之即来，挥之即去"，等待和滞留都是不必要的资源浪费。有不少的企业在投标文件中对设备缺乏计划性，长长的设备使用清单在进场时间一栏往往均是简单的"开工后进场"或一个固定的进场时间，这种对设备的计划性即使在投标阶段也是不负责任的，一些中后期才用得上的设备为什么刚开工就进场呢？原因恐怕就是怕进晚了扣分吧，这种想法和出发点恰恰暴露了企业管理缺乏计划性的弱点，评标专家据此说该企业施工没有计划性、标书不符合现实反而多扣分甚至因此影响中标的事情时有发生，所以，施工方案和阶段工期是制定设备计划的依据，按照该计划详细制定设备计划就没有什么可担心的。市场竞争依靠实力，证明实力依靠精确的计划和有效的落实，在各方面条件基本相同的情况下，一点微不足道的细节有可能决定自己的命运，"先看大后比小"是评标的原则，现在同等企业的竞争决定胜败的常常不在大的方面，细节才是强者必争之处，保守也会有付出代价的时候。

（3）根据实际情况调整和落实设备计划。任何计划都不可能与实际完全吻合，要保证计划的有效性必须根据实际情况对计划进行调整和完善；任何计划不落实都是一纸空文，要保证计划的目标性必须根据既定计划按步骤逐项落实。工程在施工过程中实际遇到的情况是千变万化的，按原计划对应新的情况只能是生搬硬套最终计划落空，而失去计划临时抱佛脚只能是被动地应付最终应接不暇，要保证主动和有效就必须根据实际调整计划、补充计划、完善计划也就是计划更新，依据更新后的计划克服现实的问题是工程项目计划调整的目的，而按计划落实又是确保计划目标的关键手段。所以，对施工设备需用量大的项目部，必须安排专门的人员进行设备计划更新工作，依据及时更新的计划有专门的领导抓设备组织和管理工作，达到进场适时、性能可靠、维护到位、使用高效、安全运行、停放有序、撤场及时。对使用时间不长或调拨时费钱的常规设备，在制定计划时就要考虑在当地解决，进场后提前了解有关情况及时签订租赁协议。就目前的水利工程情况而言，一般的土石方项目当地完全有能力分包，有的项目虽然合同中明确规定不能分包，而实际情况则恰恰是不让分包的人安排项目部必须照顾地方队伍，再一种情况就是地方所谓有实力的队伍自己找上门来强行分包，业主也只能顺其自然无力回天，如此种种现实情况给项目部一个明确的信号：土石方设备就不必麻烦中标企业了，因此，目前的施工企业再花大价钱购置挖掘机、自卸车、装载机、压实机等常规土石方设备的越来越少，这既是市场发展的必然也是企业适应市场的需要。但在租赁或分包相关设备或工作量时，必须加强考察和管理，因为，越是市场活跃的时候越可能存在无序竞争或良莠不齐的现象，没有事先识别能力就容易发生引狼入室的结果。

（4）根据需要配套组织设备。需要是制定设备计划和实施设备计划的根本，一切组织行为都要结合需要进行，同时，有许多工序的设备是一个设备系列，不是单单几种主要设备,不配套必将严重影响使用效率。经常可以看到一些项目部存放着各种各样的设备,但是,看看该工程的设计和施工方案有些设备根本用不上或仅仅是偶尔使用,项目部追求多而全,有总比没有强,即使不常用放着不要紧,用时方便,没有明确的计划,项目经理凭"想当然"习惯安排工作;也有不少项目部土石方、混凝土、钢筋、木工等应配套使用的设备不配套,大挖掘机给小三轮装车,一铲装不了,半铲不是多就是少,小挖掘机给大翻斗装车,二三十个回合装不满一车,挖掘机成了万能手,既挖装又平整还要代替压路机、削坡机;至于配料站与拌和站、切断机与钢筋规格、电焊机与焊接件等不配套的情况就更多了,导致效率低下,连连出错,难保质量。这种种现象都说明在制定设备使用计划时没有根据项目需要进行针对性的计划,只是凭经验和拍脑袋进行。工地上有闲置设备是难免的,但长期或大量闲置就不正常了,作为一名称职的项目管理人员,看到闲置的设备应该想到这是在浪费资源和费用,应该及时进行调查和了解,应该及时组织有关人员调整设备使用计划,把暂时不需要的设备进行调整。对土方工程,挖、运、填、平、压等要配套,尤其运输车辆和挖掘机的配备应根据运距、土质、道路、铺土厚度等决定一台挖掘机配几辆多少容量的自卸车最经济合理。经常到工地的人可能都看到这样的现象,自卸车排队等装土或挖掘机挖好了土等自卸车,即使不明白的人可能都知道这是不正常的现象,而项目部的"明白人"就是不明白反而觉得是正常的。再者,拌和设备和场内运输设备的匹配也经常发生不合理情况,有的计划者在制定计划时就存在问题,没有调整好高峰与低谷的尽量平衡,使高峰时的日浇筑量偏高,按高峰拌和量配备拌和与运输设备,未考虑到高峰可能在整个工期中只有短短的一瞬间,为了满足这一瞬间导致大容量、大型号、多数量的相关设备进场,不经意间给项目造成极大损失还浑然不知。所以,在制定设备使用计划时,必须组织有经验的人员对计划进行逐项审查,尽量削减高峰和减少低谷,无法削减和减少的应调整施工方案和阶段工期。

### 3.5.3.2　设备的管理

对目前的施工企业而言施工设备的管理意识已经越来越淡化了,因为,现场的设备虽然很多,但真正属于自己单位的并不多,虽然门徽都是喷着中标人的大名,但这个设备可能过几天又会喷上另一家的名字在别的工程上出现,所以,设备租赁或项目分包几乎导致中标单位越来越不重视设备的管理了,土方工程如此,就连混凝土甚至钢木工程都普遍存在这种现象。长期跟着某些企业施工的劳务公司或施工队,现在的设备家底越来越厚实了,钢、木、水等设备几乎一应俱全,中标企业也难得省心省钱,光派出几个人管理指导就行,轻松自在,其他的全是劳务公司准备,这就是为什么有的项目业主和监理管理不了项目部,而项目部管理不了劳务人员的关键所在,因为,主动权不在中标企业设立的项目部人员手中,主要人员、设备甚至材料等资源掌握在劳务人员手中,一旦发生利益冲突或抢工情况等,达不成协议就必然出现停工或怠工讲条件的情况,为了避免此类问题的蔓延造成中标企业的被动或失信,建议各施工企业不要太贪图省心、省钱,该配备的设备必须配备,这样才能真正省心、省钱。

各种施工设备的管理几乎都有国家规定或设备使用、保养等说明,如果重视设备管理的话,按照有关规定或说明进行管理就没有问题,值得强调的是,有相当一部分项目部人员不能按规定或说明使用和管理设备,造成设备损坏甚至丢失的情况不断发生，不仅造成直接损失，同时影响工期。

对施工设备的管理应按照谁使用谁管理的原则进行。每个项目部根据项目的性质和施工方案都有配套的组织机构和责任人，如建筑物工程，钢、木、水工段、土石方工段、金属结构工段、机电设备科等，这些工段或部门就是各种施工设备的使用者和管理者，项目部根据设备管理条例或规定，制定简单实用的管理条例并落实到个工段或部门即可，能实行承包的可以推行承包制，这样，设备的管理和使用就更合理或简单了。

对自有常规设备，除了在进场前将设备检查维修外，项目部人员应根据制定的设备计划及时了解项目当地相关设备的配件供应情况，如果当地该种设备比较多，则在进场时不必带多少易损配件，进场后及时在当地采购合格品即可；如果当地该类设备很少，那配件必然缺乏，这样就应该在进场前根据使用的设备数量和时间，让有经验的人员提出易损件配备计划在进场前采购并带进工地入库管理和使用；对非常规设备或专用设备，必须在进场前采购或带足易损配件，否则将给施工造成极大影响，同时，这样的设备必须专人操作和管理维护，不能随便让一知半解的人动用。

自有施工设备尤其是大型移动设备应当有相对固定的专职人员操作，汽车、吊车等还要有驾驶证，无证人员严禁动车。然而，施工现场的设备使用往往只注重现实而不尊重规定，无牌、无照、无证等比较普遍，因此，在施工现场几乎脱离交通检查和管理的有利条件下，如果项目不管理不严，操作人员也是乱象环生，像装载机、推土机、压路机、翻斗车等几乎是个人只要想开就可以开，也因此出现过多次安全事故。所以，对施工设备的管理不是没有规定和要求，关键在于项目经理等主要管理人员如何要求和管理了，有要求有管理制度，上述现象就可以避免或减少，而实际生活中恰恰有一些项目经理不仅不严格管理和明确要求，反而以方便为理由怂恿不具备使用的人员非法操作，更有甚者自己还常常过过瘾或显摆显摆。这样的项目经理有，这样的监理人员也有。一项工作的成功需要各方面的配合，但各司其职、各负其责是成功基本条件，领导者自己就带头做越俎代庖的事职工对此的看法远远不是你心中的想法。希望参加培训的建造师们在以后参加的工程项目建设和管理中，把精力和智慧发挥在自己正当的岗位上，管好人用好人才是一个管理者应该做的正当事。

对租赁或分包项目的设备，项目部也应该加强管理，按照自有设备的管理制度要求出租者或分包人管理施工设备，因为，无论是租赁设备还是分包人的设备，他们的效益直接影响项目部的效益，他们的工期直接关系到项目的工期，不能以租或包代管，否则，最终的受害人就是项目部。

施工设备的管理应分类进行，如基础设备、土石方设备、混凝土设备、发电设备、排水设备、电气设备、钢筋设备、木工设备、消防设备等，由各职能部门或工段管理。同时，对各种设备应按国家有关规定进行现场停放、存放等，对占地面积较大的土石方设备和混凝土设备等，应划出专门区间停放或安置。现场设备的停放或安置应结合使用方便的要求，同时，在离停放区或安置区配套维修车间或平台。维修车间和设备停放及安置区应配备专用水管等清洗、冲刷、消防等要求的配套管线。施工设备的管理最好编号管理并登记成册，一旦有了问题或到维修保养的时间可以及时进行有关保养、维修、检查等，以确保设备运行正常并安全。

### 3.5.4　公共资源组织与管理

公共资源的组织与管理涉及面很广,包括直接与项目打交道的内外关系、不直接与项目打交道的社会关系、各种信息、当地风俗、交通、电力、电信、气候、地方文化、地材资源、市场供应、周转材料市场、租赁市场、劳务市场、百姓素质、地方风气等,都是项目部干好项目不可缺少的资源,都要进行有针对性地认真组织和分类管理,掌握的原则是:事先了解和储备,用时方便快捷。由于公共资源太多,同时不是项目资源组织管理的重点,在此不详述,项目经理在进场后有安排和关注就基本能满足要求,但完全忽略是不行的,有备无患。

## 3.6　文明施工及环保管理

### 3.6.1　文明施工与环境保护的概念及意义

3.6.1.1　文明施工与环境保护的概念

(1) 文明施工是指在工程项目施工过程中始终保持施工现场良好的作业环境、卫生环境和工作秩序。文明施工主要包括以下几个方面的工作:

1) 规范施工现场的场容,达到并长久保持作业环境整洁卫生。

2) 科学组织施工,使生产有秩有序进行。

3) 尽量减少因施工对当地居民、过路车辆和人员及周边环境的影响。

4) 保证职工的安全和身体健康。

(2) 环境保护是按照法律法规、各级主管部门和企业的要求,保护和改善作业现场的环境,控制现场的各种粉尘、废水、废气、固体废弃物、噪声、振动等对环境的污染和危害。环境保护也是文明施工的重要内容之一。

3.6.1.2　文明施工的意义

(1) 文明施工能促进企业综合管理水平的提高。保持良好的作业环境和秩序,对促进安全生产、加快施工进度、保证工程质量、降低工程成本、提高经济和社会效益有较大作用。文明施工涉及人、财、物各个方面,贯穿于施工全过程中,体现了企业在工程项目施工现场的综合管理水平,也是项目部人员管理素质的充分反映。

(2) 文明施工是适应现代化施工的客观要求。现代化施工更需要采用先进的技术、工艺、材料、设备和科学的施工方案,需要严密组织、严格要求、标准化管理和较好的职工素质等。文明施工能适应现代化施工的要求,是实现优质、高效、低耗、安全、清洁、卫生的有效手段。

(3) 文明施工代表企业的形象。良好的施工环境与施工秩序,能赢得社会的支持和信赖,提高企业的知名度和市场竞争力。

(4) 文明施工有利于员工的身心健康,有利于培养和提高施工队伍的整体素质。文明施工可以提高职工队伍的文化、技术和思想素质,培养尊重科学、遵守纪律、团结协作的大生产意识，促进企业精神文明建设。从而还可以促进施工队伍整体素质的提高。

### 3.6.1.3 现场环境保护的意义

(1) 保护和改善施工环境是保证人们身体健康和社会文明的需要。采取专项措施防止粉尘、噪声和水源污染，保护好作业现场及其周围的环境是保证职工和相关人员身体健康、体现社会总体文明的一项利国利民的重要工作。

(2) 保护和改善施工现场环境是消除对外部干扰保证施工顺利进行的需要。随着人们的法制观念和自我保护意识的增强，尤其对距离当地居民或距离公路等较近的项目中，施工扰民和影响交通的问题反映比较突出，项目部应针对具体情况及时采取防治措施，减少对环境的污染和对他人的干扰，也是施工生产顺利进行的基本条件。

(3) 保护和改善施工环境是现代化大生产的客观要求。现代化施工广泛应用新设备、新技术、新的生产工艺，对环境质量要求很高，如果粉尘、振动超标就可能损坏设备、影响功能发挥，使设备难以发挥作用。

(4) 节约能源、保护人类生存环境是保证社会和企业可持续发展的需要。人类社会即将面临环境污染和能源危机的挑战。为了保护子孙后代赖以生存的环境条件，每个公民和企业都有责任和义务来保护环境。良好的环境和生存条件，也是企业发展的基础和动力。

## 3.6.2 文明施工的组织与管理

### 3.6.2.1 组织和制度管理

(1) 施工现场应成立以项目经理为第一责任人的文明施工管理组织。分包单位应服从总包单位的文明施工管理组织的统一管理，并接受监督检查。

(2) 各项施工现场管理制度应有文明施工的规定。包括个人岗位责任制、经济责任制、安全检查制度、持证上岗制度、奖惩制度、竞赛制度和各项专业管理制度等。

(3) 加强和落实现场文明检查、考核及奖惩管理，以促进施工文明管理工作提高。检查范围和内容应全面周到，包括生产区、生活区、场容场貌、环境文明及制度落实等内容。检查发现的问题应采取整改措施。

### 3.6.2.2 建立收集文明施工的资料及其保存的措施

(1) 上级关于文明施工的标准、规定、法律法规等资料。

(2) 施工组织设计（方案）中对文明施工的管理规定各阶段施工现场文明施工的措施。

(3) 文明施工自检资料。

(4) 文明施工教育、培训、考核计划的资料。

(5) 文明施工活动各项记录资料。

### 3.6.2.3 加强文明施工的宣传和教育

(1) 在坚持岗位练兵基础上，要采取走出去、请进来、短期培训、上技术课、登黑板报、广播、看录像、看电视等方法狠抓教育工作。

(2) 要特别注意对临时工的岗前教育。

(3) 专业管理人员应熟悉掌握文明施工的规定。

### 3.6.3 文明施工与环境保护的基本要求

（1）施工现场必须设置明显的标牌，标明工程项目名称、概况、建设单位、设计单位、施工单位、项目经理和施工现场总代表人的姓名、开、竣工日期、施工许可证批准文号等。施工单位负责施工现场标牌的保护工作。

（2）施工现场的管理人员在施工现场应当佩戴证明其身份的证卡。

（3）应当按照施工总平面布置图设置各项临时设施。现场堆放的大宗材料、成品、半成品和机具设备不得侵占场内道路及安全防护等设施。

（4）施工现场的用电线路、用电设施的安装和使用必须符合安装规范和安全操作规程，并按照施工组织设计进行架设，严禁任意拉线接电。施工现场必须设有保证施工安全要求的夜间照明；危险潮湿场所的照明以及手持照明灯具，必须采用符合安全要求的电压。

（5）施工机械应当按照施工总平面布置图规定的位置和线路设置，不得任意侵占场内道路。施工机械进场须经过安全检查，经检查合格的方能使用。施工机械操作人员必须建立机组责任制，并依照有关规定持证上岗，禁止无证人员操作。

（6）应保证施工现场道路畅通，排水系统处于良好的使用状态；保持场容场貌的整洁，随时清理建筑垃圾。在车辆、行人通行的地方施工，应当设置施工标志，并对沟井坎穴进行覆盖和铺垫。

（7）施工现场的各种安全设施和劳动保护器具，必须定期进行检查和维护，及时消除隐患，保证其安全有效。

（8）施工现场应当设置各类必要的职工生活设施，并符合卫生、通风、照明等要求。职工的膳食、饮水供应等应当符合卫生要求。

（9）应当做好施工现场安全保卫工作，采取必要的防盗措施，在现场周边设立围护设施。

（10）应当严格依照《中华人民共和国消防条例》的规定，在施工现场建立和执行防火管理制度，设置符合消防要求的消防设施，并保持完好的备用状态。在容易发生火灾的地区施工，或者储存、使用易燃易爆器材时，应当采取特殊的消防安全措施。

（11）施工现场发生工程建设重大事故的处理，依照《工程建设重大事故报告和调查程序规定》执行。

（12）对项目部所有人员应进行言行规范教育工作，大力提倡精神文明建设，严禁赌、毒、黄、打架、斗殴等行为的发生，用强有力的制度和频繁的检查教育，杜绝不良行为的出现，对经常外出的采购、财务、后勤等人员，应进行专门的用语和礼貌培训，增强交流和协调能力，预防因用语不当或不礼貌、无能力等原因发生争执和纠纷。

（13）大力提倡团结协作精神，鼓励内部工作经验交流和传帮学活动，专人负责并认真组织参建人员业余生活，订购健康文明的书刊，组织职工收看、收听健康活泼的音像节目，定期组织项目部进行友谊联欢和简单的体育比赛活动，丰富职工的业余生活。

（14）重要节假日项目部应安排专人负责采购生活物品，集体组织轻松活泼的宴会活动，并尽可能地提供条件让所有职工与家人进行短时间的通话交流，以稳定他们的心情；定期将职工在工地上的良好表现反馈给企业人事部门和职工家属，以激励他们的积极性。

要达到上述基本要求，主要是应防治施工现场的空气污染、水污染、噪声污染，同时，对原有的及新产生的固体废物进行必要的处理。

3.6.3.1 施工现场空气污染的防治

（1）施工现场垃圾渣土要及时清理出现场。

（2）上部结构清理施工垃圾时，要使用封闭式的容器或者采取其他措施处理高空废弃物，严禁凌空随意抛撒。

（3）施工现场道路应指定专人定期洒水清扫，形成制度，防止道路扬尘。

（4）对于细颗粒散体材料（如水泥、粉煤灰、白灰等）的运输、储存要注意遮盖、密封，防止和减少飞扬。

（5）车辆开出工地要做到不带泥砂，基本做到不撒土、不扬尘，减少对周围环境污染。

（6）除设有符合规定的装置外，禁止在施工现场焚烧油毡、橡胶、塑料、皮革、树叶、枯草、各种包装物等废弃物品以及其他会产生有毒、有害烟尘和恶臭气体的物质。

（7）机动车都要安装减少尾气排放的装置，确保符合国家标准。

（8）工地锅炉应尽量采用电热水器。若只能使用烧煤锅炉时，应选用消烟除尘型锅炉，大灶应选用消烟节能回风炉灶，使烟尘降至允许排放范围为止。

（9）在离村庄较近的工地应将搅拌站封闭严密，并在进料仓上方安装除尘装置，采用可靠措施控制工地粉尘污染。

（10）拆除旧建筑物时，应适当洒水，防止扬尘。

3.6.3.2 施工现场水污染的防治

（1）水污染物主要来源。

1）工业污染源：指各种工业废水向自然水体的排放。

2）生活污染源：主要有食物废渣、食油、粪便、合成洗涤剂、杀虫剂、病原微生物等。

3）农业污染源：主要有化肥、农药等。

施工现场废水和固体废物随水流流入水体部分，包括泥浆、水泥、油罐、各种油类，混凝土外加剂、重金属、酸碱盐、非金属无机毒物等。

（2）施工过程水污染的防治措施。

1）禁止将有毒有害废弃物作土方回填。

2）施工现场搅拌站废水，现制水磨石的污水，电石（碳化钙）的污水必须经沉淀池沉淀合格后再排放，最好将沉淀水用于工地洒水降尘或采取措施回收利用。

3）现场存放油料，必须对库房地面进行防渗处理。如采用防渗混凝土地面、铺油毡等措施。使用时，要采取防止油料跑、冒、滴、漏的措施，以免污染水体。

4）施工现场100人以上的临时食堂，污水排放时可设置简易有效的隔油池，定期清理，防止污染。

5）工地临时厕所、化粪池应采取防渗漏措施。在中心城市或靠近中心城市施工现场的临时厕所可应采用水冲式厕所，并有防蝇、灭蛆措施，防止污染水体和环境。

6）工程中使用的化学用品、外加剂等要妥善保管，库内存放，防止污染环境。

### 3.6.3.3  施工现场的噪声控制

（1）施工现场噪声的控制措施。

噪声控制技术可从声源、传播途径、接收者防护等方面来考虑。

1）声源控制。从声源上降低噪声，这是防止噪声污染的最根本措施。

①尽量采用低噪声设备和工艺代替高噪声设备与加工工艺，如低噪声振捣器、风机、电动空压机、电锯等。

②在声源处安装消声器消声，即在通风机、鼓风机、压缩机、燃气机、内燃机及各类排气放空装置等进出风管的适当位置设置消声器。

2）传播途径的控制。在传播途径上控制噪声方法主要有以下几种：

①吸声：利用吸声材料（大多由多孔材料制成）或由吸声结构形成的共振结构（金属或木质薄板钻孔制成的空腔体）吸收声能，降低噪声。

②隔声：应用隔声结构，阻碍噪声向空间传播，将接收者与噪声声源分隔。隔声结构包括隔声室、隔声罩、隔声屏障、隔声墙等。

③消声：利用消声器阻止传播。允许气流通过的消声降噪是防治空气动力性噪声的主要装置。如对空气压缩机、内燃机产生的噪声等。

④减振降噪：对来自振动引起的噪声，通过降低机械振动减小噪声，如将阻尼材料涂在振动源上，或改变振动源与其他刚性结构的连接方式等。

3）接收者的防护。让处于噪声环境下的人员使用耳塞、耳罩等防护用品，减少相关人员在噪声环境中的暴露时间，以减轻噪声对人体的危害。

4）严格控制人为噪声。进入施工现场不得高声喊叫、无故甩打模板、乱吹哨，限制高音喇叭的使用，最大限度地减少噪声扰民。

5）控制强噪声作业的时间。凡在人口稠密区进行强噪声作业时，须严格控制作业时间，一般晚 10 点到次日早 6 点之间停止强噪声作业。确系特殊情况必须昼夜施工时，尽量采取降低噪声措施，并会同建设单位找当地居委会、村委会或当地居民协调，出安民告示，求得群众谅解。

（2）施工现场噪声的限值。

根据国家标准《建筑施工场界噪声限值》（GB 12523—2011）的要求，对不同施工作业的噪声限值要求作了规定。在距离村庄较近的工程施工中，要特别注意尽量不得超过国家标准的限值，尤其是夜间作业时。

### 3.6.3.4  固体废物的处理

（1）建筑工地上常见的固体废物：

1）建筑渣土：包括砖瓦、碎石、渣土、混凝土碎块、废钢铁、废屑、废弃材料等。

2）废弃的建筑材料如袋装水泥、石灰等。

3）生活垃圾：包括炊厨废物、丢弃食品、废纸、生活用具、碎玻璃、陶瓷碎片、废电池、废旧日用品、废塑料制品、煤灰渣、废交通工具等。

4）设备、材料等的废弃包装材料。

5）粪便。

（2）固体废物的处理和处置：

1）回收利用：回收利用是对固体废物进行资源化，减量化的重要手段之一。对建筑渣土可视其情况加以利用。废钢可按需要用做金属原材料。对废电池等废弃物应分散回收，集中处理。

2）减量化处理：减量化是对已经产生的固体废物进行分选、破碎、压实浓缩、脱水等减少其最终处置量，减低处理成本，减少对环境的污染。在减量化处理的过程中，也包括和其他处理技术相关的工艺方法，如焚烧、热解、堆肥等。

3）焚烧技术：焚烧用于不适合再利用且不宜直接予以填埋处置的废物，尤其是对于受到病菌、病毒污染的物品，可以用焚烧进行无害化处理。焚烧处理应使用符合环境要求的处理装置，注意避免对大气的二次污染。

4）稳定和固化技术：利用水泥、沥青等胶结材料，将松散的废物包裹起来，减小废物的毒性和可迁移，使其污染减少。

5）填埋：填埋是固体废物处理的最终技术，经过无害化、减量化处理的废物残渣集中到填埋场进行处置。填埋场应利用天然或人工屏障。尽量使需处置的废物与周围的生态环境隔离，并注意废物的稳定性和长期安全性。

# 3.7　造价管理

要了解水利工程造价管理，首先必须了解水利工程的分类及项目组成。

## 3.7.1　水利工程分类

水利工程按工程性质划分为两大类：枢纽工程和引水工程及河道工程。其中，枢纽工程又分为水库、水电站和其他大型水利建筑物；引水工程及河道工程又分为供水工程、灌溉工程、河湖整治工程和堤防工程。

## 3.7.2　水利工程部分项目组成

常规的水利工程项目一般由五部分组成：建筑工程、机电设备及安装工程、金属结构设备及安装工程、施工临时工程、独立费用。

### 3.7.2.1　建筑工程

1. 枢纽工程

建筑工程部分的枢纽工程是指水利枢纽建筑物（含引水工程中的水源工程）和其他大型独立建筑物，主要包括挡水工程、泄洪工程、引水工程、发电厂工程、升压变电站工程、航运工程、鱼道工程、交通工程、房屋建筑工程和其他建筑工程。其中，挡水工程等前七项为主体建筑工程。

（1）挡水工程。包括：挡水的各类坝（闸）工程。

（2）泄洪工程。包括：溢洪道、泄洪洞、冲砂孔（洞）、放空洞等工程。

（3）引水工程。包括：发电引水明渠、进水口、隧洞、调压井、高压管道等工程。

（4）发电厂工程。包括：地面、地下各类发电厂工程。

（5）升压变电站工程。包括：升压变电站、开关站等工程。

（6）航运工程。包括：上下游引航道、船闸、升船机等工程。

（7）鱼道工程。根据枢纽建筑物布置情况，可独立列项。与拦河坝相结合的，也可作为拦河坝工程的组成部分。

（8）交通工程。包括：上坝、进厂、对外、防汛等场内外永久公路、桥涵、铁路、码头等交通工程。

（9）房屋建筑工程。包括：为生产运行服务的永久性辅助生产建筑、仓库、办公、生活及文化福利等房屋建筑和室外工程。

（10）其他建筑工程。包括：内外部观测和自动化工程；动力线路（厂坝区），照明线路，通信线路，厂坝区及生活区供水、供气、供热、排水等公用设施工程；厂坝区环境建设工程，水情自动测报工程及其他。

2. 引水工程及河道工程

建筑工程部分的引水工程及河道工程是指供水、灌溉、河湖整治、堤防修建与加固工程，主要包括供水、灌溉渠（管）道、河湖整治与堤防工程，建筑物工程（水源工程除外）、交通工程、房屋建筑工程、供电设施工程和其他建筑工程。

（1）供水、灌溉渠（管）道、河湖整治与堤防工程。包括：渠（管）道工程、清淤疏浚工程、堤防修建与加固工程等。

（2）建筑物工程。包括：泵站、水闸、隧洞、渡槽、倒虹吸、跌水、小水电站、排水沟（涵）、调蓄水库工程等。

（3）交通工程。包括：永久性公路、铁路、桥梁、码头工程等。

（4）房屋建筑工程。包括：为生产运行服务的永久性辅助生产建筑、仓库、办公、生活及文化福利等房屋建筑工程和室外工程。

（5）供电设施工程。包括：为工程生产运行供电需要架设的输电线路及变配电设施工程。

（6）其他建筑工程。包括：内外部观测工程；照明线路，通信线路，厂坝（闸、泵站）区及生活区供水、供热、排水等公用设施工程；工程沿线或建筑物周围环境建设工程；水情自动测报工程及其他。

3.7.2.2　机电设备及安装工程

1. 枢纽工程

机电设备及安装工程的枢纽工程是指构成枢纽工程固定资产的全部机电设备及安装工程。本部分主要由发电设备及安装工程、升压变电设备及安装工程和公用设备及安装工程三项组成。

（1）发电设备及安装工程。包括：水轮机、发电机、主阀、起重机、水力机械辅助设备、电气设备等设备及安装工程。

（2）升压变电设备及安装工程。包括：主变压器、高压电气设备、一次拉线等设备及安装工程。

（3）公用设备及安装工程。包括：通讯设备，通风采暖设备，机修设备，计算机监控系统，管理自动化系统，全厂接地及保护网，电梯，坝区馈电设备，厂坝区及生活区供水、排水、供热设备，水文、泥沙监测设备，水情自动测报系统设备，外部观测设备，消防设备，交通设备等设备及安装工程。

2. 引水工程及河道工程

机电设备及安装工程的引水工程及河道工程指构成该工程固定资产的全部机电设备及安装工程。本部分一般由泵站设备及安装工程、小水电站设备及安装工程、供变电工程和公用设备及安装工程等四项组成。

（1）泵站设备及安装工程。包括：水泵、电动机、主阀、起重设备、水力机械辅助设备、电气设备等设备及安装工程。

（2）小水电站设备及安装工程。其组成内容可参照枢纽工程的发电设备及安装工程和升压变电设备及安装工程。

（3）供变电工程。包括：供电、变配电设备及安装工程。

（4）公用设备及安装工程。包括：通讯设备，通风采暖设备，机修设备，计算机监控系统，管理自动化系统，全厂接地及保护网，坝（闸、泵站）区馈电设备，厂坝（闸、泵站）区供水、排水、供热设备，水文、泥沙监测设备，水情自动测报系统设备，外部观测设备，消防设备，交通设备等设备及安装工程。

3.7.2.3 金属结构设备及安装工程

金属结构设备及安装工程是指构成枢纽工程和其他水利工程固定资产的全部金属结构设备及安装工程。主要包括闸门、启闭机、拦污栅、升船机等设备及安装工程，压力钢管制作及安装工程和其他金属结构设备及安装工程。

金属结构设备及安装工程项目要与建筑工程项目相对应。

3.7.2.4 施工临时工程

施工临时工程是指为辅助主体工程施工所必须修建的生产和生活用临时性工程。本部分组成内容如下：

（1）导流工程。包括：导流明（暗）渠、导流洞、施工围堰、截流工程、蓄水期下游断流补偿设施、金属结构设备及安装工程等。

（2）场内外交通工程。包括：施工现场内外为工程建设服务的临时交通工程，如公路、铁路、桥梁、施工支洞、码头、转运站等。

（3）施工场外供电工程或自备供电系统。包括：从现有电网向施工现场供电的高压输电线路和施工变（配）电设施（场内除外）工程、施工单位自备供电设备系统等。

（4）施工房屋建（租）工程。指工程在建设实施过程中施工单位自行建造或租赁的临时房屋，包括：施工仓库、办公及生活、文化福利建筑及所需的配套设施工程。

（5）其他施工临时工程。指除施工导流、场内外交通、施工供电、施工房屋建（租）以外的其他为工程施工必须配置的施工临时工程，包括：施工供水（大型泵房及干管）、砂石料系统、混凝土拌和浇筑系统、大型机械安装拆卸、防汛、防冰、施工排水、施工通信、施工临时支护设施（含隧洞临时钢支撑）等工程。

3.7.2.5 独立费用

独立费用主要由建设管理费、生产准备费、科研勘测设计费、建设及施工场地征用费和其他等五项组成。

(1) 建设管理费。包括：项目建设管理费、工程建设监理费和联合试运转费。

(2) 生产准备费。包括：生产及管理单位提前进厂费、生产职工培训费、管理用具购置费、备品备件购置费、工器具及生产家具购置费。

(3) 科研勘测设计费。包括：工程科学研究试验费和工程勘测设计费。

(4) 建设及施工场地征用费。包括：永久和临时征地所发生的费用。

(5) 其他。包括：定额编制管理费、工程质量监督费、工程保险费、其他税费。

### 3.7.3 水利工程费用项目构成

#### 3.7.3.1 费用组成

水利工程费用组成内容如下：

$$
\text{建设项目费用}
\begin{cases}
\text{工程费}
\begin{cases}
\text{建筑及安装工程费} \\
\text{设备费用}
\end{cases} \\
\text{独立费用} \\
\text{预备费} \\
\text{建设期融资利息}
\end{cases}
$$

**1. 建筑及安装工程费**

建筑及安装工程费由直接工程费、间接费、企业利润和税金四大部分组成。其中，直接工程费包括直接费、其他直接费、现场经费；间接费包括企业管理费、财务费用、其他费用；企业利润指企业通过实施项目获得的收益；税金包括营业税、城市维护建设税、教育费附加。

**2. 设备费**

设备费由设备原价、运杂费、运输保险费、采购费及仓储保管费等组成。

**3. 独立费用**

独立费用由建设管理费、生产准备费、科研勘测设计费、建设及施工场地征用费和其他组成。其中，建设管理费包括项目建设管理费、工程建设监理费、联合试运转费，生产准备费包括生产及管理单位提前进厂费、生产职工培训费、管理用具购置费、备品备件购置费、工器具及生产家具购置费，科研勘测设计费包括工程科学研究试验费、工程勘测设计费；其他包括定额编制管理费、工程质量监督费、工程保险费、其他税费。

**4. 预备费**

预备费由基本预备费和价差预备费组成。

#### 3.7.3.2 建筑及安装工程费

建筑及安装工程费由直接工程费、间接费、企业利润和税金组成。

**1. 直接工程费**

直接工程费指建筑安装工程施工过程中直接消耗在工程项目上的活劳动和物化劳动。由直接费、其他直接费和现场经费组成。

(1) 直接费。包括人工费、材料费、施工机械使用费。

1) 人工费。人工费指直接从事建筑安装工程施工的生产工人开支的各项费用，内容包括：

①基本工资。由岗位工资和年功工资以及年应工作天数内非作业天数的工资组成。岗位工资指按照职工所在岗位各项劳动要素测评结果确定的工资。

年功工资指按照职工工作年限确定的工资，随工作年限增加而逐年累加。

生产工人年应工作天数以内非作业天数的工资包括职工开会学习、培训期间的工资，调动工作、探亲、休假期间的工资，因气候影响的停工工资，女工哺乳期间的工资，病假在6个月以内的工资及产、婚、丧假期的工资。

②辅助工资。指在基本工资之外，以其他形式支付给职工的工资性收入，包括根据国家有关规定属于工资性质的各种津贴，主要包括地区津贴、施工津贴、夜餐津贴、节日加班津贴等。

③工资附加费。指按照国家规定提取的职工福利基金、工会经费、养老保险费、医疗保险费、工伤保险费、职工失业保险基金和住房公积金。

2）材料费。材料费指用于建筑安装工程项目上的消耗性材料、装置性材料和周转性材料的摊销费，包括定额工作内容规定应计入的未计价材料和计价材料。

材料预算价格一般包括材料原价、包装费、运杂费、运输保险费和采购及保管费五项。

①材料原价。指材料指定交货地点的价格。

②包装费。指材料在运输和保管过程中的包装费和包装材料的折旧摊销费。

③运杂费。指材料从指定交货地点至工地仓库或相当于工地仓库（材料堆放场）所发生的全部费用，包括运输费、装卸费、调车费及其他杂费。

④运输保险费。指材料在运输途中的保险费。

⑤采购及仓储保管费。指材料在采购、供应和现场保管过程中所发生的各项费用。主要包括材料的采购、供应和保管部门工作人员的基本工资、辅助工资、工资附加费、教育经费、办公费、差旅交通费及工具用具使用费；仓库、转运站等设施的检修费、固定资产折旧费、技术安全措施费和材料检验费；材料在运输、保管过程中发生的损耗等。

3）施工机械使用费。指消耗在建筑安装工程项目上的机械磨损、维修和动力燃料费用等，包括折旧费、修理及替换设备费、安装拆卸费、机上人工费和动力燃料费等。

①折旧费。指施工机械在规定使用年限内回收原值的机器时折旧摊销费。

②修理及替换设备费。修理费指施工机械使用过程中，为了使机械保持正常功能而进行修理所需的摊销费和机械正常运转及日常保养所需的润滑油料、擦拭用品的费用，以及保管机械所需的费用。替换设备费指施工机械正常运转时所耗用的替换设备及随机使用的工具附具等摊销费。

③安装拆卸费。指施工机械进出工地的安装、拆卸、试运转和场内转移及辅助设施的摊销费。部分大型施工机械的安装拆卸费不在其施工机械使用费中计列，包含在其他施工临时工程中。

④机上人工费。指施工机械使用时机上操作人员人工费用。

⑤动力燃料费。指施工机械正常运转时所耗用的风、水、电、油和煤等费用。

（2）其他直接费。包括：冬雨季施工增加费、夜间施工增加费、特殊地区施工增加费和其他。

1）冬雨季施工增加费。指在冬雨季施工期间为保证工程质量和安全生产所需增加的费用，包括增加施工工序，增设防雨、保温、排水等设施增耗的动力、燃料、材料以及因人工、机械效率降低而增加的费用。

2）夜间施工增加费。指施工场地和公用施工道路的照明费用。

3）特殊地区施工增加费。指在高海拔和原始森林等特殊地区施工而增加的费用。

4）其他。包括：施工工具用具使用费、检验试验费、工程定位复测费、工程点交费、竣工场地清理费、工程项目及设备仪表移交生产前的维护观察费等。其中，施工工具用具使用费指施工生产所需，但不属于固定资产的生产工具，检验、试验用具等的购置、摊销和维护费。检验试验费指对建筑材料、构件和建筑安装物进行一般鉴定、检查所发生的费用，包括自设实验室所耗用材料和化学药品费用，以及技术革新和研究试验费，不包括新结构、新材料的试验费和建设单位要求对具有出厂合格证明的材料进行试验、对构件进行破坏性试验，以及其他特殊要求检验试验的费用。

（3）现场经费。包括：临时设施费和现场管理费。

1）临时设施费。指施工企业为进行建筑安装工程施工所必需的但又未被划入施工临时工程的临时建筑物、构筑物和各种临时设施的建设、维修、拆除、摊销等费用。如供风、供水（支线）、供电（场内）、夜间照明、供热系统及通信支线，土石料场，简易砂石料加工系统，小型混凝土拌和浇筑系统，木工、钢筋、机修等辅助加工厂，混凝土预制构件厂，场内施工排水，场地平整、道路养护及其他小型临时设施。

2）现场管理费。

①现场管理人员的基本工资、辅助工资、工资附加费和劳动保护费。

②办公费。指现场办公用具、印刷、邮电、书报、会议、水、电、烧水和集体取暖（包括现场临时宿舍取暖）用燃料等费用。

③差旅交通费。指现场职工因公出差期间的差旅费、误餐补助费，职工探亲路费，劳动力招募费，职工离退休、退职一次性路费，工伤人员就医路费，工地转移费以及现场职工使用的交通工具、运行费、养路费及牌照费。

④固定资产使用费。指现场管理使用的属于固定资产的设备、仪器等的折旧、大修理、维修费或租赁费等。

⑤工具用具使用费。指现场管理使用的不属于固定资产的工具、器具、家具、交通工具和检验、试验、测绘、消防用具等的购置费、维修费和摊销费。

⑥保险费。指施工管理用财产、车辆保险费，高空、井下、洞内、水下、水上作业特殊工种安全保险费等。

⑦其他费用。

2. 间接费

间接费指施工企业为建筑安装工程施工而进行组织与经营管理所发生的各项费用。它构成产品的成本，由企业管理费、财务费用和其他费用组成。

（1）企业管理费。指施工企业为组织施工生产经营活动所发生的费用。其内容包括：

1）管理人员基本工资、辅助工资、工资附加费和劳动保护费。

2）差旅交通费。包括：施工企业管理人员因公出差、工作调动的差旅费、误餐补助费，职工探亲路费，劳动力招募费，离退休职工一次性路费及交通工具油料、燃料、牌照、养路费等。

3）办公费。包括：指企业办公用具、印刷、邮电、书报、会议、水电、燃煤（气）等费用。

4）固定资产折旧、修理费。包括：企业属于固定资产的房屋、设备、仪器等折旧及维修等费用。

5）工具用具使用费。包括：企业管理使用不属于固定资产的工具、用具、家具、交通工具、检验、试验、消防等的摊销费及维修费用。

6）职工教育经费。包括：企业为职工学习先进技术和提高文化水平按职工工资总额计提的费用。

7）劳动保护费。包括：企业按照国家有关部门规定标准发放给职工的劳动保护用品的购置费、修理费、保健费、防暑降温费、高空作业及进洞津贴、技术安全措施费以及洗澡用水、饮用水的燃料费等。

8）保险费。包括：企业财产保险、管理用车辆等保险费用。

9）税金。包括：企业按规定缴纳的房产税、管理用车辆使用税、印花税等。

10）其他。包括：技术转让费、设计收费标准中未包括的应由施工企业承担的部分施工辅助工程设计费、投标报价费、工程图纸资料费及工程摄影费、技术开发费、业务招待费、绿化费、公证费、法律顾问费、审计费、咨询费等。

（2）财务费用。指施工企业为筹集资金而发生的各项费用，包括企业经营期间发生的短期融资利息净支出、汇兑净损失、金融机构手续费，企业筹集资金发生的其他财务费用，以及投标和承包工程发生的保函手续费等。

（3）其他费用。指企业定额测定费及施工企业进退场补贴费。

3. 企业利润

企业利润指按规定应计入建筑、安装工程费用中的利润。

4. 税金

税金指国家对施工企业承担建筑、安装工程作业收入所征收的营业税、城市维护建设税和教育费附加。

### 3.7.3.3 设备费

设备费包括：设备原价、运杂费、运输保险费和采购及仓储保管费。

1. 设备原价

（1）国产设备，其原价指出厂价。

（2）进口设备，以到岸价和进口征收的税金、手续费、商检费及港口费等各项费用之和为原价。

（3）大型机组分别运至工地后的拼装费用，应包括在设备原价内。

2. 运杂费

运杂费指设备由厂家运至工地安装现场所发生的一切运杂费用，包括运输费、调车费、装卸费、包装绑扎费、大型变压器充氮费及可能发生的其他杂费。

3. 运输保险费

运输保险费指设备在运输过程中的保险费用。

4. 采购及保管费

采购及保管费指建设单位和施工企业在负责设备的采购、保管过程中发生的各项费用。主要包括：

（1）采购保管部门工作人员的基本工资、辅助工资、工资附加费、劳动保护费、教育经费、办公费、差旅交通费、工具用具使用费等。

（2）仓库、转运站等设施的运行费、维修费、固定资产折旧费、技术安全措施费和设备的检验、试验费等。

3.7.3.4  独立费用

独立费用由建设管理费、生产准备费、科研勘测设计费、建设及施工场地征用费和其他等五项组成。

1. 建设管理费

建设管理费指建设单位在工程项目筹建和建设期间进行管理工作所需的费用。包括项目建设管理费、工程建设监理费和联合试运转费。

（1）项目建设管理费。包括建设单位开办费和建设单位经常费。

1）建设单位开办费。指新组建的工程建设单位，为开展工作所必须购置的办公及生活设施、交通工具等，以及其他用于开办工作的费用。

2）建设单位经常费。包括建设单位人员经常费和工程管理经常费。

建设单位人员经常费。指建设单位从批准组建之日至完成该工程建设管理任务之日，需开支的经常费用。其主要包括工作人员的基本工资、辅助工资、工资附加费、劳动保护费、教育经费、办公费、差旅交通费、会议费、交通车辆使用费、技术图书资料费、固定资产折旧费、零星固定资产购置费、低值易耗品摊销费、工具用具使用费、修理费、水电费、采暖费等。

工程管理经常费。指建设单位从筹建到竣工期间所发生的各种管理费用。其包括该工程建设过程中用于资金筹措、召开董事（股东）会议、视察工程建设所发生的会议和差旅等费用；建设单位为解决工程建设涉及的技术、经济、法律等问题需要进行咨询所发生的费用；建设单位进行项目管理所发生的土地使用税、房产税、合同公证费、审计费、招标业务费等；施工期所需的水情、水文、泥沙、气象监测费和报汛费；工程验收费和由主管部门主持对工程设计进行审查、对安全进行鉴定等费用；在工程建设过程中，必须派驻工地的公安、消防部门的补贴费以及其他属于工程管理性质开支的费用。

（2）工程建设监理费。指在工程建设过程中聘任监理单位，对工程的质量、进度、安全和投资进行监理所发生的全部费用。其包括监理单位为保证监理工作正常开展而必须购置的交通工具、办公及生活设备、检验试验设备以及监理人员的基本工资、辅助工资、工资附加费、劳动保护费、教育经费、办公费、差旅交通费、会议费、技术图书资料费、固定资产折旧费、零星固定资产购置费、低值易耗品摊销费、工具用具使用费、修理费、水电费、采暖费等。

（3）联合试运转费。指水利工程的发电机组、水泵等安装完毕，在竣工验收前，进行整套设备带负荷联合试运转期间所需的各项费用。其主要包括联合试运转期间所消耗燃料、动力、材料及机构使用费，工具用具购置费，施工单位参加联合试运转人员的工资等。

2. 生产准备费

生产准备费指水利建设项目的生产、管理单位为准备正常的生产运行或管理发生的费用。其包括生产及管理单位提前进厂费、生产职工培训费、管理用具购置费、备品备件购置费和工器具及生产家具购置费。

(1) 生产及管理单位提前进厂费。指在工程完工之前，生产、管理单位有一部分工人、技术人员和管理人员提前进厂进行生产筹备工作所需的各项费用。其内容包括提前进厂人员的基本工资、辅助工资、工资附加费、劳动保护费、教育经费、办公费、差旅交通费、会议费、技术图书资料费、零星固定资产购置费、低值易耗品摊销费、工具用具使用费、修理费、水电费、采暖费等，以及其他属于生产筹备建设期间应开支的费用。

(2) 生产职工培训费。指工程在竣工验收之前，生产及管理单位为保证生产、管理工作能顺利进行，需对工人、技术人员和管理人员进行培训所发生的费用。内容包括基本工资、辅助工资、工资附加费、劳动保护费、差旅交通费、实习费，以及其他属于职工培训应开支的费用。

(3) 管理用具购置费。指为保证新建项目的正常生产和管理所必须购置的办公和生活用具等费用。其内容包括办公室、会议室、资料档案室、阅览室、文娱室、医务室等公用设施需家配置的家具器具。

(4) 备品备件购置费。指工程在投产运行初期，由于易损件损耗和可能发生的事故，而必须配备的备品备件和专用材料的购置费，不包括设备价格中配备的备品备件。

(5) 工器具及生产家具购置费。指按设计规定，为保证初期生产正常运行所必须购置的不属于固定资产标准的生产工具、器具、仪表、生产家具等的购置费，不包括设备价格中已包括的专用工具。

3. 科研勘测设计费

科研勘测设计费指为工程建设所需的科研、勘测和设计等费用。包括：工程科学研究试验费和工程勘测设计费。

(1) 工程科学研究试验费。指在工程建设过程中，为解决工程技术问题，而进行必要的科学研究试验所需的费用。

(2) 工程勘测设计费。指工程从项目建设书开始至以后各设计阶段发生的勘测费、设计费。

4. 建设及施工场地征用费

建设及施工场地征用费指根据设计确定的永久、临时工程征地和管理单位用地所发生的征地补偿费用应缴纳的耕地占用税等，主要包括征用场地上的林木、作物的赔偿，建筑物迁建及居民迁移费等。

5. 其他

(1) 定额编制管理费。指为水利工程定额的测定、编制、管理等所需的费用。该项费用交由定额管理机构安排使用。

(2) 工程质量监督费。指为保证工程质量而进行的检测、监督、检查工作等费用。

(3) 工程保险费。指工程建设期间，为使工程能在遭受水灾、火灾等自然灾害和意外事故造成损失后得到经济补偿，而对建设安装工程保险所发生的保险费用。

（4）其他税费。指按国家规定应缴纳的与工程建设有关的税费。

3.7.3.5　预备费及建设期融资利息

1. 预备费

（1）基本预备费。主要指为解决在工程施工过程中，经上级批准的设计变更和国家政策性变动的投资及为解决意外事故而采取的措施所增加的工程项目和费用。

（2）价差预备费。主要指为解决在工程项目建设过程中，因人工工资、材料和设备价格上涨以及费用标准调整而增加的投资。

2. 建设期融资利息

建设期融资利息指根据国家财政金融政策规定，工程在建设期内需偿还并应计入工程投资的融资利息。

## 3.7.4　施工成本控制及施工成本分析方法

3.7.4.1　施工成本控制的依据

1. 工程承包合同

施工成本控制要以工程承包合同为依据，围绕降低工程成本这个目标，从预算收入和实际成本两方面，努力挖掘增收节支潜力，以求获得最大的经济效益。

2. 施工成本计划

施工成本计划是根据施工项目的具体情况制订的施工成本控制方案，既包括预定的具体成本控制目标，又包括实现控制目标的措施和规划，是施工成本控制的指导文件。

3. 进度报告

进度报告提供了每一时刻工程实际完成量，工程施工成本实际支付情况等重要信息。施工成本控制工作正是通过实际情况与施工成本计划相比较，找出二者之间的差别，分析偏差产生的原因，从而采取措施改进以后的工作。此外，进度报告还有助于管理者及时发现工程实施中存在的问题，并在事态还未造成重大损失之前采取有效措施，尽量避免损失。

4. 工程变更

在项目的实施过程中，由于各方面的原因，工程变更是很难避免的。工程变更一般包括设计变更、进度计划变更、施工条件变更、技术规范与标准变更、施工次序变更、工程数量变更等。一旦出现变更，工程量、工期、成本都必将发生变化，从而使得施工成本控制工作变得更加复杂和困难。因此，施工成本管理人员就应当通过对变更要求当中各类数据的计算、分析，随时掌握变更情况，包括已发生工程量、将要发生工程量、工期是否拖延、支付情况等重要信息，判断变更以及变更可能带来的索赔额度等。

除上述几种施工成本控制工作的主要依据外，有关施工组织设计、分包合同等也都是施工成本控制的依据。

3.7.4.2　施工成本控制的步骤

在确定了施工成本计划之后，必须定期地进行施工成本计划值与实际值的比较，当实际值偏离计划值时，分析产生偏差的原因，采取适当的纠偏措施，以确保施工成本控制目标的实现。其步骤如下。

1. 比较

按照某种确定的方式将施工成本计划值与实际值逐项进行比较，以发现施工成本是否已超支。

2. 分析

在比较的基础上，对比较的结果进行分析，以确定偏差的严重性及偏差产生的原因。这一步是施工成本控制工作的核心，其主要目的在于找出产生偏差的原因，从而采取有针对性的措施，减少或避免相同原因的再次发生或减少由此造成的损失。

3. 预测

按照完成情况估计完成项目所需的总费用。

4. 纠偏

当工程项目的实际施工成本出现了偏差，应当根据工程的具体情况、偏差分析和预测的结果，采取适当的措施，以期达到使施工成本偏差尽可能小的目的。纠偏是施工成本控制中最具实质性的一步。只有通过纠偏，才能最终达到有效控制施工成本的目的。

对偏差原因进行分析的目的是有针对性地采取纠偏措施，从而实现成本的动态控制和主动控制。纠偏首先要确定纠偏的主要对象，偏差原因有些是无法避免和控制的，如客观原因，充其量只能对其中少数原因做到防患于未然，力求减少该原因所产生的经济损失。在确定了纠偏的主要对象之后，就需要采取有针对性的纠偏措施。纠偏可采用组织措施、经济措施、技术措施和合同措施等。

5. 检查

对工程的进展进行跟踪和检查，及时了解工程进展状况以及纠偏措施的执行情况和效果，为今后的工作积累经验。

3.7.4.3 施工成本控制的方法

施工阶段是控制建设工程项目成本发生的主要阶段，它通过确定成本目标并按计划成本进行施工资源配置，对施工现场发生的各种成本费用进行有效控制，其具体的控制方法如下。

1. 人工费的控制

人工费的控制实行"量价分离"的方法，将作业用工及零星用工按定额工日的一定比例综合确定用工数量与单价，通过劳务合同进行控制。

2. 材料费的控制

材料费的控制同样按照"量价分离"原则，控制材料用量和材料价格。

（1）材料用量的控制。在保证符合设计要求和质量标准的前提下，合理使用材料，通过定额管理、计量管理等手段有效控制材料物资的消耗，具体方法如下：

1）定额控制。对于有消耗定额的材料，以消耗定额为依据，实行限额发料制度。在规定限额内分期分批领用，超过限额领用的材料，必须先查明原因，经过一定审批手续方可领料。

2）指标控制。对于没有消耗定额的材料，则实行计划管理和按指标控制的办法。

根据以往项目的实际耗用情况，结合具体施工项目的内容和要求，制订领用材料指标，据以控制发料。超过指标的材料，必须经过一定的审批手续方可领用。

3）计量控制。准确做好材料物资的收发计量检查和投料计量检查。

4）包干控制。在材料使用过程中，对部分小型及零星材料（如钢钉、钢丝等）根据工程量计算出所需材料量，将其折算成费用，由作业者包干控制。

（2）材料价格的控制。材料价格主要由材料采购部门控制。由于材料价格是由买价、运杂费、运输中的合理损耗等所组成的，因此主要是通过掌握市场信息，应用招标和询价等方式控制材料、设备的采购价格。

施工项目的材料物资包括构成工程实体的主要材料和结构件，以及有助于工程实体形成的周转使用材料和低值易耗品。从价值角度看，材料物资的价值占建筑安装工程造价的 60%～70%，其重要程度自然是不言而喻。由于材料物资的供应渠道和管理方式各不相同，所以控制的内容和所采取的控制方法也有所不同。

**3. 施工机械使用费的控制**

合理选择施工机械设备，合理使用施工机械设备对成本控制具有十分重要的意义，尤其是高层建筑施工，据某些工程实例统计，高层建筑地面以上部分的总费用中，垂直运输机械费用占 6%～10%。由于不同的起重运输机械各有不同的用途和特点，因此在选择起重运输机械时，首先应根据工程特点和施工条件确定采取何种不同起重运输机械的组合方式。在确定采用何种组合方式时，首先应满足施工需要，同时要考虑到费用的高低和综合经济效益。

施工机械使用费主要由台班数量和台班单价两方面决定，为有效控制施工机械使用费支出，主要从以下几个方面进行控制：

（1）合理安排施工生产，加强设备租赁计划管理，减少因安排不当引起的设备闲置。

（2）加强机械设备的调度工作，尽量避免窝工，提高现场设备利用率。

（3）加强现场设备的维修保养，避免因不正当使用造成机械设备的停置。

（4）做好机上人员与辅助生产人员的协调与配合，提高施工机械台班产量。

**4. 施工分包费用的控制**

分包工程价格高低必然对项目经理部的施工项目成本产生一定的影响。因此，施工项目成本控制的重要工作之一是对分包价格的控制。项目经理部应在确定施工方案的初期就要确定需要分包的工程范围。决定分包范围的因素主要是施工项目的专业性和项目规模。对分包费用的控制，主要是要做好分包工程的询价、订立平等互利的分包合同、建立稳定的分包关系网络、加强施工验收和分包结算等工作。

**3.7.4.4　施工成本分析的方法**

**1. 施工成本分析的依据**

施工成本分析就是一方面根据会计核算、业务核算和统计核算提供的资料，对施工成本的形成过程和影响成本升降的因素进行分析，以寻求进一步降低成本的途径；另一方面通过成本分析，可从账簿、报表反映的成本现象看清成本的实质，从而增强项目成本的透明度和可控性，为加强成本控制，实现项目成本目标创造条件。

（1）会计核算。会计核算主要是价值核算。会计是对一定单位的经济业务进行计量、记录、分析和检查，作出预测，参与决策，实行监督，旨在实现最优经济效益的一种管理活动。它通过设置账户、复式记账、填制和审核凭证、登记账簿、成本计算、财产清查和编制会计报表等一系列有组织有系统的方法来记录企业的一切生产经营活动，然后据以提出一些用货币来反映的有关各种综合性经济指标的数据。资产、负债、所有者权益、营业收入、成本、利润等会计六要素指标，主要是通过会计来核算。由于会计记录具有连续性、系统性、综合性等特点，所以它是施工成本分析的重要依据。

（2）业务核算。业务核算是各业务部门根据业务工作的需要而建立的核算制度，它包括原始记录和计算登记表，如单位工程及分部分项工程进度登记，质量登记，工效、定额计算登记，物资消耗定额记录，测试记录等。业务核算的范围比会计、统计核算要广，会计和统计核算一般是对已经发生的经济活动进行核算，而业务核算不但可以对已经发生的经济活动进行核算，而且还可以对尚未发生或正在发生的经济活动进行核算，看是否可以做，是否有经济效果。它的特点是，对个别的经济业务进行单项核算。例如，各种技术措施、新工艺等项目，可以核算已经完成的项目是否达到原定的目的，取得预期的效果，也可以对准备采取措施的项目进行核算和审查，看是否有效果，值不值得采纳，随时都可以进行。业务核算的目的在于迅速取得资料，在经济活动中及时采取措施进行调整。

（3）统计核算。统计核算是利用会计核算资料和业务核算资料，把企业生产经营活动客观现状的大量数据，按统计方法加以系统整理，表明其规律性。它的计量尺度比会计宽，可以用货币计算，也可以用实物或劳动量计量。它通过全面调查和抽样调查等特有的方法，不仅能提供绝对数指标，还能提供相对数和平均数指标，可以计算当前的实际水平，确定变动速度，可以预测发展的趋势。

2. 施工成本的核算方法

（1）成本分析的基本方法。包括比较法、因素分析法、差额计算法、比率法等。

1）比较法。比较法又称指标对比分析法，就是通过技术经济指标的对比，检查目标的完成情况，分析产生差异的原因，进而挖掘内部潜力的方法。这种方法，具有通俗易懂、简单易行、便于掌握的特点，因而得到了广泛的应用，但在应用时必须注意各技术经济指标的可比性。比较法的应用，通常有下列形式。

①将实际指标与目标指标对比。以此检查目标完成情况，分析影响目标完成的积极因素和消极因素，以便及时采取措施，保证成本目标的实现。在进行实际指标与目标指标对比时，还应注意目标本身有无问题。如果目标本身出现问题，则应调整目标，重新正确评价实际工作的成绩。

②本期实际指标与上期实际指标对比。通过本期实际指标与上期实际指标对比，可以看出各项技术经济指标的变动情况，反映施工管理水平的提高程度。

③与本行业平均水平、先进水平对比。通过这种对比，可以反映本项目的技术管理和经济管理水平与行业的平均水平和先进水平的差距，进而采取措施赶超先进水平。

2）因素分析法。因素分析法又称连环置换法。这种方法可用来分析各种因素对成本的影响程度。在进行分析时，首先要假定众多因素中的一个因素发生了变化，而其他因素则不变，然后逐个替换，分别比较其计算结果，以确定各个因素的变化对成本的影响程度。因素分析法的计算步骤如下：

①确定分析对象，并计算出实际与目标数的差异。

②确定该指标是由哪几个因素组成的，并按其相互关系进行排序（排序规则是先实物量，后价值量；先绝对值，后相对值）。

③以目标数为基础，将各因素的目标数相乘，作为分析替代的基数。

④将各个因素的实际数按照上面的排列顺序进行替换计算，并将替换后的实际数保留下来。

⑤将每次替换计算所得的结果，与前一次的计算结果相比较，两者的差异即为该因素对成本的影响程度。

⑥各个因素的影响程度之和，应与分析对象的总差异相等。

3）差额计算法。差额计算法是因素分析法的一种简化形式，它利用各个因素的目标值与实际值的差额来计算其对成本的影响程度。

4）利率法。指用两个以上的指标的比例进行分析的方法。它的基本特点是：先把对比分析的数值变成相对数，再观察其相互之间的关系。常用的比率法有以下几种。

①相关比率法。由于项目经济活动的各个方面是相互联系，相互依存，又相互影响的，因而可以将两个性质不同而又相关的指标加以对比，求出比率，并以此来考察经营成果的好坏。例如，产值和工资是两个不同的概念，但它们的关系又是投入与产出的关系。在一般情况下，都希望以最少的工资支出完成最大的产值。因此，用产值工资率指标来考核人工费的支出水平，就很能说明问题。

②构成比率法。构成比率法又称比重分析法或结构对比分析法。通过构成比率，可以考察成本总量的构成情况及各成本项目占成本总量的比重，同时也可看出量、本、利的比例关系（即预算成本、实际成本和降低成本的比例关系），从而为寻求降低成本的途径指明方向。

③动态比率法。动态比率法就是将同类指标不同时期的数值进行对比，求出比率，以分析该项指标的发展方向和发展速度。动态比率的计算，通常采用基期指数和环比指数两种方法。

（2）综合成本的分析方法。所谓综合成本，是指涉及多种生产要素，并受多种因素影响的成本费用，如分部分项工程成本，月（季）度成本、年度成本等。由于这些成本都是随着项目施工的进展而逐步形成的，与生产经营有着密切的关系，因此做好上述成本的分析工作，无疑将促进项目的生产经营管理，提高项目的经济效益。

1）分部分项工程成本分析。是施工项目成本分析的基础。分部分项工程成本分析的对象为已完成分部分项工程。分析的方法是：进行预算成本、目标成本和实际成本的"三算"对比，分别计算实际偏差和目标偏差，分析偏差产生的原因，为今后的分部分项工程成本寻求节约途径。

分部分项工程成本分析的资料来源是：预算成本来自投标报价成本，目标成本来自施工预算，实际成本来自施工任务单的实际工程量、实耗人工和限额领料单的实耗材料。

由于施工项目包括很多分部分项工程，不可能也没有必要对每一个分部分项工程都进行成本分析，特别是一些工程量小、成本费用微不足道的零星工程。但是，对于那些主要分部分项工程则必须进行成本分析，而且要做到从开工到竣工进行系统的成本分析。这是一项很有意义的工作，因为通过主要分部分项工程成本的系统分析，可以基本上了解项目成本形成的全过程，为竣工成本分析和今后的项目成本管理提供一份宝贵的参考资料。

分部分项工程成本分析表的格式见表 3-2。

**表 3-2　分部分项工程成本分析**

| 工料名称 | 规格 | 单位 | 单价 | 预算成本 | | 计划成本 | | 实际成本 | | 实际与预算比较 | | 实际与计划比较 | |
|---|---|---|---|---|---|---|---|---|---|---|---|---|---|
| | | | | 数量 | 金额 | 数量 | 金额 | 数量 | 金额 | 数量 | 金额 | 数量 | 金额 |
| | | | | | | | | | | | | | |
| | | | | | | | | | | | | | |
| | | | | | | | | | | | | | |
| 合计 | | | | | | | | | | | | | |
| 实际与预算比较（%）（预算＝100） | | | | | | | | | | | | | |
| 实际与计划比较（%）（计划＝100） | | | | | | | | | | | | | |
| 节超原因说明 | | | | | | | | | | | | | |

编制单位：　　　　　　　　　　成本员：　　　　　　　　　填表日期：

2）月（季）度成本分析。是施工项目定期的、经常性的中间成本分析。对于具有一次性特点的施工项目来说，有着特别重要的意义。因为通过月（季）度成本分析，可以及时发现问题，以便按照成本目标指定的方向进行监督和控制，保证项目成本目标的实现。

月（季）度成本分析的依据是当月（季）的成本报表。分析的方法通常有以下几种：

①通过实际成本与预算成本的对比，分析当月（季）的成本降低水平；通过累计实际成本与累计预算成本的对比，分析累计的成本降低水平，预测实现项目成本目标的前景。

②通过实际成本与目标成本的对比，分析目标成本的落实情况，以及目标管理中的问题和不足，进而采取措施，加强成本管理，保证成本目标的落实。

③通过对各成本项目的成本分析，可以了解成本总量的构成比例和成本管理的薄弱环节。例如，在成本分析中，发现人工费、机械费和间接费等项目大幅度超支，就应该对这些费用的收支配比关系认真研究，并采取对应的增收节支措施，防止今后再超支。如果是属于规定的"政策性"亏损，则应从控制支出着手，把超支额压缩到最低限度。

④通过主要技术经济指标的实际与目标对比，分析产量、工期、质量、"三材"（木材、钢材、水泥）节约率、机械利用率等对成本的影响。

⑤通过对技术组织措施执行效果的分析，寻求更加有效的节约途径。

⑥分析其他有利条件和不利条件对成本的影响。

3）年度成本分析。企业成本要求一年结算一次，不得将本年成本转入下一年度。而项目成本则以项目的寿命周期为结算期，要求从开工到竣工到保修期结束连续计算，最后结算出成本总量及其盈亏。由于项目的施工周期一般较长，除进行月（季）度成本核算和分析外，还要进行年度成本的核算和分析。这不仅是为了满足企业汇编年度成本报表的需要，同时是项目成本管理的需要，因为通过年度成本的综合分析，可以总结一年来成本管理的成绩和不足，为今后的成本管理提供经验和教训，从而可对项目成本进行更有效的管理。

年度成本分析的依据是年度成本报表。年度成本分析的内容，除月（季）度成本分析的六个方面外，重点是针对下一年度的施工进展情况规划切实可行的成本管理措施，以保证施工项目成本目标的实现。

4）竣工成本的综合分析。凡是有几个单位工程而且是单独进行成本核算（即成本核算对象）的施工项目，其竣工成本分析应以各单位工程竣工成本分析资料为基础，再加上项目经理部的经营效益（如资金调度、对外分包等所产生的效益）进行综合分析。如果施工项目只有一个成本核算对象（单位工程），就以该成本核算对象的竣工成本资料作为成本分析的依据。

单位工程竣工成本分析，应包括以下三个方面的内容：竣工成本分析；主要资源节超对比分析；主要技术节约措施及经济效果分析。

通过以上分析，可以全面了解单位工程的成本构成和降低成本的来源，对今后同类工程的成本管理很有参考价值。

## 3.7.5　工程变更价款的确定方法、索赔费用的组成和计算方法以及工程结算的方法

工程变更几乎在每个项目实施过程中都有发生，原因多种多样，有的因设计存在欠缺或不完善，有的因地质情况发生较大改变，有的因业主需求出现新要求，有的因招标时清单漏项，有的因施工技术或工艺产生变化等，无论什么原因引起的工程变更都或多或少地引起工程价款的变化，有的是增多，有的是减少，但并不是所有变更都需要业主承担变更部分的价款，这要根据具体的变更情况按规定处理，应该由业主承担的在完善相关程序后由业主承担，不应该由业主承担的由相关单位承担。因此，工程变更首先要明确变更的内容和原因，由此确定变更价款是增还是减，承担的主体是谁，明确这些问题后，再按相应程序完善变更价款的所有手续。

### 3.7.5.1　工程变更价款的确定程序

合同中综合单价因工程量变更需调整时，除合同另有约定外，应按照下列办法确定：

（1）工程量清单漏项或设计变更引起的新的工程量清单项目，其相应综合单价由承包人提出，经发包人确认后作为结算的依据。

（2）由于工程量清单的工程数量有误或设计变更引起工程量增减，属合同约定幅度以内的，应执行原有的综合单价；属合同约定幅度以外的，其增加部分的工程量或减少后剩余部分的工程量的综合单价由承包人提出，经发包人确认后作为结算的依据。

### 3.7.5.2　工程变更价款的确定方法

由于建设工程项目周期长、涉及的关系复杂、受自然条件和客观因素的影响大，导致项目的实际施工情况与招标投标时的情况不一致，出现工程变更。工程变更包括工程量变更、工程项目变更（如发包人提出增加或者删减原项目内容）、进度计划变

更、施工条件变更等。如果按照变更的起因划分，变更的种类有很多，如发包人的变更指令（包括发包人对工程有了新的要求、发包人修改项目计划、发包人削减预算、发包人对项目进度有了新的要求等）；由于设计错误，必须对设计图纸作修改；工程环境变化；由于产生了新的技术和知识，有必要改变原设计、实施方案或实施计划；法律法规或者政府对建设工程项目有了新的要求等。由于工程变更所引起的工程量的变化、工程延误等，都有可能使项目成本超出原来的预算成本，需要重新调整合同价款。

(1) 我国现行工程变更价款的确定方法。

《建设工程施工合同（示范文本）》（GF 1999—0201）约定的工程变更价款的确定方法如下：

1) 合同中已有适用于变更工程的价格，按合同已有的价格变更合同价款；

2) 合同中只有类似于变更工程的价格，可以参照类似价格变更合同价款；

3) 合同中没有适用或类似于变更工程的价格，由承包人提出适当的变更价格，经监理工程师确认后执行。

①采用合同中工程量清单的单价和价格：合同中工程量清单的单价和价格由承包商投标时提供，用于变更工程，容易被业主、承包商及监理工程师所接受，从合同意义上讲也是比较公平的。

采用合同中工程量清单的单价或价格有几种情况：一是直接套用，即从工程量清单上直接拿来使用；二是间接套用，即依据工程量清单，通过换算后采用；三是部分套用即依据工程量清单，取其价格中的某一部分使用。

②协商单价和价格：协商单价和价格是基于合同中没有或者有但不合适的情况而采取的一种方法。

若双方不能达成一致意见，双方可提请工程所在地工程造价管理机构进行咨询或按合同约定的争议或纠纷解决程序办理。因此，在变更后合同价款的确定上，首先应当考虑使用合同中已有的（能够适用或者能够参照适用的），其原因在于在合同中已经订立的价格（一般是通过招标投标）是较为公平合理的，因此应当尽量采用。

采用合同中工程量清单的单价或价格有以下几种情况：一是直接套用，即从工程量清单上直接拿来使用；二是间接套用，即依据工程量清单，通过换算后采用；三是部分套用，即依据工程量清单，取其价格中的某一部分使用。

(2) FIDIC施工合同条件下工程变更价款的估价。

工程变更价款确定的一般原则：承包人按照工程师的变更指令实施变更工作后，往往会涉及对变更工程价款的确定问题。变更工程的价格或费率，往往是双方协商时的焦点。计算变更工程应采用的费率或价格可分为以下三种情况：

1) 变更工作在工程量表中有同种工作内容的单价，应以该费率计算变更工程费用。

2) 工程量表中虽然列有同类工作的单价或价格，但对具体变更工作而言已不适用，则应在原单价和价格的基础上制定合理的新单价或价格。

3) 变更工作的内容在工程量表中没有同类工作的费率和价格，应按照与合同单价水平相一致的原则，确定新的费率或价格。

工程师应通过FIDIC（1999年第一版）第12.1款和第12.2款商定或确定的测量

方法的适宜的费率和价格，对各项工作的内容进行估价，再按照 FIDIC 第 3.5 款，商定或确定合同价格。

各项工作内容的适宜费率或价格，应为合同对此类工作内容规定的费率或价格，如合同中无某项内容，应取类似工作的费率或价格。但在以下情况下，宜对有关工作内容采用新的费率或价格。

**第一种情况：**

①如果此项工作实际测量的工程量比工程量表或其他报表中规定的工程量的变动大于 10%；

②工程量的变化与该项工作规定的费率的乘积超过了中标的合同金额的 0.01%；

③由此工程量的变化直接造成该项工作单位成本的变动超过 1%；

④这项工作不是合同中规定的"固定费率项目"。

**第二种情况：**

①此工作是根据变更与调整的指示进行的；

②合同没有规定此项工作的费率或价格；

③由于该项工作与合同中的任何工作没有类似的性质或不在类似的条件下进行，故没有一个规定的费率或价格适用。

每种新的费率或价格应考虑以上描述的有关事项对合同中相关费率或价格加以合理调整后得出。如果没有相关的费率或价格可供推算新的费率或价格，应根据实施该工作的合理成本和合理利润，并考虑其他相关事项后得出。

工程师应在商定或确定适宜费率或价格前，确定用于期中付款证书的临时费率或价格。

建设工程工程量清单计价规范规定的工程变更价款的确定方法是：关于工程价款的调整，《建设工程工程量清单计价规范》（GB 50500—2008 ）有如下规定：

1）在发、承包双方履行合同的过程中，当国家的法律、法规、规章及政策发生变时，国家建设主管部门或其他授权的工程造价管理机构据此发布工程造价调整文件，工程价款应当进行调整。

2）若因施工中出现施工图纸（含设计变更）与工程量清单项目特征描述不一致，发、承包双方应按新的项目特征，即实际施工的项目特征重新确定相应工程量清单项目的综合单价。

3）若因分部分项工程量清单漏项或非承包人原因引起的工程变更，造成增加新的工程量清单项目，其对应的综合单价按下列方法确定：

合同中已有适用的综合单价，按合同中已有的综合单价确定；

合同中有类似的综合单价，参照类似的综合单价确定；

合同中没有适用或类似的综合单价，由承包人提出综合单价，经发包人确认后执行。

4）若因分部分项工程量清单漏项或非承包人原因的工程变更，需要增加新的分部分项工程量清单项目，引起措施项目发生变化，造成施工组织设计或施工方案变更，则：

原措施费中已有的措施项目，按原有措施费的组价方法调整；

原措施费中没有的措施项目，由承包人根据措施项目变更情况，提出适当的措施费变更，经发包人确认后调整。

5）在合同履行过程中，若因非承包人原因引起的工程量增减与招标文件中提供的工程量有偏差，该偏差对工程量清单项目的综合单价产生影响，则是否调整综合单价以及如何调整应在合同中约定；若合同未作约定，按以下原则办理：

当工程量清单项目工程量的变化幅度在10％以内时，其综合单价不作调整，执行原有的综合单价；

当工程量清单项目工程量的变化幅度在10％以外，且其影响分部分项工程费超过0.1％时，其综合单价及对应的措施费均应予以调整。调整的方法是由承包人对增加的工程量或减少后剩余的工程量提出新的综合单价和措施项目费，经发包人确认后调整。

### 3.7.5.3 索赔费用的组成

索赔费用的主要组成部分，同工程款的计价内容相似。按我国现行规定［参见《建筑安装工程费用项目组成》（建标〔2003〕206 号）〕，建安工程合同价包括直接费、间接费、利润和税金。我国的这种规定，同国际上通行的做法还不完全一致。按国际惯例，建安工程直接费包括人工费、材料费和机械使用费；间接费包括现场管理费、保险费、利息等。

从原则上说，承包商有索赔权利的工程成本增加，都是可以索赔的费用。但是，对于不同原因引起的索赔，承包商可索赔的具体费用内容是不完全一样的。哪些内容可索赔，要按照各项费用的特点、条件进行分析论证。现概述如下。

（1）人工费：人工费包括施工人员的基本工资、工资性质的津贴、加班费、奖金以及法定的安全福利等费用。对于索赔费用中的人工费部分而言，人工费是指完成合同之外的额外工作所花费的人工费用；由于非承包商责任的工效降低所增加的人工费用；超过法定工作时间加班劳动；法定人工费增长以及非承包商责任工程延期导致的人员窝工费和工资上涨费等。

（2）材料费：材料费的索赔包括：由于索赔事项材料实际用量超过计划用量而增加的材料费，由于客观原因材料价格大幅度上涨；由于非承包商责任工程延期导致的材料价格上涨和超期储存费用。材料费中应包括运输费，仓储费，以及合理的损耗费用。如果由于承包商管理不善，造成材料损坏失效，则不能列入索赔计价。承包商应该建立健全的物资管理制度，记录建筑材料的进货日期和价格，建立领料耗用制度，以便索赔时能准确地分离出索赔事项所引起的材料额外耗用量。为了证明材料单价的上涨，承包商应提供可靠的订货单、采购单，或官方公布的材料价格调整指数。

（3）施工机械使用费：施工机械使用费的索赔包括：由于完成额外工作增加的机械使用费；非承包商责任工效降低增加的机械使用费；由于业主或监理工程师原因导致机械停工的窝工费。窝工费的计算，如系租赁设备，一般按实际租金和调进调出费的分摊计算；如系承包商自有设备，一般按台班折旧费计算，而不能按台班费计算，因台班费中包括设备使用费。

（4）分包费用：分包费用索赔指的是分包商的索赔费，一般也包括人工、材料、机械使用费的索赔。分包商的索赔应如数列入总承包商的索赔款总额以内。

（5）现场管理费：索赔款中的现场管理费是指承包商完成额外工程、索赔事项工作以及工期延长期间的现场管理费，包括管理人员工资、办公、通讯、交通费等。

（6）利息：在索赔款额的计算中，经常包括利息。利息的索赔通常发生于下列情况：拖期付款的利息；由于工程变更和工程延期增加投资的利息；索赔款的利息；错误扣款的利息。至于具体利率应是多少，在实践中可采用不同的标准，主要有这样几种规定：

1）按当时的银行贷款利率；

2）按当时的银行透支利率；

3）按合同双方协议的利率；

4）按中央银行贴现率加 3 个百分点。

（7）企业管理费：索赔款中的企业管理费主要指的是工程延期期间所增加的上级企业对该项目的管理费。包括企业职工工资、办公楼、办公用品、财务管理、设备占用、交通设施、通讯设施以及企业领导人员赴工地检查指导工作等的开支。这项索赔款的计算，目前没有统一的方法，同时，在国内一般的工程项目也很少出现这项索赔，不是项目部和企业不想索赔，而是索赔不来或不敢索赔。在国际工程施工索赔中这项索赔就可行。

在国际工程施工索赔中总部管理费的计算有以下几种：

按照投标书中总部管理费的比例（3％－8％）计算。

$$总部管理费＝合同中总部管理费比率（％）×（直接费索赔款额＋$$
$$现场管理费索赔款额等）$$

按照公司总部统一规定的管理费比率计算。

$$总部管理费＝公司管理费比率（％）×（直接费索赔款额＋现场管理费索赔款额等）$$

以工程延期的总天数为基础，计算总部管理费的索赔额。

$$对某一工程提取的管理费＝同期内公司的总管理费×该工程的合同额／$$
$$同期内公司的总合同额$$
$$该工程的每日管理费＝该工程向总部上缴的管理费／合同实施天数$$
$$索赔的总部管理费＝该工程的每日管理费×工程延期的天数$$

（8）利润：一般来说，由于工程范围的变更、文件有缺陷或技术性错误、业主未能提供现场等引起的索赔，承包商可以列入利润。但对于工程暂停的索赔，由于利润通常是包括在每项实施工程内容的价格之内的，而延长工期并未影响削减某些项目的实施，也未导致利润减少。所以，一般监理工程师很难同意在工程暂停的费用索赔中加进利润损失。

索赔利润的款额计算通常是与原报价单中的利润百分比保持一致。

3.7.5.4　索赔费用的计算方法

索赔费用的计算方法有：实际费用法、总费用法和修正的总费用法。

（1）实际费用法。是计算工程索赔时最常用的一种方法。这种方法的计算原则是承包商为某项索赔工作所支付的实际开支为根据，向业主要求费用补偿。

用实际费用法计算时，在直接费的额外费用部分的基础上，再加上应得的间接费和利润，即是承包商应得的索赔金额。由于实际费用法所依据的是实际发生的成本记录或单据，所以，在施工过程中，系统而准确地积累记录资料是非常重要的。

（2）总费用法。是当发生多次索赔事件以后，重新计算该工程的实际总费用，实际总费用减去投标报价时的估算总费用，即为索赔金额，即：

$$索赔金额＝实际总费用－投标报价估算总费用$$

不少人对采用该方法计算索赔费用持批评态度，因为实际发生的总费用中可能包括承包商的原因，如施工组织不善而增加的费用；同时投标报价估算的总费用也可能为了中标而过低。所以这种方法只有在难以采用实际费用法时才应用。

（3）修正的总费用法。是对总费用法的改进，即在总费用计算的原则上，去掉一些不合理的因素，使其更合理。修正的内容如下：将计算索赔款的时段局限于受到外界影响的时间，而不是整个施工期；只计算受影响时段内的某项工作所受影响的损失，而不是计算该时段内所有施工工作所受的损失；与该项工作无关的费用不列入总费用中；对投标报价费用重新进行核算：按受影响时段内该项工作的实际单价进行核算，乘以实际完成的该项工作的工程量，得出调整后的报价费用。

按修正后的总费用计算索赔金额的公式如下：

$$索赔金额＝某项工作调整后的实际总费用－该项工作的报价费用$$

修正的总费用法与总费用法相比，有了实质性的改进，它的准确程度已接近于实际费用法。

### 3.7.5.5 工程结算的方法

（1）承包工程价款的主要结算方式。可以根据不同情况采取多种方式。

1）按月结算。即先预付部分工程款，在施工过程中按月结算工程进度款，竣工后进行竣工结算。

2）竣工后一次结算。即建设项目或单项工程全部建筑安装工程建设期在 12 个月以内，或者工程承包合同价值在 100 万元以下的，可以实行工程价款每月月中预支，竣工后一次结算。

3）分段结算。即当年开工，当年不能竣工的单项工程或单位工程按照工程形象进度，划分不同阶段进行结算。分段结算可以按月预支工程款。

4）结算双方约定的其他结算方式。即实行竣工后一次结算和分段结算的工程，当年结算的工程款应与分年度的工作量一致，年终不另清算。

（2）工程按月结算方式。

1）工程预付款。是工程施工合同订立后由发包人按照合同约定，在正式开工前预先支付给承包人的启动和前期材料款。它是施工准备和所需要材料、结构件等流动资金的主要来源，国内习惯上又称为预付备料款。工程预付款的具体事宜由发、承包双方根据建设行政主管部门的规定，结合工程款、建设工期和包工包料情况在合同中约定。在《建设工程施工合同（示范文本）》中，对有关工程预付款作了如下约定："实行工程预付款的，双方应当在专用条款内约定发包人向承包人预付工程款的时间和数额，开工后按约定的时间和比例逐次扣回。预付时间应不迟于约定的开工日期前 7 天。发包人不按约定预付，承包人在约定预付时间 7 天后向发包人发出要求预付的通知，发包人收到通知后仍不能按要求预付，承包人可在发出通知后 7 天停止施工，发包人应从约定应付之日起向承包人支付应付款的贷款利息，并承担违约责任。"

工程预付款额度，各地区、各部门和各行业的规定不完全相同，主要是保证施工所需材料和构件的正常储备。一般是根据施工工期、建安工作量、主要材料和构件费用占建安工作量的比例以及材料储备周期等因素经测算来确定。发包人根据工程的特点、工期长短、市场行情、供求规律等因素，一般招标时在合同条款中有比较明确的约定工程预付款的百分比及扣回规定。

2）工程预付款的扣回。发包人支付给承包人的工程预付款其性质是预支，即承包人没有施工就先拿到部分工程款。随着工程进度的推进，拨付的工程进度款数额不断增加，工程所需主要材料、构件的用量逐渐减少，原已支付的预付款应以抵扣的方式予以陆续扣回。扣款的方法由发包人和承包人通过洽商用合同的形式予以确定，可采用等比率或等额扣款的方式。也可针对工程实际情况具体处理，如有些工程工期较短、造价较低，就无须分期扣还；有些工期较长，如跨年度工程，其备料款的占用时间很长，根据需要可以少扣或不扣。

扣款的方法有以下几种：

①发包人和承包人通过洽商用合同的形式予以确定，可采用等比率或等额扣款的方式，也可针对工程实际情况具体处理，如有些工程工期较短、造价较低，就无须分期扣还；有些工期较长，如跨年度工程，其预付款的占用时间很长，根据需要可以少扣或不扣。

②从未施工工程尚需的主要材料及构件的价值相当于工程预付款数额时扣起，从每次中间结算工程价款中，按材料及构件比重扣抵工程价款，至竣工之前全部扣清。因此，确定起扣点是工程预付款起扣的关键。确定工程预付款起扣点的依据是未完施工工程所需主要材料和构件的费用，等于工程预付款的数额。

工程预付款起扣点可按下式计算

$$T=P-M/N$$

式中　　$T$——起扣点，即工程预付款开始扣回的累计完成工程金额；

　　　　$P$——承包工程合同总额；

　　　　$M$——工程预付款数额；

　　　　$N$——主要材料，构件所占比重。

3）工程进度款

①工程进度款的计算

工程进度款的计算，主要涉及两个方面：一是工程量的计量［参见《建设工程工程量清单计价规范》（GB 50500—2003）］；二是单价的计算方法。

单价的计算方法，主要根据由发包人和承包人事先约定的工程价格的计价方法决定。目前在我国一般来讲，工程价格的计价方法可以分为工料单价和综合单价两种方法。二者在选择时，既可采取可调价格的方式，即工程价格在实施期间可随价格变化而调整，也可采取固定价格的方式，即工程价格在实施期间不因价格变化而调整，在工程价格中已考虑价格风险因素并在合同中明确了固定价格所包括的内容和范围。目前的水利工程项目大都采取第二种方法，对工期特别长的特大型工程项目一般选择第一种方法。

a. 工程价格的计算方法：可调工料单价法将人工、材料、机械再配上预算价作为直接成本单价，其他直接成本、间接成本、利润、税金分别计算；因为价格是可调的，其人工、材料等费用在竣工结算时按工程造价管理机构公布的竣工调价系数或按主材计算差价或主材用抽料法计算，次要材料按系数计算差价而进行调整；固定综合单价法是包含了风险费用在内的全费用单价，故不受时间价值的影响。由于两种计价方法的不同，因此工程进度款的计算方法也不同。

b. 工程进度款的计算当采用可调工料单价法计算工程进度款时，在确定已完工程量后，可按以下步骤计算工程进度款：

根据已完工程量的项目名称、分项编号、单价得出合价；

将本月所完全部项目合价相加，得出直接工程费小计；

按规定计算措施费、间接费、利润；

按规定计算主材差价或差价系数；

按规定计算税金；

累计本月应收工程进度款。

用固定综合单价法计算工程进度款比用可调工料单价法更方便、省事，工程量得到确认后，只要将工程量与综合单价相乘得出合价，再累加即可完成本月工程进度款的计算工作。

②工程进度款的支付。一般按当月实际完成工程量进行结算，工程竣工后办理竣工结算。

4）竣工结算。工程竣工验收报告经发包人认可后28天内，承包人向发包人递交竣工结算报告及完整的结算资料，双方按照协议书约定的合同价款及专用条款约定的合同价款调整内容，进行工程竣工结算。专业监理工程师审核承包人报送的竣工结算报表并与发包人、承包人协商一致后，签发竣工结算文件和最终的工程款支付证书。

发包人收到承包人递交的竣工结算报告结算资料后28天内进行核实，给予确认或者提出修改意见。发包人确认竣工结算报告后通知经办银行向承包人支付竣工结算价款。承包人收到竣工结算价款后14天内将竣工工程交付发包人。

发包人收到竣工结算报告及结算资料后28天内无正当理由不支付工程竣工结算价款，从第29天起按承包人同期向银行贷款利率支付拖欠工程价款的利息，并承担违约责任。

发包人收到竣工结算报告及结算资料后28天内不支付工程竣工结算价款，承包人可以催告发包人支付结算价款。发包人在收到竣工结算报告及结算资料后56天内仍不支付的，承包人可以与发包人协议将该工程折价，也可以由承包人申请人民法院将该工程依法拍卖，承包人就该工程折价或者拍卖的价款优先受偿。

工程竣工验收报告经发包人认可后28天内，承包人未能向发包人递交竣工结算报告及完整的结算资料，造成工程竣工结算不能正常进行或工程竣工结算价款不能及时支付，发包人要求交付工程的，承包人应当交付；发包人不要求交付工程的，承包人承担保管责任。

5）建安工程价款的动态结算。就是要把各种动态因素渗透到结算过程中，使结算大体能反映实际的消耗费用。下面介绍几种常用的动态结算办法。

①按实际价格结算法。

②按主材计算价差。发包人在招标文件中列出需要调整价差的主要材料表及其基期价格（一般采用当时当地工程造价管理机构公布的信息价或结算价），工程竣工结算时按竣工当时当地工程造价管理机构公布的材料信息价或结算价，与招标文件中列出的基期价比较计算材料差价。

③竣工调价系数法。按工程价格管理机构公布的竣工调价系数及调价计算方法计算差价。

④调值公式法（又称动态结算公式法）。即在发包方和承包方签订的合同中明确规定了调值公式。

价格调整的计算工作比较复杂，其程序是：

首先，确定计算物价指数的品种，一般地说，品种不宜太多，只确立那些对项目投资影响较大的因素，如设备、水泥、钢材、木材和工资等。这样便于计算。

其次，要明确以下两个问题：一是合同价格条款中，应写明经双方商定的调整因素，在签订合同时要写明考核几种物价波动到何种程度才进行调整。一般都在 ±10% 左右。二是考核的地点和时点：地点一般在工程所在地，或指定的某地市场价格；时点指的是某月某日的市场价格。这里要确定两个时点价格，即基准日期的市场价格（基础价格）和与特定付款证书有关的期间最后一天的 49 天前的时点价格。这两个时点就是计算调值的依据。

最后，确定各成本要素的系数和固定系数，各成本要素的系数要根据各成本要素对总造价的影响程度而定。各成本要素系数之和加上固定系数应该等于 1。

建筑安装工程费用在进行价格调整时，发包人和承包人均应按专门的价格调值公式计算。建筑安装工程费用价格调值公式包括固定部分、材料部分和人工部分三项。但因建筑安装工程的规模和复杂性增大，公式也变得更长更复杂。典型的材料成本要素有钢筋、水泥、木材、钢构件、沥青制品等，同样，人工可包括普通工和技术工。

各部分成本的比重系数在许多标书中要求承包方在投标时即提出，并在价格分析中予以论证。但也有的是由发包方在标书中规定一个允许范围，由投标人在此范围内选定。

### 3.7.6　工程成本核算和期间费用核算简要

3.7.6.1　费用及其分类

1. 费用及其特征。

（1）费用是指企业为销售商品、提供劳务等日常活动所发生的经济利益的流出，具体表现为资产的减少或负债的增加。

（2）费用的特征：

1）费用最终会导致企业资源的减少或牺牲。费用在本质上是企业资源流出，最终会使企业资源减少或牺牲，具体表现为企业现金或非现金支出，比如，支付工人工资、支付管理费用、消耗原材料等。也可以是预期的支出，比如，承担一项在未来期间履行的负债——应付材料款等。

2）费用最终会减少企业的所有者权益。一般而言，企业的所有者权益会随着收入的增加而增加，相反，费用的增加会减少企业的所有者权益。费用通常是为取得某项收入而发生的耗费，这些耗费可以表现为资产的减少或负债的增加，最终会减少企业的所有者权益。

2. 费用的分类：

（1）按照经济用途可以分为生产成本和期间费用两大类。

1）生产成本。是指构成产品实体、计入产品成本的那部分费用。施工企业的生产成本，就是指工程成本，是施工企业为生产产品、提供劳务而发生的各种施工生产费用。

2）期间费用。是指企业当期发生的，与具体工程没有直接联系，必须从当期收入中得到补偿的费用。由于期间费用的发生仅与当期实现的收入相关，因而应当直接计入当期损益。期间费用主要包括管理费用、财务费用和营业费用。施工企业的期间费用则主要包括管理费用和财务费用。

（2）按照费用计入工程成本的方法，可以分为直接费用和间接费用两类。

1）直接费用。是指企业在工程施工过程中。能够分清工程成本核算对象，可以根据原始凭证直接计入某项工程成本的费用。如直接用于某一工程的原材料、直接参与工程施工人员的工资及提取的福利费、施工机械使用费等。

2）间接费用。是指应由几项工程共同负担，不能根据原始凭证直接计入某项工程成本，而应当采用适当的方法在各受益的工程成本核算对象之间进行分配的费用。如企业所属各施工单位为组织和管理施工活动而发生的管理人员工资及福利费、折旧费、办公费、水电费。

### 3.7.6.2 工程成本及其核算的内容

1. 工程成本

工程成本是指施工企业在建筑安装工程施工过程中的实际耗费，包括物化劳动的耗费和活劳动中必要劳动的耗费，前者是指工程耗用的各种生产资料的价值，后者是指支付给劳动者的报酬。工程成本是工程造价的重要组成部分，应由工程本身来承担，工程成本的高低，直接体现着企业工程价款中用于生产耗费补偿数额的大小。工程成本还是反映施工企业工作质量的一个综合指标。

成本虽说也是一种耗费，但和费用不是一个概念。成本和费用的区别在于，成本是针对一定的成本核算对象（如某工程）而言的；费用则是针对一定的期间而言的。二者的联系在于，都是企业经济资源的耗费。

2. 工程成本核算的内容

根据（财会 2003 27 号）《施工企业会计核算办法》的规定，工程成本的成本项目具体包括以下内容：

（1）人工费；

（2）材料费；

（3）机械使用费；

（4）其他直接费；

（5）间接费用。

以上（1）～（4）项构成建筑安装工程的直接成本，第（5）项为建筑安装工程的间接成本，直接成本加上间接成本，构成建筑安装工程的生产成本。施工企业在核算产品成本时，就是按照成本项目来归集企业在施工生产经营过程中所发生的应计入成本核算对象的各项费用。

### 3.7.6.3　工程成本核算的对象

**1. 工程成本核算的对象**

工程成本核算对象是指施工企业在进行产品成本核算时，应选择什么样的工程作为目标，来归集和分配建筑产品的生产成本，即建筑产品生产成本的承担者。合理确定成本核算对象，是正确组织施工企业建筑产品成本核算的重要条件之一。

在实际工作中，如果对工程成本核算对象划分过粗，把相互之间没有联系或联系不大的单项工程或单位工程合并起来，作为一个工程成本核算对象，就不能反映独立施工的各个单项工程或单位工程的实际成本水平，不利于分析和考核工程成本的升降情况；反之，如果对工程成本核算对象划分过细，就会出现许多间接费用需要分摊，其结果是不仅增加了工程成本核算的工作量，而且也不能保证正确、及时地计算出各项工程的实际成本。

一般情况下，施工企业应根据承包工程的规模大小、结构类型、工期长短和施工现场的条件等具体情况，以单位工程为对象编制施工图预算，再以施工图预算为依据和甲方（建设单位等发包单位）就所承接的每一建设施工项目签订施工承包合同。因此，施工承包合同与工程成本核算对象之间有着非常密切的关系。通常，施工企业应以所签订的单项施工承包合同作为施工工程成本的核算对象。这样，不仅便于将工程的实际成本与工程的预算成本进行比较，以检查预算的执行情况，也有利于核算、分析和考核施工合同的成本降低或超支情况。但是，在实际工作中，一个施工企业往往要承包许多个建设项目，每个建设项目的具体情况又各不相同。例如，有的建设项目工程规模很大，工期很长；有的建设项目只是一些规模较小、工期较短的零星改建或扩建工程；还有的建设项目，在一个工地上有若干个结构类型相同的单位工程同时施工，交叉作业，共同耗用施工现场堆放的大堆材料或集中加工的材料等，这又涉及合同的分立与合并问题。因此，施工企业一般应按照与施工图预算相适应的原则，以每一独立签订施工承包合同的单位工程为依据，并结合企业施工组织的特点和加强工程成本管理的要求，来确定工程成本核算对象。

**2. 工程成本核算对象的确定方式**

工程成本核算对象的确定方法主要有以下几种：

（1）以单项施工承包合同作为施工工程成本核算对象。

通常情况下，施工企业应以所签订的单项施工承包合同作为施工工程成本核算对象，即以每一独立编制的施工图预算所列单项工程作为施工工程成本核算对象。这样，不仅有利于分析工程预算和施工合同的完成情况，也有利于准确地核算施工合同的成本与损益。建筑安装工程一般应以单项施工承包合同作为工程成本核算对象。

（2）对合同分立以确定施工工程成本核算对象。

如果一项施工承包合同包括建造多项资产，而每项资产均有独立的建造计划，施工企业可以与甲方就每项资产单独进行谈判，双方能够接受或拒绝与每项资产有关的合同条款，并且建造每项资产的收入和成本均可以单独辨认。在这种情况下，应对该项施工承包合同作分立处理，即以每项资产作为施工工程成本核算对象。

（3）对合同合并以确定施工工程成本核算对象。

如果一项或数项资产签订一组合同，该组合同无论对应单个客户还是几个客户均按一揽子交易签订，每项合同实际上已构成一项综合利润率工程的组成部分，并且该组合同同时或依次履行。在这种情况下，应对该组施工承包合同作合并处理，即以该组施工承包合同合并作为施工工程成本核算对象。

施工企业的成本核算对象应在工程开工以前确定，且一经确定后不得随意变更，更不能相互混淆。施工企业所有反映工程成本费用的原始记录和核算资料都必须按照确定的成本核算对象填写清楚，以便于准确地归集和分配施工生产费用。为了集中地反映和计算各个成本核算对象本期应负担的施工生产成本，财务会计部门应该按每一成本核算对象设置工程成本明细账，并按成本项目分设专栏来组织成本核算，以便于正确计算各个成本核算对象的实际成本。

**3.7.6.4 工程成本核算的基本要求**

1. 严格遵守国家规定的成本、费用开支范围

成本、费用开支范围是指国家对企业发生的各项支出，允许其在成本、费用中列支的范围。施工企业与施工生产经营活动有关的各项支出，都应当按照规定计入企业的成本、费用。具体包括工程成本和期间费用两大类。

按照企业财务制度的规定，下列支出不得列入产品成本：

（1）资本性支出。

如施工企业为购置和建造固定资产、无形资产和其他长期资产而发生的支出，这些支出效益涵盖若干个会计年度，在财务上不能一次列入建筑产品成本，只能按期逐月摊入成本、费用。

（2）投资性支出。

如施工企业对外投资的支出以及分配给投资者的利润支出。

（3）期间费用支出。

如施工企业的管理费用和财务费用。这些费用与施工生产活动没有直接的联系，发生后直接计入当期损益。

（4）营业外支出。

如施工企业固定资产盘亏；处置固定资产、无形资产的净损失；债务重组损失；计提的无形资产、固定资产及在建工程的减值准备；罚款支出；非常损失等。这些支出与施工企业施工生产经营活动没有直接关系，应冲减本年利润。

（5）在公积金、公益金中开支的支出。

其他不应列入产品成本的支出，如施工企业被没收的财物，支付的滞纳金，罚款、违约金、赔偿金，以及企业赞助、捐赠等支出。

2. 加强成本核算的各项基础工作

成本核算的各项基础工作是保证成本核算工作正常进行，以及保证成本核算工作质量的前提条件，施工企业成本核算的基础工作主要包括以下内容：

（1）建立健全原始记录制度。

原始记录是反映施工企业施工生产经营活动实际情况的最初书面证明。施工企业应按照规定的格式，对施工生产经营活动中材料的领用和耗费、工时的耗费、生产设备的运转、燃料和动力的消耗、低值易耗品和周转材料的摊销、费用的开支、已完工建筑产品竣工验收等情况，进行及时准确地记录，使每项原始记录都有人负责，以保证施工生产成本核算的真实可靠，为成本核算和成本管理服务，并为施工企业分析消耗定额以及衡量成本计划完成情况提供依据。因此，根据施工企业的实际情况，建立严格、科学的原始记录制度，对于加强施工企业管理，正确计算施工生产成本具有重要的意义。

（2）建立健全各项财产物资的收发、领退、清查和盘点制度。

做好各项财产物资的收发、领退、清查和盘点工作，是正确计算成本的前提条件。施工企业的所有财产物资的收发都要经过计量、验收并办理必要的凭证手续。

计量工具要经校正和维修，以便正确计量各种物资的消耗。施工企业领用材料、设备、工具等物资，都要有严格的制度和手续，防止乱领乱用。对于施工生产经营活动中的剩余物资要及时办理退库手续或结转到下期继续使用，以便如实反映计入产品成本的物资消耗以免造成积压浪费。库存物资要定期盘点，做到账实相符，以保护财产物资的安全、完整。

（3）制定或修订企业定额。

企业定额主要包括劳动定额、材料消耗定额、机械台班消耗定额、工具消耗定额和费用定额等。其中：劳动定额是据以签发"工程任务单"的主要依据，用于考核各施工班组的工效；材料消耗定额是据以签发"定额领料单"的主要依据，用于考核材料的消耗情况；机械台班消耗定额和工具消耗定额，主要用于考核机械设备的使用效率和生产工具的消耗情况，费用定额主要用于控制各项费用开支。企业定额是施工企业对施工生产成本进行量化管理的有效工具，对于提高劳动生产率、节约材料消耗、提高机械设备利用率、减少费用开支、降低施工生产成本，都具有非常重要的意义。

3. 划清各种费用界限

为了使施工企业有效地进行成本核算，控制成本开支，避免重计、漏计、错计或挤占成本的情况发生，施工企业应在成本核算过程中划清有关费用开支的界限。

（1）划清生产成本与期间费用之间的界限。

（2）划清各成本项目之间的界限。

（3）划清各期施工生产成本之间的界限。

（4）划清成本核算对象之间的界限。

（5）划清已完合同成本与未完合同成本之间的界限。

（6）划清实际成本与计划成本、预算成本之间的界限。

4. 加强费用开支的审核和控制

施工企业成本核算的目的是节约消耗，降低费用，提高经济效益。因此，必须严格费用开支的审核和控制。施工企业要由专人负责，依据国家有关法律政策、各项规定及企业内部制定的定额或标准等，对施工生产经营过程中发生的各项耗费进行及时的审核和控制，以检查、监督各项费用是否应该开支，应开支的费用是否应该计入施工生产成本或期间费用。对于不合理、不合法、不利于提高经济效益的费用支出应严格加以限制。做到事前审核、控制，防患于未然，事中审核、控制、纠正偏差，以确保成本目标的实现。

5. 建立工程项目台账

由于施工企业的施工工程具有规模大、工期长等特点，工程施工有关总账、明细账无法反映各工程项目的综合信息，为了对各工程项目的基本情况做到心中有数，便于及时向企业决策部门提供所需信息，同时为有关管理部门提供所需要的资料，施工企业还应按单项施工承包合同建立工程项目台账。其具体内容包括以下几个方面：

（1）工程项目名称、建设单位（或发包单位）名称、合同规定的工程开工与完工日期；

（2）工程合同总价、合同变更调整金额、索赔款、奖励款等；

（3）预计工程总成本、累计已发生成本以及完成合同尚需发生的成本；

（4）本年和累计的已在利润表中确认的合同收入、合同成本、毛利及毛利率；

（5）本年和累计的已获工程合同甲方签证确认的工作量、已办理结算的工程价款；

（6）实际收到的工程价款，包括预付款和已收工程进度款等。

### 3.7.6.5 工程成本核算的程序

工程成本核算程序是指企业在具体组织工程成本核算时应遵循的步骤与顺序。按照核算内容的详细程度，可分为以下两个方面。

1. 工程成本的总分类核算程序

工程成本的总分类核算程序是指总括地核算工程成本时一般应采取的步骤和顺序。施工企业对施工过程中发生的各项工程成本，应先按其用途和发生的地点进行归集。其中直接费用可以直接计入受益的各个工程成本核算对象的成本中；间接费用则需要先按照发生地点进行归集，然后再按照一定的方法分配计入受益的各个工程成本核算对象的成本中。并在此基础上，计算当期已完工程或已竣工工程的实际成本。

2. 工程成本的明细分类核算程序

为了详细地反映工程成本在各个成本核算对象之间进行分配和汇总的情况，以便计算各项工程的实际成本，施工企业除了进行工程成本的总分类核算以外，还应设置各种施工生产费用明细账，组织工程成本的明细分类核算。

工程成本的明细分类核算程序应与工程成本的总分类核算程序相适应。施工企业一般应按工程成本核算对象设置"工程成本明细账（卡）"，用来归集各项工程所发生的施工费用。此外，施工企业还应按车间、单位或部门以及成本核算对象分别设置"辅助生产明细账"，按照施工机械或运输设备的种类等设置"机械作业明细账"，按照费用的种类或项目设置"待摊费用明细账"、"预提费用明细账"和"间接费用明细账"等，以便于归集和分配各项施工生产费用。

施工企业工程成本的核算主要包括以下步骤：

（1）分配各项施工生产费用；

（2）分配待摊费用和预提费用；

（3）分配辅助生产费用；

（4）分配机械作业；

（5）分配工程施工间接费用；

（6）结算工程价款；

（7）确认合同毛利；

（8）结转完工施工产品成本。

### 3.7.6.6　期间费用核算的内容

期间费用是施工企业当期发生的费用中的重要组成部分，主要包括管理费用和财务费用两部分。期间费用于发生时直接计入当期损益。

**1. 管理费用**

管理费用是指施工企业为管理和组织企业生产经营活动而发生的各项费用。包括公司经费、工会经费、职工教育经费、劳动保险费、待业保险费、董事会费、聘请中介机构费、咨询费、诉讼费、排污费、税金、技术转让费、研究与开发费、无形资产摊销、业务招待费、计提的坏账准备和存货跌价准备、存货盘亏、毁损和报废（减盘盈）损失、其他管理费用等。

**2. 财务费用**

财务费用是指企业为筹集生产所需资金等而发生的费用，包括应当作为期间费用的利息支出（减利息收入）、汇兑损失（减汇兑收益）以及相关的手续费等。

### 3.7.6.7　利润核算的内容

**1. 利润的构成**

利润是企业在一定会计期间的经营成果，包括营业利润、利润总额和净利润。在数量上体现为收入与费用相抵后的数额。收入是确定企业盈利水平的前提和基础，是利润的来源。企业作为独立的经济实体，应当以一定时期实现的各项收入抵补费用和支出后实现盈利。如果企业一定时期实现的各项收入不能抵补费用和支出等，就会发生亏损。因此，企业一定时期利润水平的高低在很大程度上反映了企业生产经营活动的经济效益以及企业为社会所作的贡献。在整个会计核算中，收入和利润的核算占有举足轻重的地位。

（1）利润的构成。利润的形成包括利润总额的形成和净利润的形成两部分。计算企业当期实现的利润总额和净利润可分为以下几个步骤：

1）计算主营业务利润。

　　　　主营业务利润＝主营业务收入－主营业务成本－主营业务税金及附加

式中：

①主营业务收入反映企业经营主要业务所取得的收入总额；

②主营业务成本反映企业经营主要业务所发生的实际成本；

③主营业务税金及附加反映企业经营主要业务应负担的营业税、消费税、城市维护建设税、资源税和教育费附加等。

2）计算营业利润。

营业利润是企业利润的主要来源，主要由主营业务利润和其他业务利润构成。

　　　　营业利润＝主营业务利润＋其他业务利润－管理费用－财务费用

式中　　　　　　其他业务利润＝其他业务收入－其他业务支出

3）计算利润总额。

利润总额（或亏损总额）＝营业利润＋投资收益（或损失）＋补贴收入＋营业外收入－营业外支出

式中：

①投资收益是指企业对外投资所取得的收益，减去发生的投资损失和计提的投资减值准备后的净额。如果企业对外投资发生净损失，则在利润总额中将列为企业利润的减项。

②补贴收入是指企业按销量或工作量等依据国家规定的补助定额计算并按期给予的定额补贴，以及属于国家财政扶持的领域而给予的其他形式的补贴。

③营业外收入和营业外支出，是指企业发生的与其施工生产经营活动没有直接关系的各项收入和支出。营业外收入主要包括固定资产盘盈、处置固定资产净收益、处置无形资产净收益、罚款净收入等。营业外支出主要包括固定资产盘亏、处置固定资产净损失、处置无形资产净损失、债务重组损失、计提的无形资产减值准备、计提的固定资产减值准备、计提的在建工程减值准备、罚款支出、捐赠支出、非常损失等。

4）计算净利润。

净利润是利润计算的最终结果，也是企业当期的财务成果，也称为税后利润。

净利润＝利润总额－所得税

式中：

所得税是指企业按照税法规定计算的，应计入当期损益的所得税费用。

（2）利润的计算期。一般按月计算利润，按月计算利润有困难的企业，可以按季或按年计算利润。

2. 利润分配

利润分配是指企业按照国家的有关规定，对当年实现的净利润和以前年度未分配的利润所进行的分配。企业董事会或类似机构决议提请股东大会或类似机构批准的年度利润分配方案（除股票股利分配方案外），在股东大会或类似机构召开会议前，应当将其列入报告年度的利润分配表。股东大会或类似机构批准的利润分配方案，与董事会或类似机构提请批准的报告年度利润分配方案不一致时，其差额应当调整报告年度会计报表有关项目的年初数。

企业实现的净利润应按照有关规定进行分配，其分配顺序如下所述。

（1）弥补以前年度亏损。

按照税法的规定，企业作为纳税人，如果发生年度亏损的，可以用下一纳税年度的所得弥补，即用所得税前的利润弥补亏损；下一纳税年度的所得不足弥补的，可以逐年延续弥补，但是延续弥补最长不得超过五年。也就是说，企业当期实现的净利润首先应按照规定弥补以前年度亏损。

（2）可供分配的利润及其分配。

企业当期实现的净利润，加上年初未分配利润（或减去年初未弥补的亏损）和其他转入后的余额为可供分配的利润。企业可供分配的利润，按照下列顺序进行分配：

1）提取法定盈余公积金

法定盈余公积的提取比例，一般为当年实现净利润的 10%，但以前年度累积的法定盈余公积达到注册资本的 50% 时，可以不再提取。

2）提取法定公益金

法定公益金的提取比例一般为当年实现净利润的 5%～10%。

外商投资企业应当按照法律、行政法规的规定按净利润提取储备基金、企业发展基金、职工奖励及福利基金等。

中外合作经营企业按规定在合作期内以利润归还投资者的投资，也从可供分配的利润中扣除。

（3）可供投资者分配的利润及其分配。

可供分配的利润减应提取的法定盈余公积、法定公益金等后，即为可供投资者分配的利润。可供投资者分配的利润，按照下列顺序进行分配：

1）应付优先股股利。是指企业按照利润分配方案分配给优先股股东的现金股利。

2）提取任意盈余公积金。是指企业按规定提取的任意盈余公积。

3）应付普通股股利。是指企业按照利润分配方案分配给普通股股东的现金股利。企业分配给投资者的利润，也在本项目核算。

4）转作资本（或股本）的普通股股利。是指企业按照利润分配方案以分派股票股利的形式转作的资本（或股本）。企业以利润转赠的资本，也在本项目核算。

（4）未分配利润。

可供投资者分配的利润，经过上述分配后，为未分配利润（或未弥补亏损）。未分配利润可留待以后年度进行分配。企业如发生亏损，可以按规定由以后年度利润进行弥补。

企业未分配的利润（或未弥补的亏损）应当在资产负债表的所有者权益项目中单独反映。

## 3.7.7　工程项目内部会计控制的主要内容

工程项目内部会计控制，是为了加强对工程项目的内部控制，防范工程项目管理中的差错与舞弊，从而提高资金使用效益。

工程项目内部会计控制属于内部会计控制的具体规范。内部会计控制是指企业为了提高会计信息质量，保护资产的安全、完整，确保有关法律法规和规章制度的贯彻执行等而制定和实施的一系列控制方法、措施和程序。财政部继 2001 年 6 月发布《内部会计控制规范——基本规范（试行）》、《内部会计控制规范——货币资金（试行）》以来又陆续发布了《内部会计控制规范——采购与付款（试行）》、《内部会计控制规范——销售与收款（试行）》、《内部会计控制规范——工程项目（试行）》以及《内部会计控制规范——担保（征求意见稿）》和《内部会计控制规范——成本费用（征求意见稿）》等内部会计控制具体规范。旨在通过企业建立规范的内部控制体系来减少内部管理松弛、控制弱化问题，加强内部会计及与会计相关的控制，形成完善的内部牵制和监督制约机制，以堵塞漏洞、防止舞弊等行为的发生。

3.7.7.1　工程项目内部会计控制的目标和原则

（1）工程项目内部会计控制的目标

1）规范企业的会计行为，保证会计资料真实、完整。

2）堵塞漏洞、消除隐患，防止并及时发现、纠正错误及舞弊行为，保护企业资产的安全、完整。

3）确保国家有关法律法规和单位内部规章制度的贯彻执行。

（2）工程项目内部会计控制的原则

1）内部会计控制应当符合国家有关法律法规和内部会计控制基本规范的要求，以及企业的实际情况。

2）内部会计控制应当约束企业内部涉及会计工作的所有人员，任何个人都不得拥有超越内部会计控制的权力。

3）内部会计控制应当涵盖企业内部涉及会计工作的各项经济业务及相关岗位，并应针对业务处理过程中的关键控制点，落实到决策、执行、监督、反馈等各个环节。

4）内部会计控制应当保证企业内部涉及会计工作的机构、岗位的合理设置及其职责权限的合理划分，坚持不相容职务相互分离，确保不同机构和岗位之间权责分明、相互制约、相互监督。

5）内部会计控制应当随着外部环境的变化、企业业务职能的调整和管理要求的提高，不断修订和完善。

### 3.7.7.2 岗位分工与授权批准

（1）企业应当建立工程项目业务的岗位责任制，明确相关部门和岗位的职责、权限，确保办理工程项目业务的不相容岗位相互分离、制约和监督。

工程项目业务不相容岗位一般包括：

1）项目建议、可行性研究与项目决策；

2）概预算编制与审核；

3）项目实施与价款支付；

4）竣工决算与竣工审计。

（2）企业应当根据工程项目的特点，配备合格的人员办理工程项目业务。办理工程项目业务的人员应当具备良好的业务素质和职业道德。

（3）企业应当对工程项目相关业务建立严格的授权批准制度，明确审批人的授权批准方式、权限、程序、责任及相关控制措施，规定经办人的职责范围和工作要求。

（4）审批人应当根据工程项目相关业务授权批准制度的规定，在授权范围内进行审批，不得超越审批权限。经办人应当在职责范围内，按照审批人的批准意见办理工程项目业务。对于审批人超越授权范围审批的工程项目业务，经办人有权拒绝办理，并及时向审批人的上级授权部门报告。

（5）严禁未经授权的机构或人员办理工程项目业务。

（6）企业应当制定工程项目业务流程，明确项目决策、概预算编制、价款支付、竣工决算等环节的控制要求，并设置相应的记录或凭证，如实记载各环节业务的开展情况，确保工程项目全过程得到有效控制。

### 3.7.7.3 项目决策控制

（1）企业应当建立工程项目决策环节的控制制度，对项目建议书和可行性研究报告的编制、项目决策程序等做出明确规定，确保项目决策科学、合理。

（2）企业应当组织工程、技术、财会等部门的相关专业人员对项目建议书和可行性研究报告的完整性、客观性进行技术经济分析和评审，出具评审意见。

（3）企业应当建立工程项目的集体决策制度，决策过程应有完整的书面记录。严禁任何个人单独决策工程项目或者擅自改变集体决策意见。

（4）企业应当建立工程项目决策及实施的责任制度，明确相关部门及人员的责任，定期或不定期地进行检查。

### 3.7.7.4　概预算控制

（1）企业应当建立工程项目概预算环节的控制制度，对概预算的编制、审核等做出明确规定，确保概预算编制科学、合理。

（2）企业应当组织工程、技术、财会等部门的相关专业人员对编制的概预算进行审核，重点审查编制依据、项目内容、工程量的计算、定额套用等是否真实、完整准确。

### 3.7.7.5　价款支付控制

（1）企业应当建立工程进度价款支付环节的控制制度，对价款支付的条件、方式以及会计核算程序做出明确规定，确保价款支付及时、正确。

（2）企业办理工程项目价款支付业务时，应当符合货币资金内部会计控制规范的有关规定。

（3）企业办理工程项目采购业务时，应当符合采购与付款内部会计控制规范的有关规定。

（4）企业会计人员应对工程合同约定的价款支付方式、有关部门提交的价款支付申请及凭证、审批人的批准意见等进行审查和复核。复核无误后方可办理价款支付手续。

（5）企业会计人员在办理价款支付业务过程中发现拟支付的价款与合同约定的价款支付方式及金额不符或与工程实际完工情况不符等异常情况，应当及时报告。

（6）企业因工程变更等原因造成价款支付方式及金额发生变动的应提供完整的书面文件和其他相关资料。单位会计人员应对工程变更价款支付业务进行审核。

（7）企业应当加强对工程项目资金筹集与运用、物资采购与使用、财产清理与变动等业务的会计核算，真实、完整地反映工程项目资金流入流出情况及财产物资的增减变动情况。

### 3.7.7.6　竣工决算控制

（1）企业应当建立竣工决算环节的控制制度，对竣工清理、竣工决算、竣工审计、竣工验收等做出明确规定，确保竣工决算真实、完整、及时。

（2）企业应当建立竣工清理制度，明确竣工清理的范围、内容和方法，如实填写并妥善保管竣工清理清单。

（3）企业应当依据国家法律法规的规定及时编制竣工决算。企业应当组织有关部门及人员对竣工决算进行审核，重点审查决算依据是否完备，相关文件资料是否齐全，竣工清理是否完成，决算编制是否正确。

（4）企业应当建立竣工决算审计制度，及时组织竣工决算审计。未实施竣工决算审计的工程项目，不得办理竣工验收手续。

（5）企业应当及时组织工程项目竣工验收，确保工程质量符合设计要求。企业应当对竣工验收进行审核，重点审查验收人员、验收范围、验收依据、验收程序等是否符合国家有关规定。

（6）验收合格的工程项目，应当及时编制财产清单，办理资产移交手续，并加强对资产的管理。

### 3.7.7.7 监督检查

（1）企业应当建立对工程项目内部控制的监督检查制度，明确监督检查机构或人员的职责权限，定期或不定期地进行检查。

（2）企业工程项目内部控制监督检查的内容。

1）工程项目业务相关岗位及人员的设置情况。重点检查是否存在不相容职务混岗的现象。

2）工程项目业务授权批准制度的执行情况。重点检查重要业务的授权批准手续是否健全，是否存在越权审批行为。

3）工程项目决策责任制的建立及执行情况。重点检查责任制度是否健全，奖惩措施是否落实到位。

4）概预算控制制度的执行情况。重点检查概预算编制的依据是否真实，是否按规定对概预算进行审核。

5）各类款项支付制度的执行情况。重点检查工程款、材料设备款及其他费用的支付是否符合相关法规、制度和合同的要求。

6）竣工决算制度的执行情况。重点检查是否按规定办理施工决算、实施决算审计。

（3）企业对监督检查过程中发现的工程项目内部控制中的问题和薄弱环节，应当采取措施，及时加以纠正和完善。

## 3.8 合同管理

合同是指具有平等民事主体资格的当事人，为了达到一定目的，经过自愿、平等、协商一致而设立、变更、终止民事权利义务关系而达成的协议。合同管理是现代工程建设管理过程中不可或缺的重要组成部分，因为，在任何工程项目的建设过程中，其主体的行为必然会通过各个方面的法律关系落实到实施该项目的有关单位或机构，通过这些单位或机构，共同完成该项目的可研、论证、规划、设计、招标、施工、监理、监管等。如何明确和界定这些单位或机构的责任义务并为总体项目服务，主要是通过合同的方式予以约束和管理。因此，签订完善的合同和对合同加强监管，是确保工程项目能否顺利实施的关键。

由上可知，工程项目合同是一个合同群，而在此研究的施工合同仅是该群中的一分子。

### 3.8.1　合同谈判与签约

3.8.1.1　合同谈判的主要内容

1. 关于工程内容和范围的确认

（1）合同的"标的"是合同最基本的要素，建设工程合同的标的量化就是工程承包内容和范围。对于在谈判讨论中经双方确认的内容及范围方面的修改或调整，应和其他所有在谈判中双方达成一致的内容一样，以文字方式确定下来，并以"合同补遗"或"会议纪要"方式作为合同附件并说明它构成合同的一部分。

（2）对于为监理工程师提供的建筑物、家具、办公用品、车辆以及各项服务，也应逐项详细地予以明确。

（3）对于一般的单价合同，如发包人在原招标文件中未明确工程量变更部分的限度，则谈判时应要求与发包人共同确定一个"增减量幅度"，当超过该幅度时，承包人有权要求对工程单价进行调整。

2. 关于技术要求、技术规范和施工技术方案

3. 关于合同价格条款

合同依据计价方式的不同主要有总价合同、单价合同和成本加酬金合同，在谈判中根据工程项目的特点加以确定。

4. 关于价格调整条款

（1）一般建设工程工期较长，遭受货币贬值或通货膨胀等因素的影响，可能给承包人造成较大损失。价格调整条款可以比较公正地解决这一非承包人可控制的风险损失。

（2）可以说，价格调整和合同单价（对"单价合同"）及合同总价共同确定了工程承包合同的实际价格，直接影响着承包人的经济利益。在建设工程实践中，价格向上调整的机会远远大于价格下调，有时最终价格调整金额会高达合同总价的 10％甚至 15％以上，因此承包人在投标过程中，尤其是在合同谈判阶段务必对合同的价格调整条款予以充分的重视。

5. 关于合同款支付方式的条款

工程合同的付款分四个阶段进行，即预付款、工程进度款、最终付款和退还保留金。

6. 关于工期和维修期

（1）被授标的承包人首先应根据投标文件中自己填报的工期及考虑工程量的变动而产生的影响，与发包人最后确定工期。关于开工日期，如可能时应根据承包人的项目准备情况、季节和施工环境因素等洽商一个适当的时间。

（2）对于单项工程较多的项目，应当争取（如原投标书中未明确规定时）在合同中明确允许分部位或分批提交发包人验收（例如成批的房建工程应允许分栋验收）；分多段的公路维修工程应允许分段验收；分多片的大型灌溉工程应允许分片验收等，并从该批验收时起开始算该部分的维修期，应规定在发包人验收并接收前，承包人有权不让发包人随意使用等条款，以缩短自己责任期限，最大限度地保障自己的利益。

（3）承包人应通过谈判（如原投标书中未明确规定时）使发包人接受并在合同文

本明确承包人保留由于工程变更（发包人在工程实施中增减工程或改变设计）、恶劣的气候影响，以及种种"作为一个有经验的承包人也无法预料的工程施工过程中条件（如地质条件、超标准的洪水等）的变化"等原因对工期产生不利影响时要求合理地延长工期的权利。

（4）合同文本中应当对保修工程的范围和保修责任及保修期的开始和结束时间有明确的说明，承包人应该只承担由于材料和施工方法及操作工艺等不符合合同规定而产生的缺陷。如承包人认为发包人提供的投标文件（事实上将构成为合同文件）中对它们说明的不满意时，应该与发包人谈判清楚，并落实在"合同补遗"上。

（5）承包人应力争以维修保函来代替发包人扣留的保留金，维修保函对承包人有利，主要是因为可提前取回被扣留的现金，而且保函是有时效的，期满将自动作废。同时，它对发包人并无风险，真正发生维修费用，发包人可凭保函向银行索回款项。因此，这一做法是比较公平的。维修期满后应及时从发包人处撤回保函。

7. 关于完善合同条件的问题

主要包括：关于合同图纸；关于合同的某些措辞；关于违约罚金和工期提前奖金；工程量验收以及衔接工序和隐蔽工程施工的验收程序；关于施工占地；关于开工和工期；关于向承包人移交施工现场和基础资料；关于工程交付；预付款保函的自动减额条款。

3.8.1.2 建设工程合同最后文本的确定和合同签订

1. 合同文件内容

（1）建设工程合同文件构成：合同协议书；工程量及价格单；合同条件，一般由合同一般条件和合同特殊条件两部分构成；投标人须知；合同技术条件（附投标图纸）；发包人授标通知；双方代表共同签署的合同补遗（有时也以合同谈判会议纪要形式表示）；中标人投标时所递交的主要技术和商务文件（包括原投标书的图纸，承包人提交的技术建议书和投标文件的附图）；其他双方认为应该作为合同的一部分文件，如投标阶段发包人发出的变动和补遗，发包人要求投标人澄清问题的函件和承包人所做的文字答复，双方往来函件，以及投标时的降价信等。

（2）对所有在招标投标及谈判前后各方发出的文件、文字说明、解释性资料进行清理。对凡是与上述合同构成相矛盾的文件，应宣布作废。可以在双方签署的合同补遗中，对此做出排除性质的声明。

2. 关于合同协议的补遗

（1）在合同谈判阶段双方谈判的结果一般以合同补遗的形式，有时也可以以合同谈判纪要形式，形成书面文件。这一文件将成为合同文件中极为重要的组成部分，因为它最终确认了合同签订人之间的意志，所以它在合同解释中优先于其他文件。为此不仅承包人对它重视，发包人也极为重视，它一般是由发包人或其监理工程师起草。因合同补遗或合同谈判纪要会涉及合同的技术、经济、法律等所有方面，作为承包人主要是核实其是否忠实于合同谈判过程中双方达成的一致意见及其文字的准确性。对于经过谈判更改了招标文件中条款的部分，应说明已就某某条款进行修正，合同实施按照合同补遗某某条款执行。

（2）同时应该注意的是，建设工程承包合同必须遵守法律，对于违反法律的条款，即使由合同双方达成协议并签了字，也不受法律保障。因此，为了确保协议的合法性，应由律师核实，才可对外确认。

3. 签订合同

发包人或监理工程师在合同谈判结束后，应按上述内容和形式完成一个完整的合同文本草案，并经承包人授权代表认可后正式形成文件，承包人代表应认真审核合同草案的全部内容。当双方认为满意并核对无误后由双方代表草签，至此合同谈判阶段即告结束。此时，承包人应及时准备和递交履约保函，准备正式签署承包合同。

### 3.8.2　合同类型

#### 3.8.2.1　按照工程建设阶段分类

建设工程的建设过程大体上经过勘察、设计、施工三个阶段，围绕不同阶段订立相应合同。

(1) 建设工程勘察，是指根据建设工程的要求，查明、分析、评价建设场地的地质地理环境特征和岩土工程条件，编制建设工程勘察文件的活动。建设工程勘察合同即发包人与勘察人就完成商定的勘察任务明确双方权利义务的协议。

(2) 建设工程设计，是指根据建设工程的要求，对建设工程所需的技术、经济、资源、环境等条件进行综合分析、论证，编制建设工程设计文件的活动。建筑工程设计合同即发包人与设计人就完成商定的工程设计任务明确双方权利义务的协议。

(3) 建设工程施工，是指根据建设工程设计文件的要求，对建设工程进行新建、扩建、改建的活动。建筑工程施工合同即发包人与承包人为完成商定的建设工程项目的施工任务明确双方权利义务的协议。

#### 3.8.2.2　按照承发包方式分类

(1) 勘察、设计或施工总承包合同。勘察、设计或施工总承包，是指发包人将全部勘察、设计或施工的任务分别发包给一个勘察、设计单位或一个施工单位作为总承包人，经发包人同意，总承包人可以将勘察、设计或施工任务的一部分分包给其他符合资质的分包人。据此明确各方权利义务的协议即为勘察、设计或施工总承包合同。在这种模式中，发包人与总承包人订立总承包合同，总承包人与分包人订立分包合同，总承包人与分包人就工作成果对发包人承担连带责任。

(2) 单位工程施工承包合同。单位工程施工承包是指在一些大型、复杂的建设工程中，发包人可以将专业性很强的单位工程发包给不同的承包人，与承包人分别签订土木工程施工合同、电气与机械工程承包合同，这些承包人之间为平行关系。单位工程施工承包合同常见于大型工业建筑安装工程。据此明确各方权利义务的协议即为单位工程施工承包合同。

(3) 工程项目总承包合同。工程项目总承包，是指建设单位将包括工程设计、施工、材料和设备采购等一系列工作全部发包给一家承包单位，由其进行实质性设计、施工和采购工作，最后向建设单位交付具有使用功能的工程项目。工程项目总承包实施过程可依法将部分工程分包。据此明确各方权利义务的协议即为工程项目总承包合同。

(4) BOT 合同（又称特许权协议书）。BOT 承包模式，是指由政府或政府授权的机构授予承包人在一定的期限内，以自筹资金建设项目并自费经营和维护，向东道国出售项目产品或服务，收取价款或酬金，期满后将项目全部无偿移交东道国政府的工程承包模式。据此明确各方权利义务的协议即为 BOT 合同。

3.8.2.3 按照承包工程计价方式分类

（1）总价合同。总价合同一般要求投标人按照招标文件要求报一个总价，在这个价格下完成合同规定的全部项目。总价合同还可以分为固定总价合同、调价总价合同等。

（2）单价合同。这种合同指根据发包人提供的资料，双方在合同中确定每一单项工程单价，结算则按实际完成工程量乘以每项工程单价计算。

单价合同还可以分为：估计工程量单价合同；纯单价合同；单价与包干混合式合同等。

（3）成本加酬金合同。这种合同是指成本费用按承包人的实际支出由发包人支付，发包人同时另外向承包人支付一定数额或百分比的管理费和商定的利润。

## 3.8.3 施工总承包合同的主要内容

建设部和国家工商行政管理总局于 1999 年发布了《建设工程施工合同（示范文本）》（GF 1999—0201）（以下简称《示范文本》），这是一种主要适用于施工总承包合同。该《示范文本》由《协议书》、《通用条款》和《专用条款》三部分组成。

3.8.3.1 《协议书》内容

（1）工程概况：工程名称；工程地点；工程内容；工程立项批准文号；资金来源。

（2）工程承包范围：承包人承包的工作范围和内容。

（3）合同工期：开工日期；竣工日期；合同工期应填写总日历天数。

（4）质量标准：工程质量必须达到国家标准规定的合格标准，双方也可以约定达到国家标准规定的优良标准。

（5）合同价款：合同价款应填写双方确定的合同金额。

（6）组成合同的文件：合同文件应能相互解释，互为说明。除专用条款另有约定外，组成合同的文件及优先解释顺序如下：

1）合同协议书；

2）中标通知书；

3）投标书及其附件；

4）本合同专用条款；

5）本合同通用条款；

6）标准、规范及有关技术文件；

7）图纸；

8）工程量清单；

9）工程报价单或预算书。

（7）本协议书中有关词语含义与本合同第二部分《通用条款》中分别赋予它们的定义相同。

（8）承包人向发包人承诺按照合同约定进行施工、竣工并在质量保修期内承担工程质量保修责任。

（9）发包人向承包人承诺按照合同约定的期限和方式支付合同价款及其他应当支付的款项。

（10）合同的生效。

3.8.3.2  《通用条款》内容

（1）词语定义及合同文件。

1）词语定义。通用条款；专用条款；发包人；项目经理；设计单位；监理单位；工程师；工程造价管理部门；工程；合同价款；追加合同价款；费用；工期；开工日期；竣工日期；图纸；施工场地；书面形式；违约责任；索赔；不可抗力；小时或天。

2）合同文件及解释顺序同本条前文《协议书》内容中的有关说明。

（2）双方一般权利和义务。

（3）施工组织设计和工期。

（4）质量与检验。

（5）安全施工。

（6）合同价款与支付。

（7）材料设备供应。

（8）工程变更。

（9）竣工验收与结算。

（10）违约、索赔和争议。

（11）其他。

3.8.3.3  《专用条款》

（1）《专用条款》谈判依据及注意事项。

（2）《专用条款》与《通用条款》是相对应的。

（3）《专用条款》具体内容是发包人与承包人协商将工程的具体要求填写在合同文本中。

（4）建设工程合同《专用条款》的解释优于《通用条款》。

## 3.8.4  工程施工项目其他合同的主要内容

3.8.4.1  工程分包合同的主要内容

1. 工程分包的概念

工程分包是相对总承包而言的。所谓工程分包是指施工总承包企业将所承包建设工程中的专业工程或劳务作业发包给其他建筑业企业完成的活动。分包分为专业工程分包和劳务作业分包。

2. 分包资质管理

《建筑法》第 29 条和《合同法》第 272 条同时规定，禁止（总）承包人将工程分包给不具备相应资质条件的单位，这是维护建设市场秩序和保证建设工程质量的需要。

（1）专业承包资质专业承包序列企业资质设 2 至 3 个等级，60 个资质类别，其中常用类别有：地基与基础、建筑装饰装修、建筑幕墙、钢结构、机电设备安装、电梯安装、消防设施、建筑防水、防腐保温、园林古建筑、爆破与拆除、电信工程、管道工程等。

（2）劳务分包资质劳务分包序列企业资质设 1 至 2 个等级，13 个资质类别，其中常用类别有：木工作业、砌筑作业、抹灰作业、油漆作业、钢筋作业、混凝土作业、脚手架作业、模板作业、焊接作业、水暖电安装作业等。如同时发生多类作业可划分为结构劳务作业、装修劳务作业、综合劳务作业。

3. 总、分包的连带责任

《建筑法》第 29 条规定，建筑工程总承包单位按照总承包合同的约定对建设单位负责；分包单位按照分包合同的约定对总承包单位负责。总承包单位和分包单位就分包工程对建设单位承担连带责任。

4. 关于分包的法律禁止性规定

《建设工程质量管理条例》第 25 条明确规定，施工单位不得转包或违法分包工程。

（1）违法分包。根据《建设工程质量管理条例》的规定，违法分包指下列行为：

1）总承包单位将建设工程分包给不具备相应资质条件的单位，这里包括不具备资质条件和超越自身资质等级承揽业务两类情况；

2）建设工程总承包合同中未有约定，又未经建设单位认可，承包单位将其承包的部分建设工程交由其他单位完成的；

3）施工总承包单位将建设工程主体结构的施工分包给其他单位的；

4）分包单位将其承包的建设工程再分包的。

（2）转包。是指承包单位承包建设工程后，不履行合同约定的责任和义务，将其承包的全部建设工程转给他人或者将其承包的全部工程肢解后以分包的名义分别转给他人承包的行为。

（3）挂靠。是与违法分包和转包密切相关的另一种违法行为。

1）转让、出借资质证书或者以其他方式允许他，凡以本企业名义承揽工程的；

2）项目管理机构的项目经理、技术负责人、项目核算负责人、质量管理人员、安全管理人员等不是本单位人员，与本单位无合法的人事或者劳动合同、工资福利以及社会保险关系的；

3）建设单位的工程款直接进入项目管理机构财务的。

5. 建设工程施工专业分包合同示范文本的主要内容

建设部和国家工商行政管理总局于 2003 年发布了《建设工程施工专业分包合同（示范文本）》（GF 2003—0213）。该《示范文本》由《协议书》、《通用条款》、《专用条款》三部分组成。

（1）《协议书》内容包括：

1）分包工程概况分包工程名称；分包工程地点；分包工程承包范围；

2）分包合同价款；

3）工期开工日期；竣工日期；合同工期总日历天数；

4）工程质量标准；

5）组成合同的文件包括：本合同协议书；中标通知书（如有时）；分包人的报价书；除总包合同工程价款之外的总包合同文件；本合同专用条款；本合同通用条款；本合同工程建设标准、图纸及有关技术文件；合同履行过程中，承包人和分包人协商一致的其他书面文件；

6）本协议书中有关词语含义与本合同第二部分《通用条款》中分别赋予它们的定义相同；

7）分包人向承包人承诺，按照合同约定的工期和质量标准，完成本协议书第一条约定的工程，并在质量保修期内承担保修责任；

8）承包人向分包人承诺，按照合同约定的期限和方式，支付本协议书第二条约定的合同价款，及其他应当支付的款项；

9）分包人向承包人承诺，履行总包合同中与分包工程有关的承包人的所有义务，并与承包人承担履行分包工程合同以及确保分包工程质量的连带责任；

10）合同的生效。

（2）《通用条款》内容包括：

1）词语定义及合同文件，包括词语定义，合同文件及解释顺序，语言文字和适用法律、行政法规、工程建设标准，图纸；

2）双方一般权利和义务，包括承包人的工作和分包人的工作；

3）工期；

4）质量与安全，包括质量检查与验收和安全施工；

5）合同价款与支付，包括合同价款及调整、工程量的确认和合同价款的支付；

6）工程变更；

7）竣工验收与结算；

8）违约、索赔及争议；

9）保障、保险及担保；

10）其他，包括材料设备供应，文件、不可抗力、分包合同解除、合同生效与终止、合同价数和补充条款等规定。

（3）《专用条款》内容包括：

1）词语定义及合同文件；

2）双方一般权利和义务；

3）工期；

4）质量与安全；

5）合同价款与支付；

6）工程变更；

7）竣工验收与结算；

8）违约、索赔及争议；

9）保障、保险及担保；

10）其他。

《专用条款》与《通用条款》是相对应的，《专用条款》具体内容是承包人与分包人协商将工程的具体要求填写在合同文本中，建设工程专业分包合同《专用条款》的解释优于《通用条款》。

### 3.8.4.2　劳务分包合同的主要内容

建设部和国家工商行政管理总局于 2008 年发布了《建设工程施工劳务分包合同（示范文本）》（GF 2003—0214），其规范了劳务分包合同的主要内容。

1. 劳务分包合同主要条款

劳务分包合同主要包括：劳务分包人资质情况；劳务分包工作对象及提供劳务内容；分包工作期限；质量标准；合同文件及解释顺序；标准规范；总（分）包合同；图纸；项目经理；工程承包人义务；劳务分包人义务；安全施工与检查；安全防护；事故处理；保险；材料；设备供应；劳务报酬；工量及工程量的确认；劳务报酬的中间支付；施工机具、周转材料供应，施工变更；施工验收；施工配合；劳务报酬最终支付；违约责任；索赔；争议；禁止转包或再分包；不可抗力；文物和地下障碍物；合同解除；合同终止；合同价数；补充条款；合同生效。

2. 工程承包人与劳务分包人的义务

（1）工程承包人的义务。

1）组建与工程相适应的项目管理班子，全面履行总（分）包合同，组织实施施工管理的各项工作，对工程的工期和质量向发包人负责。

2）除非本合同另有约定，工程承包人完成劳务分包人施工前期的下列工作并承担相应费用：向劳务分包人交付具备本合同项下劳务作业开工条件的施工场地；完成水、电、热、电信等施工管线和施工道路，并满足完成本合同劳务作业所需的能源供应、通信及施工道路畅通的时间和质量要求；向劳务分包人提供相应的工程地质和地下管网线路资料；办理下列工作手续：各种证件、批件、规费，但涉及劳务分包人自身的手续除外；向劳务分包人提供相应的水准点与坐标控制点位置；向劳务分包人提供生产、生活临时设施。

3）负责编制施工组织设计，统一制定各项管理目标，组织编制年、季、月施工计划、物资需用量计划表，实施对工程质量、工期、安全生产、文明施工，计量分析、实验化验的控制、监督、检查和验收。

4）负责工程测量定位、沉降观测、技术交底，组织图纸会审，统一安排技术档案资料的收集整理及交工验收。

5）统筹安排、协调解决非劳务分包人独立使用的生产、生活临时设施、工作用水、用电及施工场地。

6）按时提供图纸，及时交付应供材料、设备，所提供的施工机械设备、周转材料、安全设施保证施工需要。

7）按本合同约定，向劳务分包人支付劳动报酬。

8）负责与发包人、监理、设计及有关部门联系，协调现场工作关系。

（2）劳务分包人义务。

1）对本合同劳务分包范围内的工程质量向工程承包人负责，组织具有相应资格证书的熟练工人投入工作，未经工程承包人授权或允许，不得擅自与发包人及有关部门建立工作联系；自觉遵守法律法规及有关规章制度。

2）劳务分包人根据施工组织设计总进度计划的要求按约定的日期（一般为每月底前若干天）提交下月施工计划，有阶段工期要求的提交阶段施工计划，必要时按工程承包人要求提交旬、周施工计划，以及与完成上述阶段、时段施工计划相应的劳动力安排计划，经工程承包人批准后严格实施。

3）严格按照设计图纸、施工验收规范、有关技术要求及施工组织设计精心组织施工，确保工程质量达到约定的标准；科学安排作业计划，投入足够的人力、物力，保证工期；加强安全教育，认真执行安全技术规范，严格遵守安全制度，落实安全措施，确保施工安全；加强现场管理，严格执行建设主管部门及环保、消防、环卫等有关部门对施工现场的管理规定，做到文明施工；承担由于自身责任造成的质量修改、返工、工期拖延、安全事故、现场脏乱造成的损失及各种罚款。

4）自觉接受工程承包人及有关部门的管理、监督和检查；接受工程承包人随时检查其设备、材料保管、使用情况，及其操作人员的有效证件、持证上岗情况；与现场其他单位协调配合，照顾全局。

5）按工程承包人统一规划堆放材料、机具，按工程承包人标准化工地要求设置标牌，搞好生活区的管理，做好自身责任区的治安保卫工作。

6）按时提交报表、完整的原始技术经济资料，配合工程承包人办理交工验收。

7）做好施工场地周围建筑物、构筑物和地下管线和已完工程部分的成品保护工作，因劳务分包人责任发生损坏，劳务分包人自行承担由此引起的一切经济损失及各种罚款。

8）妥善保管、合理使用工程承包人提供或租赁给劳务分包人使用的机具、周转材料及其他设施。

9）劳务分包人须服从工程承包人转发的发包人及工程师的指令。

10）除非本合同另有约定，劳务分包人应对其作业内容的实施、完工负责，劳务分包人应承担并履行总（分）包合同约定的、与劳务作业有关的所有义务及工作程序。

3. 安全防护及保险

（1）安全防护。

1）劳务分包人在动力设备、输电线路、地下管道、密封防振车间、易燃易爆地段以及临街交通要道附近施工时，施工开始前应向工程承包人提出安全防护措施，经工程承包人认可后实施，防护措施费用由工程承包人承担。

2）实施爆破作业，在放射、毒害性环境中工作（含储存、运输、使用）及使用毒害性、腐蚀性物品施工时，劳务分包人应在施工前 10 天以书面形式通知工程承包人，并提出相应的安全防护措施，经工程承包人认可后实施，由工程承包人承担安全防护措施费用。

3）劳务分包人在施工现场内使用的安全保护用品（如安全帽、安全带及其他保护用品），由劳务分包人提供使用计划，经工程承包人批准后，由工程承包人负责供应。

（2）保险。

1）劳务分包人施工开始前，工程承包人应获得发包人为施工场地内的自有人员及第三方人员生命财产办理的保险，且不需劳务分包人支付保险费用。

2）运至施工场地用于劳务施工的材料和待安装设备，由工程承包人办理或获得保险，且不需劳务分包人支付保险费用。

3）工程承包必须为租赁或提供给劳务分包人使用的施工机械设备办理保险，并支付保险费用。

4）劳务分包人必须为从事危险作业的职工办理意外伤害保险，并为施工场地内自有人员生命财产和施工机械设备办理保险，支付保险费用。

5）保险事故发生时，劳务分包人和工程承包人有责任采取必要的措施，防止或减少损失。

4. 劳务报酬

(1) 劳务报酬采用以下方式：

1) 固定劳务报酬（含管理费）；

2) 约定不同工种劳务的计时单价（含管理费），按确认的工时计算；

3) 约定不同工作成果的计件单价（含管理费），按确认的工程量计算。

(2) 劳务报酬，除本合同约定或法律政策变化，导致劳务价格变化的，均为一次包死，不再调整。

(3) 劳务报酬最终支付：

1) 全部工作完成，经工程承包人认可后 14 天内，劳务分包人向工程承包人递交完整的结算资料，双方按照本合同约定的计价方式，进行劳务报酬的最终支付。

2) 工程承包人收到劳务分包人递交的结算资料后 14 天内进行核实，给予确认或者提出修改意见。工程承包人确认结算资料后 14 天内向劳务分包人支付劳务报酬尾款。

3) 劳务分包人和工程承包人对劳务报酬结算价款发生争议时，按本合同关于争议的约定处理。

5. 违约责任

(1) 当发生下列情况之一时，工程承包人应承担违约责任：

1) 工程承包人违反合同的约定，不按时向劳务分包人支付劳务报酬；

2) 工程承包人不履行或不按约定履行合同义务的其他情况。

(2) 工程承包人不按约定核实劳务分包人完成的工程量或不按约定支付劳务报酬或劳务报酬尾款时，应按劳务分包人同期向银行贷款利率向劳务分包人支付拖欠劳务报酬的利息，并按拖欠金额向劳务分包人支付违约金。

(3) 工程承包人不履行或不按约定履行合同的其他义务时，应向劳务分包人支付违约金，工程承包人尚应赔偿因其违约给劳务分包人造成的经济损失，顺延延误的劳务分包人工作时间。

(4) 当发生下列情况之一时，劳务分包人应承担违约责任：

1) 劳务分包人因自身原因延期交工的；

2) 劳务分包人施工质量不符合本合同约定的质量标准，但能够达到国家规定的最低标准时；

3) 劳务分包人不履行或不按约定履行合同的其他义务时，劳务分包人尚应赔偿因其违约给工程承包人造成的经济损失，延误的劳务分包人工作时间不予顺延。

(5) 一方违约后，另一方要求违约方继续履行合同时，违约方承担上述违约责任后仍应继续履行合同。

3.8.4.3 材料采购合同的主要内容

(1) 标的；

(2) 购买数量或租赁种类、规格、数量；

(3) 质量标准；

(4) 包装要求；

（5）供货时间和退回时间；

（6）运输方式；

（7）验收方法；

（8）单价和总价；

（9）双方责任和义务；

（10）结算方式；

（11）违约责任；

（12）争议解决方式等。

3.8.4.4　设备采购合同的主要内容

（1）产品（成套设备）的名称、品种、型号、规格、等级、技术标准或技术性能指标；

（2）采购数量和计量单位；

（3）包装标准及包装物的供应与回收的规定；

（4）交货单位、交货方式、运输方式、到货地点（包括专用线、码头等）、接（提）货单位；

（5）交（提）货期限；

（6）双方责任和义务；

（7）验收方法；

（8）产品单价和总价；

（9）结算方式、开户银行、账户名称、账号、结算单位；

（10）违约责任；

（11）争议解决的方式等。

无论什么方式和内容的合同或协议，都是履约双方真实意思的表达，对双方具有同等的约束力，因此，为了防止不快和争执，在订立时应尽量细化和明确，词语表达应严谨、明晰，合同履行过程中可能涉及的问题应全面，能量化的尽量量化，能用书面表述的尽量用书面方式表述明白；对根本无法实现的条件不要随意在条款中承诺，应采取低调的方式进行说明，实际履行过程中向好的方向努力。合同订立双方只要互相守信，互相体贴，互相尊重，互相支持，合同最终几乎是一张废纸，但是，如果有一方不守信或互相不守信，合同就是最好的证据和法律效力依据，所以，任何合同或协议都必须认真对待，也就是说项目经理等主要管理人员必须亲自起草和审阅合同初稿，以防不测。

## 3.8.5　履约担保

3.8.5.1　履约担保的概念

所谓履约担保，是指发包人在招标文件中规定的要求承包人提交的保证履行合同义务的担保。

3.8.5.2　履约担保的形式

履行担保一般有三种形式：银行履约保函、履约担保书和保留金。

1. 银行履约保函

（1）银行履约保函是由商业银行开具的担保证明，通常为合同金额的 10％ 左右。银行保函分为有条件的银行保函和无条件的银行保函。

（2）有条件的保函是指下述情形：在承包人没有实施合同或者未履行合同义务时，由发包人或监理工程师出具证明说明情况，并由担保人对已执行合同部分和未执行部分加以鉴定，确认后才能收兑银行保函，由招标人得到保函中的款项。建筑行业通常倾向于采用这种形式的保函。

（3）无条件的保函是指下述情形：在承包人没有实施合同或者未履行合同义务时，发包人不需要出具任何证明和理由。只要看到承包人违约，就可对银行保函进行收兑。

2. 履约担保书

（1）履约担保书的担保方式是：当承包人在履行合同中违约时，开出担保书的担保公司或者保险公司用该项担保金去完成施工任务或者向发包人支付该项保证金。工程采购项目保证金提供担保形式的，其金额一般为合同价的 30％～50％。

（2）承包人违约时，由工程担保人代为完成工程建设的担保方式，有利于工程建设的顺利进行，因此是我国工程担保制度探索和实践的重点内容。

3. 保留金

（1）保留金是指在发包人根据合同的约定，每次支付工程进度款时扣除一定数目的款项，作为承包人完成其修补缺陷义务的保证。保留金一般为每次工程进度款的 10％，但总额一般应限制在合同总价款的 5％（通常最高不得超过 10％）。一般在工程移交时，发包人将保留金的一半支付给承包人；质量保修期满 1 年（一般最高不超过 2 年）后 14 天内，再将剩下的一半支付给承包人。

（2）履约保证金额的大小取决于招标项目的类型与规模，但必须保证承包人违约时，发包人不受损失。在投标须知中，发包人要规定使用哪一种形式的履约担保。发包人应当按照招标文件中的规定提交履约担保。没有按照上述要求提交履约担保的发包人将把合同授予第二中标候选人，并没收第一中标候选人的投标保证金。

3.8.5.3　《世行采购指南》对履约担保的规定

工程的招标文件要求一定金额的保证金，其金额足以抵偿借款人（发包人）在承包人违约时所遭受的损失。该保证金应当按照借款人在招标文件中的规定以适当的格式和金额采用履约担保书或者银行保函形式提供。担保书或者银行保函的金额将根据提供保证金的类型和工程的性质和规模有所不同。该保证金的一部分应展期至工程竣工日之后，以覆盖截至借款人最终验收的缺陷责任期或维修期；另一种做法是，在合同规定从每次定期付款中扣留一定百分比作为保留金，直到最终验收为止。可允许承包人在临时验收后用等额保证金来代替保留金。

3.8.5.4　世行贷款项目招标文件范本《土建工程国内竞争性文件》对履约担保的规定

（1）中标人应在接到中标通知书 14 天内按合同专用条款中规定的数额向发包人提交履约保证金。指缺陷责任期结束后 28 天履约保证金应保持有效，并应按规定的格式或发包人可接受的其他格式由在中华人民共和国注册经营的银行开具。

（2）如果没有理由再需要履约保证金，在缺陷责任期结束后的 28 天内发包人应将履约保证金退还给承包人。

（3）发包人应将从保证金的开出机构所获得的索赔通知承包人。

（4）如果下述情况发生 42 天或以上则发包人可从履约保证金中获得索赔：项目监理指出承包人有违反合同的行为后，承包人仍继续该违反合同的行为或承包人未将应支付给发包人的款项支付给发包人。

3.8.5.5　FIDIC《土木工程施工合同条件》对履约担保的规定

（1）如果合同要求承包人为其正确履行合同取得担保时，承包人应在收到中标函之后 28 天内，按投标书附件中注明的金额取得担保，并将此保函提交给发包人。该保函应与投标书附件中规定的货币种类及其比例相一致。当向发包人提交此保函时，承包人应将这一情况通知工程师。该保函采取本条件附件中的格式或由发包人和承包人双方同意的格式。提供担保的机构须经发包人同意。除非合同另有规定，执行本款时所发生的费用应由承包人负担。

（2）在承包人根据合同完成施工和竣工。并修补了任何缺陷之前，履约担保将一直有效。在发出缺陷责任证书之后，即不应对该担保提出索赔，并应在上述缺陷责任证书发出后 14 天内将该保函退还给承包人。

（3）在任何情况下，发包人在按照履约担保提出索赔之前，皆应通知承包人，说明导致索赔的违约性质。

## 3.8.6　预付款担保

3.8.6.1　预付款担保的概念

预付款担保是指承包人与发包人签订合同后，承包人正确、合理使用发包人支付的预付款的担保。建设工程合同签订以后，发包人给承包人一定比例的预付款，一般为合同金额的 10%（对纯建筑物项目、机电安装、金属结构加工等工程前期材料投入较大的，可以适当提高比例，但非特殊情况一般不得超过合同额的 30%），但需由承包人的开户银行向发包人出具预付款担保，以防止施工企业因种种原因拿到预付款后不及时进行施工或干脆不施工的情况发生。

3.8.6.2　预付款担保的形式

（1）银行保函。

预付款担保的主要形式即银行保函。预付款担保的担保金额通常与发包人的预付款是等值的。预付款一般逐月从工程预付款中扣除，预付款担保的担保金额也相应逐月减少。承包人在施工期间，应当定期从发包人处取得同意此保函减值的文件，并送交银行确认。承包人还清全部预付款后，发包人应退还预付款担保，承包人将其退回银行注销，解除担保责任。

（2）发包人与承包人约定的其他形式。

预付款担保也可由保证担保公司担保，或采取抵押等担保形式。

3.8.6.3　预付款担保的作用

预付款担保的主要作用在于保证承包人能够按合同规定进行施工，偿还发包人已支付的全部预付金额。如果承包人中途毁约，中止工程，使发包人不能在规定期限内从应付工程款中扣除全部预付款，则发包人作为保函的受益人有权凭预付款担保向银行索赔该保函的担保金额作为补偿。

3.8.6.4　国际工程承包市场关于预付款担保的规定

在国际工程承包市场,《世行采购指南》、世行贷款项目招标文件范本《土建工程国内竞争性文件》、《亚洲开发银行贷款采购准则》和 FIDIC《土木工程施工合同条件应用指南》中均对预付款担保作出相应规定。

（1）《世行采购指南》规定,货物或土建工程合同签字后支付的任何动员预付款及类似的支出应参照这些支出的估算金额,并应在招标文件中予以规定。对其他预付款的支付金额和时间,比如为交运到现场用于土建工程的材料所作的材料预付款,也应有明确规定。招标文件应规定为预付款所需的任何保证金所应做出的安排。

（2）世行贷款项目招标文件范本《土建工程国内竞争性文件》中的规定

1）由在中华人民共和国注册并经营的银行开出与预付款相同数额的保函后,发包人将按合同专用条款中规定的金额和日期向承包人支付预付款。预付款保函应在预付款全部扣回之前保持有效,但其担保额应随投标人返还的金额而逐渐减少。预付款不计利息。

2）承包人应将预付款专用于实施本合同所需的施工机械、设备、材料及动员费用,并且应向项目监理提交发票和其他证明文件的副本以证明预付款确实如此使用。

3）根据以支付额计算的完成工程的比例表,预付款将从支付给承包人的款项中按合同专用条款中规定的比例数额扣回。在评估所完成的工程、变更、价格调整、补偿事件或误期赔偿费的价值时不应考虑预付款的支付和扣回。

（3）《亚洲开发银行贷款采购准则》规定,建设项目合同应当预先支付一定数额,用于支付迁移费及为工程需要而将材料运到工地的费用。招标文件应规定每项预付金额基数,支付的时间和方法,所要求的资金种类以及承包人还款方式。对于预付的迁移费、所迁移的物品应在数量单中加以说明,预付款的支付仅限于这些物品。一般情况下,预付金额仅限于合同总额的 10%,至于配合工程需要所运的材料,预付款数量取决于工程的类型,在通常情况下可预付部分材料费。

（4）FIDIC《土木工程施工合同条件应用指南》在证书与支付中规定,如欲包括预付款条款可增加一款如下:投标书附件中规定的预付款额,应在承包人根据发包人呈交或认可的履约保证书和已经发包人认可的条件对全部预付款价值进行担保的保函之后,由工程师开具证明支付给承包人。上述担保额应按照工程师根据本款颁发的临时证书中的指示,用承包人偿还的款项逐渐冲销。该预付款不受保留金约束。

## 3.8.7　合同的实施与管理

3.8.7.1　工程合同分析

1. 合同分析的必要性

进行合同分析是基于以下原因:

（1）合同条文繁杂,内涵意义深刻,法律语言不容易理解;

（2）同在一个工程中,往往几份、十几份甚至几十份合同交织在一起,有十分复杂的关系;

（3）合同文件和工程活动的具体要求（如工期、质量、费用等）的衔接处理;

（4）工程小组、项目管理职能人员等所涉及的活动和问题不是合同文件的全部，而仅为合同的部分内容，如何全面理解合同对合同的实施将会产生重大影响；

（5）合同中存在问题和风险，包括合同审查时已经发现的风险和还可能隐藏着的尚未发现的风险；

（6）合同条款的具体落实；

（7）在合同实施过程中，合同双方将会产生的争议。

2. 建设工程合同分析的内容

合同分析在不同的时期和为了不同的目的，有不同的内容。

（1）合同的法律基础。

分析订立合同所依据的法律、法规，通过分析，承包人了解适用于合同的法律的基本情况（范围、特点等），用以指导整个合同实施和索赔工作。对合同中明示的法律应重点分析。

（2）承包人的主要任务。

1）明确承包人的总任务，即合同标的。承包人在设计、采购、生产、试验、运输、土建、安装、验收、试生产、缺陷责任期维修等方面的主要责任，施工现场的管理，给发包人的管理人员提供生活和工作条件等责任。

2）明确合同中的工程量清单、图纸、工程说明、技术规范的定义。工程范围的界限应很清楚，否则会影响工程变更和索赔，特别对固定总价合同。

在合同实施中，如果工程师（或监理工程师）指令的工程变更属于合同规定的工程范围，则承包人必须无条件执行；如果工程变更超过承包人应承担的风险范围，则可向发包人提出工程变更的补偿要求。

3）明确工程变更的补偿范围，通常以合同金额一定的百分比表示。通常这个百分比越大，承包人的风险越大。

4）明确工程变更的索赔有效期，由合同具体规定，一般为 28 天（也有 14 天的）。一般这个时间越短，对承包人管理水平的要求越高，对承包人越不利。

（3）发包人责任。

1）发包人雇用工程师（或监理工程师）并委托他全权履行发包人的合同责任。

2）发包人和工程师有责任对平行的各承包人和供应商之间的责任界限做出划分，对这方面的争执做出裁决，对他们的工作进行协调，并承担管理和协调失误造成的损失。

3）及时做出承包人履行合同所必需的决策，如下达指令、履行各种批准手续、做出认可、答复请示，完成各种检查和验收手续等。

4）提供施工条件，如及时提供设计资料、图纸、施工场地、道路等。

5）按合同规定及时支付工程款，及时接收已完工程等。

（4）合同价格分析。

1）合同所采用的计价方法及合同价格所包括的范围。

2）工程计量程序，工程款结算（包括进度付款、竣工结算、最终结算）方法和程序。

3）合同价格的调整，即费用索赔的条件、价格调整方法，计价依据，索赔有效期规定。

4）拖欠工程款的合同责任。

（5）施工工期。

在实际工程中，工期拖延极为常见和频繁，而且对合同实施和索赔的影响很大，所以要特别重视。

（6）违约责任。

如果合同一方未遵守合同规定，造成对方损失，应受到相应的合同处罚。

1）承包人不能按合同规定工期完成工程的违约金或承担发包人损失的条款；

2）由于管理上的疏忽造成对方人员和财产损失的赔偿条款；

3）由于预谋或故意行为造成对方损失的处罚和赔偿条款等；

4）由于承包人不履行或不能正确地履行合同责任，或出现严重违约时的处理规定；

5）由于发包人不履行或不能正确地履行合同责任，或出现严重违约时的处理规定，特别是对发包人不及时支付工程款的处理规定。

（7）验收、移交和保修。

验收包括许多内容，如材料和机械设备的现场验收，隐蔽工程验收、单项工程验收、全部工程竣工验收等。

在合同分析中，应对重要的验收要求、时间、程序以及验收所带来的法律后果作说明。

竣工验收合格即办理移交。移交作为一个重要的合同事件，同时又是一个重要的法律概念，它表示：

1）发包人认可并接收工程，承包人工程施工任务的完结；

2）工程所有权的转让；

3）承包人工程照管责任的结束和发包人工程照管责任的开始；

4）保修责任的开始；

5）合同规定的工程款支付条款有效。

（8）索赔程序和争执的解决。

它决定着索赔的解决方法。这里要分析：

1）索赔的程序；

2）争执的解决方式和程序；

3）仲裁条款，包括仲裁所依据的法律、仲裁地点、方式和程序、仲裁结果的约束力等。

### 3.8.7.2　工程合同交底

合同和合同分析的资料是工程实施管理的依据。合同分析后，应由合同管理人员向各层次管理者作"合同交底"，把合同责任具体地落实到各责任人和合同实施的具体工作上。

（1）合同管理人员向项目管理人员和企业各部门相关人员进行"合同交底"，组织大家学习合同和合同总体分析结果，对合同的主要内容做出解释和说明。

（2）将各种合同事件的责任分解落实到各工程小组或分包人。

（3）在合同实施前与其他相关的各方面，如发包人、监理工程师、承包人沟通，召开协调会议，落实各种安排。

（4）在合同实施过程中还必须进行经常性的检查、监督，对合同作解释。

（5）合同责任的完成必须通过其他经济手段来保证。对分包商，主要通过分包合同确定双方的责权利关系，保证分包商能及时地按质按量地完成合同责任。

### 3.8.7.3  工程合同实施的控制

**1. 合同控制的作用**

（1）通过合同实施情况分析，找出偏离，以便及时采取措施，调整合同实施过程，达到合同总目标，所以合同跟踪是决策的前导工作。

（2）在整个工程过程中，能使项目管理人员一直清楚地了解合同实施情况，对合同实施现状、趋向和结果有一个清醒的认识。

**2. 合同控制的依据**

（1）合同和合同分析的结果，如各种计划、方案、洽商变更文件等，它们是比较的基础，是合同实施的目标和依据。

（2）各种实际的工程文件，如原始记录，各种工程报表、报告、验收结果、计量结果等。

（3）工程管理人员每天对现场情况的书面记录。

**3. 合同控制措施**

合同诊断包括如下内容：

（1）分析合同执行差异的原因；

（2）分析合同差异责任；

（3）问题的处理。

对工程问题有如下四类措施：

（1）技术措施；

（2）组织和管理措施；

（3）经济措施；

（4）合同措施。

### 3.8.7.4  工程合同档案管理

**1. 合同资料种类**

在实际工程中与合同相关的资料面广量大，形式多样，主要有：

（1）合同资料，如各种合同文本、招标文件、投标文件、图纸、技术规范等；

（2）合同分析资料，如合同总体分析、网络图、横道图等；

（3）工程实施中产生的各种资料。如发包人的各种工作指令、签证、信函、会谈纪要和其他协议，各种变更指令、申请、变更记录，各种检查验收报告、鉴定报告；

（4）工程实施中的各种记录、施工日记等，官方的各种文件、批件，反映工程实施情况的各种报表、报告、图片等。

**2. 合同资料文档管理的内容**

（1）合同资料的收集：合同包括许多资料、文件，合同分析又产生许多分析文件；在合同实施中每天又产生许多资料，如记工单、领料单、图纸、报告、指令、信件等。

（2）资料整理：原始资料必须经过信息加工才能成为可供决策的信息，成为工程报表或报告文件。

（3）资料的归档：所有合同管理中涉及的资料不仅目前使用，而且必须保存，直到合同结束。为了查找和使用方便必须建立资料的文档系统。

（4）资料的使用：合同管理人员有责任向项目经理、向发包人作工程实施情况报告；向各职能人员和各工程小组、分包商提供资料；为工程的各种验收、为索赔和反索赔提供资料和证据。

# 3.9 招投标管理简述

水利工程施工招投标阶段的管理，严格地说不应该放在工程施工管理中讲述，因为，工程项目施工管理着重讲述的主要是工程中标后的工作，招投标阶段应该在工程项目施工准备之前完成，而没有招投标阶段又不可能发生工程项目施工管理，它是施工管理的必要前提，也是建造工程师必须熟悉和掌握的重要业务，因此，在此简单讲述该阶段主要工作内容，仅供大家了解。

《中华人民共和国招标投标法》是全国各行各业共同遵守的招投标法律文件，依据该法各行各业根据各自的行业特点和当地情况又出台了相应的规定和办法，因此，不同的行业、不同的地域、不同的工程项目其招投标的方式和规定在基本相同的情况下又有区别。我们在这里讲的主要是以综合评审法评标的水利工程项目施工投标一些常规做法和主要内容，供大家参考。

一般的水利工程项目施工投标文件包括商务和技术两部分，按传统的评标办法商务部分是投标文件的重头，按百分制一般占总分的60%左右，各分值要素占分比重不均衡，其中报价占40分左右，主体工程单价合理性占10分左右，其他占10分左右，同时，商务标也是比较"死"的部分，即各项评分标准有明确的规定，符合就有分，符合多少就得多少分，灵活性很小；技术部分是投标文件相对次要的部分，一般占总分的40%左右，各分值要素占分比重比较均衡，多的8分左右，一般施工方案、方法和资源配置占分较高，质量目标和质量保证措施、施工进度和工期安排次之，安全生产和文明施工及环境保护措施再次之，同时，技术标也是相对比较"活"的部分，即各项分值要素虽有分值标准但是有评判空间，评委打分时在情况下基本相同的条件下，根据评委的不同理解可以在分值范围内有高有低，灵活性相对大些。由此可见，按综合法评审的投标文件要想中标，商务标是关键，而报价又是关键中的关键，只要报价偏差较大几乎是没有中标的可能；技术标是重点，而施工方案和资源配置又是重点中的重点，只要这两项满足不了要求也是没有中标的可能。

## 3.9.1 施工标投标过程的主要内容

下面仅就水利工程项目施工标投标过程的主要内容讲述如下：

3.9.1.1 投标准备

对于水利工程施工企业来说，投标报价不仅是报价高低的比拼，也是企业、技术、经验、势力、信誉等的较量，因此，投标前必须做好充分的准备。投标准备工作主要有投标信息的收集与分析、投标工作机构的建立等内容。

1. 投标信息的分析与收集

在投标竞争中，正确、全面、可靠、及时的信息对于投标决策起着至关重要的作用。投标信息包括影响投标决策的各种主观因素和客观因素。

（1）影响投标决策的主观因素。

1）施工企业的技术势力，即企业所拥有的各类专业技术人才、熟练工人、技术装备、施工经验、工程业绩等。

2）施工企业的经济实力，即企业购置机械设备的能力、垫付资金的能力、资金周转的速度、支付担保能力、保险和纳税能力等。

3）施工企业的管理水平，即企业的组织机构、规章制度、质量保证体系、安全生产措施等的有效程度。

4）施工企业的社会信誉，即企业是否拥有良好的社会信用和品牌形象。

（2）影响投标决策的客观因素。

1）业主和项目监理部的情况，即业主的合法地位、支付能力、履约信誉情况；监理处理问题的公正性、合理性、合作性等。

2）工程项目的社会环境，主要是工程所在地的政治经济形势、建筑市场的繁荣程度、市场竞争状况、税收与金融政策等。

3）工程项目的自然条件，指工程所在地的气候、水文、地质、地形地貌、社会风俗、社会治安等对项目进展和成本的影响情况。

4）工程项目的社会经济条件，包括交通运输、原材料及购配件供应、水电供应、通讯、工程款支付、劳动力供应等的条件。

5）竞争环境，竞争对手的数量，竞争对手的优势、劣势与本企业的对比，竞争对手的竞争策略等。

6）工程项目的难易程度，如工程的设计标准、结构、质量要求、施工工艺的难度、新结构新材料的要求、工期的紧迫程度等。

2. 建立投标工作机构

为了在竞争中获胜，施工企业应当建立高效、精干的投标工作机构，具体负责进行选择投标对象、编制资格预审文件、研究招标文件、勘察现场、确定投标报价、编制投标文件、递送标书、中标后制定合同谈判方案、谈判并签订合同等工作。

（1）投标工作机构的人员组成。通常由四类人员组成：

1）经营管理人才，是指制定和贯彻执行经营方针、市场经营理念、负责全面筹划和统领经营工作的决策人员，包括总经理、分管经营工作的副总经理、总经济师等具有决策权力和宏观掌控能力的企业高级管理和专业技术人员。

2）专业技术人才，是指公司分管工程项目管理的副总经理、公司总工程师、建筑师、建造师、土建工程师、机电工程师、金属结构工程师等专业技术人才，他们应当具备丰富的专业知识和技能，能够较熟练地研究和制定用于投标的各类专业技术方案。

3）商务与财金人才，是指预算、财务、合同、金融、保险等方面的人才，他们应当有能力处理投标过程中的相关专业业务。

4）服务人员，包括办公室人员、公司法律顾问、司机、标书打印复印和装订人员等。

（2）投标工作机构的主要任务。一般有四部分：

1）正确制定投标报价策略。根据招标文件商务部分的要求和评分办法，结合本企业报价经验，分析潜在竞争对手的报价情况，联系该工程项目质量、工期、结构、资金、施工环境、资源条件和市场等，商定该工程项目的报价策略，据此选用接近的定额进行商务部分标书的编制。

2）根据工程项目的实际情况，制定工程的施工技术方案和各种技术措施。根据招标文件技术部分的要求和评分办法，结合设计资料和勘察现场的情况，参照企业类似工程施工经验和施工方法，兼顾施工设备组织情况和施工队伍操作经验，编制技术部分投标文件。

3）根据投标报价策略、施工技术方案和招标文件的要求，结合企业组织管理水平和成本控制原则，合理地确定工程项目的最终投标报价，并据此报价调整工程量清单单价、分项合价、总价和单价分析表。

4）根据招标文件的要求，安排有一定经验的人员专门收集和准备投标文件附件（常用的附件有：法人授权委托书、投标保函或投标保证金证明、农民工工资支付保函、购买标书发票或收据、企业信誉证书、类似工程业绩、企业获奖证明、企业上年度财务报表、审计报告、企业质量认证证书、银行信誉证明、项目经理建造师注册及资格证书、项目经理专业技术职称证书以及安全培训证书、技术负责人专业技术职称证书、专职安全员安全培训证书、持证上岗人员岗位证书、企业资质证书、企业营业执照、企业法人代码、企业安全生产证书等）。这些附件几乎是每个投标项目都要使用的，也基本没有什么大变化，因此，投标组织机构应有专人保管一整套复印件备用，并在整理投标文件时按招标文件具体要求将所要的附件逐一放入标书规定位置，同时，及早准备原件用于资格预审或后审。

3. 选择投标咨询机构（或代理人）

一般的国内工程投标都是本企业的投标工作机构自己编制投标文件，如果参加国外工程的投标编制投标文件有困难时，可采用选择投标代理人或咨询机构为其代理做标也是有些施工企业常用的办法。选择可靠和有经验的代理人或咨询机构协助进行投标工作，在一定程度上能提高中标率；同时，对企业不熟悉的新技术、新工艺和新材料工程以及中小型施工企业没有投标文件编制能力和经验的，聘请投标咨询机构或代理人也是可取之举。

（1）投标代理人应具备的条件：

1）具有丰富的投标代理经验，精通施工技术和组织管理知识。

2）诚信可靠，全力维护委托人的合法权益。

3）有较强的活动能力。

4）有权威性和影响力。

（2）代理协议。施工企业在选定代理人后，应当签订代理协议，其内容主要包括：

1）双方当事人的权力、义务、责任。

2）代理的业务范围和活动区域。

3）代理活动的有效期限。

4）代理费用及其支付办法。

5）其他规定。

**4. 寻求合作（联营）伙伴**

由于工程承包涉及较多的专业和技术领域，对部分技术复杂或工程量大的工程，企业自身条件满足不了要求，招标人允许有相应资格的两家（或以上）企业联合投标的，施工企业需要考虑寻求合作伙伴，以共同完成工程项目的总承包目标。寻求联合伙伴应谨慎，最好找了解或合作过且不错的。在只能选择不了解的企业合作的特殊情况下，拟合作企业最好选择两家以上，然后必须对他们进行逐一深入的考察和沟通谈判，先达成口头共识后再具体商定与哪一家合作更有利并签订合作协议。选择合作伙伴应当具备的基本条件是：

（1）符合招标工程所在地和招标文件对投标人资格条件的规定。

（2）具备承担招标工程投标文件编制和中标后施工组织管理的相应能力和经验。

（3）资信可靠，有较好的履约能力和社会信誉，有较强的资源保障能力，对所承担的工作内容有深刻理解且具有相应施工方案和管理及专业技术人员，能独立组织专业技术工人完成其负责的项目。

**5. 办理异地市场准入手续**

在外地（或国外）进行工程投标时，还需按照工程所在地的相关规定事先到当地办理市场准入注册手续，取得合法地位。办理异地市场准入注册时所要提交的文件先通过工程所在地政府主管部门领取明细表，据此要求准备后按时到指定部门办理批准及备案手续。

**3.9.1.2　投标决策**

对于施工企业而言，在一定时期内参与的工程投标项目很多，但并非每个工程项目都必须参与投标，而是应当对每个工程项目情况进行具体分析和筛选，从而确定是否参加投标以及投什么性质的标，不适合本企业情况的工程和不了解的项目盲目参加投标中标率极低，这样只会加大企业成本，久而久之挫伤了投标工作机构人员的积极性和信心，招致职工的埋怨和愤恨，影响企业的声誉。投标决策正确与否，不但关系到企业能否中标，而且关系到企业发展前景和员工的切身利益。企业投标决策层应当慎重对待，根据不同的阶段情况和企业市场优势以及企业优势，选定适合本企业参加的工程项目投标，对决定投标的工程项目根据具体工程情况再确定投标决策类型。

常见的投标决策类型一般按以下几种方式划分：

（1）按投标性质将投标决策分为风险标和保险标。

1）风险标。工程项目难度大、风险大、资金不到位、明显不合理低价中标或不符合招标法规定的工程项目或企业在技术上或设备上以及资金上存在难以解决的实际问题等，企业中标后给企业会带来较大损害的标，都是风险标。但企业为了开拓新的市场或尝试新的技术领域以及后续工程项目等，又苦于当前没有合适的项目职工队伍不稳定等特殊情况下，往往通过这种工程项目达到企业长远的目的或解决临时困难而决定参加投标。对于风险标，既然不是以获得眼前效益为主要目的，在制定投标决策时，就要围绕长远目标考虑，同时，在投标文件中尽量不显山露水地对风险环节留有伏笔，一旦中标后，以此为谈判时降低风险创造有利条件，同时，实际组织管理过程中，对悬而未决的问题要有相应的措施和手段加以解决，否则，不但实现不了长远目标，反而会使企业经济效益和社会信誉都受到损害，得不偿失。对风险标又有大小风险标和资金风险及其他风险标之分，无论什么风险标都必须经过企业高级管理层人员集体慎重斟酌后确定并决策，不到万不得已尽量放弃大风险标，尤其是投资额大或技术复杂或新材料、新工艺、新设备多的工程项目，弄不好企业会因此打伤元气甚至破产。对资金风险标，企业要根据自身的资金能力决策是否参与，如果风险不在工程资金上或招标人当前资金有困难但有明确的偿还承诺及履约能力，且经深入了解，招标人也不惜资金代价或不惜目前经济损失，对这样的标为了减少其他风险对企业的影响，决策时应对工程项目估计在招标人能承受的范围内尽量提高项目利润空间，一旦中标最起码有相对充分的资金保障作后盾从而克服其他风险。对风险标，大型企业且具有技术、设备、资金、人员等相当实力时可以尝试参与，但不宜参与过多。

2）保险标。工程项目在结构、技术、设备、资金、质量、工期等重大问题上都已经有了明确的解决办法，企业现有资源和技术完全能满足项目需求，企业优势明显，几乎没有实力相当的竞争对手且利润可观的标，称为保险标。

对中小型企业，企业的技术经济实力和组织管理能力一般或较差，不足以有能力承受失误和风险时，尽量考虑以投保险标为主，万不得已不要参加风险标。

（2）按投标效益将投标决策分为盈利标、保本标、亏损标。

1）盈利标。所投标的工程为非常规项目，是本企业的强项而又是竞争对手的弱项时，或者业主对本企业的倾向性意图很明确时，无资金及其他风险，这样的标称为盈利标。对这种标，企业有一定的主动权，中标率也较高，获取的利润应该也相对客观，投标决策比较好制定。但是，社会实践中，对每个企业往往都发生过和这种所谓的"把握标"擦肩而过的惋惜情况，究其原因，毕竟业主有业主的限制条件，竞争对手有竞争对手的竞争办法，强弱只是相对的，开标后的情况总是不能预测准确的，因此，对于这种标首先应该把企业优势在投标文件中充分展现出来，防止出现失误，从而与竞争对手形成鲜明的对比以便拉大差距；其次，利用业主倾向性大的心理，尽量多地收集有关信息并加以整理分析，从中把握准业主的心态和能接受的报价上限及施工方案，对症下药，在此基础上适当下浮一定比例确定企业报价上限；第三，研究和分析有一定竞争实力的其他投标企业可能报出的价格，猜测剩余企业报价情况，划定本企业报价范围；第四，对照招标文件的评分办法模拟三个以上整个报价格局情况，总结出本企业最佳报价额度，把握性大时，完全可以适当提高报价。越是有把握的盈利标越要保证中标率，这样的机会总是很少，来之不易也常常是失之难遇。

2）保本标。当所招标的工程为常规项目，几乎具备条件的企业都能完成，竞争对手较多且各自的实力和条件相当只能合理低价中标，或者本企业阶段工程项目较少急于承接新项目稳定职工队伍时，这样的标称为保本标。在市场竞争日趋激烈的情况下，保本标是企业最常面对的标，其特点是竞争对手变化不大，各自的情况互相了解，可以互相称为"暗中对手，面上朋友"，偶有一两个新面孔出现不是有备而来就是来陪榜的。这种标成功和失败都是正常情况，"运气"占了相当的比重，最好以平常心态对待这种标。但由于这种标摆动性大和中标对象的无倾向性，竞争往往又最残酷，技术上一般都在伯仲之间，竞争的核心是报价，有时甚至是微小的差距就会导致投标失败，因此，企业的投标工作机构和经营决策者应全面收集和掌握老竞争对手日常的投标报价信息，分析和研究其报价策略，从而制定本企业报价技巧，力求以技巧取胜并多种技巧并用，因为我们研究别人的时候别人同样在研究我们，"知己知彼"是保本标制胜的法宝。

3）亏损标。明知低于成本而仍参加投标的是亏损标。亏损标是一种非常规的投标决策，经企业高管层领导研究同意后，一般在下列情况下使用：

①为了开辟企业久望不入的新市场，借机确立新市场的立足点在其他条件没有明显优势的情况下不惜以低价取胜；

②为了在本企业的目标市场中挤垮与本企业有相对抗衡能力的竞争对手采取低标价策略；

③为了获得后续工程项目，在首期项目中不惜以低标价投标，以赢取先机，便于未来；

④为了应付企业施工任务严重不足，维持生计和正常运转，不惜成本低价投标；

⑤设计有明显缺陷且尚未被其他竞争对手察觉，中标后完全可以经过设计修改补偿损失的；

⑥本企业具备天时、地利、人和等各种有利条件，预计中标后通过各种有利条件完全可以弥补损失的。

亏损标是"明知山有虎偏向虎山行"的标，决策时眼前利益并非重点，关键是要分析和把握将来一定时期内找回损失的机会，这是决标的中心，没有把握或没有充分的机会宁舍不投。

### 3.9.1.3　投标过程管理

投标过程是指从企业决定参加投标准备资格预审（资格后审是报名）且通过开始，到将投标文件送交业主（或招标代理人）为止所完成的全部工作内容。一般包括下列事项：分析招标信息确定是否参加投标，填写资格预审表，准备投标保证金，申报资格预审资料（或资格后审时报名），购买招标文件，组建投标工作班子，进行投标前调查与现场勘察，选择投标咨询机构或代理人，分析招标文件，校核工程量，编制施工计划和制定施工方案，确定采用定额，编制报价工程量清单和单价分析表，确定临时工程报价，汇总工程预算总价（有备用金的应含规定的备用金），准备标书附件和资格后审原件，制定投标策略和报价方针，划定报价范围，分析确定报价，依据确定报价调整工程量清单报价和单价分析表，填报报价函，办理投标保函，打印和复印商务及技术资料，汇总并检查投标文件，编制投标文件页码，打印投标文件目录，按规定份数装订投标文件，准备外封资料和材料，投标文件检查和盖章签字，加盖正副本章，包装投标文件，外封加盖公章和密封章（正、副本分装的加盖正副本章），递送投标文件，法人或委托代理人签字确认并参加开标会议，记录开标报价情况，法人或委托代理人签字确认开标结果，资格后审时递交有关原件进行审查，法人或委托代理人签字确认审查结果，分析中标概率等。上述工作事项可以按以下阶段划分逐一安排并落实。

1. 分析招标信息阶段

随着社会的发展，交通设施、交通工具和通讯条件等逐步缩短了人际交往的距离，所以，大多数工程项目建设信息不是通过招标公告获取的，尤其在企业当地和目标市场内的信息，大都在工程处于立项、审批、设计等阶段就了解和掌握了有关信息，这也是一个负责任的企业经营和管理者应该做到的。对有经验和思想的企业管理者而言，每干一项工程都会及时建立人际联系网络，以便今后获取相关地方信息。大多数企业不会失去任何适合自己的机会，想方设法尽早地介入其中是企业经营者冥思苦想的问题，对重点攻关项目往往挑选专人负责跟踪，投不投标早有定论，所以，对这样的工程项目到招标公告发布时只是几个标段选择哪一个或几个的问题，一般不用进行多么复杂的分析；对异地工程和企业新开辟的市场，往往没有上述优势和便利条件，在得到信息后，一般要组织有关人员对信息加以分析和总结，适合者投不适合者弃；对当地小企业或社会自然人借用企业资质投标的工程项目，企业必须慎之又慎，一则这是违规行为，二则潜在风险大，真是适合本企业的项目且效益有保证，必须设立强有力的项目管理班子加强全过程的监管，同时，投标前必须签订严密的协议。国家法律绝不允许出现借资质投标的情况发生，而现实中又经常存在这种现象，在此谈到这种情况不是认可这种违法行为，而是针对实际提示有关企业在投标决策时注意和防范这种项目。不法行为的存在是社会不可根除的真实现象，适时防范是企业自我保护的基本本能。

2. 资格预审阶段

企业应安排经营机构或投标工作机构人员将企业资格预审的基本资料准备就绪，并做成有备份的电子版，针对某个具体项目填报资格预审资料时，再结合该项目的特殊要求，补充该项目所需的资料，同时，根据资料原件变化情况随时修改电子版，以防出现原件和复制件不符的情况。

填报资格预审资料时，要注意针对该项目的常规要求和具体特点，分析业主的需求，把本公司能做好该项目的诚信、经验、能力、水平、优势等反映出来。

资格预审过关后，按既定的标段数量缴纳投标保证金、购买对应的标段招标资料，安排做标人员，布置编标具体任务。

3. 投标前调查与现场勘察阶段

投标调查包括对投标项目的环境调查、对投标项目的调查和建筑市场的调查等；现场勘察是指参加由业主或招标代理机构组织的工程现场情况介绍和实地了解。

（1）投标环境调查。主要是对工程项目所在地的政治、经济、法律、社会环境、自然条件、地方风俗习惯、地方治安状况等方面因素的了解和掌握，通过各种途径和渠道全面获取相关信息，深入调查，客观评价，分析总结利弊因素比例，达到有的放矢。

（2）投标项目调查。要尽可能地详细了解和掌握工程项目的具体情况和特点，尤其是对报价和施工技术方案有直接影响的情况更要深入调查，为分析报价和制定施工方案时提供有指导意义的参考资料。投标项目调查一般通过研究招标文件、设计资料、经营期间了解的情况、从设计单位打听的信息、与项目当地社会友人的交流、考察项目现场等渠道进行，有必要和可能时可以专门组织有关人员与业主或设计单位进行专门接触，从而仔细了解相关情况。

（3）建筑市场调查。建筑市场调查是指安排懂业务和技术的人员，根据设计资料咨询设备、材料、运输、劳务、临时占地赔偿标准等与报价有关的市场供应价格和货源情况，从而为分析和确定有关单价做好准备通常也称询价。询价和实际供货价格往往有较大的差距，完全相信询价可能会导致报价失误，因此，在询价时应掌握以下原则：一是找已合作过的信誉厂家咨询，二是多家咨询进行对照，三是以马上可以购买的方式，四是根据以往工程询价和购价的差别比例调整询价，五是通过当地朋友或合作伙伴直接深入了解，六是根据市场变动趋势分析以后可能出现的实际价格。

现场勘察时应安排参加该工程项目标书编制的预算和技术人员到现场进行考察。现场勘察时业主或招标代理人只是介绍工程大致位置、工程布局、临时工程场地范围、交通道路、水电供应、地质地貌、地材供应距离、工程项目特点等，不会涉及其他再深入的与报价和施工技术方案直接有关的东西，勘察人员除了掌握上述宏观情况外，尽量将自己准备的问题提出来并尽量获得答复，由于水利工程大都在空旷的地方，业主或招标代理机构在介绍情况时，勘察人员需细心认真地听取介绍并记录有关情况，包括其他企业人员提出的问题和给予的答复，对地材、水电、临时赔偿等价格可以通过此机会加以了解经以后核实后使用。工程现场地质、地貌、交通条件、场地情况、地上附着物、占地种植物、周围建筑物、供水水源地、供电量及线路距离、离当地村庄距离、地材价格和货源质量和供应能力以及运输情况等，是现场勘察了解的主要内容。

4. 选择咨询单位或代理人阶段

在投标时，可以根据实际情况的需要，选择咨询单位或代理人。对大型施工企业开拓新市场或去国外承包工程时，选择一个精通业务、活动能力强的咨询单位，能够有助于提高中标的机会；对中小型企业就企业当地项目可利用地方优势与实力企业在硬件上想出现悬殊不大的比拼，往往也可借助这种形式，以弥补自身在市场竞争和做标方面的不足或欠缺。

5. 分析招标文件、校核工程量、编制施工计划和制定实施方案阶段

（1）分析招标文件。招标文件是投标的主要依据，应当仔细分析研究，重点要研究投标须知、技术条款、合同条件、设计图纸和设计说明、工程范围以及工程量表，要安排专门技术人员研究技术规范和设计资料，弄清特殊要求，找出工程施工特点和难点并有针对性研究。

（2）校核工程量。招标文件中的工程量清单直接影响报价数额，一定要进行认真的校核。如果发现工程量有重大偏差应及时记录下来，以便在提交答疑事项时请业主或招标代理机构核实并澄清。

（3）编制项目施工计划、制定实施方案。项目施工计划的内容包括质量计划、工期计划、资源计划、安全生产计划、人员设备组织计划、资金使用计划、成本控制计划、材料采购计划、目标责任计划、人员设备管理计划、文明施工和环境保护总体规划、现场布置规划、内外部工作协调思路、各项规章制度、人员考核制度等；项目实施方案包括具体的分部（分项）工程施工方案、质量控制措施、进度控制措施、安全生产保证措施、文明施工和环境保护措施、施工机械设备和材料管理办法、施工现场

管理措施、长期排水和临时排水方法、临时工程（围堰、导流等）施工方法、生活和办公区设施建设、现场水电路布置和维护、后勤生活保障办法、卫生设施及管理办法、职工业余生活安排、阶段和竣工验收组织等。编制项目施工计划和实施方案的依据是设计资料、施工规程规范、工程量清单、招标文件规定和要求、市场材料价格和货源供应、机械设备来源和使用、分包队伍和劳务人员技术能力及水平、工程施工组织管理经验、施工现场周围环境、自然条件等。

6. 投标报价编制和确定阶段

确定采用定额，编制报价工程量清单和单价分析表，确定临时工程报价，汇总工程预算总价，准备标书附件和资格后审原件，制定投标策略和报价方针，划定报价范围，分析确定报价，依据确定报价调整工程量清单报价和单价分析表，填报最终报价函最后确定标价等工作均在这个阶段落实。

其他内容各企业可根据上述内容在编制商务标时灵活掌握，合理安排，在此仅就报价的计算进行简要概述，供预算人员和决标人员参考。

报价的分析确定是决定工程投标成败的核心内容，而领导最终分析确定投标报价的依据则是预算人员做出的报价资料和所掌握的其他情况。因此，投标价格计算是确定投标报价的基础和来源，它的合理性和差错将直接导致决标的方向和成败，所以，对企业预算人员来说要保证投标价格计算准确，必须选定可靠的资料为依据并运用正确的计算方法认真编制。

(1) 投标报价计算的主要依据。

1) 招标文件、招标补充文件和答疑。

2) 工程设计图纸及设计说明。

3) 现场勘察所了解的情况。

4) 有关法规和规范。

5) 拟采用的进度计划、实施方案。

6) 工程概算、预算定额。

7) 工程材料、设备的询价及装运卸费用。

8) 劳务工资标准。

9) 当地生活物资价格水平。

(2) 投标报价的计算。

目前，工程承包的合同计价形式主要有固定总价合同、单价承包合同、成本加酬金合同等几种，虽然不同的合同形式在计价上是有差别的，但基本步骤相同，主要包括：

1) 研究招标文件。

投标者应当组织相关人员认真阅读、分析、研究招标文件，彻底弄清楚招标文件的要求和报价内容。

①承包者的责任和报价范围，以避免在报价中发生任何遗漏。

②各项技术要求，以便确定经济上合理、技术上可行而又能加速工期的实施方案。

③工程中需要使用的特殊材料和设备，以便在计算报价之前调查市场价格，避免因盲目估价而失误。

④整理招标文件中含糊不清的问题，有些问题可以请业主澄清，有些问题作为备忘录留作谈判时使用。

⑤对计算报价有重大影响的问题要尤其加以注意，如工期是否有分段、分部竣工的要求，误期损害赔偿费用的规定，维修期限及保证金，保函和保险方面的要求，付款条件及方式等。

2）进行现场勘察。

投标者必须组织相关人员进行现场勘察，其目的是取得工程项目有关的更为详细的资料，以其作为投标报价、制定实施方案等的依据。

3）编制项目实施规划。

投标者所编制的项目实施规划包括实施方案、进度计划、施工平面布置以及资源需求计划等，是确定投标报价的主要依据之一。

4）核对工程量。

投标者应当根据图纸仔细核算工程量，检查是否有漏项或工程量是否正确。如确有错误，应要求业主予以澄清。如果仅有图纸而没有工程量清单时，投标者应当自行计算工程量。

5）计算工程费用。

国内计算工程费用的主要依据之一是国家颁布的各行业建筑安装工程定额及费用定额。而施工企业在进行投标报价时基本上是根据企业的实际情况（即企业内部定额）以及对当前及今后市场价格的预期，而国家或地方定额仅作为参考。国内工程投标报价费用的组成如下：

①直接费。包括直接工程费和措施费。其中，直接工程费包括人工费、材料费、施工机械使用费；措施费包括环境保护、文明施工、安全施工、临时设施、夜间施工、二次搬运、大型机械设备进出场及安拆、混凝土及钢筋混凝土模板及支架、脚手架、已完工程及设备保护、施工排水和降水等费用。

②间接费。包括规费和企业管理费。其中，规费包括工程排污费、工程定额测定费、社会保障费、住房公积金、危险作业意外伤害保险；企业管理费包括管理人员工资、办公费、差旅交通费、固定资产使用费、工具用具使用费、劳动保险费、工会经费、职工教育经费、财产保险费和财务费等。

③利润和税金。利润是指施工企业承担工程项目承包任务而获得的利润；税金是指按规定应计入建筑安装工程造价内的营业税、城市维护建设税和教育附加费等。利润和税金以直接费、间接费之和为计费基础。

④不可预见费。指由于政治、经济、技术等风险因素的存在，施工企业在完成工程承包过程中所要承担的费用，一般在投标时可按 3% 左右考虑。

在国际工程的投标报价中，可按照国际惯例和所选择的合同文本确定费用计算的内容。

6）确定报价。

在施工企业的投标实践中，经过初步计算组合出的价格可以作为投标的基本价，通常还需要在此基础上计算出低标价、中标价和高标价等几个方案，以供投标决策者参考。

(3) 报价的技巧。施工企业为了中标并获得期望的收益，必须研究和使用报价技巧：

①低报价法。合理的低价报价是较为普遍的做法。此外，当企业为了开拓新市场、为了挤走竞争对手时，或工程简单而体量大技术含量低时，都可以采用低报价法。

②高报价法。当工程项目实施条件艰苦时，当工程项目的技术质量要求特殊时，当工程项目正是本企业的特长而又没有竞争对手时，都可以采用高报价法。

③不平衡报价法。在不提高总报价的前提下，对不同的分部分项工程采用高低不同策略的报价方法。例如，对难以计算准确工程量的分项工程可以把单价报得高一些，估计在实施过程中会增加工程量的分项工程的单价可以高报一些，对于图纸说明不清而修改后会增加工程量的分项工程的价格可以报得高一些，对于暂估价中一定要实施的部分单价可以报高一些，等等。

④多方案报价法。根据合同条件要求制订不同的报价方案。例如，按原合同要求，报价为某一数值，若合同要求做某些修改，则报价为另一稍低一点的数值，以此吸引对方修改合同条件。

⑤有条件降价法。当一个工程项目为几个合同标段同时招标而投标者又可同时投两个以上标段时，则可在投标函中说明，若能同时中两个标段，可以降低总合同报价。这种做法对双方都有好处。

7. 编制投标文件阶段

投标文件应当完全按照招标文件的要求编制，不能随意增加任何附加条件，同时，所有标书打印、复印、装订、检查、盖章、包装等，均在此阶段完成。编制投标文件阶段实际上就是将商务部分、技术部分和标书附件合而为一的过程，这个过程要细心，要对照招标文件的规定次序一一将有关资料有序整理并检查，防止出现次序混乱专家不便查找而失分的情况发生。

投标文件主要内容包括：

(1) 投标邀请书。

(2) 投标书编制说明。

(3) 报价书及工程量清单、单价分析表。

(4) 项目实施规划和实施方案及相关的图表。

(5) 项目管理组织机构及主要管理人员名单和简历。

(6) 项目经理、技术负责人、持证上岗人员资格和职称证书。

(7) 临时工程施工方案（围堰、导流、降排水等）和施工场地平面布置图。

(8) 临时占地计划。

(9) 劳动力计划表、施工设备计划表、检测仪器表、工期横道和网络图、采用的规程规范。

(10) 质量保证措施、安全保证措施、文明施工和环境保护措施。

(11) 投标企业基本情况。

(12) 主要分包商的简要情况。

(13) 其他必要的附件及资料，如投标保函、营业执照、资质证书、企业法人证书、安全生产证书、法人授权委托书、类似工程业绩、企业获奖情况、质量认证证书、企业财务状况、银行或金融机构资信证明、上年度财务审计报告、联合投标协议等。

编制投标文件阶段应注意以下事项：

（1）投标文件中要求填写的空格都必须填写，否则被视为放弃意见或可能被作为废标处理。

（2）填报文件应反复校对，保证分项和汇总计算均无错误；报价书投标金额大小写要一致，货币单位要准确，按招标文件规定的报价书内容认真填写并仔细检查。

（3）递交的文件每页均应有企业法人或其授权委托人亲笔签字或按招标文件规定签字，对填写错误修改时应在修改处签字，要求盖章的页面一定要在盖章处加盖单位公章；法人授权委托书一定要加盖公章且必须法人和被委托人亲笔签字，不得用私人名章或真迹章代替。

（4）应按要求的文体字体书写或打印，按招标文件规定的正副本份数准备并加盖正副本章以示区别，同时，正副本内容应一致，避免出现二者不一的情况，否则，正本正确还好些，一旦正本错误将导致严重后果，即使正本正确，也要预防有的专家不看正本只看副本的情况发生。专家评审时主要是看副本，只有发现明显疑问时才与正本对照。

（5）各种投标文件填写要清晰，补充设计图样要美观，施工平面布置图清晰、合理、明确、有相应的尺寸标注，施工工期横道和网络图安排要合理具体，网络计划要符合逻辑。

（6）所有投标文件的装帧应整洁大方，封面内容要齐全、清晰，便于专家查找，同时，封面要加盖单位公章。

（7）如果是格式投标书时，招标文件中通常有规定的格式投标书，投标者只需按规定的格式填写必要的数字和签字即可，以此表明投标者对各项基本保证的确认。

1）确认投标者完全愿意按招标文件中的规定承担施工任务，并写明本单位的总报价金额，即充分体现出对招标文件的相应性。

2）确认投标者接受的开工日期和整个项目的实施期限。

3）确认在投标被接受后，愿意提供履约保证金（或银行保函），其金额符合招标文件的规定等。

4）附表及致函：在格式投标书的后面，一般有一些附表，说明保证金额、第三方责任保险的最低金额、开工与竣工日期、误期损害赔偿费、提前竣工奖金、工程经济期、保留金的百分比及限额、每次进度款的最低限额、每次支付进度款的期限等，均应按要求填写。

5）招标文件中还可能有一些业主需要投标者提交的其他表格，如按类别划分的投标报价汇总表、要求支付不同货币的比例及汇率、工程进度计划表、支付现金流量表、拟用的机械设备表等同样要一一填写。

6）此外，有的投标者采用致函的形式，对本单位的投标报价做必要的说明，以吸引业主和评标委员会对本单位的投标书感兴趣和有信心，是否致函应根据招标文件规定和惯例处理，以免弄巧成拙。

（8）报价的工程量清单表，一般要求在投标文件所附的工程量表原件上填写单价和总价，每页均有小计，并有最后的汇总价。工程量清单表的每一数字需认真校核，并签字确认。

（9）施工方案、方法、特殊材料和工艺等技术文件要说明清楚，有针对性，要突出重点，能够解决该工程实际问题，避免泛泛无味，避免照搬照套其他投标文件而没有具体性和针对性；应将该工程的特点和施工难点分析出来，并有切实可行的解决办法，让业主和专家放心。

（10）主要临时工程，如围堰、导流、施工降排水等方案、措施要详细、合理、有效，使业主和专家看后放心。

（11）银行出具的投标保函须按招标文件中所附的格式由业主同意的银行开出。

8. 准备备忘录提要阶段

通常在研究投标文件时，会发现一些问题，如对投标者有利的内容，明显对投标者不利的内容，以及需要业主补充更正的内容等，对于这些问题应当单独写成备忘录提要，有些可以在业主答疑中解决，有些解决不了的留待中标谈判时使用，但不能附在投标文件中提交。

9. 递送投标文件及开标阶段

递送投标文件是指投标者在规定的时间内将准备好的所有投标文件盖章密封后递送到招标单位指定的地点的行为，同时，与递送投标文件和开标有关的工作均在此阶段。递送投标文件时法人或其委托代理人必须到场，以便按时签字确认有关证件，否则将按废标处理。

3.9.1.4 工程量清单招投标法简要

目前全国大部分工程项目采用的招标办法主要是工程量清单报价法，这种方法容易被业主和施工企业接受，相对而言也比较合理，各投标企业因工程量是一样的，只是价格的竞争，不会出现报价偏差过大的情况，对采用业主标底、复合标底、企业平均标底、无标底等各种招标形式都比较适用，因此被广泛采用。但是，什么方式都有它的限制和不合理性，工程量清单法虽然有以上优点，同样也有其不足和缺陷，最主要的是采用工程量清单法业主和投标企业都有一定的风险，有时风险还很大，如工程量错误、招标后材料价格上涨幅度很大等，都会给业主或施工企业带来压力。

1. 工程量清单的含义

工程量清单是拟建工程的分部分项工程项目、措施项目、其他项目名称和相应数量的明细清单，是由招标人按统一的项目编码、项目名称、计量单位和工程计算规则编制的详细工程量清单，工程量清单计价方法是在建设项目的招投标过程中，招标人或受招标人委托的具有专业资质的代理机构编制反映工程实体消耗和措施消耗的工程量清单，并作为招标文件的一部分提供给投标人，由投标人依据工程量清单自主报价的计价方式。

2. 工程量清单招投标的优点

与传统的定额计价方式招投标相比，工程量清单招投标有以下优点：

（1）通过量价分离、自主报价的招标方式，引导企业按市场价格进行竞争。工程量及其单价是影响工程造价的两个因素，同一个项目，工程量应该是常量，单价是变量。招标人提供工程量作为统一的报价依据，投标人则在相同工程量的基础上，根据自身的条件和对市场价格的预测，进行单价竞争。

（2）工程量清单招投标方式体现了风险分担的特点。清单中的工程量计算错误或设计变更的风险由招标人承担，报价的风险由投标人自行负责。

3. 应用工程量清单计价投标应注意的事项

（1）转变观念，适应市场竞争需要。以往的定额计价是建立在以政府定价为主导的计划经济管理基础上的价格管理模式，并不能真正体现企业根据行情和自身条件自主报价。工程量清单计价遵循"统一计算规则、有效控制消耗量、彻底放开价格、正确引导企业自主报价、市场有序竞争形成价格"的思路，建立一种全新的计价模式，依靠市场机制和企业实力，由竞争形成价格。

（2）投标人应当认真复核业主提供的工程量清单。虽然工程量清单在计价规范上有明确的要求，但在编制工程量清单时往往会出现内容不完整、漏项或错误，因此，投标人要对照招标文件和图纸上提供的工程量清单进行审查和复核。

（3）要善于利用报价策略。灵活利用单项报价策略或组合报价策略，不仅能够使报价具有竞争力，而且还会尽可能获得经济效益。

（4）建立本企业内部定额数据库。要对本企业以往竣工的工程项目的成本、费用进行归类、分析、总结，结合本企业的施工能力、技术及装备水平、管理模式、设备材料的供应渠道、价格信息来源等建立本企业的内部定额和报价信息库，不断提高报价水平。

（5）培养高素质复合型的报价人才。工程量清单计价增加了投标报价的难度，这就要求企业的报价人员要提高自己的业务素质，不仅要熟悉本企业的综合管理水平和能力，而且还要对市场行情有全面的把握能力，对市场竞争对手尤其是经常面临的竞争对手有足够的了解和报价预测，对分期实施的工程项目善于通过前期情况分析和研究后期思路，从而制定有效的投标决策。

（6）对已中标项目实施监管，详细掌握实际情况并与投标时预测的情况加以对照，找出其中的差距，以便今后投标时适当进行调整。

（7）工程量清单报价法往往都有主体工程单价合理性限制，且分值较高，即使总报价靠前，而主体工程单价不合理照样会失去中标机会。"主体工程单价合理"在招标文件中往往只是这样一个比较笼统的要求，不会具体指明哪些是主体工程，只有评标时业主才会根据有关规定宣布哪几项算做主体工程并明确具体合理的价格范围。既然是主体工程要求单价合理，企业在报价时为了避免扣分，应将占比重较大的工程量部分均作为单价合理性的控制范围，将其报价认真分析，合理调整，防止超出有效范围。

在实际工作中，施工企业投标人员对商务标怎样编制往往把握比较准确，同时，编制商务标的人员也比较固定，业务相对熟练，再加上招标文件对商务部分规定的也比较明确，只要按要求的表格和顺序编织排列，再加上相应的附件，就不会出现大的差距，需要注意的是，商务部分最怕数字出错，比如，大小写不一致、小数点点错、单价和合价不符、分项合计和总合计不符、单位出现错误、单价分析表和工程量清单单价不符、漏项、多项、数字不清晰等；而技术部分则往往因做标人员不固定，复杂的项目涉及的技术专业又多，各专业人员参加编标的机会不一，再者，对一般的企业来说，能编标的同样是项目技术及管理的骨干，这些人往往投标后一中标便到项目上去了，随着企业中标数量的增多，这部分人越来越少，而到了项目部便不容易回来，同时，招标机构及设计单位对招标文件的技术部分又很难形成一个统一的模式规定，设计或招标单位真正明白各种工程施工技术要领的人员相对较少，因此，技术部分的编制和排序有些杂乱，造成专家在评审技术部分时费工不出效率。

## 3.9.2　施工投标书技术标主要内容

现就常规水利工程项目施工投标书技术标主要内容（目录及简要说明）列述如下，供施工企业在编制技术标时参考（具体工作中要根据具体投标工程项目情况和工程内容有所增删）。

**第一部分：综合说明、工程概况及特点分析**

**第一章：编制说明**

第一节：编制依据：概括说明标书的编制情况，最好是分条列出并罗列清楚；

第二节：编制原则：任何事情都要注意原则，编制标书同样要有编制原则，也是逐条原则列清楚。

**第二章：工程概况**

第一节：工程简介：从招标文件上挑着要点摘录下来，注意不要摘录错了；

第二节：合同项目、工作范围、主要工作内容和主要工程量：招标文件中都有，要抄录准确。

**第三章：施工条件**

第一节：水文气象和工程地质：招标文件中水文气象中有，拣着适当的段落搬过来；

第二节：内外交通、通讯和施工用水、用电及场地情况：根据察看现场的具体情况和企业对现场的初步规划逐条写清楚，待技术标全部出来草稿后，对矛盾和遗漏及不祥的地方做调整，多余的及时删除，技术标最终定稿后，再检查这部分有无变动；

第三节：周边环境情况：同上。

**第四章：工程特点、施工重点和难点以及施工对策**

这一部分可以真正看出企业对招标文件的理解深度和广度情况，也可以反映企业对现场察看的仔细程度。

第一节：工程特点：该工程的主要特点要逐条列出，要有针对性越好，但要注意的是，必须分析准确，否则将弄巧成拙；

第二节：施工重点和难点：重点和难点可以和特点有重复，但是又有区别，同样逐条列出，也必须分析准确；

第三节：重点和难点施工对策：针对特点、重点和难点，简要说明解决方法或应对措施，这一部分必须专业人员起草出来。

本章是专家往往比较重视的，同时也有比较，而不少企业恰恰没有这一章，尤其是一些中小企业的标书。但要通过该章取得专家的好感和高分印象，又必须分析透彻，对拿不准的宁缺勿多，以防画蛇添足。

**第二部分：施工组织机构及临时设施**

**第五章：施工组织机构及管理**

第一节：施工管理主要目标：这一节要把工程管理的主要目标写清楚，像组织目标、质量目标、工期目标、安全目标、现场管理目标、文明施工目标、环境保护目标、关系协调目标、效益预测目标、考核目标等；

第二节：施工组织管理机构及管理职责：组织机构要有针对性，庞大的机构不是项目部的机构，项目部机构应简捷、直观，便于政令畅通，整体上没有大的控制漏项就行，大小工程、复杂和简单工程要有区别：大工程或技术复杂的工程应设置的详细些，反之简化些；管理职能是针对组织机构职能部门来的，如果职能部门设置较少，可以在部门职责中予以完善，达到施工控制能够全面覆盖。

**第六章：施工总体布置与临时设施**

第一节：施工总平面布置原则：简要说明施工平面布置的构思和设想遵循的原则，即为什么要这样布置，其好处在哪；

第二节：前期准备和进场：前期准备和进场在阶段组织和阶段管理中已有较详细的叙述，可以参考；

第三节：主要临时设施规划及实施（同上）；

第四节：临时占地计划及用途：首先要使用招标人提供的场地，即使不太方便也尽量使用，假设招标人提供的场地的确不足，本着节约和方便的原则增加，数量要准确，用途要明确；

第五节：施工总平面布置图和区域布置：总平面布置要合理、清晰，主要区域要齐全，最好按比例绘制；对办公区、生活区、拌和站、预制厂、钢木加工厂、砂石料存放场等，如果总平面布置图不能清楚地反映出形状和尺寸，应绘出上述区域图，并标明尺寸、规模、面积、形状、进出道路、电路和水路布置等。不少企业对平面布置图就是几个方框，然后在框边写上几个字就完事，企业图省事，专家也会不费事就过去，顶多减分；

第六节：完工清理和撤场：不少企业（70％左右）几乎找不到这方面的文字，请不要忘记，这部分也是施工整体过程的有机组成部分，光善始无善终焉能得高分，这一部分也是体现企业对管理过程是否有终的表现。清理要达到彻底，撤场要有秩序和计划及组织。

**第七章：施工围堰、导流及排水**

第一节：施工围堰搭拆：对重要围堰要详细编写出设计方案和搭设方案，包括质量控制和工期控制、安全措施和安全目标等；拆除也要有计划和相应的实施方案及时间、安全控制措施等；对技术含量不大或小型围堰可以适当简化。这一部分是比较重要的篇段，请不要马虎对待；

第二节：施工导流方案：基本同上；

第三节：确保围堰安全及导流通畅的应急预案：主要是对上游来水量突然增大或跨汛期施工的项目，一定要有这一部分内容；

第四节：初期排水方案：在排水部分中有叙述；

第五节：经常性排水方案：同上；

第六节：临时性排水方案：同上。

**第三部分：施工进度和资源需求计划**

**第八章：施工工期与施工进度安排**

第一节：总进度计划和要求：对整个工程有总时间的表述和要求；

第二节：主体工程施工工期：对主体工程要阶段或分部分项工期的制定；

第三节：施工进度计划横道及网络图：二图缺一不可，注意二图不要相互矛盾，有条件的最好用彩图表述；

第四节：保证施工进度计划的措施：主要针对主体工程要有按计划工期完成任务的办法，否则，前面的工期就是虚的，缺乏可信度；

第五节：工期调节及赶工措施：计划不是一成不变的，变化是正常的，但是，预测工期变化不是要等到施工中，而是在施工前就要有预见和应对的方法及办法。

**第九章：主要施工机械设备及其他资源需求计划**

第一节：施工技术力量配备：技术力量必须充足，让专家看了放心，同时，技术力量要专业齐全，必须持证上岗的要附证书，项目经理、技术负责人、各科室及主要工段负责人要明确，类似工程经验要有两到三项以上；

第二节：劳动力资源配置及调配：劳务人员要充分，阶段劳动力计划要与工期对应，专业工人进出场时间要结合工期计划编制，劳力能多不少；

第三节：主要机械设备配置计划及调配：施工设备要结合施工方案配备，数量要充足（要有备用的），规格性能要保障，进场时间不要一律"开工后进场"，要对应工期计划和分部分项计划编写进退场时间，同时，施工中要有比较详细的维护和保养方案，对设备的进出、停放、管理、使用等都要面面俱到地写清楚；

第四节：永久材料、周转性材料和水、电（气）等需用量计划：永久材料要根据工程量清单编制，混凝土等组合材料成品应按组合比例进行分解，并根据工期列出使用计划；周转性材料和水、电、气等同样要有根据地计算出比较准确的数量和使用计划；

第五节：资金调剂及使用计划。

**第四部分：主体工程施工**

**第十章：总体施工技术方案及施工程序**

第一节：工程总体施工技术方案：对整个工程的主体部分进行详细的施工技术方案阐述；

第二节：工程总体施工程序：根据施工进度计划和组织安排，编制出自进场到撤场整个施工工程每道主要施工工序的顺序。

**第十一章：现场施工测量和试验检测**

第一节：测量、试验及检测人员组成：根据组织机构和人员职责，确定项目部专职的测量、试验和检测人员名单，按三个小组罗列并注明各组负责人；

第二节：测量、试验及检测主要仪器设备：按测量、试验、检验顺序，最好以表格形式编织仪器规格、数量、仪器检测情况、进场时间等；

第三节：控制测量：根据工程现场具体情况，结合该工程测量控制方案编写如何对各施工部位和整个过程进行有效的测量控制；

第四节：土（石）方开挖及回填测量和结构物施工过程测量：分土石方工程测量

和结构物施工过程测量两部分，其中土石方工程测量又分土方、石方开挖测量和回填测量，结构物施工过程测量最好按主要分部分项工程进行测量要点叙述；

第五节：现场原材料试验及检测：对水泥、钢筋、砂石料等的试验和检验方法进行叙述，分对外检测部分和项目部自行检验部分；

第六节：半成品及成品试验检测：对焊接件、止水和分缝材料、预制件、金属结构、有关设备等需要在安装和使用前检验的述说清楚；

第七节：测量、试验、检测资料管理：测量、试验和检测资料是证明工程施工过程控制质量和使用材料及成品和半成品质量的基础资料，既是项目部收集资料的重点，也是业主和监理以及工程验收的主要检查资料，对其管理应有规范和严谨的说明。

**第十二章：土（石）方工程施工**

第一节：主要项目和工程量（土方调配或平衡）：简述该工程项目土石方项目及工程量，详述条配或平衡方案（最好列调配或平衡表）；

第二节：施工程序和进度：对每一个部位的施工程序和计划进度进行描述；

第三节：土（石）方开挖方法和工艺：对每一个开挖部位的施工采取的施工方法和具体施工工艺进行表述；

第四节：土方回填方法和工艺：对每一个回填部位的施工采取的施工方法和具体施工工艺进行表述；

第五节：开挖及回填质量控制措施：开挖质量控制和回填质量控制分别表述。

**第十三章：基础工程施工**

第一节：基础工程概况：招标文件中有；

第二节：基础工程施工资源配置：包括人力资源、设备资源、材料供应、周转材料使用等；

第三节：基础工程施工方案：详细阐述对基础部分施工采取的施工方法；

第四节：基础工程施工质量控制措施：对施工过程的质量管理和质量控制措施进行表述。

**第十四章：砌体工程施工**

第一节：主要项目和工程量：同上；

第二节：石料采购及质量控制：对采购方式、石材场材质、标准、质量要求等加以表述；

第三节：施工安排：根据施工组织情况对该部分的具体安排给予说明；

第四节：主要施工方法：详细写明该部分的采取的主要施工方法是什么；

第五节：施工进度控制：根据总进度的安排，针对该部分的阶段进度进行详述；

第六节：主要资源配置：针对该部分的管理、技术、劳务等人力资源和配备的设备以及使用的材料等进行说明；

第七节：砌体工程质量控制措施：根据砌石工程质量规范和要求制定有针对性的专项质量控制措施。

**第十五章：钢筋工程施工**

第一节：钢筋采购：主要阐明该工程使用的钢材采购方向及采购计划；

第二节：钢筋进场检验和存放：对采购进场的材料应怎样取样制备检测试件，对材料应由表观质量验收，合格的材料应按要求说明怎样存放（像不同规格应隔离、底部垫高防锈、挂牌明示、生产厂家等）；

第三节：钢筋检测：根据钢材检测规程对所取试件送样检测（检测部门必须有检测资格）；

第四节：钢筋配置：根据设计图纸中各部位使用的钢筋规格、数量，根据加工方法考虑加工余量后，编制各部位钢筋加工配置表；

第五节：钢筋加工：根据配置表编制各部位加工清单；

第六节：半成品钢筋存放和场内运输；

第七节：钢筋绑扎和焊接：根据设计及规范要求对各部位的钢筋绑扎和焊接进行详述，相同部位可以以代表性部位阐述清楚，类似部位可以参照实施；

第八节：钢筋焊接检测：有焊接要求的应现场取焊接件进行焊接性能检测，同时，具体说明在施工过程中对焊接部位及工序的焊接监控；

第九节：成型钢筋检验：主要说明绑扎成型的钢筋在进行下一道工序前应怎样对其进行检查和验收；

第十节：钢筋工程质量控制措施：根据钢筋工程质量规范和要求制定有针对性的专项质量控制措施。

**第十六章：模板工程施工**

第一节：模板材料及设计配置：说明各部位采用的模板材料（钢质、木制、胶合板、有机玻璃、钢木结合、土模板、预制模板、塑料模板等）；介绍清楚各部位模板的设计及配置情况；

第二节：现场加工及异型模板制作工艺：根据各部位模板的配置情况和材质，说明各种模板的加工方法和加工场地（是现场加工还是专门工厂加工），对无法采用定型模板的曲线部位或复杂部位单独进行异型模板的加工说明；

第三节：模板运输及安装：主要包括外加工时的进场运输、进场后的场内运输和现场加工的场内运输；安装主要表述明白各部位、各种类模板的安装方法及要求；

第四节：模板拆除及清理存放：对各部位混凝土达到模板可以拆除的强度后如何将模板在不破坏混凝土表面质量的情况下如何拆下来进行叙述，对拆除下的模板怎样进行清理、涂油、存放；

第五节：模板质量标准及控制措施：根据各部位混凝土对模板的标准要求进行叙述（分墙体外路面、立柱外路面、水平外路面、工程施工过程中的外路面、隐蔽面等）；对各部位模板的安装质量怎样进行控制；

第六节：施工注意事项：主要阐述模板在安装和拆除过程中应注意的问题；

第七节：模板工程周转及组织计划：该部分应根据工期计划和混凝土拆模时间等计算出各种模板最少使用量并达到最有效的周转利用且满足工期要求，并根据各个规格的数量及工期情况制定模板的组织计划。

**第十七章：脚手工程**

第一节：脚手工程设计：根据具体工程部位，分别设计出底部工程平面脚手、中部工程立面脚手、上部工程立柱脚手、顶部工程水平脚手、大型预制构件施工脚手等的结构和形式，并确定各种脚手材料；

第二节：底部工程平面脚手搭设及拆除：对确定采用的底部工程平面脚手阐述其怎样搭设和如何拆除；

第三节：墩、墙、柱等立面脚手搭设及拆除：同上；

第四节：梁、板等承重脚手搭设及拆除：同上；

第五节：脚手材料周转及组织计划：同模板；

第六节：脚手工程质量及安全保证措施：详细叙述脚手的材料质量要求、搭设结构及搭设质量要求、承重脚手试载标准、施工安全控制及检查等。

**第十八章：止水、伸缩缝和预埋件工程**

第一节：止水的规格、采购储存、加工和安装：根据工程量清单和设计图纸等，明确该工程所用止水的种类、规格、数量，根据工期计划编制采购计划和储存方法，对施工过程中需要现场焊接、交接、二次加工的，讲明其作业方法，对如何正确安装及安装注意事项进行阐述；

第二节：伸缩缝形式、材料及加工安装：同上；

第三节：预埋件的种类及加工安装：预埋件分精加工预埋件和一般加工预埋件，对一般预埋件可以现场自行加工，对精加工预埋件必须联系专业厂家专门加工，因此，应分清预埋件的性质和种类，据此确定如何加工、如何控制和检查质量、如何安装并达到要求；

第四节：止水、分缝和埋件控制：主要是位置控制和质量控制。

**第十九章：现浇混凝土工程施工**

第一节：主要项目和工程量：招标文件中有；

第二节：原材料采购、检验、质量控制和存放：分别阐述水泥、石子、沙子、掺加料（有时）、外加剂、水等；

第三节：配合比试验和现场配比控制：应在总监理工程师认定的水泥厂、地材加工厂、外加剂厂、现场水源等取样，到有试验资质的部门进行配比试验，施工过程中根据天气和季节情况如何对试验确定的配比进行调整和控制；

第四节：混凝土拌和：根据拟使用的拌和机和醋骨料规格等确定投料顺序、加水方式、拌和时间、不合格料处理；计量站上料要求、计量控制、材料检查等；同时，对拌和站和计量站发生故障时应如何处理或补救等进行叙述；特殊季节（冬季和夏季）施工时应采取的拌和措施等；

第五节：混凝土运输：包括水平运输和垂直运输方式、防止混凝土离析措施、冬季及雨天的运输要求，高温季节运输要求等；

第六节：混凝土浇筑：包括清仓、洒水、下料、铺料、机械振捣、人工插捣、提浆等工艺；

第七节：混凝土浇筑表面处理：包括粗找平、细找平、拍浆、粗拉面、细拉面、粗抹面、细抹面、压光面等；

第八节：混凝土养护：各部位拟采取的养护方法、方式、时间、养护遍数、养护水水质（或养护液要求）、养护中的控制和养护后的检查记录等；

第九节：混凝土缺陷处理：拆模后应及时进行表观检查，对不影响使用的细小毛病应采取的处理方法。

**第二十章：现浇混凝土工程施工进度计划、资源配置和技术质量保证措施**

第一节：现浇混凝土工程施工进度计划：根据总工期计划制定详细的现浇混凝土施工计划；

第二节：主要机械设备及劳动力组合：根据施工方案和工期要求编制满足要求的设备组合和劳动力组合；

第三节：混凝土工程施工的技术措施：对主要部位应编制确保施工质量和工期的技术方案和控制措施；

第四节：混凝土工程质量保证措施：叙述清楚混凝土施工时全工程的质量保证措施和质量控制、检查、检测、试验等措施。

**第二十一章：普通混凝土预制构件制作及安装**

第一节：预制构件的种类及数量：招标文件中有；

第二节：预制场地整理及规划：根据设计资料和工程现场情况及施工平面布置原则，选择预制场地并对其平整和处理，按各种构件数量和占用场地大小及能否周转利用等情况，规划设计出合理、合格的预制场地，同时，必须考虑预制场防水、排水等，并布置出进出场运输道路；

第三节：预制构件模板配置及安装拆除：对大型构件应分底模、侧模分别详细叙述，对常规构件和定型构可简化；

第四节：预制构件钢筋绑扎和焊接：参考前面；

第五节：预制构件浇筑、养护：常规养护基本同现浇混凝土，但是，预制构件应增加养护遍数，需要蒸养的按蒸养要求详细叙述；

第六节：预制构件场内存放、运输和安装：吊点设置、场内移位要求、搬运注意事项、是否堆存及堆存要求、吊装方式方法、注意事项、如何组织指挥、如何控制、如何及时检查等；

第七节：预制构件施工质量控制措施：基本同现浇。

**第二十二章：预应力混凝土工程**

第一节：预应力构件的规格及数量：招标文件中有；

第二节：预应力构件模板配置及安装：主要是底模设计和侧模（一般是钢质）设计以及安装程序；

第三节：预应力构件钢筋绑扎安装及波纹管安装：钢筋安装方法基本同普通预制件但应考虑波纹管的顺利安装；

第四节：预应力构件浇筑、养护：浇筑基本同普通构件，养护一般是蒸养；

第五节：预应力构件存放、运输及安装：注意吊点位置、吊装方法、吊装时间等，其他基本同普通构件；

第六节：预应力构件施工质量控制措施：基本同普通构件。

**第二十三章：机房工程施工**

第一节：主要项目和工程量：标书中有；

第二节：施工重点：根据设计结构分析；

第三节：施工阶段划分：一般按地面、墙体、顶部、门窗、墙皮、防水、扶手栏杆等细部；

第四节：施工准备及平面布置：人员、机械、材料、技术、质量控制、施工组织准备等，规划出适合的场地独立进行布置；

第五节：施工安排：对各部位有明确的施工思路；

第六节：各分部分项工程施工方法：对各主要部位叙述有效的施工方法；

第七节：保证质量和工期的主要措施：质保机构、质保措施、工期计划、控制工期的措施；

第八节：预防和消除质量通病的技术措施：预防为主，对出现的问题如何处理。

### 第二十四章：机电设备及金属结构安装工程

第一节：主要项目和工程量：标书中有；

第二节：水泵及辅助设备安装：根据该工程选用的水泵及辅助设备的种类和规格，对应安装规程和规范并结合以往的施工经验详细叙述；

第三节：压力钢管、闸门、行车等金属结构安装：根据金属结构施工规程和规范要求并结合实践经验详细叙述；

第四节：金属结构防腐处理：根据设计的防腐标准，参照有关规程和规范详细叙述。

### 第二十五章：电气设备安装工程

第一节：主要项目和工程量：标书中有；

第二节：变压器及备用发电机组安装：基本同第二十四章机械部分；

第三节：电动机安装：基本同机械部分；

第四节：动力及控制柜安装：在质量方面参照规程、规范和施工经验，明确安装顺序和位置，明确高度和显示面的齐平控制方法，明确固定方式等；

第五节：电缆敷设及电缆头制作：根据设计要求选定正确的电缆敷设方法及敷设顺序，电缆头制作有严格的标准，应按标准详细说明；

第六节：防雷、接地装置制安：主要是材料、焊接、埋深、断面、数量、质量、检测指标等；

第七节：自动监控系统的安装：如果不明确可根据设计与有关厂家联系获取信息；

第八节：照明装置安装：水利工程大都采用常规照明灯具，按有关要求编写即可；

第九节：机电及电气设备调试和试运行：由机电和电气专业人员应联合编写；

第十节：机电及电气设备质量控制：由机电和电气专业人员应联合编写。

### 第五部分：施工保证措施及竣工验收

### 第二十六章：施工质量管理及保证措施

第一节：创优规划及目标：企业决策层或经营层应根据该工程质量要求和规模预先确定；

第二节：质量管理机构及质量保证措施：项目部应成立专门的质量管理小组，编制符合该工程质量目标的各项配套并有效的质量保证措施；

第三节：施工质量制度保证措施：建立完善的质量控制和管理制度，并根据该制度制定保证制度实施的保证措施；

第四节：人力资源调配及保证措施：根据工期计划编制人员调配计划，制定该计划得以实施的有效措施；

第五节：财务管理及保证措施：根据企业财务制度及财务管理办法制定项目财务管理制度及管理办法，据此编制该制度和办法能够实施的措施；

第六节：物资管理及保证措施：同财务部分；

第七节：成本控制措施：参见成本控制；

第八节：设备、永久材料和周转材料保证措施：根据工期计划和施工方案，编制施工设备使用计划、永久材料使用计划和周转材料使用计划，根据上述计划，制定确保计划实施的措施；

第九节：施工质量通病预防措施；分条对常见的质量通病进行有效的控制和预防办法。

**第二十七章：安全生产、文明施工与环境保护**

第一节：安全生产

1. 安全生产目标：企业有；

2. 安全生产组织机构：成立专门的安全生产组织机构，最好也有机构框图；

3. 安全生产管理保证体系：要组建企业对项目部、项目部对职能部门、职能部门对工段、工段对作业组、作业组对成员、经理对班子成员、班子对专职及职能部门负责人、专职及职能部门负责人对兼职、兼职对作业面等全工程、全方位的保证体系；

4. 安全生产规章制度与管理办法：参照国家建筑工程安全生产规章制度和企业规章制度并结合该工程实际情况编制该工程项目的安全生产规章制度，根据该制度制定管理办法；

5. 保证安全生产预防措施：从预防为主的角度制定全工程的预防措施（包括培训、教育、宣传、配置防护用品、制定考核办法、安全检查、安全会议、事例讲解、工作安排与安全落实结合等措施）；

6. 吊装及高空作业安全预防措施：专门针对吊装和高空作业制定详细的安全预防措施；

7. 安全事故处理预案：要考虑到一旦发生安全事故时，有一整套处理办法，确保及时有效地对所发生的事故进行处理的方案。

第二节：文明施工与环境保护

1. 文明施工与环境保护目标：根据工程具体情况制定文明施工和环保要达到的目标；

2. 文明施工与环境保护组织机构：同质量或安全部分；

3. 文明施工及环境保护措施：参见教材有关章节；

4. 场容场貌的规范管理：参见教材现场管理部分；

5. 环境保护管理：参见教材现场管理部分；

6. 卫生防疫：参见教材有关章节。

**第二十八章：季节性施工措施**

第一节：冬季施工措施：主要是解决混凝土和钢材焊接等的防冻问题，要从材料保护、温度控制、加强保温、加强覆盖、加强防风、加强养护、加强检查、加强管理等方面进行有效的叙述；

第二节：雨季施工措施：主要是防涝、防冲、排水、防水、现场控制、雨后检查、雨后处理、收听收看天气预报等方面进行叙述；

第三节：防洪防汛措施：主要是汛期围堰保护、导流控制、基坑防护、增加排水、加强观察、成立防洪防汛突击队、制定应急预案等方面进行叙述。

**第二十九章：突发事件应对措施**

第一节：说明：明确什么是突发事件；

第二节：应急组织：成立应急处理组织机构；

第三节：救援器材：准备常规的救援器材，有的可以就地取材加以改进；

第四节：应急知识培训：定期进行专门的应急知识讲座；

第五节：事故报告：参考国家事故报告规定；

第六节：机械设备突发事件的应对措施：参考有关资料；

第七节：人员伤亡及治安突发事件的应对措施：参考国家安全生产规程等有关资料；

第八节：自然灾害及其他突发事件的应对措施：参考国家自然灾害处理方法等有关资料。

### 第三十章：接口协调、配合及措施

第一节：接口管理组织机构：参见教材有关章节；

第二节：接口协调的主要内容：参见教材有关章节；

第三节：接口协调遵循的原则：参见教材有关章节；

第四节：协调配合的主要措施：参见教材有关章节。

### 第三十一章：资金及合理用款保证措施

第一节：资金保证措施：由企业财务人员编制；

第二节：合理用款保证措施：由企业财务人员编制。

### 第三十二章：计算机网络的应用

第一节：计算机配置及管理：根据工程规模和施工工期配置，安排专人负责管理；

第二节：P3 软件应用管理办法：根据企业的有关软件经改进后才具有针对性；

第三节：MIS 系统的应用（合同管理软件 EXP）：将企业的管理软件加以简化和改进，使其具有对该项目的实用性；

第四节：管理信息系统（EXP）：建立施工信息管理系统。

### 第三十三章：竣工验收及竣工资料

第一节：竣工验收准备：参见教材有关章节；

第二节：测量、试验、检测竣工资料整理：参见教材有关章节；

第三节：施工大事记及变更资料整理：施工大事记主要由项目经理和技术负责人（后者为主）负责记录，变更资料主要由技术科负责收集和管理，所以，对施工过程中的重大事项应及时记录并整理，对施工过程中发生的变更应及时签证等进行叙述；

第四节：施工照片及摄像资料准备：参见教材有关章节；

第五节：竣工图纸及申请竣工报告：竣工图纸由技术负责人安排技术科等绘制，竣工报告由技术负责人填写，项目经理签字后上报总监理工程师审批，围绕这些方面进行阐述；

第六节：竣工移交清单及管理纲要：参见教材有关章节；

第七节：验收后存在问题的处理：根据验收报告中的建议制定详细的处理方案和实施工期控制，报总监理工程师审批，并对处理后的情况有明确的检查资料等方面书写。

总之，技术部分讲究针对性强、方案和方法明确合理、组织严密、措施得当、资源充足、质量保证、安全放心、文明和环保有方、施工布置恰当、叙述清晰、章节明了、过程清楚、面面俱到、重点突出、不落俗套，这样的技术资料专家想了解什么情况几乎都能从资料中找到且不失要领。

根据上述水利工程项目招投标阶段的工作内容和情况介绍，常见的水利工程项目投标程序见图 3-1。

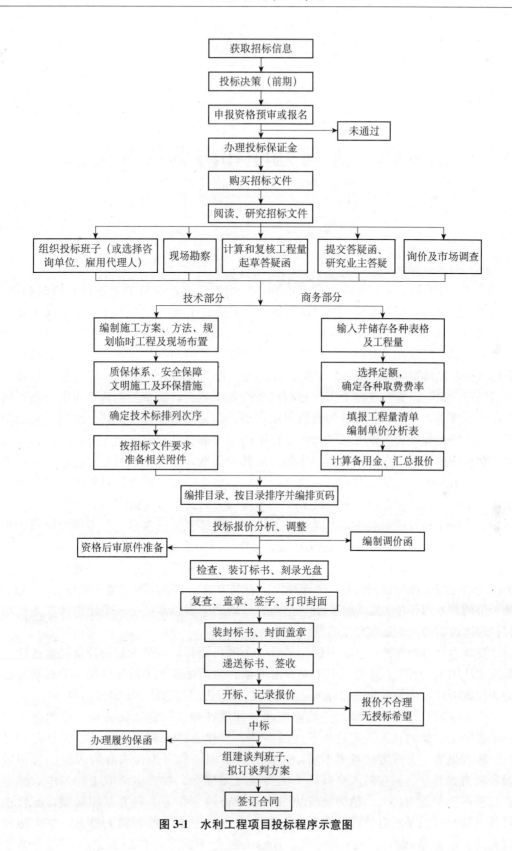

**图 3-1　水利工程项目投标程序示意图**

# 第4章 如何处理和协调各种关系

　　任何一个集体，大到一个国家，小到一个家庭，都存在着关系处理和协调问题，可以讲，处理和协调关系是一个国家、组织、家庭、个人日常工作和生活中最重要的任务之一，从某种程度上讲是决定一个人日常工作、一个家庭甚至一个民族成功与否的关键，具有经常性和关键时刻相结合、不拘形式和时间维护保养、感情色彩浓、综合因素多、情绪影响大、成果差异显著等特性。作为建造师，必然希望自己尽早步入项目经理岗位，以充分发挥个人优势顺利建设每个项目，为单位创造更大的价值，同时以此展现个人才能，使自身的价值得以实现。作为项目经理，尤其是水利工程的项目经理，协调和处理各种关系是日常工作中的主要部分甚至是关键工作，因此，关系处理和协调的好坏，直接影响到工作的进展甚至成败，是每个组织、家庭和个人都要面对不可逾越的、又没有现成成功轨迹可循的、对大部分人而言又是犯怵甚至为难的事情。一个项目经理在同一个项目中要和不同的人打交道，要适应项目所在地的民俗风情，适应不同业主和监理等不同管理方式和性格等差异的要求；在不同的项目中更要和不同的人接触，适应新的更多的风俗习惯。同一个人要应对形形色色不同的人，适应各种各样不同的民间、民族习惯，就要求项目经理必须具备协调和处理各种关系的能力，始终把控项目部的良好工作环境的有利方向，才能顺利实施工程建设，因此，能否协调和处理各种关系，是衡量一个项目经理的重要因素，是一个建造师在走到项目经理岗位前必须积累和总结的重要实践经验。

　　要处理和协调各种关系，不仅仅是对一个项目而言，一个称职的项目经理或建造师应该从国家、组织、家庭三个主要方面积累和总结处理和协调各种关系的经验和能力，仅就项目而论关系处理和协调是片面的，不综合的，也是不可能成功的。

　　作为国家、组织和家庭的一员，协调和处理各种错综复杂的关系，必然落到每一个人身上。针对这人人都逾越不过的事情，怎样去解决和处理，可以说是仁者见仁、智者见智，方式方法各有不同，这就形成了同一件事为什么有的人能办理得顺顺利利恰如其分，而有的人会搞得手忙脚乱一塌糊涂。现实生活或工作当中，越是有处理和协调能力的人，越会把成功归结给对方或合作方，双方互相敬佩，配合也就越来越顺；越是没有处理和协调能力的人，越会把失败推到别人身上，单方面自以为是。这就是有的人路越走越宽，有的人最终无路可走的根源之一。作为单位领导在检查项目部工作时，只要了解项目经理对业主和监理等直接协作单位及人员，工作配合的是否默契，外围对项目部的工作支持力度大小，项目经理对他人或组织是否是表扬和赞叹之声，就基本能判断出项目部的关系处理和协调是否通顺了。

一个走出校门步入社会的人，最起码在生命的大部分时期要扮演三个不可否认的角色：一是家庭成员，二是单位职员，三是国家公民，任何一个角色都离不开和形形色色的人打交道。一个人能留给别人印象的主要有三部分，一副独一无二的身躯，一张难觅同样的脸，一个能产生思维和智慧的大脑。仅就现实生活而言，身躯和面孔是给任何人看的，给人留下的仅是直观印象，而大脑和思维才是指导自己言行、决定自己方向、打入他人心灵，最能在生活和工作圈内给为数不多（与见过的人相比）打过交道的人留下印迹最重要的部分，因此，必须用脑去应对不同的事和不同的人，会用脑才能把事情处理好，把人交往好，把关系协调好，为自己今后走向成功奠定基础。处理和协调关系，一般分为对内、对外两方面，无论是内还是外，首要的一点就是在处理和协调关系时如何控制和把握自己的情绪，情绪往往是决定关系处理和协调成功与否的关键。

## 4.1 国家层面关系处理与协调

无论哪个国家都要建立党、政、军三位一体的基本架构，缺一不可。而党、政、军各有各的对内对外处理及协调工作，总的方针是在党的路线方向上，制定各自的内外处理及协调政策和战略，以维护党的权威，增强国家的繁荣，保障国民的安定和领土完整。

现就政府而言，处理和协调工作是政府众多日常工作中的一项最持续的主要工作之一。处理和协调工作从大的方面同样分对外和对内两方面。

### 4.1.1 对外

国务院是代表政府的最高行政机构，下设多个部委，而国务院总理每年的外事活动也是国家主要领导人中应该是最多、最频繁的一个。

为了能使国际关系更融洽和稳定，国务院专门设立外交部，具体负责国家和其他国际成员间的交流沟通，在增进了解、加深感情、友好相处的基础上，达到和平相处、互惠互利、拉动经济、确保安定的目的。

各部委也是根据各自的需要设立专门的外事办或外事司，具体负责国家领导人和本部委领导及本系统的外事处理及协调活动。

国家层面的外事处理和协调活动的思路都有哪些呢？对我们经营企业包括家庭，均有可借鉴的地方。

从狭隘的国事交往来分析，不外乎以下几个方面：

（1）对已经友好的国家，采取建立长效高层互访机制，为各系统、各行业等的合作创造条件，规避政治风险，相当于我们亲朋好友间定期、不定期走访。这样的访问大多是在欢快和轻松的环境及条件下进行的，彼此间没有防范和隔阂，达成共识比较容易。

（2）对刚刚建立友好关系的国家，需要根据各自的优劣作为加强相处的切入点，互惠互利，使双方关系尽快巩固和加强。

（3）对准备建立友好关系的国家，充分做好建交前的准备工作，积极推动双方谈判的进程，以容易和平交谈和双方共同关心并容易达成共识的话题作为谈判的主题，避开双方关心但分歧较大的话题，从而增进了解，加深印象，达到互敬互谅，保同存疑，为进一步友好建交和共处奠定基础。

（4）对没有建立关系的国家，需要研究、分析对方的情况，与本国的国情进行对比，找出共同点和分歧点，从而制定出双方建立合作关系并达到友好相处最能起到作用的话题或合作项目作为谈判或建交的主题，适时、适当探索对方的心态和意向，如果确定对方也有建交的明确意图，即可启动合作建交程序。

（5）对中立国家，要保持正常的、不涉及领土、战争、内政、国际形势等敏感话题的交往，主要针对经济、贸易、技术等领域方面的合作。

（6）对敌对国家，要正确面对历史及敌对的关键点，结合历史、现状和未来，制定针对不同阶段的方针和政策。由于历史原因造成的敌对，要有宽阔的胸怀，敢于正视历史，自身错误的要替古人、前人道歉，为破冰做好心理准备；对现状，要首先确定原则问题，对原则问题应明确态度和底线，毫不动摇，对非原则问题，要拟定沟通和交流时的进退空间及余地范围，在空间和范围内根据具体情况变动；对未来，要有充满希望的信心和勇气，要有化干戈为玉帛的信念和气度。一旦时机成熟，双方应在不触及敏感话题和原则的基础上，就可以交流和沟通的方面进行交谈，使双方的矛盾在缓和的气氛中逐步冷静下来，心平气和才能谈事并谈成事。随着交往的逐步加深，把双方关心的敌对问题逐渐解决，能为后人铺平长期友好的道路。

国家的交往和单位及个人的交往一样，历来就没有永久的朋友，同样也没有永恒的敌人，唯一永久和永恒的就是利益。也正因为利益的不平衡和欠缺，才导致了没有永久的朋友或敌人，在利益具有相当诱惑力的情况下，朋友或敌人的关系往往会变得非常脆弱甚至不堪一击。

国家对外关系的处理和协调，最重要的就是睦邻友好关系和经贸关系，这是处理和协调双边关系及交往关系的永恒重点。

## 4.1.2　对内

维护国家主权和领土完整，维护社会稳定，提高百姓生活质量，这是每一个政府首先必须解决的重大问题，也是根本问题。所以，在维护主权和保障社会安定的问题上，在原则明确的前提下，处理和协调的手段及措施都应该是强硬的，不能犹豫不决，更不能心慈手软。在关系党和国家命运的问题上，必须有一套强有力的预防、保障措施和战略，并要保证这套战略和措施始终有效，一旦有关乎党和国家命运的大是大非问题出现，应全面启动保护战略和措施，尽早、尽快、干净、彻底解决问题。

（1）要协调全国之力，建立能保卫领土主权和国民人身及财产安全的国防力量。

（2）要协调各行各业抓经济、抓发展。

（3）解决民生问题，如就业、住房、收入、保险、医疗、教育、养老、物价、生活物品、食品安全、基础设施建设、生活环境、污染、社会文明、文体娱乐、休闲旅游等，与每个人都息息相关的事情，这些事情往往互相矛盾或与发展国家国防矛盾，但只要处理和协调有力、有方、有度，就可以全面改善和提高。改革开放时提出的"物质和文明建设，两手抓，两手都要硬"，但由于没有处理和协调好精神文明建设，十几年后，国家的经济飞速发展起来了，但国家的精神文明也几乎是飞速缺失了。官员腐败、道德沦丧、骇人听闻的不文明事件屡屡发生，国民的爱国情绪不但没有上升反而下降，国民生产总值已经升至国际第二，但吃不上饭、上不起学、就不起医、买不起房、找不到工作、工作后又拿不到工资的人数持高不下，老百姓吃的、喝的、穿的、用的、甚至喘口气都不放心，这些引起社会不满的问题，主要是国家在政策、内部处理和协调上存在问题。作为一个世界上人口最多的发展中国家，在飞速发展的同时出现这样或那样的问题也是正常的，国际上发展较快的国家在发展阶段几乎都遇到类似问题，五十年前的日本几乎和中国现在的情况一样，但这样的情况不能长期存在，如果不及时加以调整使其再继续膨胀和蔓延下去，这些问题将给国家带来不可估量的影响。

（4）经济是基础，经济基础坚固了，那么就要处理和协调上层建筑的建设和完善。公、检、法是国家上层建筑的最有力代表，怎样处理和协调公、检、法更好地体现公平、公正，让老百姓真正感受到法律的尊严和权威，真正享受到法律对他们的保护，做到法律面前人人平等，而不是像旧社会那样"衙门口朝南开，有理无钱别进来"。现在，在法律面前，仍然存在不平等、不公正的现象，要彻底解决这个问题绝不是一朝一夕之功，可以讲这是个顽症，几千年来都没有解决的问题，不可能在现在彻底解决，即使所谓的解决也是偶然性或阶段性的，因此，处理和协调上层建筑的关系，逐步让百姓放心、满意，同样是政府工作中的重点。在我们国家，能处理和协调到法真正大于权就很好了，争取做到法管所有的人而不是少部分人利用法管大部分人，而这少部分人又可置身法外。

政府需要处理和协调的大事太多，我们无法一一分析。像中国这样一个独一无二的人口大国，只要能处理和协调的自身不出致命问题，内部不乱，任何一个国家想用军事手段硬对硬打败我们是很难的，怕就怕我们自身肌体不健康，外国反对势力会借此动用军事或其他手段攻击（如前苏联解体）。因为，在一个国家存在大问题时，军事攻略是最快、最有效的办法。纵观中国历史和世界战争史，被对外采取军事行动的国家，前提主要是自身出现两大方面的问题：一是对外协调方面没有协调好，二是内部矛盾没有处理好。而对一个大国、强国来说，内部矛盾没有及时处理和解决好，是引发别国乘虚而入的关键。

由此可见，处理和协调关系对一个国家来讲是何等重要，内外关系处理得好坏关系到一个国家的盛衰，甚至关系到一个国家的存亡。我们作为一个国家公民，有义务和责任为国分忧，但绝大多数公民在大政方针方面又无能力直接参与国家的控制、管理和协调，能做的只是合民意的我们高兴一阵，再激动一点就是可能举举手欢呼一下，不合民意的我们发发牢骚、郁闷郁闷、发泄发泄；但在我们力所能及的方面力争做一个合格的公民。在小的方面要处理、协调和控制自己，争取做到不给国家找麻烦、成包袱，第一，有一种持之以恒地遵纪守法意识，做一个有益于社会的人，第二，有一份对社会有贡献的工作，做一个为社会创造价值的人，第三，有一个情谊深重的家庭，做一个健康的社会细胞，第四，有一颗善良和友爱的心，做一个能关爱他人，乐于助人的人，第五，有一股爱国热情，做一个忠于国家，对国家存亡和繁荣发展有责任感的人。这对一个普普通通的公民而言就基本足够了，有机会能提一下自己的建议更好。

处理和协调各种关系不仅关系到人类的生存发展，同样关系到动植物、微生物、天体、宇宙等的生存、发展和繁荣。

## 4.2　家庭方面的处理和协调

家庭是社会中最小的集体，而这个最微小的集体又最具特性，根据地域、性别、性格、基因、环境、风俗、民族、教育、户籍、经济状况、健康程度、生活需求、婚姻状况、文化程度等的不同而各有不同，就像天下没有一样的两片树叶一样，也没有同样的两个家庭。正因为家庭的多元化和特殊性，才造就了无奇不有的大千世界，使我们的生活变得更丰富、更繁华、更新奇，也更复杂。家庭相当于社会的众多细胞，细胞是否健康和繁荣直接关系到社会大集体的安危，因此，如何使组成家庭的每一位成员在家庭中都能承担起相应的责任和义务，是保证家庭昌盛和社会稳定的基础。所以，处理和协调好家庭内外部关系对一个家庭极其重要。对一个正常人而言，处理和协调好家庭关系是人生中最基本也是最重要的关系，在单位要成为一名合格的员工，在国家要成为一个合格的公民，首先要在家庭成为一名合格的成员。上不孝敬长辈，下不关心晚辈，中间不能处理好夫妻和姊妹间的关系，这样的人肯定也不会处理好同事和朋友关系，也必然不会成为一名合格的单位职工和国家公民。

### 4.2.1　对外

#### 4.2.1.1　家庭成员的亲戚关系

亲戚间的融合相处要有良好的处理和协调关系能力作保障。亲戚中根据辈分尊卑、血缘远近和年龄高低自然形成尊、长、平、低、近、疏不同层次，应根据不同层次决定交往和走动行为，对长辈，主要以孝敬、尊重、感恩为主，以拜访、关心、照顾为辅；对平辈主要以走访、沟通、加深感情为主，以交流、学习、鼓励为辅；对晚辈主要是以关怀、关爱、培养教育为主，以帮助、激励、批评为辅；对血缘关系近的，主要是以亲情为主、友情为辅；对血缘关系远的则要以友情为主、亲情为辅。

#### 4.2.1.2　家庭及成员的朋友关系

每一个家庭都有共同的朋友和各个家庭成员各自的朋友，在协调和处理家庭共同朋友和各个成员各自的朋友关系上要有不同的方法和策略。对家庭共同的朋友尤其是世交的朋友，应由家庭主要成员也就是家长负责对对方的家长来协调和处理，其他成员作为配合和辅助，不能由非主要成员或晚辈来对另一方主要成员进行协调和处理，家庭共同朋友的关系协调处理同样存在对等的问题；对家庭成员各自的朋友应当由其本人协调和处理，其他成员要支持和建议如何处理和协调，不要蛮横干涉他人与其朋友的交往和交流。在对待家庭成员朋友的问题上，应该不分尊卑一视同仁，能做到有度量把其他成员的朋友高看一眼更是一个高境界。交朋友必须相互尊重、相互支持，与其中一方有直接关系的人始终给予他们友好相处的正面支持和鼓励，这样才能使相处的双方越交往越密切。

朋友主要分友情上和利益上两种，二者有可能互相转换。对以友情建立起来的朋友和以利益建立起来的朋友应该区分对待，不可一味相处。友情朋友大都重义轻利，利益朋友往往重利轻义，二者有根本的区别和差异。友情朋友相处不会讲究相互间利益的多寡，重视的是相互间交流沟通的深度和在关键时刻的无私帮助。利益朋友相处肯定计较互相间的利益付出，交流沟通肤浅，万一一方落难，另一方有可能马上弃你而去又交上新朋友。无论什么朋友都不是多多益善，去其糟粕，选其精华才能有稳固的朋友圈。

### 4.2.1.3　家庭及成员的邻居关系

无论身居城镇还是农村，都有或多或少的邻居，邻居间的相处也需要经营和协调。邻居关系处理的深浅主要看对味不对味，也就是俗话说的对撇子不对撇子，文明说是对脾气不对脾气。对脾气，有共同爱好或语言的，可能发展成距离最近的朋友，不对脾气，没有共同语言和爱好的，即使不能成朋友，也不能成仇人，应该保持正常或礼节性的交往关系。邻居间处好关系不求名利，不求互相之间能有多大帮助，达到无所求是处理好邻里关系的出发点，如果说有所求的话，也只是图个互相方便和以实际行动教育家庭成员尤其是晚辈，在社会上要善于处理邻里关系，一旦互相间有点急事或大事小情，邻居之间是最快捷、最踏实的支持和帮助对象，因距离关系有可能大事化小、急事化缓。就家庭而言，最能起到第一作用的除了家庭成员外就是邻居，有时家庭成员都代替不了邻居。历史上的千金买邻、孟母择邻、万贯结邻等讲的就是这个道理。

邻居相处最基本的原则就是熟悉、和睦、关心，从不认识到认识，从认识再到熟悉，有空时互相走动一下，有事时互相能及时搭把手帮个忙。与邻居的相处和亲戚的相处大同小异，不同的是亲戚间是以血缘为纽带，邻里间是以距离、碰面多、离不开为桥梁。好的邻居关系是非常难得的一笔财富，也是非常可贵的精神享受。

### 4.2.1.4　家庭成员的同事关系

每个家庭及其成员，除了上班时要和同事打交道外，回到家也离不开和各自的同事打交道。在家里和同事正常打交道的不外乎两种情况，一是工作上的事，二是因同事关系较密切，业余时间互相关心和有共同爱好及语言由同事成朋友了。无论哪种情况，都要认真对待，因为，同事相处仅次于家庭成员的相处，工作时间还重于与家庭成员的相处，尊敬和尊重同事也是一种品质的体现，是一种美德的渲染，更是影响家庭成员以实际行动交往同事的一种言传身教。在家时处理和协调同事关系与在单位不同，要体现出在家的一种氛围和友谊，多从关心对方家庭及成员，以拉家常作为交谈的调和剂，更显得亲切和友好，同时，在家里处理和协调同事关系，不要受时间的限制、不要受话题的限制，但尽量不要议论其他同事或双方共同认识的其他人的是是非非，这是家庭成员处理和协调同事、共同熟人关系的大忌，而家庭又是议论是非的最适宜土壤。一旦你们两个关系由近到远了，有可能你们议论同事的话就会传到你们议论的同事或共同熟人的耳朵而影响你们和其他同事、共同熟人的感情及友谊，得不偿失。在保证处理好自己同事关系的前提下，要正确对待和支持家庭其他成员在家中与其同事相处。

4.2.1.5　其他社会活动中的关系

如旅游、赴宴、购物、逛街、散步、文体活动等，业余时间以家庭成员身份参加的各种活动，无论有无其他家庭成员和你一起参加，都要处处、事事、时时维护家庭的尊严和习俗，不能有离开家门就不受家教、习俗、道德等的约束而放任自流了。同时，人在外尽量避免因小事而发生不愉快的事，尽量少用方言，更要讲究礼貌和注意礼节，求别人帮助时这样，对别人提供方便也要这样，比如，打听路、打听人、问地方、指路、指地方等。出门在外要处理和协调好基本的六件事：安全最为重要，因此，自己在外要预防和注意安全，家庭成员在外要随时提醒和警示注意安全，其次，要提醒自己或提醒出门在外的家庭成员约束自己的言行，遵守法律，尊重地方或他人的习俗、爱护环境，低调做人，不要显摆和露富，警觉防盗防偷，不逞能，不惹是生非。第三，出门在外时间观念要强，既不影响集体活动，又不至于误了行程。第四，花钱、购物等要有计划性和必要性的考虑过程。第五，在观光的同时，尽量多地了解地方人文，从而增加对民间文化和历史的了解。第六，集体行动应尽量不给他人增加麻烦，并尽量帮助他人。

## 4.2.2　对内

家庭内部成员关系的处理和协调应重于外部关系，关键时刻要远远重于外部关系。

（1）尊重有直接血缘关系的长辈。

（2）尊敬并孝顺父母、祖父母。

（3）尊重平辈的兄弟姐妹。

（4）关爱和培养好自己的子女，带头关心兄弟姐妹的子女。

（5）夫妻间的感情处理和协调是家庭关系中最重要的关系。

（6）家庭关系的处理应以重情为主。无论自己贫与富，无论家庭其他成员贫与富，在处理和协调关系时，都不要把"钱"的多少作为衡量关系近和远的尺度，更不能把自己曾经在经济上给予别人帮助或自己曾受到过别人的经济帮助就成为家庭成员中关系最要紧的唯一依据和理由，而不顾其他成员的感受。

家庭关系是一切关系的基础，只要能把家庭关系处理和协调得当，就能把工作和朋友等关系处理和协调好，否则，必然是失败的。要想成为一个合格的建造师，尤其是一个称职的项目经理，首先必须学会处理和协调家庭关系，连家庭关系都处理不会的人，不可能处理和协调好其他关系，也就不可能成为一个合格的建造师，更不可能成为一个称职的项目经理。因此，处理和协调各种关系必须从家庭关系入手。

## 4.3 单位或项目部关系处理与协调

绝大多数人都有各自的单位或组织，回家是家庭一员，上班是单位一分子，如何能做到上班安心工作、下班高兴回家，这里面同样充满策略和学问，那就是如何处理在单位上的内外关系。

### 4.3.1 对外

不同的单位有不同的外围关系，同一个单位在不同的时期和因业务的不同也有差异，有永久的，也有临时的，更有新交的关系，在此不能一一讨论。现仅就建造师尤其是项目经理管理项目方面的对外关系处理和协调说一下自己的观点，供参考：

4.3.1.1 先要明确建造师的性质和项目经理实施项目的地方关系及人群

建造师的工作性质就是参与工程项目建设，使设计意图通过自己的工作达到理想的设计要求。建造就需要项目，有项目就必须和人打交道。我们目前的水利建造师面临的是全省甚至全国的水利工程项目，这就需要我们直接和当地政府或代表地方政府的水务等行业的地方政府部门交往。而和地方政府或部门打交道必然遇到一个难题，那就是如何应对部分政府官员的霸气、霸道甚至个别还不大讲理。无论是地级市还是县级市（包括县）区，主要领导绝大部分是从乡镇党委书记升迁上来的，基层工作经验丰富是他们的优势和强项，他们在乡镇工作时打交道最多的是老百姓，和形形色色的老百姓相处，工作难度是可想而知的，即使不想强势的也会逐步变得强势，原因就在于上面有明确要求需完成，下面又众口难调难推进，处于夹缝状况下的工作环境和现实，迫使他们不得不强硬起来，否则就有可能被挤扁，这就是他们强硬的来源。干书记前一般都要干乡镇长，十年左右基层工作就是再能沉得住气的人也会逼出脾气来，已经逼出来的脾气一年半载让他们改掉是不可能的，因为已经习惯了，再说，到市（县）里当领导和在乡镇的环境也没有多大改观，管着一大批乡镇长和书记，在某些场合需要更强硬和霸气，想到这一点我们就能理解他们了，因此，首先做到能理解他人是进行项目合作的基本条件，彼此理解是进一步合作的重要条件，在互相理解的前提下谋求共识是达成合作的关键条件；同时，我们要想到，地方有项目谁有能力中标就和谁合作，往往事先没有确定的合作对象，尤其是通过公开招标的项目。地方往往注重的是眼前利益、政绩、铺垫、仕途、税收、上级评价，和我们基本相反，我们企业注重的是长久、资源、效益、发展。对比即可发现，我们和地方的思路和想法是同少异多，两个出发点有根本冲突的合作方要达到立即融洽相处是不可能的，急于求成是不现实的，所以，首先要理解地方官员的态度和想法，在此基础上先让心态平静下来，然后寻求合作的共同点。

4.3.1.2 面对不客气的合作对手，要树立起我们自己的信心

树立自信几乎每个人都有这样的想法，在给别人讲道理尤其在家里给孩子、晚辈讲道理时更是每个人都会用的一句话，一句树立自信的空话树立不起信心，也壮不起

自己的勇气，树立自信要依据实力和底气，要查找相应的优势和条件。我们的优势主要有四条：一是带着真材实料的技术和管理经验到地方，应该受到欢迎，二是我们有充分的合作诚意和专业的管理运行经验，通过真挚合作都能给地方带来收益，三是我们是正规企业，有为地方政府排忧解难承担义务的责任和胸怀，和当地主管部门是一致的，四是我们的内部管理是规范、严谨、务实的，公司风气正、人员团结、公私分明、工作扎实、充满活力。所以，有这基本的四条优势，就能充分树立起我们的信心，坚定起我们的勇气。现实工作中，虽然有的地方不一定欢迎和我们合作，但如果他们真有坑蒙行为，欺压手段，我们也要理直气壮地予以反驳，维护公司的尊严和人格，因此，我们不能被唬住更不能让其吓住，他们再傲气也只是项目的主管而不是我们永久的管理者，更不能因傲气而使我们受到不必要的损失。互相以礼相待最好，对手无礼在先并没有悔改之意，那我们以礼对无礼是行不通的，面对这样的合作环境，能改变的主动争取改善，实在不能改善的也要毫不客气地理智对应，即使不能占上风也绝不示弱于他人。但要注意方式方法，不能无理搅三分，更不能随着他们出粗话，应从气质、气势、态度和立场观点上展现出我们的大度和气魄，让他们感受到我们的胸怀宽于他们，感受到我们的境界高于他们，感受到我们不是唯唯诺诺，感受到与我们的合作有朝气、有活力、有激情、有希望、有前景，不会为他们升迁后留下遗憾或麻烦，能作为他们高就的助推器、高就后还能始终作为念念不忘、沾沾自喜、茶余饭后的话题，达到让他们感受到主动与我们的合作才是最有利的途径，也为以后更多的合作留下余地，更为他们能正面宣传和评价我们创造条件，为我们争取其他市场不因此受到反面影响，这就是我们合作的原则和方向。他们即使和我们断交，我们也要保持公司的形象，保持公司断交不出恶言，就像俗话说的：君子断交不出恶语，小人断交拳脚相加。

4.3.1.3　每个地方在和我们合作前一般都和其他单位及地方部门商量过，他们会选择最有利于地方利益的思路并尽可能坚持自己的方向

所以，地方想与我们合作在开始交谈交流时，一般有两种极端情况出现：一是他们提要求并且很苛刻，二是他们根本没要求，我们说什么就是什么。针对这两种情况要有充分的心理准备，重点要防的不是第一种而是第二种情况。对第一种情况，要琢磨他们为什么要求这么多、这么苛刻，他们这样的优势和理由何在？遇到这样的情况不要急于纠正和改变他们，也不要亮明我们的底线，先以默认的方式接受，这样的心态往往都是好意，是对工作负责的一种表现。好事就需要多磨，我们要采用时间、耐心、诚信和毅力最终达到融为一体，就像马拉松一样，路途很远，不要在意出发时是否抢先一步；对第二种情况必须及时打问号，为什么他们一点要求都不提，可能是政府压力过大急于求成、可能是真的没有商量意见、可能是没探明我们的底细不表态、可能是要通过这个项目的合作另有设想、可能是个不好明示的项目让我们摸不着底、可能是资金不到位、可能是有上访的迫于民意或社会舆论的政治项目……种种可能都要联想到，所以，此时我们要逐步压低调子，缓缓制动，逐步摸清项目的真实情况，对照合同有的放矢。

4.3.1.4　对平心静气真诚愿与我们合作并给予支持的地方，我们必须以礼、以诚相对

合作的是事，谈事、做事的是人，人诚则事成，人虚则事非，和诚信的人合作，

即使事有欠缺也会逐步完善去掉瑕疵，对不诚信的人合作，即使看似完美之事也是描画出来的，就是没有多少描画也会很快出现瑕疵直至原形毕露将事毁坏。每一个项目的合作，事情要看长，人事要想短，因此，面对合作时诚信的地方人员，双方要有为以后负责的观点，将合作交谈透彻，该用书面方式明确的用书面资料明确下来，为以后不因人员的变动而给事情的继续合作带来直接影响。所以，从合作的初期，纪要、记录、文件等就要齐全，尤其到一些关键阶段，更要条条慎重、字字斟酌，为当前的合作创造有利的条件，为以后的合作奠定更广阔的空间。鉴别双方是否诚信合作的方法很简单，一是具体事实质事多，大道理不着边际的话少，二是方向性强，事越谈越少、越谈越细、越谈越明，三是双方交谈越来越主动，合作气氛越来越轻松，四是就像一家人但任务各不同，不推诿、不隐瞒，分头行动，及时碰头，步步见实效，越走越统一。

#### 4.3.1.5　要站稳主动的立场，树立和维护自己的威信

对外施工是合作成功最大的利益受益者，反之必然也是灾难的最大受害者，因此，建设过程中就要承担起最大的责任和义务，就要有最大的控制力和主动权。要实现这样的结果，必须站在全局的利益之上掌控大局，在项目合作方面几乎没有损人利己的事，即使有也不能为之，这样才能赢得各方面的支持，才能奠定掌控大局的地位，才能受到其他合作方的尊重，才能掌控好项目的建设大局和方向。损人利己、空耍大牌、轻视甚至漠视他人，即使有掌控能力也必将失去掌控之实，由主动变成被动最终被逐出局的项目并非没有，相反，由被动变成主动的同样多见，这样迥然不同的结果就是品德、能力、势力和智慧的较量。什么事在合作之初往往都是情绪盎然、信心满满，就像恋爱时的男女朋友一样，能否真正把恋爱时的欢乐和以后过日子的艰难综合起来分析和判断，最终的结果可是差之千里、多种多样，结婚就是为了离婚的结婚那是双方从开始就在发昏。所以，国事、单位事和家庭及个人的事道理都是相通的，怎样能达到互相借鉴，用相通的道理处理和把握不同的事情，才能处理和协调好单位眼前和长远的外围关系，立于不败之地。

#### 4.3.1.6　灵活、机智、审时度势才能掌控大局，在合作中始终把稳方向

一个公司有限的人员，面对的是全省蓬勃发展的水务市场，在这种几乎明白人都看准的市场机遇情况下，同样孕育着挑战，机遇和挑战总是并存，越是看不到边的平静海面下越可能藏着激流、险滩和暗礁。面对风土人情、风俗习惯、地方政策、资源优劣、要求期望、脾气性格等不同的形形色色各种人、各种项目，墨守成规无法解决问题，只能越走越窄，唯一能够占领先机、越走越远的途径就是随时随地更新我们的观点和思路，灵活分析和掌握不同的人物和情况，引导和控制合作的方向向成功的目标迈进。灵活是思维和意识的反应，是他人不能直观了解的，灵活就要求人的反应尤其是应变能力要强，遇事不慌，面部表情反应慢而大脑思维变换快，能根据别人的动向及时调整自己的思维并尽早成熟应对措施。应变能力是鉴别一个人或决定一个人能否成功的关键能力，而缺乏应变能力的人大有人在，只是有相当一部分的人不承认而已。如现实工作和生活当中，事前准备充分而临场发挥一塌糊涂的人就为数不少，这样的人事后总结归咎于太紧张了。这样的人往往都有面对失败告慰自己的理由：这不是我的真实水平，只是因为紧张而没有发挥出来，再给我次机会我一定会成功的，但

真再给他一次机会照样失败，甚至次次失败，况且项目的建设本身就不存在第二次。为什么有的人一到关键时刻就紧张，一是心态不好，日常生活和工作中不善于根据自己遇到的人和处理的事调整自己的心态，造成与人见面前和真正处事前总是自作聪明按自己的意愿准备并乐此不疲，临阵了往往不是自己准备时的情况导致心慌意乱必然紧张，二是日常缺乏和别人的交流沟通，必然见不多识不广，导致没有贴心的朋友圈，心理弱点始终没有知心人修补和完善，还处于自以为是的孤芳自赏中，甚至总拿自己的优点对别人的弱点还因此看不起别人，走孤家寡人之路，思古怪异常之维，行怪异不定之为，生活在自己画的圈内不能自拔，三是灵活性不足、按部性有余，自己的准备和思路一旦被环境和他人打破或改变，就失去了自控能力，乱了方寸，脑子里流空了，脑袋外流满了，紧张、流汗、手慌脚乱、表情失常、言行失态，越是这样越想控制和纠正自己，越是控制和纠正就越是摸不准边际更是紧张，四是缺乏生活和工作中的实践锻炼，想得太多，练得太少，理论较强，实践没有，自己和自己交战较多，自己对别人交锋太少，是闭门秀才或纸上将军，几乎没有实战用处也必是实战的惨败者。灵活即有与生俱来的成分，也有后天的学习和磨炼，二者均具备则胜远多于败，二者具其一则胜败各半，二者都不具备必然胜远少于败；机智是技巧和智慧的反应，是通过言行能被他人直觉到的，机智要求人的语言表达能力要强，使自己的意图、思路、想法让别人及时了解和清晰，并通过自己的语言表达和行为，达到自己的目的或改变被动的局面。机智和灵活往往是一对孪生兄弟，没有灵活的头脑很难具备机智的思维和言行，因此，机智来源于灵活，而灵活又催生机智，二者可以同步磨炼和提高，在磨炼灵敏感的同时，分析应对措施；审时度势则要求具有看得远、预测得深、决策得快的能力，判断力要强，决策措施要果断，能根据形势的变化改变路径，通过迂回或曲线的方式，引导合作最终向成功的目标迈进。在交谈合作时要避免硬碰硬，在战场上，灵活机智的指挥员也要避免硬碰硬，即使势力远远超过对方，硬碰硬也会给自己带来无谓的损伤，此即为"杀敌一千，自伤八百"。分析透对方的优劣，避其锋芒，以自己的优势击对手的劣势，才能获得小代价赢得大胜利。项目的协调和其他协调一样，不是一成不变的，也不是单方面的，实力对等并有诚意的协调合作是互有进退，只进不退或只退不进都不一定是成功的协调，强强联合才能诞生更强的，因此，不要期望对方太听话，与比自己弱的人交锋自己会逐步变弱，只要对方有实力，甚至比我们更强，这样的协调和合作才能更出成绩，才能更长久并达到极值。吃饭要讲求味道，淡而无味的饭菜谁都不想吃，处理和协调关系也像吃饭一样，处理起来越有滋味的关系越巩固、越对路、越深情。交谈还要讲求艺术和幽默，能适时适度增加点艺术、幽默甚至感情色彩，不仅能及时缓和气氛，更有出奇制胜的作用。呆板的交谈就像一湾死水毫无生机，这样的交谈双方都很累，很疲惫，一次交谈就够了，必然影响再一次交谈，如果没有改观，二次交谈就服了，人都不想见了还谈什么再次交谈和合作？

　　4.3.1.7　对不同的交谈对象要有不同的交谈思路和方式，不能以不变应万变

　　交谈是处理和协调关系的重要方式和直接手段，根据要交谈的话题和对象，先拟定交谈的思路和内容，根据思路和内容确定主题，根据交谈的对象确定方式。交谈内容确定后，与直接有决策权的对象交谈，应采用紧凑的方式，因为决策者都比较忙，同时，决策者是听大事定大局的，不必事无巨细、绘声绘色、面面俱到；对无决策权

只是个传递者的对象交谈，应主题鲜明，辅以相应甚至是充分的解释，让传意者真正清楚会谈的意思，主次分明，条理清晰，以防传变味道；对善于交谈的对象要控放结合，这样才能使对方既感到尊重他又不至于使我们处于被动，并尽早获得对方的尊重而抢占主动；对不善于交谈的对象，要控制交谈的方向，避免节外生枝；对带有情绪的交谈对象，要尽早摸清是有利于交谈的情绪还是抵制的情绪，有利的加以利用和鼓励并适度控制，使其别得意忘形；抵制的加以引导和理解，使其缓和抵制情绪，回归到正常。既然双方是合作，交谈就必须着眼双方，不能只顾自方利益而忽视对方利益，更不能掺杂私人利益和不正当话题，否则，必将被对方所歧视而导致交谈甚至合作失败。

**4.3.1.8　代表单位处理和协调外围关系，必须考虑长久和维护单位形象，不能把个人恩怨或感受凌驾于单位利益之上**

要做到这一条就首先要明确自己在处理和协调外围关系时代表的是单位，既然是单位自己就要克制自己的情绪，即使对方有不中听的话也要保持冷静，先让对方说完，然后再根据对方的意思把我们的想法说出来，不能人家没说完或有你不中听的话就控制不住自己，马上火冒三丈，自以为是给公司争光了，恰恰相反，这不是公司要的。自己发完牢骚没事了，可能因此把公司的业务或利益因为自己的牢骚给丢了，即使眼前争得了一点既得利益，以后必然失去更多。所以，任何代表公司的对外业务，必须控制自己，有信心、有实力、有能力就不要先计较对方的话语轻重，关键听对方最终的目的对我们是否有利，即使不利也完全没必要当时就分高低，为公司和对方的合作留下余地，也为下一次可能的合作给自己留下再交流的机会。项目的合作是长久的，不要追求一时、一事都得见分晓。当然，对方不尊重我们本人或不尊重我们公司，有故意侮辱或毁坏单位或个人人格的言行，也要坚决予以正面反击，迫使对方放弃自己不正确的心态和举动，尽早回到对双方合作或交往有利的程序上来。

**4.3.1.9　在单位上处理外围关系必须团结一心共同对外**

同事之间由于天天在一起难免有点磕磕碰碰，这是内部问题，绝不能因此而带到处理和协调外围关系上。重大的合作或谈判双方都有可能通过不同的渠道或人员想摸清或了解对方的意图，还真有这样的人就愿意在此时表现自己而陷害同事，借公家之事报个人恩怨，这恰恰给对方帮了忙，导致单位的利益因此受到损害，最终不是两败俱伤就是同事因此胜出了而自己成了单位的罪人。商务场上这样的人和战场上的叛徒汉奸没什么区别，叛徒汉奸只能赢得一时的痛快，必然遭到悲惨的下场和终生的唾弃。因此，无论在单位上怎样，对外处理和协调关系必须摒弃私人恩怨，齐心协力，互拾互补，这样才能达到与单位共赢，并因此有可能使同事间的关系变得越来越好，获得意想不到的意外收获。

**4.3.1.10　处理和协调外围关系应把握尺度，掌握分寸**

唯唯诺诺必然被对方瞧不起而失去主动，张张扬扬也会逐步被对方所轻视而变为被动，无论做什么事都有个度的限制，不到不行，过了可能更糟，那什么是合适的度呢？一般度都有个范围，既然是范围就有界限，就公司对外协调而言，什么时间用上限而什么时间又用下限呢？这要根据不同的内容和交谈对象确定。低限是比现有情况稍微或适当谦虚一些，就基础实力而言，与公司前两年的实际情况基本相符，如果这样更有利就采用低限交谈；高限是比现有情况稍微或适当夸张一些，与三年后公司的发展情况基本相符；就语言方式和力度而言，低限是比自己预备的方式和力度再婉转和柔和一些，高限是比预备的方式和力度更直接和声势一些。交谈过程中往往要低限和高限并用，一味采用低限或高限常常是行不通的，应根据不同的话题和情况灵活掌握并合理应用。不要担心别人会鄙视你过去的卑微，更不要怀疑自己未来的前景，有这样的心态就会把以前的微小、现在的壮大和将来的强盛运用得恰如其分，并由此彰显公司的真诚、可信。

对外处理和协调关系，尤其是项目协调，是心态、实力、技巧、应变、气势、度量、气氛、诚信、幽默、艺术、感情、专业、思维、准备、方法、方式、统一、掌控、运用、引导、规避、态度、情绪等的自然结合、灵活使用和有效控制，才能达到预期目的。

处理和协调关系既没有永久的胜利者，也没有永恒的失败者，只有胜多还是败多。不要因胜多而骄傲，也不要因败多而气馁，总结胜败，树立自信，加强磨炼，综合提高，才能胜更多败自少。

### 4.3.2　对内

在单位内部处理和协调关系主要是单位内部的同事关系。一个有固定职业的单位员工，单位工作时间和家庭生活时间占据其主要时间，因此，在单位与朝夕相处的同事能否相处得融洽、密切、愉快是决定一个人能否正常甚至超长发挥自己能力和水平的关键，也是一个集体能否紧密合作、团结共勉的关键。同事间相处和其他关系一样，第一，自己要主动。主动要经得起时间和大家的认验，不是心血来潮，更不是表现给上级看的，要从方方面面、踏踏实实做起，对每一个职工都有尊重之心，维护之言，善待之举，久而久之，大家必然从内心接纳你、包容你、尊重你，为自己单位创造出良好的工作环境。第二，言谈举止是一个人的内心表现。内心想得再好而言谈举止没能正确表达同样不会得到他人的认同，言谈举止要求得体、稳重、舒服、把控有度，并逐步形成适合自己、被同事认可的风格，习惯也就建立起来了，久而久之也就顺其自然，不会再出现造作、生硬、别扭的尴尬处境了。第三，在单位必须要克制自己，主动适应单位的主体氛围和大部分人，不能希望和要求单位和他人适应自己，否则，就自行其是、我行我素，必然会被别人所抛弃，能和他人融为一体才能互相学习、互相促进、互相支持、共同进步。第四，愉快的心情，轻松的表情，有度的言行和情绪的控制是处理和协调好同事关系的先决条件，缺一不可。心情需要自我调整，表情需要顺其自然，言行需要得体大方，情绪需要控放有制。第五，谦虚之心始终要刻骨铭记，不足之处始终要总结完善，团结之本始终要从自身做起，工作配合始终要争取主动，善意之举始终要不计得失，感恩之意始终要不论大小，整体协作始终要不记恩怨，成功之时尽量要退到后面，失败之时最好要敢于担当。第六，自己无论哪个方面总是很微小的，怎样将微小的自己融入强大的集体使自己因此借势强大需要具备一定的境界和素质。容别人不容之人，纳别人不纳之见，吸自己不足之训，宽别人不宽之事，诚别人不诚之信，行别人不肖之为，守别人不守之言，遵别人不遵之纪，做别人不做之工，控别人难控之绪，分别人不分之明，辨别人不辨之非，善于把别人看不起或以为无所谓的方面或事情认真做好，历练自己、充实自己、丰富自己、体验自己，并因此而达到毫无怨言的境地即是成功之时。第七，个人服从集体，集体顾全大局，舍得出得自来，利益面前有风格，非法之事遵法纪，光明正大善待人，无需顾虑被人议。第八，同事相处讲究长远，需要加强交流和沟通，时刻要用真情和真意对待，不拘小节不行，过分谨慎或张扬也不行，言行不是能长久装出来的，自然流畅才能给人留下春风拂面的感觉，来时有面带微笑相迎，走时有期盼眼神相送，碰面再多不嫌多，见面再少情谊在。第九，着装注重大方，化妆注重自然，避免邋邋遢遢，克制个人不良嗜好争取不危害他人，待人接物礼貌优先，沟通交流心要在焉，别人讲话认真倾听，自己发言条例清新。第十，对领导要尊敬，对同事要尊重，尊敬、尊重要适度，对单位、对集体有利的建议和意见一定要提，但要注重方式方法，对自己有利的最好别提自我消化，心要大胸要宽，不动小心眼，对工作不挑不拣，服从安排并踏实认真，做职员时维护和支持上级，做管理时尊重和培养职员。做职员时出现差错敢于面对，勇于承担责任，做管理时出现差错敢于替职员分忧，勇于分担领导责任。第十一，同事间少触及物质攀比，多交流综合进取，同事有难及时帮助或开导，自己有难尽量低调处理不声张，少给他人添麻烦。对可能造成影响自己工作的事情，尽早和至交的朋友或同事沟通分解。第十二，年轻时要磨炼积累，不讲条件，不争荣耀，不骄不馁，甘愿付出，不眼高手低，更不好高骛远。年轻是最大的资本，没有付出和积淀的资本必是干涸的无水之源，年轻的时光非常短暂，无论讲不讲条件都是一晃而过，无为者年轻时拿出时间讲条件，有为者年轻时没有条件为以后不年轻时创造更好的条件。第十三，有同事晋升应该学习、鼓励和祝贺，不是嫉妒、挤兑甚至揭短。要想别人给自己留路自己必须首先给别人留出更宽的路，有远见的人即使自己没有路也能团结他人一道走出共同的路，并且路会越走越平坦宽阔，眼光短浅的人即使自己有不错的路，也会不让他人走并争先恐后挤占别人的路，回头再看一看自己的路已经不见路了，造成以后年龄越大生活和工作越迷茫。年轻时就追求享受生活年老时必然被生活所困。第十四，每个人都有每个人的缺点和不足，完人是不存在的，因此，在现实生活中就出现两种极端的人，一种是喜欢取别人之长补自己之短，一种是紧盯别人之短而比自己之长，这两种人也就成为最有教育意义的成功者和失败者。因此，处理各种关系时，应多看到他人的长处和优点，多检查自己的不足和缺点，对照后加以学习和改进才能提升自己，才能融入集体之中，才能在同事和朋友的支持下处理和协调好各种关系。第十五，同事相处很难做到一视同仁，也不可能一视同仁，既然如此就应该根据自己的愿望和理念，可以将同事关系进行分类。一个优秀的职工一般将其同事划分为五层：紧密型、良好型、一般型、厌恶型和敌视型。正常情况下只有前三层，如果有后两层必将失去一部分人。对紧密型的也要紧密有度，无原则的紧密将是分裂，对良好型的要维护有方，无方法难以维持良好，对一般型的要保持正常的同事交往，失去基本的礼貌和交流有可能变成厌恶型的，即使有厌恶型的也要争取到一般型，即使争取不到也不能变成敌视型。同事间关系处理的成败关键决定在自己，而非别人，只要自己想和每个同事都处好关系，容纳不同性格的所有同事，那同事就一定会接受你，反之，你就别埋怨同事把你抛弃到厌恶甚至敌视型里。第十六，同事间相处不要追求一时一刻就见成效，也不要因为某个同事对你不是很友好或有不利言行就压力过大，更不要因为自己可能出言不在意就私下以为自己得罪了那个同事而心慌意乱,同事间正因为熟悉才彼此实在,开开玩笑甚至互相嘲弄一下开开心都是正常的,不要较真,更不能把别人本无意的玩笑记在心中琢磨再三。只有融入群体的人才能正确区分什么是玩笑话,什么是正经话,分不清什么话的人必然没有融入群体,这样的人如果不及时改变自己也就只配在沉闷中自我生活、自我欣赏,早早默默凋谢。检验处理和协调同事关系好坏,时间和大众是最好的裁判,只要自己用心去处就没有不成的同事关系,也因此就有了良好的工作环境和发挥自己的空间。同事常相处,不在一瞬间,只要用真心,情谊永远在身边。第十七,在单位上处同事关系最可怕的是拉帮结派,同学、老乡、战友、爱好、原来是同事或朋友等,都是拉帮结派的理由和土壤,可以说想拉帮结派就必然有理由,不想拉帮结派即使有土壤也不会去栽培,所以,一个单位要整体健康,必须避免结党营私,领导带头倡导并以身作则,职工团结一心并积极抵制,这样才能确保一个单位始终处于一个良好的工作环境中,单位关系是这样,家庭关系也是这样,国家关系更是这样,只要有派别之分必然导致家破、国裂。第十八,既然是同事就要共事,能在一起共事就是缘分,有缘分共事就要向好处努力,就要互相支持和帮助,做职员时工作上善于互相促进,共同发展,维护上级,做中层时下级自觉服从上级,始终关心和培养职员,到高管层时班子团结协作,互相尊重,加强沟通,取长补短,争权夺利、个人主义、骄傲自满、不务正业、贪图享乐、利欲熏心、无视组织、蔑视制度必将失败;互相挤对、相互争斗、另立山头、拉帮结伙、揭短隐长、背后诬陷、压低他人、抬高自己,必将两败俱伤,共同成为争斗的牺牲品。第十九,项目部是一个特殊的集体,除了业主、监理、设计、地方等外围关系外,还拥有同事、供应商和民技工等,对这些人员力争都按自己的同事相处。

除了在一起工作的同事关系外,每个单位几乎都有上级和下级单位,对上级安排的工作要按时、认真完成,并通过工作关系尽早与直接打交道的上级主管部门人员处理好关系,在尊重的前提下争取达到朋友关系,得到上级主动指导或帮助,这样不仅有利于工作的交流和沟通,而且能使自己的工作达到准确无误满足上级的要求;对下级单位同样要尊重,不要有高于下级的想法,应该按自己的同事平等对待,在工作方面给予帮助、指导甚至互相学习,同样从工作交流中建立感情和友谊,发展成朋友关系。对下级安排工作时要充分考虑下面的实际情况,非特殊情况不能朝令夕改、不能太紧张让人没有合理的准备时间,一定要从人性化、和谐化、程序化、规范化方面做足文章,否则,不是被下面骂就是被下面给糊弄或敷衍了,不仅工作配合不顺利,还失去了成为朋友更有利于合作的可能。上级对下级的管理要掌握不管绝对不行,管严了不一定是好事这样一个总体原则,必要的管理制度必须要有,但制度不是管理好公司的关键,只是依据和规定,要真正管理好公司,是企业内部上下级之间的交流、沟通和协调关系的正确理顺和处理,达到下级充分尊重上级的制度及人员,上级真正理解和支持下级的工作,体贴下级,上下成为一个岗位不同但目标一样的整体,各自都是整体不可分割的一员。总体上在上级的指导和监督下,根据各自不同的情况发挥下级各自的优势,使上下级同心同德、互相促进、并肩发展。

无论大小集体,如果极端的分一般都存在两类人,一是普通人,二是高层人(即高人,高人不一定是职务高的人,是意识境界方面高于他人的人),二者在对待工作和处理事情时有本质的差异：在对待工作方面普通人追求的是待遇，高人讲究的是体验，待遇是物质层的，体验是精神层的，二者的境界不同；在处理事情方面，普通人看到的是自身利益，高人看到的是整体利益。比如吃饭、喝水，在普通人看来就是为了填饱肚子、解渴，而高人吃喝则是为了身体健康需要；喝茶，普通人喝的是茶味如何，而高人品味的是茶文化；穿衣，普通人是为了保暖和遮羞，而高人是为了提升气质和修养；普通人需要的是职业，通过干一份职业养家糊口，而高人需要的是事业，通过干一番事业体验自己的成功和价值。一个单位根据自己的发展要做大做强应及时提升自己的事业，物质方面经过一定的积累后，必须提高到精神层面，也就是大家常说的有形和无形，企业到了一定阶段，无形比有形更重要，无形资产更有潜在价值。对一个人和一个组织来讲，要真正成功不仅仅是品德、能力、技术等的提高和管理，更重要的是文化和精神方面的提升，而情绪又是一个组织和一个人提升文化和精神的最大障碍，小情绪能栽倒大人物，因为情绪控制和管理不好而不成功的能人大有人在。因此，要把公司的事处理和协调好，要把自己家庭的事协调好，要成为一个合格的国家公民，最高的境界是控制和管理好自己的情绪，这在处理和协调各种关系中至关重要。情绪稳则事成，情绪动则事摆，情绪激则事败。所以，在我们积累企业文化，拓宽精神领域的过程中，职工必须及时提升自己，将自己的职业逐步转化为事业，使自己从普通人逐步上升到高层人，期间始终把控好自己的情绪，不因情绪而失去事业再回到找职业的老路上。

总之，无论在家庭还是在单位，包括在社会，要想处理好各种关系，不要寄希望于别人主动，首先自己得主动协调，遇到小气、计较和蛮横的，不要一般见识，得有肚量和胸怀，只要自己没有计较和损伤他人之心，非原则问题且主流是好的，就尽量少计较他人对自己在某一件事、某一句话或某一阶段怎样，和人相处难免遇到有不中听的话，碰到不尽如人意的事，自己做到不计较、不深究。计较有可能使本来没什么的小事较真出事来而导致产生矛盾，深究有可能歪曲了他人的本意而影响了自己与对方今后的相处。

日常生活和工作中，能直言给你提出意见和建议的必是和你最近的人，你要认真听取别人给你的意见和建议，从而接受教训在以后加以改正，如果对他人的提醒置若罔闻还是我行我素不认识到利害，屡次伤害别人，最近的人也会逐渐疏远你，到你醒悟过来可能为时晚矣。珍惜各种关系，让自己生活和工作的更顺利、顺畅、愉快，和春天的小鸟一样，到那棵树上都有稀奇和新鲜感，飞到谁身边都能左右逢源欢迎你，这样才能始终有一颗不老的心。心不老就没有可忧虑的生活和工作，就会从只是活着到提升生活更丰富再上升到享受生活的境界。人的一生总会遇到各种不如意、挫折甚至磨难，从某种意义上讲，人生下来就是为了解决矛盾、经受挫折的，有能力处理和协调各种矛盾与挫折的人总是笑对人生，无能力处理和协调的只会沉闷一生，二者的差距主要在心胸和情绪。人生本来好时光就有限，何不从自身做起扩大生活的好时光，在自己享受生活的同时也是为家人和同事创造更好的生活空间，这样，心态自然稳，心胸无限宽，情绪也就不控自制，那事业必成，生活更美。

做事要远视，大事看认真，小事讲细致，干好眼前，放眼远方；做人要广视，为人看诚实，对人讲友善，开阔眼界，放眼四方；交友要透视，重义不重利，近远把好度，看准的不放手，胸有大志，结交八方；对待关系要环视，社会圈内、家庭圈内、朋友圈内、同事圈内、工作圈内等，都要照顾到、顾全到；对待父母要注视，心里始终要惦念着他们的生活和身体，让他们感到儿女就在他们身边，无论到什么情况下子女对他们总是不离不弃；对待孩子要重视，关注他们的安全，关注他们的做人，关注他们的生活，关注他们的培养，关注他们的成长；对待家庭、对待同事、对待朋友、对待利益、对待社会不近视，光看眼前事、只认近前人、光顾个人利益、只见社会弊端，不是"怀才"永不育，就是在嫉妒和怨恨中度余生。

作为老百姓处理和协调关系没有多少深奥的道理，都是些几乎人人明白的常理，但需要我们合理运用好。处理和协调各种关系还要因人因事而异，不能生搬硬套。要真正把关系处理到理想的程度，必须心绪正，目的明，有远见，对自己和他人负责。处理和协调关系不是吃吃喝喝、请客送礼，以吃喝和送礼作为处理关系的主要手段是最低级、最庸俗和最不负责任的方式，尤其是对公处理各种关系。要使自己能尽早把各种关系处理和协调恰当，应善于总结成败，同时加深同事之间以及与他人之间的主动交流和沟通。交流和沟通可以涉及各个方面，使自己的综合素质同步提高。善于交流和沟通是处理和协调好各种关系的重要条件，诚信、公正、有责任感和同情心，是处理和协调好各种关系的基础。只要懂得怎样做人，不愁不懂做成事。越是浅显的道理越是生活和工作中遇到最多的，要想按道理把生活和工作中遇到最多的事和关系能处理和协调好，重在做多少，不在懂多少。懂道理不去做，就是社会上的话头或嘴子，不懂多少道理但能做得符合道理，就是社会上的厚道、实在人，既懂道理又做得到、做得多，就是社会上的高层人。

总之，关系处理和协调对每一个人都是能否成功的重要事项，也是一个家庭、单位甚至一个国家兴亡的关键问题。建造师单位或作为项目部一个主要成员，应具备综合的协调和处理各种关系的能力，需要在家庭、单位、项目以及社会方面，通过遇到的不同人和事磨炼自己，使自身早日成为一个合格的有协调能力者，方可把综合的关系处理和协调能力通过接触人和处理事，更好地展现出来，征得他人的信任和尊重，使自己的工作和生活环境轻松和谐，各种看似困难的问题也就迎刃而解了。

一个工程项目要真正做好，一般要具备以下基本条件：

（1）有正规的规划和设计，有正规的招标文件和投标文件。

（2）业主有一定的人员懂技术和专业，不发生盲目指挥和恶意干扰，能与施工方及监理等密切配合。

（3）合同约定明确，各方能原则方面履行合同，非原则方面发扬风格，以围绕项目的顺利实施为目的配合工作。

（4）监理方真正站在中间位置，真正履行监理职责，向理不向人，且监理人员的专业及能力水平真正满足监理人员的要求。

（5）施工单位配置的项目部人员合理，机构设置有效，项目经理经验丰富，组织和协调能力强，总工程师及专业技术人员数量满足要求，业务熟练，有类似工程的专业施工经验；管理人员职责分明，与技术人员和专业工人配合紧密。

（6）施工设备组织有利到位且运行正常，永久和周转性材料组织有方，质量符合要求；劳务人员具有相应的施工经验并诚信团结；资金调配合理，计划性强；安全生产和文明施工落到实处。

（7）项目部班子团结协作，能充分调度好内部各项工作，对所有设备和材料等供应商能按计划合理调配，对外协调有力，使项目部始终处在良好的内外部环境中。

（8）各项管理和考核制度等健全完善，项目部班子对内有较高的威信，对外有较强的威望。

（9）施工方案合理，组织措施得当，计划明确，执行有力。

（10）充分关心职工和劳务人员的食宿和业余生活，创造优良的工作和生活条件。

# 附　录

## 山东省水利建设项目项目法人管理办法

2013 年 5 月 18 日

### 第一章　总　则

**第一条**　为进一步规范项目法人建设管理行为，强化项目法人在项目管理中的职责，充分发挥项目法人在工程建设中的核心作用，确保建设项目"质量、安全、进度、投资、效益"控制目标的实现，根据国家及省有关法律、法规和规定，结合山东省水利工程建设实际情况，制定本办法。

**第二条**　本办法适用于对全省水利建设项目项目法人的监督管理。

**第三条**　项目法人对项目建设的全过程负责，对工程的质量、安全、工程进度和资金管理负总责。

**第四条**　项目法人必须具备相应的资格条件，依法依规组织工程建设。

**第五条**　在山东省境内从事大中型及重点小型水利工程建设的项目法人，自项目法人组建到工程竣工验收阶段的各项建设管理活动应遵守本办法的有关规定。其他小型水利建设项目项目法人可参照执行。

**第六条**　省、市水行政主管部门按照统一要求、分级管理的原则，负责水利建设项目项目法人建设管理行为的监督管理，实施对项目法人的备案、培训、监督检查、考核、奖惩等。省水利厅负责省级以上审批的工程项目的项目法人监督管理；各市水利局负责其他工程的项目法人监督管理。

### 第二章　项目法人组建及资格条件

**第七条**　水利工程建设实行项目法人责任制。在项目可行性研究报告批复后，按照批准的整体建设项目确定工程建设项目责任主体，组建或明确项目法人。其中，跨市水利工程建设项目、省水利厅直属项目以及总投资在 2 亿元以上的地方大型水利工程项目由省人民政府或省水利厅负责组建项目法人，任命法定代表人。其他地方项目由市、县人民政府或其委托的同级水行政主管部门负责组建项目法人，并按照项目管理权限报上级水行政主管部门审查备案。

对于中小型水利工程，提倡"一县一法人"专职项目法人集中管理模式。有条件的县可组建常设的项目法人，办理法人登记手续，落实人员编制和工作经费，承担本县水利工程的建设管理职责。

**第八条**　项目法人应具备以下条件：

1. 法定代表人原则上应为专职人员，法定代表人兼职的，必须配备副职，专职负责日常管理工作。法定代表人、专职副职应熟悉有关水利工程建设的方针、政策和法规，有丰富的建设管理经验和较强的组织协调能力。水利行政部门主要负责人不得兼任中小型水利建设项目的法人代表。

2. 技术负责人应具有工程类高级技术职称或同等专业水平，有丰富的技术管理经验和扎实的专业理论知识，能独立处理工程建设中的重大技术问题。

3. 人员结构合理，应包括满足工程建设需要的技术、质量、经济、财务、合同、档案等方面的管理人员，具有专业技术职称的人员一般不少于总人数的50%。主要负责人和管理人员、技术骨干应在工程现场进行管理。

4. 法人代表、技术负责人和技术骨干上岗前需经过培训。法人代表和技术负责人经培训且取得省水利厅颁发的资格证书后方可上岗。

5. 有适应工程建设需要，专门负责工程建设、财务、质量、安全和迁占移民、档案管理等工作的组织机构，并建立完善工程建设管理、资金管理、质量管理、安全管理、档案管理、廉政建设等规章制度。

6. 在项目建设期间，项目法人机构设置和人员配备应保持相对稳定。法人代表和技术负责人进行调整，应报上级水行政主管部门审核同意。

### 第三章　项目法人职责

**第九条**　项目法人是项目建设的责任主体，并对项目主管部门负责。工程建设资金应当专款专用，任何单位和个人不得拖延支付、截留和挪用。

**第十条**　项目法人需严格按照建设程序依法组织工程建设，严格实行"四制"管理，严格执行行业标准。

**第十一条**　项目法人应按照国家有关规定接受并积极配合做好有关部门审计、稽查、监督检查。

**第十二条**　在前期工作阶段职责：

1. 通过招标择优选择勘察设计单位；

2. 组织编制初步设计报告；

3. 对初步设计报告进行审核把关；

4. 协助主管部门完成前期工作的报批工作。

**第十三条**　施工准备阶段职责：

（一）在招标阶段职责：

1. 按照国家和省有关规定规范水利建设项目进入统一规范的市级以上公共资源市场进行交易，其中由国家和省负责审批且项目总投资在2 000万元以上的项目需进入省级市场进行交易。

2. 确定招标代理机构。委托具备相应资质并在省水利厅进行诚信备案信誉良好的招标代理机构。

3. 及时提交招标报告。招标前，按规定及时递交招标报告，内容包括招标具备的条件、招标形式、代理机构的选择、标段划分、资质要求、公告发布、评标办法、时间安排等。

4. 依法组建评标委员会。指派代表与在省级以上水行政主管部门建立的评标专家库中抽取的专家组成评标委员会。

5. 确定中标单位。按照规定程序公示后，确定中标单位。公示内容应包括中标价格及投标承诺主要管理人员。

6. 提交总结报告。按照规定的权限、时间和要求，向上级水行政主管部门提交招标投标书面总结报告。

7. 按规定与各中标单位签订合同。

（二）施工准备阶段的其他职责：

1. 组织施工图设计（实施方案）的申报与审查；

2. 办理质量监督、开工前审计等报批手续；

3. 组织做好征地、拆迁和移民工作；

4. 组织做好通水、通电、通路、通讯，场地平整"四通一平"工作；

5. 协调有关部门落实年度建设资金；

6. 及时组织设计单位与施工、监理单位进行设计技术交底和安全交底；

7. 做好与群众、相关部门、政府的协调工作，确保工程顺利进行。

**第十四条**　建设实施阶段主要职责：

1. 及时办理开工报告审批手续；

2. 严格按照《水利建设工程施工分包管理规定》，加强工程施工分包管理，严禁转包和违法分包，工程主要建筑物的主体结构不得进行分包；

3. 严格设计变更报批程序。按照水利部和省水利厅关于设计变更的有关规定，做好重大设计变更的报批和一般设计变更的审核工作；

4. 组织并负责在建工程的安全生产及安全度汛；

5. 严格按照概算控制工程投资，用好、管好工程资金，按工程进度及时支付工程款；

6. 设置负责质量和安全管理的办事机构，配备专职人员，明确机构及人员职责，对质量安全工作常抓不懈，自觉接受政府对工程质量和安全的监督；

7. 加强对施工现场的经常性检查，督促监理单位定期组织召开现场协调会议，通报工程进展情况、质量安全情况、存在的主要问题和下一步工作安排。

8. 按照有关规定及时组织分部工程、单位工程和合同完工验收，验收质量结论和相关资料及时报质量监督机构进行核定或核备。

**第十五条**　竣工验收或投入使用验收阶段主要职责：

1. 组织验收资料的制备工作；

2. 协助做好各项专项验收；

3. 工程档案资料整理规范；

4. 组织编制竣工财务决算；

5. 报请上级水行政主管部门进行竣工财务决算审计；

6. 报请上级水行政主管部门进行竣工验收，并积极做好配合工作。

## 第四章　项目法人管理责任

**第十六条**　项目法人对设计、施工、监理、检测等参建单位的建设行为依法负有监督管理责任。为强化对参建单位的管理，项目法人在组织工程建设中需严格执行四项制度。

1. 执业证书暂存保管制度。在施工、监理单位进场时，项目法人必须查验主要管理人员是否与投标承诺和合同的要求相一致，主要人员应挂牌持证上岗；主体工程建设期间，对项目负责人（建造师）和总监理工程师、监理工程师的执业证书实行"暂存保管"制度。中标单位主要人员原则上不得更换，若因退休、调离等特殊情况需要更换的，须提出书面申请，项目法人审查同意后及时报上一级水行政主管部门审查备案；

2. 考勤制度。对施工、监理、质量检测等单位的主要管理人员进行考勤，确保人员到岗到位；

3. 签字签章制度。监督施工和监理单位严格按照《注册建造师施工管理签章文件（试行）》（建市监函〔2008〕49 号）和《水利工程建设项目施工监理规范》（SL 288—2003）要求，认真执行项目负责人（建造师）、总监理工程师、监理工程师签字签章制度；

4. 公示制度。项目基本情况及设计、施工、监理、检测单位主要管理和工作人员的照片及基本信息要在工地现场醒目位置进行公示，接受社会监督。

## 第五章　监督管理

**第十七条**　水行政主管部门负责对项目法人的建设管理活动进行监督与管理，主要任务为：

1. 对项目法人的组建情况进行审核备案；

2. 对项目法人的建设管理活动全过程进行监督、检查、指导；

3. 组织开展项目法人岗位培训，颁发资格证书；

4. 负责考核项目法人。

**第十八条**　水行政主管部门组织对工程进行稽查、督察和专项检查，并督促落实整改。

**第十九条**　对质量与安全事故和发现的重大问题依法依规进行调查处理。

## 第六章　考核与奖惩

**第二十条**　建立项目法人考核制度，实行奖励惩戒机制。省、市水行政主管部门按照分级管理的原则，负责对项目法人进行考核。

**第二十一条**　考核工作由年度考核和过程评价相结合。

1. 年度考核由省水利厅每年安排部署集中开展，或结合专项检查、稽查一并开展。原则上项目上半年开工建设的，项目法人参加当年考核；项目下半年开工的，参加次年考核；

2. 过程评价以上级主管部门的监督、检查、稽查、审计情况为主。

**第二十二条**　项目法人主要考核内容：

1. 执行建设程序情况；

2. 执行"四制"管理情况；

3. 招标工作开展情况；

4. 合同签订及合同管理情况；

5. 资金使用管理情况；

6. 按期完成建设任务情况；

7. 项目法人负责、监理单位控制、施工单位保证、第三方检测单位评价和政府监督相结合"五位一体"的质量管理体系建立健全情况；

8. 财务管理、质量管理、安全管理、进度管理、档案管理等各项制度健全建立和执行情况；

9. 对参建单位的管理情况；

10. 安全生产标准化与文明工地建设情况；

11. 信息与档案管理情况。

**第二十三条**　项目法人考核结果分为优秀、合格和不合格。

考核实行量化赋分制（量化评分标准见附表）

**第二十四条**　考核组织程序：省水利厅负责监督管理的项目法人，首先由项目法人按本办法规定和量化评分表要求进行自评，并形成书面报告后报市级水行政主管部门进行初审，各市结合过程评价情况逐个项目进行考核，形成初审意见报省水利厅，省水利厅对各市初审情况进行全面核查，根据需要进行随机抽查，并确定考核结果。各市水利局负责监管的项目法人由项目法人自评后报市水利局进行考核。

**第二十五条**　考核等次标准

（一）优秀

1. 量化考核评分在 90 分以上；

2. 无质量与安全事故；

3. 无违法违规事件；

4. 按期完成建设任务；

5. 地方配套资金到位；

6. 工程质量评定为优良等级。

（二）合格

1. 量化考核评分在 75 分以上；

2. 无质量与安全事故；

3. 无违法违规事件；

4. 按期完成建设任务；

5. 地方配套资金基本到位；

6. 工程质量评定为合格以上等级。

（三）不合格

有以下情况之一的定为不合格等次。

1. 量化考核评分在 75 分以下；

2. 存在较大以上质量与安全事故；

3. 存在违法违规事件；

4. 未按期完成建设任务；

5. 工程质量较差。

**第二十六条**　对考核优秀的项目法人按照考核权限由省市主管部门进行通报表扬。连续两年考核为优秀的项目法人，可推荐其参加全省建设管理先进集体和先进个人的评选。对考核不合格的项目法人进行通报批评，并建议取消其法人代表资格。对管理混乱发生质量与安全事故的，三年内不得再担任项目法人代表。

## 第七章　附　则

**第二十七条**　本办法印发之日起执行。

**第二十八条**　本办法由山东省水利厅负责解释。

附件：山东省水利建设项目项目法人考核量化评分标准。

附件:

**山东省水利建设项目项目法人考核量化评分标准**

| 序号 | 考核内容 | 考核指标 | 赋分标准 |
|---|---|---|---|
| 1 | 项目法人组建（10分） | 人员情况（4分） | 项目法人代表、技术负责人、财务负责人及各类技术人员符合要求得4分；基本符合得2分；不满足工程需要得0分 |
| | | 机构设置（3分） | 负责财务、工程、质检、安全、迁占移民、档案的机构健全，职责明确得3分；基本健全得2分；不健全、职责不清得0分 |
| | | 制度建设（3分） | 建设管理制度、质量管理制度、安全管理制度、财务管理制度、档案管理制度、廉正制度等健全得3分；基本健全得2分；缺项得0分 |
| 2 | 前期工作（8分） | 初步设计审查把关（4分） | 严格把关初步设计报告，且设计合理得4分；设计基本合理得2分；不合理得0分 |
| | | 设计变更（4分） | 不存在设计变更或严格履行设计变更手续得4分；存在设计变更未履行相关手续得0分 |
| 3 | 工程招标（15分） | 进公共资源市场交易（4分） | 严格按照国家和省有关规定，规范工程进入省市公共资源市场进行交易得4分；否则得0分 |
| | | 招标代理机构（4分） | 委托的招标代理机构符合相应资质要求，经省水利厅诚信备案且信誉良好得4分；否则得0分 |
| | | 招标文件和评标办法（4分） | 认真执行国家颁布的招标文件范本及国家和省招标投标有关规定，严格执行厅里颁布的评标办法得4分；否则得0分 |
| | | 招标程序（3分） | 招标程序规范得3分，较为规范得2分，不规范得0分 |
| 4 | 合同管理（10分） | 合同签订（5分） | 使用国家规定的合同范本，按规定提交履约保函、合同约定合规不存在企业垫资等现象，合同签订规范得5分；基本规范得3分；不规范得0分 |
| | | 合同履约（5分） | 严格履行合同得5分；履行合同较好得3分；履行合同差得0分 |
| 5 | 资金管理（10分） | 配套资金到位（5分） | 市县配套资金足额到位得5分；到位率80%以上得3分，到位率80%以下得0分 |
| | | 资金使用（5分） | 严格按国家和省有关规定规范使用资金得5分；基本规范得3分；不规范得0分 |
| 6 | 建设管理（20分） | 建设程序（4分） | 建设程序规范，不存在违反程序操作现象得4分；基本规范得2分，不规范得0分 |
| | | "四制"管理（4分） | 严格执行"四制"管理得4分；否则得0分 |
| | | 进度管理（4分） | 按照国家和省里关于工程进度的要求，按期全面完成建设任务得4分；基本完成得2分；未完成得0分 |
| | | 信息与档案（3分） | 信息报送及时、真实、准确，档案管理规范得3分；信息报送较好、档案较规范得2分，否则得0分 |
| | | 工程验收（3分） | 及时组织完成验收，且验收工作规范有序得3分；基本规范、及时得2分；未验收或验收工作不规范得0分 |
| | | 移交管理单位（2分） | 及时处理验收遗留问题，并移交运行管理单位管理得2分，否则得0分 |

| 序号 | 考核内容 | 考核指标 | 赋分标准 |
|---|---|---|---|
| 7 | 对参建单位管理（12分） | 证件暂存保管制度（3分） | 严格执行持证上岗，对施工、监理单位主要负责人证件实行暂存保管制度得3分；否则得0分 |
| | | 考勤制度（3分） | 严格执行对施工、监理、检测单位主要人员考勤制度得3分；执行较好得2分；执行较差或未执行得0分 |
| | | 签字签章制度（3分） | 严格执行总监理工程师、监理工程师、项目负责人（建造师）签字签章制度得3分；执行较好得2分；执行较差或未执行得0分 |
| | | 公示制度（3分） | 严格执行参建单位主要人员公示制度得3分；执行较好得2分；执行较差或未执行得0分 |
| 8 | 质量与安全管理（15分） | 第三方质量检测（3分） | 严格执行全过程第三方质量检测制度，检测单位资质、检测成果符合有关要求得3分；执行较好得2分；执行较差或未执行得0分 |
| | | 安全生产标准化建设（5分） | 安全生产标准化建设等级评为一级得5分；二级得3分；三级得1分；未创建得0分 |
| | | 质量与安全管理（4分） | 质量与安全管理体系健全、施工文明、管理到位、工程质量优良得4分；管理较好得2分；管理较差得0分 |
| | | 质量与安全事故（3分） | 未发生质量与安全生产事故得3分，否则得0分 |

# 山东省水利工程建设项目稽查实施办法

## 关于印发《山东省水利工程建设
## 项目稽查实施办法》的通知

各市水利局、各有关单位：

按照水利部《关于加强地方水利稽查工作的通知》（水安监〔2011〕425号）要求，经研究，决定开展我省水利工程稽查工作。为促进稽查工作客观、公正、高效开展，根据国家有关法律、法规、规章和水利部《水利基本建设项目稽查暂行办法》，制定了《山东省水利工程建设项目稽查实施办法》，现印发给你们，请贯彻执行。

附件：山东省水利工程建设项目稽查实施办法

二〇一一年十一月九日

附件:

## 山东省水利工程建设项目稽查实施办法

### 第一章 总 则

**第一条** 为加强水利工程建设管理,规范工程建设行为,促进稽查工作客观、公正、高效开展,确保"工程安全、资金安全、干部安全和生产安全",根据国家有关法律、法规、规章和水利部《水利基本建设项目稽查暂行办法》,特制定本实施办法。

**第二条** 山东省水利厅负责指导全省水利行业稽查工作。

**第三条** 稽查工作的基本任务是依照有关法律、法规、规章和本实施办法等规定,对水利工程建设项目的前期与设计、计划下达与执行、建设管理、资金使用与管理、质量与安全等方面进行监督检查。

**第四条** 省水利厅各职能部门、直属单位、市、县(区)水行政主管部门应对稽查工作给予积极协助和支持。被稽查项目的项目法人及参建单位应配合水利工程建设项目稽查工作,并提供必要的工作条件。

### 第二章 机构、人员和职责

**第五条** 厅建设处负责水利行业稽查工作。组织开展对水利工程建设项目的稽查,以及整改落实情况的监督检查。

主要职责:

一、负责制定出台全省水利稽查工作的相关制度;

二、负责制定年度稽查计划;

三、组织开展对水利建设项目的稽查;

四、下发稽查通知、整改意见,对稽查发现的重大问题,进行处理;

五、负责建立、管理稽查专家库;

六、对稽查及整改工作进行督办;

七、对全省水利工程建设项目违规、违纪事件的举报进行调查。

**第六条** 厅贯彻落实中央一号文件加快水利改革发展监督检查领导小组办公室下设稽查办,具体负责全省水利工程建设项目的稽查组织工作。稽查办由厅建设处、省淮河局、省海河局和其他有关业务处室组建,主任由厅建设处处长兼任。稽查办下设两个工作站,分别设在省淮河局和省海河局。两个工作站分片具体承担全省水利稽查的组织工作。淮河局站负责枣庄、济宁、临沂、菏泽、日照、淄博、潍坊、威海、烟台;海河局站负责济南、泰安、莱芜、德州、聊城、滨州、东营。

两个工作站分别确定2~3名人员专职负责稽查相关工作。

主要职责是:

一、具体组织对水利建设项目的前期与设计、计划下达与执行、建设管理、资金使用与管理、质量与安全等工作进行稽查;

二、收集、汇总稽查信息,起草稽查整改意见,对发现的重大问题,提出稽查处理建议;

三、负责稽查组长和稽查专家的考察、推荐、选聘、培训和日常管理等工作;

四、协调督促稽查发现问题的整改和稽查处理意见的落实;

五、承担省水利厅交办的其他任务。

第七条　稽查工作实行稽查组长负责制。组长助理和稽查专家协助稽查组长工作。稽查组长主要职责是：

一、全面负责稽查项目的稽查工作；

二、真实、准确、公正地评价被稽查项目情况，提出整改意见和建议，以书面形式向稽查办提交稽查报告；

三、承担稽查办交办的其他任务。

第八条　稽查组长助理和稽查专家在稽查组长领导下开展稽查工作。组长和专家从山东省水利工程稽查监督检查专家库中选取。

第九条　稽查人员实行回避制度，不得参与稽查曾直接管辖或参建的建设项目，不得参与稽查与其有利害关系的人担任重要管理职务的建设项目，不得在被稽查项目及其相关单位兼职。

第十条　各业务处室按照职责分工协助各分管水利建设项目的稽查工作。厅农水处协助灌区节水改造工程、小农水重点县、人畜饮水安全等工程；厅建设处负责大中型水库除险加固、河道治理、东调南下、胶东调水等大中型水利工程；厅水保处协助水土保持项目；省防办协助山洪地质灾害防治等工程；省移民局协助移民后期扶持等项目；省水利工程管理局协助小型水库除险加固工程。

南水北调工程由省南水北调建设管理局负责稽查。

## 第三章　稽查工作范围及内容

第十一条　在稽查项目的选取上，以中央和省投资项目为主，注重点面结合，覆盖水利建设的重点领域、重点项目和重点环节。

第十二条　对水利工程建设项目的稽查，应包括以下内容：

一、项目前期、设计工作的稽查，包括项目可研报告审批、初步设计审批、施工图审查审批情况；设计深度和质量，设计变更管理，现场设计服务等情况。

二、对项目建设管理的稽查，包括项目法人责任制、招标投标制、建设监理制和合同管理制的实施情况；设计、监理、检测、施工等有关单位资质和人员资格以及设备材料供应等情况；汛前施工安排和安全度汛措施等情况；工程投资完成情况，工程进度、外观形象和实物工程量完成、各阶段验收等情况。

三、对项目计划管理的稽查，包括年度计划下达与执行，投资控制与概预算执行等。

四、对资金使用管理的稽查，包括资金到位和管理使用情况，合同执行和费用结算情况，会计基础工作和内控制度执行情况等。

五、对工程质量安全管理的稽查，对质量管理的稽查包括参建单位的质量保证体系建立情况，工程质量管理、质量检测、质量评定、原材料、中间产品和设备质量检验情况，工程质量现状和质量事故处理等。

对安全管理的稽查，包括参建单位的安全生产保证体系建立情况，安全生产制度建立、责任制落实，安全生产培训教育、检查记录、施工现场安全员到位情况，工程安全度汛开展情况，工程安全状况和安全事故处理情况，现场是否存在安全隐患。

## 第四章　稽查方式和工作程序

**第十三条**　对水利工程建设项目实施稽查,可以采用提前通知与不提前通知两种方式。采用提前通知方式应当提前 3 个工作日通知被稽查单位。

**第十四条**　省水利厅组织的水利工程建设项目稽查工作程序:

一、确定稽查项目。年初各有关单位、处室向稽查办报送年度稽查计划,包括稽查项目、稽查时间等。

二、下达稽查任务。稽查办按照稽查计划,提出每次稽查项目,由厅建设处确定后向承担稽查单位下达稽查任务。

三、组建稽查专家组。承担稽查单位按照下达的稽查任务,提出稽查专家组方案报稽查办审定。

四、印发稽查通知。厅建设处印发稽查通知。

五、开展稽查工作。稽查专家组在稽查专家组长的带领下开展稽查工作。

1. 听取项目法人关于项目建设情况的汇报,听取设计、监理、施工和检测单位有关情况汇报。

2. 查勘工程施工现场、检查工程施工质量,可以责令相关单位进行必要的抽样检测。

3. 查阅建设项目的有关文件、合同、记录、报表、账簿等资料。

4. 对发现的问题进行现场和延伸调查、取证、核实。

5. 项目稽查结束后,稽查组就稽查情况与地方政府、水行政主管部门、项目法人及有关单位交换意见,通报稽查情况。

六、提交稽查报告。项目稽查结束后 7 日内,稽查组长向承担稽查单位提交事实清楚、客观公正的稽查报告。

七、提出稽查整改建议。稽查承担单位在项目稽查结束后 14 日内,向稽查办提交稽查报告和稽查整改建议。

八、印发稽查整改意见。厅建设处印发稽查整改意见。

九、上报整改情况。被稽查项目单位按照稽查整改意见要求,对存在的问题进行整改。整改情况报告于整改意见印发 30 日内,上报稽查承担单位。

稽查承担单位在水利厅协办处室协助下,负责督办整改落实情况。稽查整改意见印发 35 日内,将督办落实情况和稽查项目整改情况报告,报厅稽查办。

十、结算工作经费。每次稽查结束后,下次稽查开始前,办理完成稽查工作产生的有关费用。每次稽查结束后,稽查组长助理负责及时办理有关结算,按厅财务处要求办理。

**第十五条**　稽查组在稽查工作中发现重大问题,应立即向稽查办专项报告。

**第十六条**　稽查费用由省水利厅安排稽查专项经费解决。

## 第五章　稽查报告及稽查意见

**第十七条**　稽查专家应对所稽查的项目按照稽查分工,出具稽查工作意见,由稽查组长助理汇总后交稽查组长审定。多名稽查专家对同一问题有不同意见的,由稽查组长决定。

稽查报告一般应包括下列内容:

（一）项目概况。

（二）前期工作情况。

（三）设计工作情况。

（四）项目建设管理情况：

1. 项目法人制执行情况。

2. 招标投标制执行情况。

3. 建设监理制执行情况。

4. 合同管理制执行情况。

（五）项目计划执行情况。

（六）资金使用管理等情况、概算投资控制情况。

（七）工程质量安全管理情况。

（八）存在的主要问题及整改建议。

（九）稽查办要求报告的或者稽查专家组认为需要报告的其他内容。

**第十八条**　稽查报告由稽查组长签署，稽查承担单位起草稽查整改意见，厅稽查办审核后，由厅建设处依照规定程序印发稽查整改意见。

**第十九条**　项目法人及有关单位应按稽查意见的要求进行整改，并在规定时间内将整改情况上报。对项目的整改情况，稽查承担单位应及时跟踪落实，必要时组织进行复查。

**第二十条**　稽查整改意见向被稽查单位书面下达，必要时，可函告或抄送被稽查单位业务主管部门和地方党委、政府。

**第二十一条**　对稽查中发现存在建设管理混乱、工程质量严重缺陷或隐患、发生重大安全生产事故、资金违规使用等重大问题的项目法人单位，进行全省通报，并向被稽查单位业务主管部门和地方政府通报情况。对负有责任的项目设计、施工、监理和质量检测等单位或个人，按照有关规定严肃处理。同时，记入不良信用档案。

## 第六章　附　则

**第二十二条**　本实施办法由山东省水利厅负责解释，自颁布之日起施行。

# 山东省"鲁水杯"优质水利工程评审管理办法

(鲁水建字〔2013〕72 号)

### 山东省水利厅关于印发《山东省"鲁水杯"优质水利工程评审管理办法》的通知

各市水利局，厅机关各处室、厅直属有关单位，各有关单位：

为贯彻落实国务院《质量发展纲要》（2011—2015 年）和水利部《贯彻质量发展纲要提升水利工程质量的实施意见》（水建管〔2012〕581 号），进一步增强水利工程建设创优意识，全面提高水利工程建设质量，根据国家和省有关规定，经研究决定在全省开展山东省"鲁水杯"优质水利工程评选活动。为实现评选活动的制度化、规范化、标准化，制定了《山东省"鲁水杯"优质水利工程评审管理办法》，现印发给你们，请贯彻执行。

附件：山东省"鲁水杯"优质水利工程评审管理办法

山东省水利厅

2013 年 10 月 16 日

附件：

## 山东省"鲁水杯"优质水利工程评审管理办法

### 第一章　总　则

**第一条**　为增强水利工程建设创优意识，全面提高水利工程建设质量，根据国家和省有关规定，在全省开展山东省"鲁水杯"优质水利工程奖评选活动。为实现评优活动的制度化、规范化、标准化，制定本办法。

**第二条**　山东省"鲁水杯"优质水利工程（以下简称"鲁水杯"）是全省水利行业优质工程的最高奖项，是以工程质量为主，兼顾工程设计、工程建设管理、工程效益和社会影响等因素的优秀工程。

**第三条**　"鲁水杯"评选对象为本省行政区域内新建、改建、扩建、续建的水利工程，原则上以批准的初步设计作为一个项目评选。获奖单位为工程建设项目法人与施工、监理、检测等主要参建单位。

**第四条**　"鲁水杯"每两年评选一次，由省水利厅统一组织，成立评审委员会，负责评审工作。评选工作按申报、初审、现场核查、评审和公布等程序进行。

### 第二章　评选范围

**第五条**　凡在本省行政区域内建设的水利建设项目，具备申报条件的都可以参加评选。

**第六条**　评选范围包括：新建、改建、扩建、续建的河道治理、灌区续建配套、平原水库、病险水库（闸）除险加固、防潮堤等水利基本建设项目。

参照基本建设管理的农田水利工程、水土保持工程、利用外资兴建和外系统投资兴建的水利工程项目，符合条件的也可参加评选。

### 第三章　工程申报

**第七条**　"鲁水杯"由项目法人或其授权的主要施工单位申报。主要施工单位是指完成工作量不少于该项目建安工作量的30％或合同投资额在2 000万元以上的施工单位。

**第八条**　申报"鲁水杯"应具备以下条件：

（一）工程批复概算总投资2 000万元以上。

（二）工程设计科学合理，符合现代治水理念。

（三）符合基本建设程序。

（四）严格执行项目法人责任制、招标投标制、建设监理制、合同管理制"四制"管理。

（五）施工期间未发生质量与安全生产事故，工程项目质量等级经质量监督机构核定为优良。

（六）工程外观质量好。

（七）工程质量评定资料齐全、客观、真实。

（八）工程财务、档案管理规范。

（九）工程已通过竣工验收并交付使用，使用年限原则上超过1年或经过1个汛期的检验。

（十）工程防洪、蓄水、生态、经济、社会效益显著。

**第九条** 下列工程不得申报：

（一）发生过工程质量事故或在生产安全、移民安置、水土保持、环境保护、拖欠工程款或工人工资等方面产生不良社会影响的工程。

（二）隐蔽工程、基础工程、纪念性工程。

（三）工程建设过程中存在出借资质、转包、违法分包等不良市场行为。

（四）已经申报过而未被评选上的工程。

（五）已获得国家级、省部级优质奖的工程。

**第十条** 申报资料及要求

（一）申报资料内容：

1. 申报资料总目录一份。

2.《山东省"鲁水杯"优质水利工程申报表》一式三份。

3. 工程项目初步设计或实施方案批准文件复印件一份。

4. 工程质量监督部门对工程质量等级核定意见的复印件一份。

5. 工程竣工验收鉴定书复印件一份。

6. 反映工程建设过程、质量情况、工程概貌的多媒体光盘一张和照片10张。

7. 其他能反映工程项目创优情况的资料，如获奖证书、申请的专利等复印件等。

（二）申报资料要求：

1. 必须使用由山东省水利厅统一制定的《山东省"鲁水杯"优质水利工程申报表》，申报表填写内容必须真实、全面、客观。

2. 反映工程创优的材料，应突出工程难点、特点、亮点和工程的质量控制措施。

3. 多媒体光盘内容要反映工程全貌、工程质量、主要建筑物内、外处理效果与工程管理范围内环境景观、使用的新技术、新材料与新工艺等。

## 第四章 初审与现场核查

**第十一条** 为确保"鲁水杯"评选的准确性、权威性和公正性，省水利厅组织专家负责初审和现场核查工作。专家先对申报的工程项目进行初审，主要对申报工程的基本条件，材料的完整性和真实性进行审查。对初审合格的工程，组织专家进行现场核查。现场核查满足申报条件的提交评审委员会评审。

**第十二条** 现场核查的主要内容包括：工程建设管理、工程建设质量、工程档案资料3个方面。

核查工作按下列程序进行：

1. 听取工程项目申报单位的汇报。

2. 实地查验工程建设质量。

3. 查阅工程建设档案资料。

4. 了解咨询施工管理有关情况。

5. 形成现场核查意见并向申报单位反馈。

## 第五章 工程评审

**第十三条** 评审工作由山东省"鲁水杯"优质水利工程评审委员会组织进行。

**第十四条** 评审工作程序：

（一）宣布评审委员会组成名单。

（二）召开评审会议。

（三）听取组织、初审及现场核查工作汇报。

（四）观看工程多媒体资料、审阅申报材料。

（五）对各申报项目进行评议。

（六）推荐"鲁水杯"名单。

**第十五条** 推荐的"鲁水杯"名单在山东水利网上进行公示，公示期不少于 7 天。公示通过的工程授予山东省"鲁水杯"优质水利工程。

## 第六章 评审纪律

**第十六条** 申报单位不得弄虚作假，不得行贿送礼。对违反者，视其情节轻重，给予批评、警告、直至取消申报和已授予的资格。

**第十七条** 评委会成员、专家、有关工作人员要秉公办事，严守纪律，自觉抵制不正之风。对违反者，依法依规进行处理。

**第十八条** 山东省"鲁水杯"优质水利工程实行动态管理，凡发现有下列行为之一的，省水利厅将取消其称号：

（一）工程涉及严重违法违纪案件及重大质量、安全事故的。

（二）因管理不到位，不能发挥工程应有效益的。

（三）拖欠工程款或工人工资造成严重负面影响的。

（四）使用国家、有关部门明令禁止使用或者属淘汰设备、设施、工艺、材料的。

## 第七章 附 则

**第十九条** 本办法由山东省水利厅负责解释。

**第二十条** 本办法自发布之日起施行。省水利厅《山东省水利优质工程、优质施工工程评审管理办法》（鲁水建字〔2008〕19 号）同时废止。

附件：山东省"鲁水杯"优质水利工程申报表（略）

# 中国水利工程优质（大禹）奖评审管理办法

## 关于印发《中国水利工程优质（大禹）奖评审管理办法》的通知

### （中水协〔2006〕11 号）

各流域机构，各省、自治区、直辖市水利（水务）厅（局），各计划单列市水利（水务）局，新疆生产建设兵团水利局，各有关单位：

为了开展中国水利工程优质（大禹）奖评审工作，在广泛征求意见的基础上，我会制定了《中国水利工程优质（大禹）奖评审管理办法》，该评审办法已经中国水利工程协会第一届常务理事会第二次会议（通讯）审议通过，现予颁布。

附：中国水利工程优质（大禹）奖评审管理办法。

中国水利工程协会

二○○六年六月十五日

附件：

# 中国水利工程优质（大禹）奖评审管理办法

## 第一章 总 则

**第一条** 根据国务院《质量振兴纲要》和水利部有关规定，为提高我国水利工程建设质量水平，在行业内开展创优质工程评选活动，制定本办法。

**第二条** 中国水利工程优质（大禹）奖（简称大禹工程奖）是水利工程行业优质工程的最高奖项，是以工程质量为主，兼顾工程建设管理、工程效益和社会影响等因素的优秀工程，由中国水利工程协会（简称中水协）组织评选。

**第三条** 大禹工程奖评选对象为我国境内已经建成并投入使用的水利工程，原则上以批准的初步设计作为一个项目评选。获奖单位为工程建设项目法人（或建设单位）与主要参建单位。

**第四条** 大禹工程奖每年评选一次。评选工作按申报、初审、复查与现场抽查、评审和奖励等程序进行。

## 第二章 评选范围

**第五条** 凡在中华人民共和国境内建设的水利工程项目，符合基本建设程序，具备申报条件的都可以参加评选。

**第六条** 评选范围包括：

已建成投产或使用的新建大中型水利工程；

工程量较大，具有显著经济、社会和生态效益的大中型改建、扩建和除险加固工程。

## 第三章 工程申报

**第七条** 申报工程应具备以下条件：

（一）符合基本建设程序且已经竣工验收，工程质量达到现行规范要求的等级；

（二）主要单位工程和主要分部工程的工程质量等级评定为优良；

（三）水利枢纽工程、堤防工程和引水工程在通过竣工验收后，原则上应达到或接近设计标准（不低于80％）的运行考验，且未发生质量问题；

（四）具有有关主管部门或单位关于推荐评选的签署意见和加盖的公章。

**第八条** 下列工程不得申报：

（一）发生过重大工程质量事故或在生产安全、移民安置、水土保持、环境保护等方面产生不良社会影响的工程；

（二）已经申报过而未被评选上的工程。

**第九条** 申报单位、申报资料及其要求：

（一）由工程建设项目法人（或建设单位）负责申报；

（二）申报资料内容：

1. 申报资料总目录一份；

2.《中国水利工程优质（大禹）奖申报表》一式两份；

3.《中国水利工程优质（大禹）奖申报表》电子版一份；

4. 工程项目初步设计批准文件复印件一份；

5. 工程竣工验收资料一份；

6. 反映工程情况有解说词的多媒体光盘两件。

（三）申报资料要求：

1. 必须使用由中水协统一制定的《中国水利工程优质（大禹）奖申报表》，填写内容必须全面、准确、真实；

2. 第七条（四）推荐评选的签署意见，中央项目按项目管理权限，由部主管司局或主管流域机构签署意见；地方项目由省、自治区、直辖市水利（水务）厅（局）或省级地方相关协会签署意见；

3. 由申报单位负责确定该工程不多于一个设计单位、两个监理单位和三个施工单位为主要参建单位，并填写有关内容；

4. 工程多媒体光盘为技术性资料，内容要反映工程全貌、工程质量、主要建筑物内、外处理效果与工程管理范围内环境景观、使用的新技术与新工艺等。多媒体光盘限时 6 分钟。

**第十条**　申报时间按当年中水协关于评选大禹工程奖的有关通知执行。

## 第四章　初审、复查与现场抽查

**第十一条**　中水协依据本办法的申报范围、申报条件对申报工程的资料进行初审并将没有通过初审的工程告知申报单位。

**第十二条**　中水协组织专家组对初审合格的工程按大禹工程奖的评审要点进行申报资料复查，并形成复查报告。必要时，专家组应对某些工程进行现场抽查。

**第十三条**　工程现场抽查的内容与要求：

（一）听取申报单位情况介绍并实地查看工程质量水平；

（二）查阅工程有关立项、审批和技术与质量等档案资料；

（三）听取工程运行管理单位对工程质量及运行状况的评价意见；

（四）工程现场抽查情况应纳入复查报告。

## 第五章　工程评审

**第十四条**　大禹工程奖的评审工作由中国水利工程优质（大禹）奖评审委员会（以下简称评委会）进行。

评委会由水利工程行业工程建设的专家和相关业务主管部门的若干人员组成，其中，协会常务理事、理事应占三分之二以上。

评委会设主任委员 1 人，副主任委员 3 人，委员若干人。评委会成员可根据需要进行适当调整。

**第十五条**　评委会的主要职责为：

（一）召开评审会议，审阅复查报告、观看工程多媒体光盘、听取复查情况汇报、评议并质询；

（二）评审委员以无记名投票方式评选优质工程；

（三）为改进大禹工程奖评选工作提出指导性意见。

**第十六条** 评委会会议需有三分之二以上的委员出席方可召开。在确定的获奖数额内，获得出席评审会议委员半数以上同意选票的工程方可获奖。获奖数额由评委会主任委员根据申报情况确定。

**第十七条** 评委会评审结果在相关媒体上公示，接受社会公众监督指导。

## 第六章 奖 励

**第十八条** 中水协对获奖工程的工程建设项目法人（或建设单位）授予大禹工程奖奖牌、荣誉证书；对主要参建单位授予荣誉证书。

**第十九条** 获奖名单在有关媒体上公布并出版《中国水利工程优质（大禹）奖获奖工程专辑》，给予表彰。

**第二十条** 各获奖单位可根据具体情况，对主要工程建设人员给予奖励。

## 第七章 评审纪律

**第二十一条** 申报单位不得弄虚作假，不得行贿送礼。对违反者，视其情节轻重，给予批评、警告、直至撤销申报和获奖资格。

**第二十二条** 评委会成员、有关工作人员要秉公办事，严守纪律，自觉抵制不正之风。对违反者，视其情节轻重，给予批评、警告或撤销其评审资格。

## 第八章 附 则

**第二十三条** 本办法由中国水利工程协会负责解释。

**第二十四条** 本办法自颁布之日起施行。

# 山东省水利厅关于加强水利工程质量
# 检测单位诚信管理有关工作的通知

（鲁水建字〔2013〕45号）

各市水利局，各有关单位：

为贯彻落实国务院《质量发展纲要（2011—2020年）》有关规定，深入开展"水利工程质量管理年"和"水利建设管理水平提升年"活动，加强我省水利工程建设质量监督管理，维护水利建筑市场秩序，规范水利工程质量检测单位从业行为，提高检测单位行业诚信度，根据《水利工程质量检测管理规定》（中华人民共和国水利部令第36号）的相关规定，经研究，就加强水利工程质量检测单位诚信管理有关工作通知如下：

一、检测单位诚信管理的对象

检测单位诚信管理的对象是在山东省从事水利工程质量检测工作的单位。凡在山东省境内开展水利工程质量检测工作的单位，必须办理诚信登记，未办理的不得在山东省境内从事水利工程质量检测工作。

二、诚信信息的采集及管理

省水利厅每年对检测单位诚信信息进行一次更新，每两年评定一次诚信等级。诚信信息的组成包括水利工程质量检测单位基本情况、相关执业人员档案、主要业绩档案、设备档案等。

1. 检测单位基本情况、相关执业人员档案、设备档案、主要业绩档案（近三年的业绩）由检测单位填写，同时需提供检测项目的合同和项目法人评价意见，由市级水行政主管部门初审后，报省水利厅确认。

2. 省水利厅每年6月底前对检测单位诚信信息进行更新。检测单位应在每年5月底前通过市级水行政主管部门报送最新信息数据，省水利厅组织审核后更新系统内档案信息。对于因违法违规行为受到处罚或行政处理的，将及时记入诚信手册。

3. 水利工程质量检测单位报送《山东省水利工程质量检测单位诚信手册》时，同时提供以下资料（原件核对后归还）：

（1）《山东省水利工程质量检测单位诚信手册》；

（2）事业单位法人证书或工商营业执照原件及复印件；

（3）计量认证资质证书和证书附表原件及复印件；

（4）主要试验检测仪器、设备清单；

（5）主要负责人、技术负责人的职称证书原件及复印件，检测人员的从业资格证明材料原件及复印件；

（6）管理制度及质量控制措施（质量手册、程序手册）；

（7）外省水利工程质量检测单位应提供所在地省级水行政主管部门或国务院有关部门出具的外出介绍信；

（8）外省在山东省境内从事水利工程质量检测工作的单位在鲁应有固定管理人员、固定办公场所和固定联络电话。

三、诚信等级标准

诚信等级分为四级：

1. 经营状况及检测服务良好，参与检测服务的工程五年内获国家级表彰或荣誉称号 1 项，或三年内获省部级表彰或荣誉称号 1 项，或三年内获厅局级（含市级）表彰或荣誉称号 3 项，或三年内获市级有关部门表彰或荣誉称号 5 项的，评定为 AAA 级；

2. 经营状况及检测服务良好，参与检测服务的工程三年内获厅局级（含市级）表彰或荣誉称号 1 项，或三年内获市级有关部门表彰或荣誉称号 2 项的，评定为 AA 级；

3. 经营状况及检测服务较好的，评定为 A 级；

4. 评定期内受到行政或法律处罚，根据第四条诚信管理的相关规定评定为 BBB 级；

5. 新取得检测资质的企业，至少在取得资质一年后方可参与诚信等级评定。

以上表彰或荣誉称号应提供工程项目法人的证明及奖状的复印件。在检测单位诚信信息系统建成，信用等级评定后，省水利厅网站将设置"山东省水利工程检测诚信系统诚信查询系统"，为社会公众提供诚信信息查询服务。

四、诚信管理

（一）检测单位有下列情形之一的，由省水利厅予以警告。

1. 工程存在重大质量问题未发现的；

2. 故意隐瞒工程质量问题的；

3. 在水利部、水利厅组织的稽查、检查、审计中被提出明确处理意见的。

（二）评定期内已被警告但再次发生以上违规情况，或有下列情形之一的，降低检测单位一个诚信等级。

1. 使用不符合条件的检测人员的；

2. 档案资料管理混乱，造成检测数据无法追溯的；

3. 未按规定在质量检测报告上签字盖章的；

4. 质量检测合同超出批复初步设计概算或低于批复初步设计概算 80％的；

5. 不按质量检测合同结算，私下低收检测费用的。

（三）评定期内检测单位有下列情形之一的，由省水利厅在全省通报批评并至少降低一个诚信等级，记入检测单位不良行为记录。

1. 不如实记录，随意取舍检测数据的；

2. 弄虚作假、伪造数据，出具虚假质量检测报告的；

3. 未按规定上报发现的违法违规行为和检测不合格事项的；

4. 未按照国家和行业标准进行检测的；

5. 转包、违规分包检测业务的。

（四）评定期内检测单位有下列情形之一的，由省水利厅在全省通报批评并直接将企业诚信等级降至 BBB 级，记入检测单位不良行为记录。

1. 超出资质等级范围从事检测活动的；

2. 涂改、倒卖、出租、出借或者以其他形式非法转让《资质等级证书》的；

3. 未执行法律、法规和强制性标准的。

（五）检测单位在评定期内多次被通报批评的，省水利厅将责令其停业整顿，并视情况对检测单位资质进行吊销处理，或提出降级或吊销的建议。

五、材料制备要求

各单位应本着实事求是的原则，如实填写《山东省水利工程质量检测单位诚信手册》有关内容，并于 2013 年 5 月底前将《山东省水利工程质量检测单位诚信手册》及相关资料经市水利局初审后报送省水利厅建设处。

诚信材料应当报送纸质《山东省水利工程质量检测单位诚信手册》一式三份，及所需附件材料一份。

附件所需材料按顺序装订成册，要求：

1. 胶装，不接受杆夹及未装订材料。

2. 目录附前，页码清晰准确，各部分间用彩页隔断。

3.《山东省水利工程质量检测单位诚信手册》及附件材料电子版一份（或发送邮件至 13869188285@163.com）。

联系人：刘　斌

电　话：13869188285，0531-86593600（兼传真）

# 水利建设市场主体不良行为记录公告暂行办法

## 关于印发《水利建设市场主体不良行为记录公告暂行办法》的通知

### （水建管〔2009〕518 号）

各流域机构，各省、自治区、直辖市水利（水务）厅（局），各计划单列市水利（水务）局，新疆生产建设兵团水利局，各有关单位：

为促进水利建设市场信用体系建设，健全水利建设市场失信惩戒机制，规范水利建设市场主体行为，我部制定了《水利建设市场主体不良行为记录公告暂行办法》，现印发给你们，请认真贯彻执行。

中华人民共和国水利部

二○○九年十月二十七日

# 水利建设市场主体不良行为记录公告暂行办法

## 第一章　总　则

**第一条**　为贯彻《中共中央办公厅　国务院办公厅关于开展工程建设领域突出问题专项治理工作的意见》（中办发〔2009〕27号）、《国务院办公厅关于社会信用体系建设的若干意见》（国办发〔2007〕17号）、《关于印发〈招标投标违法行为记录公告暂行办法〉的通知》（发改法规〔2008〕1531号）和《水利建设市场主体信用信息管理暂行办法》（水建管〔2009〕496号），促进水利建设市场信用体系建设，健全水利建设市场失信惩戒机制，规范水利建设市场主体行为，根据相关法律规定，制定本办法。

**第二条**　对水利建设市场主体的不良行为记录进行公告，适用本办法。

**第三条**　本办法所称水利建设市场主体，是指参与水利工程建设活动的建设、勘察、设计、施工、监理、咨询、供货、招标代理、质量检测、安全评价等企（事）业单位以及相关执（从）业人员。

**第四条**　本办法所公告的不良行为记录，是指水利建设市场主体在工程建设过程中违反有关法律、法规和规章，受到县级以上人民政府、水行政主管部门或相关专业部门的行政处理所作的记录。

水利建设市场主体不良行为记录认定标准见附件。

**第五条**　水利部、水利部在国家确定的重要江河湖泊设立的流域管理机构（以下简称流域管理机构）和省级人民政府水行政主管部门（以下统称"公告部门"）负责水利建设市场主体不良行为记录公告管理。

水利部负责制定全国水利建设市场主体不良行为记录公告管理的相关规定，建立全国水利建设市场主体不良行为记录公告平台，并负责公告平台的日常维护。

各流域管理机构和各省级人民政府水行政主管部门按照规定的职责分工，建立水利建设市场主体不良行为记录公告平台，并负责公告平台的日常维护。

**第六条**　水利建设市场主体不良行为记录的公告应坚持准确、及时、客观的原则。

**第七条**　水利建设市场主体不良行为记录公告不得公开涉及国家秘密、商业秘密、个人隐私的记录。但是，经权利人同意公开或者行政机关认为不公开可能对公共利益造成重大影响的涉及商业秘密、个人隐私的不良行为记录，可以公开。

## 第二章　不良行为记录的公告

**第八条**　公告部门应自不良行为行政处理决定做出之日起20个工作日内对外进行记录公告。

流域管理机构和省级人民政府水行政主管部门公告的不良行为行政处理决定应同时抄报水利部。

**第九条**　对不良行为所作出的以下行政处理决定应给予公告：

（一）警告；

（二）通报批评；

（三）罚款；

（四）没收违法所得；

（五）暂停或者取消招标代理资格；

（六）降低资质等级；

（七）吊销资质证书；

（八）责令停业整顿；

（九）吊销营业执照；

（十）取消在一定时期内参加依法必须进行招标的项目的投标资格；

（十一）暂停项目执行或追回已拨付资金；

（十二）暂停安排国家建设资金；

（十三）暂停建设项目的审查批准；

（十四）取消担任评标委员会成员的资格；

（十五）责令停止执业；

（十六）注销注册证书；

（十七）吊销执业资格证书；

（十八）公告部门或相关部门依法作出的其他行政处理决定。

**第十条**　不良行为记录公告的基本内容为：被处理水利建设市场主体的名称（或姓名）、违法行为、处理依据、处理决定、处理时间和处理机关等。

公告部门可将不良行为行政处理决定书直接进行公告。

**第十一条**　不良行为记录公告期限为 6 个月。公告期满后，转入后台保存。

依法限制水利建设市场主体资质（资格）等方面的行政处理决定，所认定的限制期限长于 6 个月的，公告期限从其决定。

**第十二条**　公告部门负责建立公告平台信息系统，对记录信息数据进行追加、修改、更新，并保证公告的不良行为记录与行政处理决定的相关内容一致。

公告平台信息系统应具备历史公告记录查询功能。

**第十三条**　公告部门应对公告记录所依据的不良行为行政处理决定书等材料妥善保管、留档备查。

**第十四条**　被公告的水利建设市场主体认为公告记录与行政处理决定的相关内容不符的，可向公告部门提出书面更正申请，并提供相关证据。

公告部门接到书面申请后，应在 5 个工作日内进行核对。公告的记录与行政处理决定的相关内容不一致的，应当给予更正并告知申请人；公告的记录与行政处理决定的相关内容一致的，应当告知申请人。

**第十五条**　行政处理决定在被行政复议或行政诉讼期间，公告部门依法不停止对不良行为记录的公告，但行政处理决定被依法停止执行的除外。

**第十六条**　原行政处理决定被依法变更或撤销的，公告部门应当及时对公告记录予以变更或撤销，并在公告平台上予以公告。

### 第三章　监督管理

**第十七条**　公告部门应依法加强对不良行为记录被公告的水利建设市场主体的监督管理。

**第十八条** 公告的不良行为记录应当作为市场准入、招标投标、资质（资格）管理、信用评价、工程担保与保险、表彰评优等工作的重要参考。

**第十九条** 有关公告部门及其工作人员在不良行为记录的提供、收集和公告等工作中有玩忽职守、弄虚作假或者徇私舞弊等行为的，由其所在单位或者上级主管机关予以通报批评，并依纪依法追究直接责任人和有关领导的责任；涉嫌犯罪的，移送司法机关依法追究刑事责任。

### 第四章 附 则

**第二十条** 各流域管理机构和各省级人民政府水行政主管部门可根据本办法，制定具体实施办法。

**第二十一条** 本办法自 2009 年 12 月 1 日起施行。

附件：水利建设市场主体不良行为记录认定标准

**附件：水利建设市场主体不良行为记录认定标准**

| 市场主体 | 行为类别 | 行为代码 | 不良行为 | 法律法规和规章依据 | 行政处理 |
|---|---|---|---|---|---|
| 1. 建设单位 | 1.1 建设程序 | 1-1-01 | 将建设工程发包给不具有相应资质等级的勘察、设计、施工单位或者委托给不具有相应资质等级的工程监理单位的 | 《建设工程质量管理条例》第五十四条 | 责令改正，处50万元以上100万元以下的罚款 |
| | | 1-1-02 | 任意压缩合理工期的 | 《建设工程质量管理条例》第五十六条 | 责令改正，处20万元以上50万元以下的罚款 |
| | | 1-1-03 | 施工图设计文件未经审查或者审查不合格，擅自施工的 | 《建设工程质量管理条例》第五十六条 | 责令改正，处20万元以上50万元以下的罚款 |
| | | 1-1-04 | 建设项目必须实行工程监理而未实行工程监理的 | 《建设工程质量管理条例》第五十六条 | 责令改正，处20万元以上50万元以下的罚款 |
| | | 1-1-05 | 未按照国家规定办理工程质量监督手续的 | 《建设工程质量管理条例》第五十六条 | 责令改正，处20万元以上50万元以下的罚款 |
| | | 1-1-06 | 未按照国家规定将竣工验收报告、有关认可文件或者准许使用文件报送备案的 | 《建设工程质量管理条例》第五十六条 | 责令改正，处20万元以上50万元以下的罚款 |
| | | 1-1-07 | 未取得施工许可证或者开工报告未经批准，擅自施工的 | 《建设工程质量管理条例》第五十七条 | 责令停止施工，限期改正，处工程合同价款1%以上2%以下的罚款 |
| | | 1-1-08 | 未组织竣工验收，擅自交付使用的 | 《建设工程质量管理条例》第五十八条 | 责令改正，处工程合同价款2%以上4%以下的罚款；造成损失的，依法承担赔偿责任 |
| | | 1-1-09 | 验收不合格，擅自交付使用的 | 《建设工程质量管理条例》第五十八条 | 责令改正，处工程合同价款2%以上4%以下的罚款；造成损失的，依法承担赔偿责任 |
| | | 1-1-10 | 建设工程竣工验收后，建设单位未向建设行政主管部门或者其他有关部门移交建设项目档案的 | 《建设工程质量管理条例》第五十九条 | 责令改正，处1万元以上10万元以下的罚款 |

| 市场主体 | 行为类别 | 行为代码 | 不良行为 | 法律法规和规章依据 | 行政处理 |
|---|---|---|---|---|---|
| 1. 建设单位 | 1.2 招标投标 | 1-2-01 | 必须进行招标的项目而不招标的，将必须进行招标的项目化整为零或者以其他任何方式规避招标的 | 《招标投标法》第四十九条《建设工程质量管理条例》第五十五条《工程建设项目施工招标投标办法》第六十八条 | 责令限期改正，可以处项目合同金额千分之五以上千分之十以下的罚款；对全部或者部分使用国有资金的项目，可以暂停项目执行或者暂停资金拨付；对单位直接负责的主管人员和其他直接责任人员依法给予处分 |
|  |  | 1-2-02 | 以不合理的条件限制或者排斥潜在投标人的，对潜在投标人实行歧视待遇的，强制要求投标人组成联合体共同投标的，或者限制投标人之间竞争的 | 《招标投标法》第五十一条《工程建设项目施工招标投标办法》第七十条《工程建设项目勘察设计招标投标办法》第五十三条《工程建设项目货物招标投标办法》第五十六条 | 责令改正，可以处一万元以上五万元以下的罚款 |
|  |  | 1-2-03 | 依法必须进行招标的项目的招标人向他人透露已获取招标文件的潜在投标人的名称、数量或者可能影响公平竞争的有关招标投标的其他情况的，或者泄露标底的 | 《招标投标法》第五十二条《工程建设项目施工招标投标办法》第七十一条 | 给予警告，可以并处一万元以上十万元以下的罚款；对单位直接负责的主管人员和其他直接责任人员依法给予处分；构成犯罪的，依法追究刑事责任；影响中标结果的，中标无效 |
|  |  | 1-2-04 | 依法必须进行招标的项目，违法与投标人就投标价格、投标方案等实质性内容进行谈判的 | 《招标投标法》第五十五条《工程建设项目施工招标投标办法》第七十六条 | 有关行政监督部门给予警告，对单位直接负责的主管人员和其他直接责任人员依法给予处分；影响中标结果的，中标无效 |

续表

| 市场主体 | 行为类别 | 行为代码 | 不良行为 | 法律法规和规章依据 | 行政处理 |
|---|---|---|---|---|---|
| 1. 建设单位 | 1.2 招标投标 | 1-2-05 | 在评标委员会依法推荐的中标候选人以外确定中标人的，依法必须进行招标的项目在所有投标被评标委员会否决后自行确定中标人的 | 《招标投标法》第五十七条 | 中标无效。责令改正，可以处中标项目金额千分之五以上千分之十以下的罚款；对单位直接负责的主管人员和其他直接责任人员依法给予处分 |
| | | 1-2-06 | 不按照招标文件和中标人的投标文件订立合同的，或者与中标人订立背离合同实质性内容的协议的 | 《招标投标法》第五十九条《工程建设项目勘察设计招标投标办法》第五十五条 | 责令改正，可以处中标项目金额千分之五以上千分之十以下的罚款 |
| | | 1-2-07 | 迫使承包方以低于成本的价格竞标的 | 《建设工程质量管理条例》第五十六条 | 责令改正，处 20 万元以上 50 万元以下的罚款 |
| | | 1-2-08 | 非因不可抗力原因，在发布招标公告、发出投标邀请书或者发售资格预审文件或招标文件后终止招标的 | 《工程建设项目施工招标投标办法》第七十二条、《工程建设项目勘察设计招标投标办法》第五十条、《工程建设项目货物招标投标办法》第五十五条 | 除有正当理由外，有关行政监督部门给予警告，根据情节可处三万元以下的罚款；给潜在投标人或者投标人造成损失的，并应当赔偿损失 |
| | | 1-2-09 | 不具备招标条件而进行招标的 | 《工程建设项目施工招标投标办法》第七十三条《工程建设项目勘察设计招标投标办法》第五十条《工程建设项目货物招标投标办法》第五十五条 | 责令其限期改正，根据情节可处三万元以下的罚款；情节严重的，招标无效 |

| 市场主体 | 行为类别 | 行为代码 | 不良行为 | 法律法规和规章依据 | 行政处理 |
|---|---|---|---|---|---|
| 1. 建设单位 | 1.2 招标投标 | 1-2-10 | 应当公开招标而不公开招标的 | 《工程建设项目施工招标投标办法》第七十三条<br>《工程建设项目勘察设计招标投标办法》第五十条<br>《工程建设项目货物招标投标办法》第五十五条 | 责令其限期改正，根据情节可处三万元以下的罚款；情节严重的，招标无效 |
| | | 1-2-11 | 不在指定媒介发布依法必须招标项目的招标公告的 | 《工程建设项目施工招标投标办法》第七十三条<br>《工程建设项目勘察设计招标投标办法》第五十条<br>《工程建设项目货物招标投标办法》第五十五条 | 责令其限期改正，根据情节可处三万元以下的罚款；情节严重的，招标无效 |
| | | 1-2-12 | 自招标文件或者资格预审文件出售之日起至停止出售之日止，时间少于五个工作日的 | 《工程建设项目施工招标投标办法》第七十三条<br>《工程建设项目勘察设计招标投标办法》第五十条 | 责令其限期改正，根据情节可处三万元以下的罚款；情节严重的，招标无效 |
| | | 1-2-13 | 自招标文件开始发出之日起至提交投标文件截止之日，时间少于二十日的 | 《工程建设项目施工招标投标办法》第七十三条<br>《工程建设项目勘察设计招标投标办法》第五十条<br>《工程建设项目货物招标投标办法》第五十五条 | 责令其限期改正，根据情节可处三万元以下的罚款；情节严重的，招标无效 |
| | | 1-2-14 | 邀请招标不依法发出投标邀请书的 | 《工程建设项目施工招标投标办法》第七十三条 | 责令其限期改正，根据情节可处三万元以下的罚款；情节严重的，招标无效 |
| | | 1-2-15 | 应当履行核准手续而未履行的 | 《工程建设项目施工招标投标办法》第七十三条<br>《工程建设项目货物招标投标办法》第五十五条 | 责令其限期改正，根据情节可处三万元以下的罚款；情节严重的，招标无效 |

| 市场主体 | 行为类别 | 行为代码 | 不良行为 | 法律法规和规章依据 | 行政处理 |
|---|---|---|---|---|---|
| 1. 建设单位 | 1.2 招标投标 | 1-2-16 | 不按项目审批部门核准内容进行招标的 | 《工程建设项目施工招标投标办法》第七十三条《工程建设项目货物招标投标办法》第五十五条 | 责令其限期改正，根据情节可处三万元以下的罚款；情节严重的，招标无效 |
| | | 1-2-17 | 在提交投标文件截止时间后接收投标文件的 | 《工程建设项目施工招标投标办法》第七十三条《工程建设项目货物招标投标办法》第五十五条 | 责令其限期改正，根据情节可处三万元以下的罚款；情节严重的，招标无效 |
| | | 1-2-18 | 投标人数量不符合法定要求不重新招标的 | 《工程建设项目施工招标投标办法》第七十三条《工程建设项目货物招标投标办法》第五十五条 | 责令其限期改正，根据情节可处三万元以下的罚款；情节严重的，招标无效 |
| | | 1-2-19 | 使用招标文件没有确定的评标标准和方法的 | 《工程建设项目施工招标投标办法》第七十九条《工程建设项目勘察设计招标投标办法》第五十四条《工程建设项目货物招标投标办法》第五十七条 | 评标无效，应当依法重新进行评标或者重新进行招标，有关行政监督部门可处三万元以下的罚款 |
| | | 1-2-20 | 评标标准和方法含有倾向或者排斥投标人的内容，妨碍或者限制投标人之间竞争，且影响评标结果的 | 《工程建设项目施工招标投标办法》第七十九条《工程建设项目勘察设计招标投标办法》第五十四条《工程建设项目货物招标投标办法》第五十七条 | 评标无效，应当依法重新进行评标或者重新进行招标，有关行政监督部门可处三万元以下的罚款 |
| | | 1-2-21 | 应当回避担任评标委员会成员的人参与评标的 | 《工程建设项目施工招标投标办法》第七十九条《工程建设项目勘察设计招标投标办法》第五十四条《工程建设项目货物招标投标办法》第五十七条 | 评标无效，应当依法重新进行评标或者重新进行招标，有关行政监督部门可处三万元以下的罚款 |

续表

| 市场主体 | 行为类别 | 行为代码 | 不良行为 | 法律法规和规章依据 | 行政处理 |
|---|---|---|---|---|---|
| 1. 建设单位 | 1.2 招标投标 | 1-2-22 | 评标委员会的组建及人员组成不符合法定要求的 | 《工程建设项目施工招标投标办法》第七十九条、《工程建设项目勘察设计招标投标办法》第五十四条、《工程建设项目货物招标投标办法》第五十七条 | 评标无效,应当依法重新进行评标或者重新进行招标,有关行政监督部门可处三万元以下的罚款 |
| | | 1-2-23 | 应当发布招标公告而不发布的 | 《工程建设项目勘察设计招标投标办法》第五十条 | 责令改正,可以并处1万元以上3万元以下罚款;情节严重的,招标无效 |
| | | 1-2-24 | 未经批准采用邀请招标方式的 | 《工程建设项目勘察设计招标投标办法》第五十条 | 责令改正,可以并处1万元以上3万元以下罚款;情节严重的,招标无效 |
| | | 1-2-25 | 不符合规定条件或虽符合条件而未经批准,擅自进行邀请招标或不招标的 | 《工程建设项目货物招标投标办法》第五十五条 | 有关行政监督部门责令其限期改正,根据情节可处三万元以下的罚款;情节严重的,应当依法重新招标 |
| | | 1-2-26 | 不按规定期限确定中标人的,或者中标通知书发出后,改变中标结果的,无正当理由不与中标人签订合同的,或者在签订合同时向中标人提出附加条件或者更改合同实质性内容的 | 《工程建设项目货物招标投标办法》第五十八条 | 有关行政监督部门给予警告,责令改正,根据情节可处三万元以下的罚款;造成中标人损失的,并应当赔偿损失 |
| | | 1-2-27 | 不履行与中标人订立的合同的 | 《工程建设项目货物招标投标办法》第五十九条 | 应当双倍返还中标人的履约保证金;给中标人造成的损失超过返还的履约保证金的,还应当对超过部分予以赔偿;没有提交履约保证金的,应当对中标人的损失承担赔偿责任 |

续表

| 市场主体 | 行为类别 | 行为代码 | 不良行为 | 法律法规和规章依据 | 行政处理 |
|---|---|---|---|---|---|
| 1. 建设单位 | 1.3 质量安全 | 1-3-01 | 明示或者暗示设计单位或者施工单位违反工程建设强制性标准，降低工程质量的 | 《建设工程质量管理条例》第五十六条 | 责令改正，处 20 万元以上 50 万元以下的罚款 |
| | | 1-3-02 | 明示或者暗示施工单位使用不合格的建筑材料、建筑构配件和设备的 | 《建设工程质量管理条例》第五十六条 | 责令改正，处 20 万元以上 50 万元以下的罚款 |
| | | 1-3-03 | 对不合格的建设工程按照合格工程验收的 | 《建设工程质量管理条例》第五十八条 | 责令改正，处工程合同价款 2% 以上 4% 以下的罚款；造成损失的，依法承担赔偿责任 |
| | | 1-3-04 | 发生重大工程质量事故没有按有关规定及时向有关部门报告的 | 《水利工程质量管理规定》第四十三条 | 予以通报批评或其他纪律处理 |
| | | 1-3-05 | 由于项目法人责任酿成质量事故 | 《水利工程质量事故处理暂行规定》第三十一条 | 令其立即整改；造成较大以上质量事故的，进行通报批评、调整项目法人；对有关责任人处以行政处分；构成犯罪的，移送司法机关依法处理 |
| | | 1-3-06 | 项目法人及其工作人员收受监理单位贿赂、索取回扣或者其他不正当利益的 | 《水利工程建设监理规定》第二十六条 | 予以追缴，并处违法所得 3 倍以下且不超过 3 万元的罚款；构成犯罪的，依法追究有关责任人员的刑事责任 |
| | | 1-3-07 | 将生产经营项目、场所、设备发包或者出租给不具备安全生产条件或者相应资质的单位或者个人的 | 《安全生产法》第八十六条 | 责令限期改正，没收违法所得；违法所得五万元以上的，并处违法所得一倍以上五倍以下的罚款；没有违法所得或者违法所得不足五万元的，单处或者并处一万元以上五万元以下的罚款；导致发生生产安全事故给他人造成损害的，与承包方、承租方承担连带赔偿责任 |

| 市场主体 | 行为类别 | 行为代码 | 不良行为 | 法律法规和规章依据 | 行政处理 |
|---|---|---|---|---|---|
| 1. 建设单位 | 1.3 质量安全 | 1-3-08 | 未与承包单位、承租单位签订专门的安全生产管理协议或者未在承包合同、租赁合同中明确各自的安全生产管理职责，或者未对承包单位、承租单位的安全生产统一协调、管理的 | 《安全生产法》第八十六条 | 责令限期改正；逾期未改正的，责令停产停业整顿 |
| | | 1-3-09 | 未提供建设工程安全生产作业环境及安全施工措施所需费用的 | 《建设工程安全生产管理条例》第五十四条 | 责令限期改正；逾期未改正的，责令该建设工程停止施工 |
| | | 1-3-10 | 未将保证安全施工的措施或者拆除工程的有关资料报送有关部门备案 | 《建设工程安全生产管理条例》第五十四条 | 责令限期改正，给予警告 |
| | | 1-3-11 | 对勘察、设计、施工、工程监理等单位提出不符合安全生产法律、法规和强制性标准规定的要求的 | 《建设工程安全生产管理条例》第五十五条 | 责令限期改正，处 20 万元以上 50 万元以下的罚款；造成重大安全事故，构成犯罪的，对直接责任人员，依照刑法有关规定追究刑事责任；造成损失的，依法承担赔偿责任 |
| | | 1-3-12 | 要求施工单位压缩合同约定的工期的 | 《建设工程安全生产管理条例》第五十五条 | 责令限期改正，处 20 万元以上 50 万元以下的罚款；造成重大安全事故，构成犯罪的，对直接责任人员，依照刑法有关规定追究刑事责任；造成损失的，依法承担赔偿责任 |
| | | 1-3-13 | 将拆除工程发包给不具有相应资质等级的施工单位的 | 《建设工程安全生产管理条例》第五十五条 | 责令限期改正，处 20 万元以上 50 万元以下的罚款；造成重大安全事故，构成犯罪的，对直接责任人员，依照刑法有关规定追究刑事责任；造成损失的，依法承担赔偿责任 |

续表

| 市场主体 | 行为类别 | 行为代码 | 不良行为 | 法律法规和规章依据 | 行政处理 |
|---|---|---|---|---|---|
| 2. 勘察单位 | 2.1 资质管理 | 2-1-01 | 超越本单位资质等级承揽工程的 | 《建设工程质量管理条例》第六十条《水利工程质量管理规定》第四十四条 | 责令停止违法行为，处合同约定的勘察费1倍以上2倍以下的罚款；可以责令停业整顿，降低资质等级；情节严重的，吊销资质证书；有违法所得的，予以没收 |
| | | 2-1-02 | 未取得资质证书承揽工程的 | 《建设工程质量管理条例》第六十条《水利工程质量管理规定》第四十四条 | 予以取缔，处合同约定的勘察费1倍以上2倍以下的罚款；有违法所得的，予以没收 |
| | | 2-1-03 | 以欺骗手段取得资质证书承揽工程的 | 《建设工程质量管理条例》第六十条 | 吊销资质证书，处合同约定的勘察费1倍以上2倍以下的罚款；有违法所得的，予以没收 |
| | | 2-1-04 | 允许其他单位或者个人以本单位名义承揽工程的 | 《建设工程质量管理条例》第六十一条 | 责令改正，没收违法所得，处合同约定的勘察费1倍以上2倍以下的罚款；可以责令停业整顿，降低资质等级；情节严重的，吊销资质证书 |
| | 2.2 招标投标 | 2-2-01 | 相互串通投标或者与招标人串通投标的，以向招标人或者评标委员会成员行贿的手段谋取中标的 | 《招标投标法》第五十三条 | 中标无效，处中标项目金额千分之五以上千分之十以下的罚款，对单位直接负责的主管人员和其他直接责任人员处单位罚款数额百分之五以上百分之十以下的罚款；有违法所得的，并处没收违法所得；情节严重的，取消其一年至二年内参加依法必须进行招标的项目的投标资格并予以公告，直至由工商行政管理机关吊销营业执照；构成犯罪的，依法追究刑事责任。给他人造成损失的，依法承担赔偿责任 |

续表

| 市场主体 | 行为类别 | 行为代码 | 不良行为 | 法律法规和规章依据 | 行政处理 |
|---|---|---|---|---|---|
| 2. 勘察单位 | 2.2 招标投标 | 2-2-02 | 以他人名义投标或者以其他方式弄虚作假，骗取中标的 | 《招标投标法》第五十四条 | 中标无效，给招标人造成损失的，依法承担赔偿责任；构成犯罪的，依法追究刑事责任。依法必须进行招标的项目的投标人有前款所列行为尚未构成犯罪的，处中标项目金额千分之五以上千分之十以下的罚款，对单位直接负责的主管人员和其他直接责任人员处单位罚款数额百分之五以上百分之十以下的罚款；有违法所得的，并处没收违法所得；情节严重的，取消其一年至三年内参加依法必须进行招标的项目的投标资格并予以公告，直至由工商行政管理机关吊销营业执照 |
| | | 2-2-03 | 将中标项目转让给他人的，将中标项目肢解后分别转让给他人的，违反本法规定将中标项目的部分主体、关键性工作分包给他人的，或者分包人再次分包的　　将中标项目转让给他人的，将中标项目肢解后分别转让给他人的，违反本法规定将中标项目的部分主体、关键性工作分包给他人的，或者分包人再次分包的 | 《招标投标法》第五十八条《建设工程质量管理条例》第六十二条 | 转让、分包无效，处转让、分包项目金额千分之五以上千分之十以下的罚款；有违法所得的，并处没收违法所得；可以责令停业整顿；情节严重的，由工商行政管理机关吊销营业执照　　责令改正，没收违法所得，对勘察单位处合同约定的勘察费25%以上50%以下的罚款；可以责令停业整顿，降低资质等级；情节严重的，吊销资质证书 |
| | | 2-2-04 | 非因不可抗力原因，不按照与招标人订立的合同履行义务的 | 《招标投标法》第六十条 | 情节严重的，取消其二年至五年内参加依法必须进行招标的项目的投标资格并予以公告，直至由工商行政管理机关吊销营业执照 |

续表

| 市场主体 | 行为类别 | 行为代码 | 不良行为 | 法律法规和规章依据 | 行政处理 |
|---|---|---|---|---|---|
| 2. 勘察单位 | 2.2 招标投标 | 2-2-05 | 以联合体形式投标的，联合体成员又以自己名义单独投标，或者参加其他联合体投同一个标的 | 《工程建设项目勘察设计招标投标办法》第五十一条 | 责令改正，可以并处1万元以上3万元以下罚款 |
| | | 2-2-06 | 依法必须进行招标的项目的投标人以他人名义投标，利用伪造、转让、租借、无效的资质证书参加投标，或者请其他单位在自己编制的投标文件上代为签字盖章，弄虚作假，骗取中标的 | 《工程建设项目勘察设计招标投标办法》第五十二条 | 中标无效。尚未构成犯罪的，处中标项目金额5‰以上10‰以下的罚款，对单位直接负责的主管人员和其他直接责任人员处单位罚款数额5%以上10%以下的罚款；有违法所得的，并处没收违法所得；情节严重的，取消其1年至3年内参加依法必须进行招标的项目的投标资格并予以公告，直至由工商行政管理机关吊销营业执照 |
| | 2.3 质量安全 | 2-3-01 | 未按照工程建设强制性标准进行勘察的 | 《建设工程质量管理条例》第六十三条《建设工程安全生产管理条例》第五十六条 | 责令改正，处10万元以上30万元以下的罚款；造成工程质量事故的，责令停业整顿，降低资质等级；情节严重的，吊销资质证书；造成损失的，依法承担赔偿责任 |
| | | 2-3-02 | 不接受水利工程质量监督机构监督的 | 《水利工程质量管理规定》第四十四条 | 根据情节轻重，予以通报批评、降低资质等级直至收缴资质证书，经济处理按合同规定办理，触犯法律的，按国家有关法律处理 |
| | | 2-3-03 | 由于勘测单位责任造成质量事故的 | 《水利工程质量事故处理暂行规定》第三十三条 | 令其立即整改并可处以罚款；造成较大以上质量事故的，处以通报批评、停业整顿、降低资质等级、吊销水利工程勘测资格；对主要责任人处以行政处分、取消水利工程勘测执业资格；构成犯罪的，移送司法机关依法处理 |

续表

| 市场主体 | 行为类别 | 行为代码 | 不良行为 | 法律法规和规章依据 | 行政处理 |
|---|---|---|---|---|---|
| 2. 勘察单位 | 2.3 质量安全 | 2-3-04 | 未按照规定设立安全生产管理机构或者配备安全生产管理人员的 | 《安全生产法》第八十二条 | 责令限期改正；逾期未改正的，责令停产停业整顿，可以并处二万元以下的罚款 |
| | | 2-3-05 | 未按照规定对从业人员进行安全生产教育和培训，或者未按照规定如实告知从业人员有关的安全生产事项的 | 《安全生产法》第八十二条 | 责令限期改正；逾期未改正的，责令停产停业整顿，可以并处二万元以下的罚款 |
| | | 2-3-06 | 特种作业人员未按照规定经专门的安全作业培训并取得特种作业操作资格证书，上岗作业的 | 《安全生产法》第八十二条 | 责令限期改正；逾期未改正的，责令停产停业整顿，可以并处二万元以下的罚款 |
| | | 2-3-07 | 未在有较大危险因素的生产经营场所和有关设施、设备上设置明显的安全警示标志的 | 《安全生产法》第八十三条 | 责令限期改正；逾期未改正的，责令停止建设或者停产停业整顿，可以并处五万元以下的罚款；造成严重后果，构成犯罪的，依照刑法有关规定追究刑事责任 |
| | | 2-3-08 | 安全设备的安装、使用、检测、改造和报废不符合国家标准或者行业标准的 | 《安全生产法》第八十三条 | 责令限期改正；逾期未改正的，责令停止建设或者停产停业整顿，可以并处五万元以下的罚款；造成严重后果，构成犯罪的，依照刑法有关规定追究刑事责任 |
| | | 2-3-09 | 未对安全设备进行经常性维护、保养和定期检测的 | 《安全生产法》第八十三条 | 责令限期改正；逾期未改正的，责令停止建设或者停产停业整顿，可以并处五万元以下的罚款；造成严重后果，构成犯罪的，依照刑法有关规定追究刑事责任 |
| | | 2-3-10 | 未为从业人员提供符合国家标准或者行业标准的劳动防护用品的 | 《安全生产法》第八十三条 | 责令限期改正；逾期未改正的，责令停止建设或者停产停业整顿，可以并处五万元以下的罚款；造成严重后果，构成犯罪的，依照刑法有关规定追究刑事责任 |

| 市场主体 | 行为类别 | 行为代码 | 不良行为 | 法律法规和规章依据 | 行政处理 |
|---|---|---|---|---|---|
| 2. 勘察单位 | 2.3 质量安全 | 2-3-11 | 特种设备以及危险物品的容器、运输工具未经取得专业资质的机构检测、检验合格，取得安全使用证或者安全标志，投入使用的 | 《安全生产法》第八十三条 | 责令限期改正；逾期未改正的，责令停止建设或者停产停业整顿，可以并处五万元以下的罚款；造成严重后果，构成犯罪的，依照刑法有关规定追究刑事责任 |
| | | 2-3-12 | 使用国家明令淘汰、禁止使用的危及生产安全的工艺、设备的 | 《安全生产法》第八十三条 | 责令限期改正；逾期未改正的，责令停止建设或者停产停业整顿，可以并处五万元以下的罚款；造成严重后果，构成犯罪的，依照刑法有关规定追究刑事责任 |
| | | 2-3-13 | 与从业人员订立协议，免除或者减轻其对从业人员因生产安全事故伤亡依法应承担的责任的 | 《安全生产法》第八十九条 | 该协议无效；对生产经营单位的主要负责人、个人经营的投资人处二万元以上十万元以下的罚款 |
| 3. 设计单位 | 3.1 资质管理 | 3-1-01 | 超越本单位资质等级承揽工程的 | 《建设工程质量管理条例》第六十条《水利工程质量管理规定》第四十四条 | 责令停止违法行为，处合同约定的设计费1倍以上2倍以下的罚款；可以责令停业整顿，降低资质等级；情节严重的，吊销资质证书；有违法所得的，予以没收 |
| | | 3-1-02 | 未取得资质证书承揽工程的 | 《建设工程质量管理条例》第六十条《水利工程质量管理规定》第四十四条 | 予以取缔，处合同约定的设计费1倍以上2倍以下的罚款；有违法所得的，予以没收 |
| | | 3-1-03 | 以欺骗手段取得资质证书承揽工程的 | 《建设工程质量管理条例》第六十条 | 吊销资质证书，处合同约定的设计费1倍以上2倍以下的罚款；有违法所得的，予以没收 |
| | | 3-1-04 | 允许其他单位或者个人以本单位名义承揽工程的 | 《建设工程质量管理条例》第六十一条 | 责令改正，没收违法所得，处合同约定的设计费1倍以上2倍以下的罚款；可以责令停业整顿，降低资质等级；情节严重的，吊销资质证书 |

| 市场主体 | 行为类别 | 行为代码 | 不良行为 | 法律法规和规章依据 | 行政处理 |
|---|---|---|---|---|---|
| 3. 设计单位 | 3.2 招标投标 | 3-2-01 | 相互串通投标或者与招标人串通投标的，以向招标人或者评标委员会成员行贿的手段谋取中标的 | 《招标投标法》第五十三条 | 中标无效，处中标项目金额千分之五以上千分之十以下的罚款，对单位直接负责的主管人员和其他直接责任人员处单位罚款数额百分之五以上百分之十以下的罚款；有违法所得的，并处没收违法所得；情节严重的，取消其一年至二年内参加依法必须进行招标的项目的投标资格并予以公告，直至由工商行政管理机关吊销营业执照；构成犯罪的，依法追究刑事责任。给他人造成损失的，依法承担赔偿责任 |
| | | 3-2-02 | 以他人名义投标或者以其他方式弄虚作假，骗取中标的 | 《招标投标法》第五十四条 | 中标无效，给招标人造成损失的，依法承担赔偿责任；构成犯罪的，依法追究刑事责任。依法必须进行招标的项目的投标人有前款所列行为尚未构成犯罪的，处中标项目金额千分之五以上千分之十以下的罚款，对单位直接负责的主管人员和其他直接责任人员处单位罚款数额百分之五以上百分之十以下的罚款；有违法所得的，并处没收违法所得；情节严重的，取消其一年至三年内参加依法必须进行招标的项目的投标资格并予以公告，直至由工商行政管理机关吊销营业执照 |

| 市场主体 | 行为类别 | 行为代码 | 不良行为 | 法律法规和规章依据 | 行政处理 |
|---|---|---|---|---|---|
| 3. 设计单位 | 3.2 招标投标 | 3-2-03 | 将中标项目转让给他人的，将中标项目肢解后分别转让给他人的，违反本法规定将中标项目的部分主体、关键性工作分包给他人的，或者分包人再次分包的 | 《招标投标法》第五十八条 | 转让、分包无效，处转让、分包项目金额千分之五以上千分之十以下的罚款；有违法所得的，并处没收违法所得；可以责令停业整顿；情节严重的，由工商行政管理机关吊销营业执照 |
| | | | | 《建设工程质量管理条例》第六十二条 | 责令改正，没收违法所得，对设计单位处合同约定的设计费25％以上50％以下的罚款；可以责令停业整顿，降低资质等级；情节严重的，吊销资质证书 |
| | | 3-2-04 | 非因不可抗力原因，不按照与招标人订立的合同履行义务 | 《招标投标法》第六十条 | 情节严重的，取消其二年至五年内参加依法必须进行招标的项目的投标资格并予以公告，直至由工商行政管理机关吊销营业执照 |
| | | 3-2-05 | 以联合体形式投标的，联合体成员又以自己名义单独投标，或者参加其他联合体投同一个标的 | 《工程建设项目勘察设计招标投标办法》第五十一条 | 责令改正，可以并处1万元以上3万元以下罚款 |
| | | 3-2-06 | 依法必须进行招标的项目的投标人以他人名义投标，利用伪造、转让、租借、无效的资质证书参加投标，或者请其他单位在自己编制的投标文件上代为签字盖章，弄虚作假，骗取中标的 | 《工程建设项目勘察设计招标投标办法》第五十二条 | 中标无效。尚未构成犯罪的，处中标项目金额5‰以上10‰以下的罚款，对单位直接负责的主管人员和其他直接责任人员处单位罚款数额5％以上10％以下的罚款；有违法所得的，并处没收违法所得；情节严重的，取消其1年至3年内参加依法必须进行招标的项目的投标资格并予以公告，直至由工商行政管理机关吊销营业执照 |

| 市场主体 | 行为类别 | 行为代码 | 不良行为 | 法律法规和规章依据 | 行政处理 |
|---|---|---|---|---|---|
| 3. 设计单位 | 3.3 质量安全 | 3-3-01 | 未根据勘察成果文件进行工程设计的 | 《建设工程质量管理条例》第六十三条 | 责令改正，处10万元以上30万元以下的罚款；造成工程质量事故的，责令停业整顿，降低资质等级；情节严重的，吊销资质证书；造成损失的，依法承担赔偿责任 |
| | | 3-3-02 | 指定建筑材料、建筑构配件的生产厂、供应商的 | 《建设工程质量管理条例》第六十三条 | 责令改正，处10万元以上30万元以下的罚款；造成工程质量事故的，责令停业整顿，降低资质等级；情节严重的，吊销资质证书；造成损失的，依法承担赔偿责任 |
| | | 3-3-03 | 未按照工程建设强制性标准进行设计的 | 《建设工程质量管理条例》第六十三条《建设工程安全生产管理条例》第五十六条 | 责令改正，处10万元以上30万元以下的罚款；造成工程质量事故的，责令停业整顿，降低资质等级；情节严重的，吊销资质证书；造成损失的，依法承担赔偿责任 |
| | | 3-3-04 | 采用新结构、新材料、新工艺的建设工程和特殊结构的建设工程，设计单位未在设计中提出保障施工作业人员安全和预防生产安全事故的措施建议的 | 《建设工程安全生产管理条例》第五十六条 | 责令限期改正，处10万元以上30万元以下的罚款；情节严重的，责令停业整顿，降低资质等级，直至吊销资质证书；造成重大安全事故，构成犯罪的，对直接责任人员，依照刑法有关规定追究刑事责任；造成损失的，依法承担赔偿责任 |
| | | 3-3-05 | 不接受水利工程质量监督机构监督的 | 《水利工程质量管理规定》第四十四条 | 根据情节轻重，予以通报批评、降低资质等级直至收缴资质证书，经济处理按合同规定办理，触犯法律的，按国家有关法律处理 |

续表

| 市场主体 | 行为类别 | 行为代码 | 不良行为 | 法律法规和规章依据 | 行政处理 |
|---|---|---|---|---|---|
| 3. 设计单位 | 3.3 质量安全 | 3-3-06 | 设计文件不符合国家、水利行业有关工程建设法规、工程勘测设计技术规程、标准和合同要求的 | 《水利工程质量管理规定》第四十四条 | 根据情节轻重，予以通报批评、降低资质等级直至收缴资质证书，经济处理按合同规定办理，触犯法律的，按国家有关法律处理 |
| | | 3-3-07 | 设计依据的基本资料不完整、准确、可靠，设计论证不充分，计算成果不可靠的 | 《水利工程质量管理规定》第四十四条 | 根据情节轻重，予以通报批评、降低资质等级直至收缴资质证书，经济处理按合同规定办理，触犯法律的，按国家有关法律处理 |
| | | 3-3-08 | 设计文件的深度不满足相应设计阶段有关规定要求，设计质量不满足工程质量、安全需要并符合设计规范要求的 | 《水利工程质量管理规定》第四十四条 | 根据情节轻重，予以通报批评、降低资质等级直至收缴资质证书，经济处理按合同规定办理，触犯法律的，按国家有关法律处理 |
| | | 3-3-09 | 由于设计单位责任造成质量事故的 | 《水利工程质量事故处理暂行规定》第三十三条 | 令其立即整改并可处以罚款；造成较大以上质量事故的，处以通报批评、停业整顿、降低资质等级、吊销水利工程勘测、设计资格；对主要责任人处以行政处分、取消水利工程勘测、设计执业资格；构成犯罪，移送司法机关依法处理 |
| 4. 施工单位 | 4.1 资质管理 | 4-1-01 | 超越本单位资质等级承揽工程的 | 《建设工程质量管理条例》第六十条《水利工程质量管理规定》第四十四条 | 责令停止违法行为，处工程合同价款2%以上4%以下的罚款；可以责令停业整顿，降低资质等级；情节严重的，吊销资质证书；有违法所得的，予以没收 |
| | | 4-1-02 | 未取得资质证书承揽工程的 | 《建设工程质量管理条例》第六十条《水利工程质量管理规定》第四十四条 | 予以取缔，处工程合同价款2%以上4%以下的罚款；有违法所得的，予以没收 |

续表

| 市场主体 | 行为类别 | 行为代码 | 不良行为 | 法律法规和规章依据 | 行政处理 |
|---|---|---|---|---|---|
| 4. 施工单位 | 4.1 资质管理 | 4-1-03 | 以欺骗手段取得资质证书承揽工程的 | 《建设工程质量管理条例》第六十条 | 吊销资质证书，处工程合同价款 2% 以上 4% 以下的罚款；有违法所得的，予以没收 |
| | | 4-1-04 | 允许其他单位或者个人以本单位名义承揽工程的 | 《建设工程质量管理条例》第六十一条 | 责令改正，没收违法所得，处工程合同价款 2% 以上 4% 以下的罚款；可以责令停业整顿，降低资质等级；情节严重的，吊销资质证书 |
| | 4.2 招标投标 | 4-2-01 | 相互串通投标或者与招标人串通投标的，以向招标人或者评标委员会成员行贿的手段谋取中标的 | 《招标投标法》第五十三条 《工程建设项目施工招标投标办法》第七十四条 | 中标无效，处中标项目金额千分之五以上千分之十以下的罚款，对单位直接负责的主管人员和其他直接责任人员处单位罚款数额百分之五以上百分之十以下的罚款；有违法所得的，并处没收违法所得；情节严重的，取消其一年至二年内参加依法必须进行招标的项目的投标资格并予以公告，直至由工商行政管理机关吊销营业执照；构成犯罪的，依法追究刑事责任。给他人造成损失的，依法承担赔偿责任 |
| | | 4-2-02 | 投标人以他人名义投标或者以其他方式弄虚作假，骗取中标的 | 《招标投标法》第五十四条 《工程建设项目施工招标投标办法》第七十五条 | 中标无效，给招标人造成损失的，依法承担赔偿责任；构成犯罪的，依法追究刑事责任。依法必须进行招标的项目的投标人有前款所列行为尚未构成犯罪的，处中标项目金额千分之五以上千分之十以下的罚款，对单位直接负责的主管人员和其他直接责任人员处单位罚款数额百分之五以上百 |

| 市场主体 | 行为类别 | 行为代码 | 不良行为 | 法律法规和规章依据 | 行政处理 |
|---|---|---|---|---|---|
| 4. 施工单位 | 4.2 招标投标 | 4-2-02 | 投标人以他人名义投标或者以其他方式弄虚作假，骗取中标的 | 《招标投标法》第五十四条《工程建设项目施工招标投标办法》第七十五条 | 分之十以下的罚款；有违法所得的，并处没收违法所得；情节严重的，取消其一年至三年内参加依法必须进行招标的项目的投标资格并予以公告，直至由工商行政管理机关吊销营业执照 |
| | | 4-2-03 | 中标人将中标项目转让给他人的，将中标项目肢解后分别转让给他人的，违反本法规定将中标项目的部分主体、关键性工作分包给他人的，或者分包人再次分包的 | 《招标投标法》第五十八条 | 转让、分包无效，处转让、分包项目金额千分之五以上千分之十以下的罚款；有违法所得的，并处没收违法所得；可以责令停业整顿；情节严重的，由工商行政管理机关吊销营业执照 |
| | | | | 《建设工程质量管理条例》第六十二条 | 责令改正，没收违法所得，对施工单位处工程合同价款 0.5% 以上 1% 以下的罚款；可以责令停业整顿，降低资质等级；情节严重的，吊销资质证书 |
| | | 4-2-04 | 非因不可抗力原因，中标人不按照与招标人订立的合同履行义务 | 《招标投标法》第六十条 | 情节严重的，取消其二年至五年内参加依法必须进行招标的项目的投标资格并予以公告，直至由工商行政管理机关吊销营业执照 |
| | 4.3 质量安全 | 4-3-01 | 在施工中偷工减料的，使用不合格的建筑材料、建筑构配件和设备的，或者有不按照工程设计图纸或者施工技术标准施工的其他行为的 | 《建设工程质量管理条例》第六十四条 | 责令改正，处工程合同价款 2% 以上 4% 以下的罚款；造成建设工程质量不符合规定的质量标准的，负责返工、修理，并赔偿因此造成的损失；情节严重的，责令停业整顿，降低资质等级或者吊销资质证书 |

| 市场主体 | 行为类别 | 行为代码 | 不良行为 | 法律法规和规章依据 | 行政处理 |
|---|---|---|---|---|---|
| 4. 施工单位 | 4.3 质量安全 | 4-3-01 | 在施工中偷工减料的，使用不合格的建筑材料、建筑构配件和设备的，或者有不按照工程设计图纸或者施工技术标准施工的其他行为的 | 《水利工程质量管理规定》第四十四条 | 根据情节轻重，予以通报批评、降低资质等级直至收缴资质证书，经济处理按合同规定办理，触犯法律的，按国家有关法律处理 |
| | | 4-3-02 | 未对建筑材料、建筑构配件、设备和商品混凝土进行检验，或者未对涉及结构安全的试块、试件以及有关材料取样检测的 | 《建设工程质量管理条例》第六十五条 | 责令改正，处 10 万元以上 20 万元以下的罚款；情节严重的，责令停业整顿，降低资质等级或者吊销资质证书；造成损失的，依法承担赔偿责任 |
| | | 4-3-03 | 不履行保修义务或者拖延履行保修义务的 | 《建设工程质量管理条例》第六十六条 | 责令改正，处 10 万元以上 20 万元以下的罚款，并对在保修期内因质量缺陷造成的损失承担赔偿责任 |
| | | 4-3-04 | 发生重大工程质量事故隐瞒不报、谎报或者拖延报告期限的 | 《建设工程质量管理条例》第七十条 | 对直接负责的主管人员和其他责任人员依法给予行政处分 |
| | | | | 《水利工程质量管理规定》第四十四条 | 根据情节轻重，予以通报批评、降低资质等级直至收缴资质证书，经济处理按合同规定办理，触犯法律的，按国家有关法律处理 |
| | | 4-3-05 | 不接受水利工程质量监督机构监督的 | 《水利工程质量管理规定》第四十四条 | 根据情节轻重，予以通报批评、降低资质等级直至收缴资质证书，经济处理按合同规定办理，触犯法律的，按国家有关法律处理 |
| | | 4-3-06 | 经水利工程质量监督机构核定工程质量等级为不合格或工程需加固或拆除的 | 《水利工程质量管理规定》第四十四条 | 根据情节轻重，予以通报批评、降低资质等级直至收缴资质证书，经济处理按合同规定办理，触犯法律的，按国家有关法律处理 |

| 市场主体 | 行为类别 | 行为代码 | 不良行为 | 法律法规和规章依据 | 行政处理 |
|---|---|---|---|---|---|
| 4. 施工单位 | 4.3 质量安全 | 4-3-07 | 竣工工程质量不符合国家和水利行业现行的工程标准及设计文件要求的 | 《水利工程质量管理规定》第四十四条 | 根据情节轻重，予以通报批评、降低资质等级直至收缴资质证书，经济处理按合同规定办理，触犯法律的，按国家有关法律处理 |
| | | 4-3-08 | 未应向项目法人（建设单位）提交完整的技术档案、试验成果及有关资料的 | 《水利工程质量管理规定》第四十四条 | 根据情节轻重，予以通报批评、降低资质等级直至收缴资质证书，经济处理按合同规定办理，触犯法律的，按国家有关法律处理 |
| | | 4-3-09 | 由于施工单位责任造成质量事故的 | 《水利工程质量事故处理暂行规定》第三十四条 | 令其立即自筹资金进行事故处理，并处以罚款；造成较大以上质量事故的，处以通报批评、停业整顿、降低资质等级、直至吊销资质证书；对主要责任人处以行政处分、取消水利工程施工执业资格；构成犯罪的，移送司法机关依法处理 |
| | | 4-3-10 | 不依照本法规定保证安全生产所必需的资金投入，致使生产经营单位不具备安全生产条件的 | 《安全生产法》第八十条 | 责令限期改正，提供必需的资金；逾期未改正的，责令停产停业整顿 |
| | | 4-3-11 | 未按照规定设立安全生产管理机构或者配备安全生产管理人员的 | 《安全生产法》第八十二条《建设工程安全生产管理条例》第六十二条 | 责令限期改正；逾期未改正的，责令停产停业整顿，可以并处二万元以下的罚款 |
| | | 4-3-12 | 主要负责人和安全生产管理人员未按照规定经考核合格的 | 《安全生产法》第八十二条《建设工程安全生产管理条例》第六十二条 | 责令限期改正；逾期未改正的，责令停产停业整顿，可以并处二万元以下的罚款 |
| | | 4-3-13 | 未按照规定对从业人员进行安全生产教育和培训，或者未按照规定如实告知从业人员有关的安全生产事项的 | 《安全生产法》第八十二条 | 责令限期改正；逾期未改正的，责令停产停业整顿，可以并处二万元以下的罚款 |

| 市场主体 | 行为类别 | 行为代码 | 不良行为 | 法律法规和规章依据 | 行政处理 |
|---|---|---|---|---|---|
| 4. 施工单位 | 4.3 质量安全 | 4-3-14 | 特种作业人员未按照规定经专门的安全作业培训并取得特种作业操作资格证书，上岗作业的 | 《安全生产法》第八十二条 | 责令限期改正；逾期未改正的，责令停产停业整顿，可以并处二万元以下的罚款 |
| | | 4-3-15 | 未在有较大危险因素的生产经营场所和有关设施、设备上设置明显的安全警示标志的 | 《安全生产法》第八十三条《建设工程安全生产管理条例》第六十二条 | 责令限期改正；逾期未改正的，责令停止建设或者停产停业整顿，可以并处五万元以下的罚款；造成严重后果，构成犯罪的，依照刑法有关规定追究刑事责任 |
| | | 4-3-16 | 安全设备的安装、使用、检测、改造和报废不符合国家标准或者行业标准的 | 《安全生产法》第八十三条 | 责令限期改正；逾期未改正的，责令停止建设或者停产停业整顿，可以并处五万元以下的罚款；造成严重后果，构成犯罪的，依照刑法有关规定追究刑事责任 |
| | | 4-3-17 | 未对安全设备进行经常性维护、保养和定期检测的 | 《安全生产法》第八十三条 | 责令限期改正；逾期未改正的，责令停止建设或者停产停业整顿，可以并处五万元以下的罚款；造成严重后果，构成犯罪的，依照刑法有关规定追究刑事责任 |
| | | 4-3-18 | 未为从业人员提供符合国家标准或者行业标准的劳动防护用品的 | 《安全生产法》第八十三条《建设工程安全生产管理条例》第六十二条 | 责令限期改正；逾期未改正的，责令停止建设或者停产停业整顿，可以并处五万元以下的罚款；造成严重后果，构成犯罪的，依照刑法有关规定追究刑事责任 |
| | | 4-3-19 | 特种设备以及危险物品的容器、运输工具未经取得专业资质的机构检测、检验合格，取得安全使用证或者安全标志，投入使用的 | 《安全生产法》第八十三条 | 责令限期改正；逾期未改正的，责令停止建设或者停产停业整顿，可以并处五万元以下的罚款；造成严重后果，构成犯罪的，依照刑法有关规定追究刑事责任 |

| 市场主体 | 行为类别 | 行为代码 | 不良行为 | 法律法规和规章依据 | 行政处理 |
|---|---|---|---|---|---|
| 4. 施工单位 | 4.3 质量安全 | 4-3-20 | 使用国家明令淘汰、禁止使用的危及生产安全的工艺、设备的 | 《安全生产法》第八十三条《建设工程安全生产管理条例》第六十二条 | 责令限期改正；逾期未改正的，责令停止建设或者停产停业整顿，可以并处五万元以下的罚款；造成严重后果，构成犯罪的，依照刑法有关规定追究刑事责任 |
| | | 4-3-21 | 生产、经营、储存、使用危险物品，未建立专门安全管理制度、未采取可靠的安全措施或者不接受有关主管部门依法实施的监督管理的 | 《安全生产法》第八十五条 | 责令限期改正；逾期未改正的，责令停产停业整顿，可以并处二万元以上十万元以下的罚款；造成严重后果，构成犯罪的，依照刑法有关规定追究刑事责任 |
| | | 4-3-22 | 对重大危险源未登记建档，或者未进行评估、监控，或者未制定应急预案的 | 《安全生产法》第八十五条 | 责令限期改正；逾期未改正的，责令停产停业整顿，可以并处二万元以上十万元以下的罚款；造成严重后果，构成犯罪的，依照刑法有关规定追究刑事责任 |
| | | 4-3-23 | 进行爆破、吊装等危险作业，未安排专门管理人员进行现场安全管理的 | 《安全生产法》第八十五条 | 责令限期改正；逾期未改正的，责令停产停业整顿，可以并处二万元以上十万元以下的罚款；造成严重后果，构成犯罪的，依照刑法有关规定追究刑事责任 |
| | | 4-3-24 | 生产、经营、储存、使用危险物品的车间、商店、仓库与员工宿舍在同一座建筑内，或者与员工宿舍的距离不符合安全要求的 | 《安全生产法》第八十八条 | 责令限期改正；逾期未改正的，责令停产停业整顿；造成严重后果，构成犯罪的，依照刑法有关规定追究刑事责任 |
| | | 4-3-25 | 生产经营场所和员工宿舍未设有符合紧急疏散需要、标志明显、保持畅通的出口，或者封闭、堵塞生产经营场所或者员工宿舍出口的 | 《安全生产法》第八十八条 | 责令限期改正；逾期未改正的，责令停产停业整顿；造成严重后果，构成犯罪的，依照刑法有关规定追究刑事责任 |

| 市场主体 | 行为类别 | 行为代码 | 不良行为 | 法律法规和规章依据 | 行政处理 |
|---|---|---|---|---|---|
| 4. 施工单位 | 4.3 质量安全 | 4-3-26 | 与从业人员订立协议，免除或者减轻其对从业人员因生产安全事故伤亡依法应承担的责任的 | 《安全生产法》第八十九条 | 该协议无效；对生产经营单位的主要负责人、个人经营的投资人处二万元以上十万元以下的罚款 |
| | | 4-3-27 | 未按照国家有关规定在施工现场设置消防通道、消防水源、配备消防设施和灭火器材的 | 《建设工程安全生产管理条例》第六十二条 | 责令限期改正；逾期未改正的，责令停业整顿，依照《中华人民共和国安全生产法》的有关规定处以罚款；造成重大安全事故，构成犯罪的，对直接责任人员，依照刑法有关规定追究刑事责任 |
| | | 4-3-28 | 未按照规定在施工起重机械和整体提升脚手架、模板等自升式架设设施验收合格后登记的 | 《建设工程安全生产管理条例》第六十二条 | 责令限期改正；逾期未改正的，责令停业整顿，依照《中华人民共和国安全生产法》的有关规定处以罚款；造成重大安全事故，构成犯罪的，对直接责任人员，依照刑法有关规定追究刑事责任 |
| | | 4-3-29 | 施工单位挪用列入建设工程概算的安全生产作业环境及安全施工措施所需费用的 | 《建设工程安全生产管理条例》第六十三条 | 责令限期改正，处挪用费用20%以上50%以下的罚款；造成损失的，依法承担赔偿责任 |
| | | 4-3-30 | 施工前未对有关安全施工的技术要求作出详细说明的 | 《建设工程安全生产管理条例》第六十四条 | 责令限期改正；逾期未改正的，责令停业整顿，并处5万元以上10万元以下的罚款；造成重大安全事故，构成犯罪的，对直接责任人员，依照刑法有关规定追究刑事责任 |
| | | 4-3-31 | 未根据不同施工阶段和周围环境及季节、气候的变化，在施工现场采取相应的安全施工措施，或者在城市市区内的建设工程的施工现场未实行封闭围挡的 | 《建设工程安全生产管理条例》第六十四条 | 责令限期改正；逾期未改正的，责令停业整顿，并处5万元以上10万元以下的罚款；造成重大安全事故，构成犯罪的，对直接责任人员，依照刑法有关规定追究刑事责任 |

| 市场主体 | 行为类别 | 行为代码 | 不良行为 | 法律法规和规章依据 | 行政处理 |
|---|---|---|---|---|---|
| 4. 施工单位 | 4.3 质量安全 | 4-3-32 | 在尚未竣工的建筑物内设置员工集体宿舍的 | 《建设工程安全生产管理条例》第六十四条 | 责令限期改正；逾期未改正的，责令停业整顿，并处 5 万元以上 10 万元以下的罚款；造成重大安全事故，构成犯罪的，对直接责任人员，依照刑法有关规定追究刑事责任 |
| | | 4-3-33 | 施工现场临时搭建的建筑物不符合安全使用要求的 | 《建设工程安全生产管理条例》第六十四条 | 责令限期改正；逾期未改正的，责令停业整顿，并处 5 万元以上 10 万元以下的罚款；造成重大安全事故，构成犯罪的，对直接责任人员，依照刑法有关规定追究刑事责任；造成损失的，依法承担赔偿责任 |
| | | 4-3-34 | 未对因建设工程施工可能造成损害的毗邻建筑物、构筑物和地下管线等采取专项防护措施的 | 《建设工程安全生产管理条例》第六十四条 | 责令限期改正；逾期未改正的，责令停业整顿，并处 5 万元以上 10 万元以下的罚款；造成重大安全事故，构成犯罪的，对直接责任人员，依照刑法有关规定追究刑事责任。造成损失的，依法承担赔偿责任 |
| | | 4-3-35 | 安全防护用具、机械设备、施工机具及配件在进入施工现场前未经查验或者查验不合格即投入使用的 | 《建设工程安全生产管理条例》第六十五条 | 责令限期改正；逾期未改正的，责令停业整顿，并处 10 万元以上 30 万元以下的罚款；情节严重的，降低资质等级，直至吊销资质证书；造成重大安全事故，构成犯罪的，对直接责任人员，依照刑法有关规定追究刑事责任；造成损失的，依法承担赔偿责任 |

| 市场主体 | 行为类别 | 行为代码 | 不良行为 | 法律法规和规章依据 | 行政处理 |
|---|---|---|---|---|---|
| 4. 施工单位 | 4.3 质量安全 | 4-3-36 | 使用未经验收或者验收不合格的施工起重机械和整体提升脚手架、模板等自升式架设设施的 | 《建设工程安全生产管理条例》第六十五条 | 责令限期改正；逾期未改正的，责令停业整顿，并处10万元以上30万元以下的罚款；情节严重的，降低资质等级，直至吊销资质证书；造成重大安全事故，构成犯罪的，对直接责任人员，依照刑法有关规定追究刑事责任；造成损失的，依法承担赔偿责任 |
| | | 4-3-37 | 委托不具有相应资质的单位承担施工现场安装、拆卸施工起重机械和整体提升脚手架、模板等自升式架设设施的 | 《建设工程安全生产管理条例》第六十五条 | 责令限期改正；逾期未改正的，责令停业整顿，并处10万元以上30万元以下的罚款；情节严重的，降低资质等级，直至吊销资质证书；造成重大安全事故，构成犯罪的，对直接责任人员，依照刑法有关规定追究刑事责任；造成损失的，依法承担赔偿责任 |
| | | 4-3-38 | 在施工组织设计中未编制安全技术措施、施工现场临时用电方案或者专项施工方案的 | 《建设工程安全生产管理条例》第六十五条 | 责令限期改正；逾期未改正的，责令停业整顿，并处10万元以上30万元以下的罚款；情节严重的，降低资质等级，直至吊销资质证书；造成重大安全事故，构成犯罪的，对直接责任人员，依照刑法有关规定追究刑事责任；造成损失的，依法承担赔偿责任 |
| | | 4-3-39 | 施工单位取得资质证书后，降低安全生产条件的 | 《建设工程安全生产管理条例》第六十七条 | 责令限期改正；经整改仍未达到与其资质等级相适应的安全生产条件的，责令停业整顿，降低其资质等级直至吊销资质证书 |

| 市场主体 | 行为类别 | 行为代码 | 不良行为 | 法律法规和规章依据 | 行政处理 |
|---|---|---|---|---|---|
| 4. 施工单位 | 4.3 质量安全 | 4-3-40 | 未取得安全生产许可证擅自进行生产的 | 《安全生产许可证条例》第十九条 | 责令停止生产，没收违法所得，并处 10 万元以上 50 万元以下的罚款；造成重大事故或者其他严重后果，构成犯罪的，依法追究刑事责任 |
| | | 4-3-41 | 安全生产许可证有效期满未办理延期手续，继续进行生产的 | 《安全生产许可证条例》第二十条 | 责令停止生产，限期补办延期手续，没收违法所得，并处 5 万元以上 10 万元以下的罚款；逾期仍不办理延期手续，继续进行生产的，责令停止生产，没收违法所得，处 10 万元以上 50 万元以下的罚款；造成重大事故或者其他严重后果，构成犯罪的，依法追究刑事责任 |
| | | 4-3-42 | 转让安全生产许可证的 | 《安全生产许可证条例》第二十一条 | 没收违法所得，处 10 万元以上 50 万元以下的罚款，并吊销其安全生产许可证；构成犯罪的，依法追究刑事责任；接受转让的，责令停止生产，没收违法所得，并处 10 万元以上 50 万元以下的罚款；造成重大事故或者其他严重后果，构成犯罪的，依法追究刑事责任 |
| | | 4-3-43 | 冒用安全生产许可证或者使用伪造的安全生产许可证的 | 《安全生产许可证条例》第二十一条 | 责令停止生产，没收违法所得，并处 10 万元以上 50 万元以下的罚款；造成重大事故或者其他严重后果，构成犯罪的，依法追究刑事责任 |
| | 4.4 其他 | 4-4-01 | 克扣或者无故拖欠劳动者工资的 | 《劳动法》第九十一条 | 由劳动行政部门责令支付劳动者的工资报酬、经济补偿，并可以责令支付赔偿金 |

| 市场主体 | 行为类别 | 行为代码 | 不良行为 | 法律法规和规章依据 | 行政处理 |
|---|---|---|---|---|---|
| 5. 监理单位 | 5.1 资质管理 | 5-1-01 | 超越本单位资质等级承揽工程的 | 《建设工程质量管理条例》第六十条 《水利工程质量管理规定》第四十四条 《水利工程建设监理规定》第二十七条 | 责令停止违法行为，处合同约定的监理酬金1倍以上2倍以下的罚款；可以责令停业整顿，降低资质等级；情节严重的，吊销资质证书；有违法所得的，予以没收 |
| | | 5-1-02 | 未取得资质证书承揽工程的 | 《建设工程质量管理条例》第六十条 《水利工程质量管理规定》第四十四条 《水利工程建设监理规定》第二十七条 | 予以取缔，处合同约定的监理酬金1倍以上2倍以下的罚款；有违法所得的，予以没收 |
| | | 5-1-03 | 以欺骗手段取得资质证书承揽工程的 | 《建设工程质量管理条例》第六十条 《水利工程建设监理规定》第二十七条 | 吊销资质证书，处合同约定的监理酬金1倍以上2倍以下的罚款；有违法所得的，予以没收 |
| | | 5-1-04 | 允许其他单位或者个人以本单位名义承揽工程的 | 《建设工程质量管理条例》第六十一条 《水利工程建设监理规定》第二十七条 | 责令改正，没收违法所得，处合同约定的监理酬金1倍以上2倍以下的罚款；可以责令停业整顿，降低资质等级；情节严重的，吊销资质证书 |
| | | 5-1-05 | 工程监理单位与被监理工程的施工承包单位以及建筑材料、建筑构配件和设备供应单位有隶属关系或者其他利害关系承担该项建设工程的监理业务的 | 《建设工程质量管理条例》第六十八条 《水利工程建设监理规定》第二十七条 | 责令改正，处5万元以上10万元以下的罚款，降低资质等级或者吊销资质证书；有违法所得的，予以没收 |
| | | 5-1-06 | 以串通、欺诈、胁迫、贿赂等不正当竞争手段承揽监理业务的 | 《水利工程建设监理规定》第二十八条 | 责令改正，给予警告；无违法所得的，处1万元以下罚款，有违法所得的，予以追缴，处违法所得3倍以下且不超过3万元罚款；情节严重的，降低资质等级；构成犯罪的，依法追究有关责任人员的刑事责任 |

续表

| 市场主体 | 行为类别 | 行为代码 | 不良行为 | 法律法规和规章依据 | 行政处理 |
|---|---|---|---|---|---|
| 5. 监理单位 | 5.1 资质管理 | 5-1-07 | 聘用无相应监理人员资格的人员从事监理业务的 | 《水利工程建设监理规定》第三十条 | 责令改正，给予警告；情节严重的，降低资质等级 |
| | | 5-1-08 | 隐瞒有关情况、拒绝提供材料或者提供虚假材料的 | 《水利工程建设监理规定》第三十条 | 责令改正，给予警告；情节严重的，降低资质等级 |
| | 5.2 招标投标 | 5-2-01 | 相互串通投标或者与招标人串通投标的，以向招标人或者评标委员会成员行贿的手段谋取中标的 | 《招标投标法》第五十三条 | 中标无效，处中标项目金额千分之五以上千分之十以下的罚款，对单位直接负责的主管人员和其他直接责任人员处单位罚款数额百分之五以上百分之十以下的罚款；有违法所得的，并处没收违法所得；情节严重的，取消其一年至二年内参加依法必须进行招标的项目的投标资格并予以公告，直至由工商行政管理机关吊销营业执照；构成犯罪的，依法追究刑事责任。给他人造成损失的，依法承担赔偿责任 |
| | | 5-2-02 | 投标人以他人名义投标或者以其他方式弄虚作假，骗取中标的 | 《招标投标法》第五十四条 | 中标无效，给招标人造成损失的，依法承担赔偿责任；构成犯罪的，依法追究刑事责任。依法必须进行招标的项目的投标人有前款所列行为尚未构成犯罪的，处中标项目金额千分之五以上千分之十以下的罚款，对单位直接负责的主管人员和其他直接责任人员处单位罚款数额百分之五以上百分之十以下的罚款；有违法所得的，并处没收违法所得；情节严重的，取消其一年至三年内参加依法必须进行招标的项目的投标资格并予以公告，直至由工商行政管理机关吊销营业执照 |

| 市场主体 | 行为类别 | 行为代码 | 不良行为 | 法律法规和规章依据 | 行政处理 |
|---|---|---|---|---|---|
| 5. 监理单位 | 5.3 质量安全 | 5-3-01 | 中标人将中标项目转让给他人的，将中标项目肢解后分别转让给他人的，违反本法规定将中标项目的部分主体、关键性工作分包给他人的，或者分包人再次分包的 | 《招标投标法》第五十八条 | 转让、分包无效，处转让、分包项目金额千分之五以上千分之十以下的罚款；有违法所得的，并处没收违法所得；可以责令停业整顿；情节严重的，由工商行政管理机关吊销营业执照 |
| | | | | 《建设工程质量管理条例》第六十二条《水利工程建设监理规定》第二十七条 | 责令改正，没收违法所得处合同约定的监理酬金 25% 以上 50% 以下的罚款；可以责令停业整顿，降低资质等级；情节严重的，吊销资质证书 |
| | | 5-3-02 | 非因不可抗力原因，中标人不按照与招标人订立的合同履行义务 | 《招标投标法》第六十条 | 情节严重的，取消其二年至五年内参加依法必须进行招标的项目的投标资格并予以公告，直至由工商行政管理机关吊销营业执照 |
| | | 5-3-03 | 与建设单位或者施工单位串通，弄虚作假、降低工程质量的 | 《建设工程质量管理条例》第六十七条《水利工程建设监理规定》第二十七条 | 责令改正，处 50 万元以上 100 万元以下的罚款，降低资质等级或者吊销资质证书；有违法所得的，予以没收；造成损失的，承担连带赔偿责任 |
| | | 5-3-04 | 将不合格的建设工程、建筑材料、建筑构配件和设备按照合格签字的 | 《建设工程质量管理条例》第六十七条《水利工程建设监理规定》第二十七条 | 责令改正，处 50 万元以上 100 万元以下的罚款，降低资质等级或者吊销资质证书；有违法所得的，予以没收；造成损失的，承担连带赔偿责任 |
| | | 5-3-05 | 工程监理单位与被监理工程的施工承包单位以及建筑材料、建筑构配件和设备供应单位有隶属关系或者其他利害关系承担该项建设工程的监理业务的 | 《建设工程质量管理条例》第六十八条 | 责令改正，处 5 万元以上 10 万元以下的罚款，降低资质等级或者吊销资质证书；有违法所得的，予以没收 |

续表

| 市场主体 | 行为类别 | 行为代码 | 不良行为 | 法律法规和规章依据 | 行政处理 |
|---|---|---|---|---|---|
| 5. 监理单位 | 5.3 质量安全 | 5-3-06 | 发生重大工程质量事故隐瞒不报、谎报或者拖延报告期限的 | 《建设工程质量管理条例》第七十条 | 对直接负责的主管人员和其他责任人员依法给予行政处分 |
| | | | | 《水利工程质量管理规定》第四十四条 | 根据情节轻重，予以通报批评、降低资质等级直至收缴资质证书，经济处理按合同规定办理，触犯法律的，按国家有关法律处理 |
| | | 5-3-07 | 未对施工组织设计中的安全技术措施或者专项施工方案进行审查的 | 《建设工程安全生产管理条例》第五十七条《水利工程建设监理规定》第二十九条 | 责令限期改正；逾期未改正的，责令停业整顿，并处 10 万元以上 30 万元以下的罚款；情节严重的，降低资质等级，直至吊销资质证书；造成重大安全事故，构成犯罪的，对直接责任人员，依照刑法有关规定追究刑事责任；造成损失的，依法承担赔偿责任 |
| | | 5-3-08 | 发现安全事故隐患未及时要求施工单位整改或者暂时停止施工的 | 《建设工程安全生产管理条例》第五十七条《水利工程建设监理规定》第二十九条 | 责令限期改正；逾期未改正的，责令停业整顿，并处 10 万元以上 30 万元以下的罚款；情节严重的，降低资质等级，直至吊销资质证书；造成重大安全事故，构成犯罪的，对直接责任人员，依照刑法有关规定追究刑事责任；造成损失的，依法承担赔偿责任 |
| | | 5-3-09 | 施工单位拒不整改或者不停止施工，未及时向有关主管部门报告的 | 《建设工程安全生产管理条例》第五十七条《水利工程建设监理规定》第二十九条 | 责令限期改正；逾期未改正的，责令停业整顿，并处 10 万元以上 30 万元以下的罚款；情节严重的，降低资质等级，直至吊销资质证书；造成重大安全事故，构成犯罪的，对直接责任人员，依照刑法有关规定追究刑事责任；造成损失的，依法承担赔偿责任 |

续表

| 市场主体 | 行为类别 | 行为代码 | 不良行为 | 法律法规和规章依据 | 行政处理 |
|---|---|---|---|---|---|
| 5. 监理单位 | 5.3 质量安全 | 5-3-10 | 未依照法律、法规和工程建设强制性标准实施监理的 | 《建设工程安全生产管理条例》第五十七条《水利工程建设监理规定》第二十九条 | 责令限期改正；逾期未改正的，责令停业整顿，并处10万元以上30万元以下的罚款；情节严重的，降低资质等级，直至吊销资质证书；造成重大安全事故，构成犯罪的，对直接责任人员，依照刑法有关规定追究刑事责任；造成损失的，依法承担赔偿责任 |
| | | 5-3-11 | 不接受水利工程质量监督机构监督的 | 《水利工程质量管理规定》第四十四条 | 根据情节轻重，予以通报批评、降低资质等级直至收缴资质证书，经济处理按合同规定办理，触犯法律的，按国家有关法律处理 |
| | | 5-3-12 | 由于监理单位责任造成质量事故的 | 《水利工程质量事故处理暂行规定》第三十二条 | 令其立即整改并可处以罚款；造成较大以上质量事故的，处以罚款、通报批评、停业整顿、降低资质等级、直至吊销水利工程监理资质证书；对主要责任人处以行政处分、取消监理从业资格、收缴监理工程师资格证书、监理岗位证书；构成犯罪的，移送司法机关依法处理 |
| | | 5-3-13 | 利用工作便利与项目法人、被监理单位以及建筑材料、建筑构配件和设备供应单位串通，谋取不正当利益的 | 《水利工程建设监理规定》第二十八条 | 责令改正，给予警告；无违法所得的，处1万元以下罚款，有违法所得的，予以追缴，处违法所得3倍以下且不超过3万元罚款；情节严重的，降低资质等级；构成犯罪的，依法追究有关责任人员的刑事责任 |

| 市场主体 | 行为类别 | 行为代码 | 不良行为 | 法律法规和规章依据 | 行政处理 |
|---|---|---|---|---|---|
| 5. 监理单位 | 5.3 质量安全 | 5-3-14 | 利用执（从）业上的便利，索取或者收受项目法人、被监理单位以及建筑材料、建筑构配件和设备供应单位财物的 | 《水利工程建设监理规定》第三十一条 | 责令改正，给予警告；其中，监理工程师违规情节严重的，注销注册证书，2年内不予注册；有违法所得的，予以追缴，并处1万元以下罚款；造成损失的，依法承担赔偿责任；构成犯罪的，依法追究刑事责任 |
| | | 5-3-15 | 与被监理单位以及建筑材料、建筑构配件和设备供应单位串通，谋取不正当利益的 | 《水利工程建设监理规定》第三十一条 | 责令改正，给予警告；其中，监理工程师违规情节严重的，注销注册证书，2年内不予注册；有违法所得的，予以追缴，并处1万元以下罚款；造成损失的，依法承担赔偿责任；构成犯罪的，依法追究刑事责任 |
| | | 5-3-16 | 非法泄露执（从）业中应当保守的秘密的 | 《水利工程建设监理规定》第三十一条 | 责令改正，给予警告；其中，监理工程师违规情节严重的，注销注册证书，2年内不予注册；有违法所得的，予以追缴，并处1万元以下罚款；造成损失的，依法承担赔偿责任；构成犯罪的，依法追究刑事责任 |
| | | 5-3-17 | 不依照本法规定保证安全生产所必需的资金投入，致使生产经营单位不具备安全生产条件的 | 《安全生产法》第八十条 | 责令限期改正，提供必需的资金；逾期未改正的，责令停产停业整顿 |
| | | 5-3-18 | 未按照规定设立安全生产管理机构或者配备安全生产管理人员的 | 《安全生产法》第八十二条 《建设工程安全生产管理条例》第六十二条 | 责令限期改正；逾期未改正的，责令停产停业整顿，可以并处二万元以下的罚款 |
| | | 5-3-19 | 未按照规定对从业人员进行安全生产教育和培训，或者未按照规定如实告知从业人员有关的安全生产事项的 | 《安全生产法》第八十二条 | 责令限期改正；逾期未改正的，责令停产停业整顿，可以并处二万元以下的罚款 |

| 市场主体 | 行为类别 | 行为代码 | 不良行为 | 法律法规和规章依据 | 行政处理 |
|---|---|---|---|---|---|
| 5. 监理单位 | 5.3 质量安全 | 5-3-20 | 未为从业人员提供符合国家标准或者行业标准的劳动防护用品的 | 《安全生产法》第八十三条《建设工程安全生产管理条例》第六十二条 | 责令限期改正；逾期未改正的，责令停止建设或者停产停业整顿，可以并处五万元以下的罚款；造成严重后果，构成犯罪的，依照刑法有关规定追究刑事责任 |
| | | 5-3-21 | 与从业人员订立协议，免除或者减轻其对从业人员因生产安全事故伤亡依法应承担的责任的 | 《安全生产法》第八十九条 | 该协议无效；对生产经营单位的主要负责人、个人经营的投资人处二万元以上十万元以下的罚款 |
| 6. 招标代理单位 | 6.1 招标代理 | 6-1-01 | 泄露应当保密的与招标投标活动有关的情况和资料的，或者与招标人、投标人串通损害国家利益、社会公共利益或者他人合法权益的 | 《招标投标法》第五十条《工程建设项目施工招标投标办法》第六十九条 | 处五万元以上二十五万元以下的罚款，对单位直接负责的主管人员和其他直接责任人员处单位罚款数额百分之五以上百分之十以下的罚款；有违法所得的，并处没收违法所得；情节严重的，暂停直至取消招标代理资格；构成犯罪的，依法追究刑事责任。给他人造成损失的，依法承担赔偿责任 |
| | | 6-1-02 | 未在指定的媒介发布招标公告的 | 《工程建设项目施工招标投标办法》第七十三条《工程建设项目勘察设计招标投标办法》第五十条 | 有关行政监督部门责令其限期改正，根据情节可处三万元以下的罚款；情节严重的，招标无效 |
| | | 6-1-03 | 自招标文件或资格预审文件出售之日起至停止出售之日止，少于五个工作日的 | 《工程建设项目施工招标投标办法》第七十三条《工程建设项目勘察设计招标投标办法》第五十条 | 有关行政监督部门责令其限期改正，根据情节可处三万元以下的罚款；情节严重的，招标无效 |
| | | 6-1-04 | 依法必须招标的项目，自招标文件开始发出之日起至提交投标文件截止之日，少于二十日的 | 《工程建设项目施工招标投标办法》第七十三条《工程建设项目勘察设计招标投标办法》第五十条 | 有关行政监督部门责令其限期改正，根据情节可处三万元以下的罚款；情节严重的，招标无效 |

| 市场主体 | 行为类别 | 行为代码 | 不良行为 | 法律法规和规章依据 | 行政处理 |
|---|---|---|---|---|---|
| 6. 招标代理单位 | 6.1 招标代理 | 6-1-05 | 在提交投标文件截止时间后接收投标文件的 | 《工程建设项目施工招标投标办法》第七十三条《工程建设项目勘察设计招标投标办法》第五十条 | 有关行政监督部门责令其限期改正，根据情节可处三万元以下的罚款；情节严重的，招标无效 |
| | | 6-1-06 | 投标人数量不符合法定要求不重新招标的 | 《工程建设项目施工招标投标办法》第七十三条《工程建设项目勘察设计招标投标办法》第五十条 | 有关行政监督部门责令其限期改正，根据情节可处三万元以下的罚款；情节严重的，招标无效 |
| | | 6-1-07 | 不符合规定条件或虽符合条件而未经批准，擅自进行邀请招标或不招标的 | 《工程建设项目施工招标投标办法》第七十三条《工程建设项目货物招标投标办法》第五十五条 | 责令其限期改正，根据情节可处三万元以下的罚款；情节严重的，招标无效 |
| | | 6-1-08 | 不按项目审批部门核准内容进行招标的 | 《工程建设项目施工招标投标办法》第七十三条《工程建设项目货物招标投标办法》第五十五条 | 责令其限期改正，根据情节可处三万元以下的罚款；情节严重的，招标无效 |
| | | 6-1-09 | 不具备招标条件而进行招标的 | 《工程建设项目施工招标投标办法》第七十三条《工程建设项目货物招标投标办法》第五十五条《工程建设项目勘察设计招标投标办法》第五十条 | 责令其限期改正，根据情节可处三万元以下的罚款；情节严重的，招标无效 |
| | | 6-1-10 | 使用招标文件没有确定的评标标准和方法的 | 《工程建设项目施工招标投标办法》第七十九条《工程建设项目勘察设计招标投标办法》第五十四条 | 评标无效，应当依法重新进行评标或者重新进行招标，有关行政监督部门可处三万元以下的罚款 |
| | | 6-1-11 | 评标标准和方法含有倾向或者排斥投标人的内容，妨碍或者限制投标人之间竞争，且影响评标结果的 | 《工程建设项目施工招标投标办法》第七十九条《工程建设项目勘察设计招标投标办法》第五十四条 | 评标无效，应当依法重新进行评标或者重新进行招标，有关行政监督部门可处三万元以下的罚款 |

| 市场主体 | 行为类别 | 行为代码 | 不良行为 | 法律法规和规章依据 | 行政处理 |
|---|---|---|---|---|---|
| 6. 招标代理单位 | 6.1 招标代理 | 6-1-12 | 应当回避担任评标委员会成员的人参与评标的 | 《工程建设项目施工招标投标办法》第七十九条《工程建设项目勘察设计招标投标办法》第五十四条 | 评标无效，应当依法重新进行评标或者重新进行招标，有关行政监督部门可处三万元以下的罚款 |
| | | 6-1-13 | 评标委员会的组建及人员组成不符合法定要求的 | 《工程建设项目施工招标投标办法》第七十九条《工程建设项目勘察设计招标投标办法》第五十四条 | 评标无效，应当依法重新进行评标或者重新进行招标，有关行政监督部门可处三万元以下的罚款 |
| | | 6-1-14 | 对依法必须招标的项目应当发布招标公告而不发布的 | 《招标公告发布暂行办法》第六十条《招标投标法》第四十九条《招标投标法》第五十一条 | 责令限期改正，可以处项目合同金额千分之五以上千分之十以下的罚款；对全部或者部分使用国有资金的项目，可以暂停项目执行或者暂停资金拨付；对单位直接负责的主管人员和其他直接责任人员依法给予处分 |
| | | 6-1-15 | 在两个以上媒介发布的同一招标项目的招标公告的内容一致的 | 《招标公告发布暂行办法》第六十条《招标投标法》第四十九条《招标投标法》第五十一条 | 责令限期改正，可以处项目合同金额千分之五以上千分之十以下的罚款；对全部或者部分使用国有资金的项目，可以暂停项目执行或者暂停资金拨付；对单位直接负责的主管人员和其他直接责任人员依法给予处分 |
| | | 6-1-16 | 提供虚假的招标公告、证明材料的，或者招标公告含有欺诈内容的 | 《招标公告发布暂行办法》第六十条《招标投标法》第四十九条《招标投标法》第五十一条 | 责令限期改正，可以处项目合同金额千分之五以上千分之十以下的罚款；对全部或者部分使用国有资金的项目，可以暂停项目执行或者暂停资金拨付；对单位直接负责的主管人员和其他直接责任人员依法给予处分 |

续表

| 市场主体 | 行为类别 | 行为代码 | 不良行为 | 法律法规和规章依据 | 行政处理 |
|---|---|---|---|---|---|
| 6. 招标代理单位 | 6.1 招标代理 | 6-1-17 | 有关获取招标文件的时间和办法的规定明显不合理的 | 《招标公告发布暂行办法》第六十条《招标投标法》第四十九条《招标投标法》第五十一条 | 责令限期改正，可以处项目合同金额千分之五以上千分之十以下的罚款；对全部或者部分使用国有资金的项目，可以暂停项目执行或者暂停资金拨付；对单位直接负责的主管人员和其他直接责任人员依法给予处分 |
| | | 6-1-18 | 招标公告中以不合理的条件限制或排斥潜在投标人的 | 《招标公告发布暂行办法》第六十条《招标投标法》第四十九条《招标投标法》第五十一条 | 责令限期改正，可以处项目合同金额千分之五以上千分之十以下的罚款；对全部或者部分使用国有资金的项目，可以暂停项目执行或者暂停资金拨付；对单位直接负责的主管人员和其他直接责任人员依法给予处分 |
| | | 6-1-19 | 非因不可抗力原因，在发布招标公告、发出投标邀请书或者发售资格预审文件或招标文件后终止招标的 | 《工程建设项目勘察设计招标投标办法》第五十条 | 责令改正，可以并处1万元以上3万元以下罚款；情节严重的，招标无效 |
| 7. 质量检测单位 | 7.1 资质管理 | 7-1-01 | 未取得相应的资质，擅自承担检测业务的 | 《水利工程质量检测管理规定》第二十四条 | 其检测报告无效，由县级以上人民政府水行政主管部门责令改正，可处1万元以上3万元以下的罚款 |
| | | 7-1-02 | 隐瞒有关情况或者提供虚假材料申请资质的 | 《水利工程质量检测管理规定》第二十五条 | 审批机关不予受理或者不予行政许可，并给予警告，一年之内不得再次申请资质 |
| | | 7-1-03 | 以欺骗、贿赂等不正当手段取得《资质等级证书》的 | 《水利工程质量检测管理规定》第二十六条 | 由审批机关予以撤销，3年内不得再次申请，可并处1万元以上3万元以下的罚款；构成犯罪的，依法追究刑事责任 |

| 市场主体 | 行为类别 | 行为代码 | 不良行为 | 法律法规和规章依据 | 行政处理 |
|---|---|---|---|---|---|
| 7. 质量检测单位 | 7.1 资质管理 | 7-1-04 | 超出资质等级范围从事检测活动的 | 《水利工程质量检测管理规定》第二十七条 | 由县级以上人民政府水行政主管部门责令改正，有违法所得的，没收违法所得，可并处1万元以上3万元以下的罚款；构成犯罪的，依法追究刑事责任 |
| | | 7-1-05 | 涂改、倒卖、出租、出借或者以其他形式非法转让《资质等级证书》的 | 《水利工程质量检测管理规定》第二十七条 | 由县级以上人民政府水行政主管部门责令改正，有违法所得的，没收违法所得，可并处1万元以上3万元以下的罚款；构成犯罪的，依法追究刑事责任 |
| | | 7-1-06 | 使用不符合条件的检测人员的 | 《水利工程质量检测管理规定》第二十七条 | 由县级以上人民政府水行政主管部门责令改正，有违法所得的，没收违法所得，可并处1万元以上3万元以下的罚款；构成犯罪的，依法追究刑事责任 |
| | | 7-1-07 | 转包、违规分包检测业务的 | 《水利工程质量检测管理规定》第二十七条 | 由县级以上人民政府水行政主管部门责令改正，有违法所得的，没收违法所得，可并处1万元以上3万元以下的罚款；构成犯罪的，依法追究刑事责任 |
| | 7.2 合同履行 | 7-2-01 | 未按规定上报发现的违法违规行为和检测不合格事项的 | 《水利工程质量检测管理规定》第二十七条 | 由县级以上人民政府水行政主管部门责令改正，有违法所得的，没收违法所得，可并处1万元以上3万元以下的罚款；构成犯罪的，依法追究刑事责任 |
| | | 7-2-02 | 未按规定在质量检测报告上签字盖章的 | 《水利工程质量检测管理规定》第二十七条 | 由县级以上人民政府水行政主管部门责令改正，有违法所得的，没收违法所得，可并处1万元以上3万元以下的罚款；构成犯罪的，依法追究刑事责任 |

| 市场主体 | 行为类别 | 行为代码 | 不良行为 | 法律法规和规章依据 | 行政处理 |
|---|---|---|---|---|---|
| 7. 质量检测单位 | 7.2 合同履行 | 7-2-03 | 未按照国家和行业标准进行检测的 | 《水利工程质量检测管理规定》第二十七条 | 由县级以上人民政府水行政主管部门责令改正，有违法所得的，没收违法所得，可并处1万元以上3万元以下的罚款；构成犯罪的，依法追究刑事责任 |
| | | 7-2-04 | 档案资料管理混乱，造成检测数据无法追溯的 | 《水利工程质量检测管理规定》第二十七条 | 由县级以上人民政府水行政主管部门责令改正，有违法所得的，没收违法所得，可并处1万元以上3万元以下的罚款；构成犯罪的，依法追究刑事责任 |
| | | 7-2-05 | 检测单位伪造检测数据，出具虚假质量检测报告的 | 《水利工程质量检测管理规定》第二十八条 | 由县级以上人民政府水行政主管部门给予警告，并处3万元罚款；给他人造成损失的，依法承担赔偿责任；构成犯罪的，依法追究刑事责任 |
| | | 7-2-06 | 检测单位伪造检验数据或伪造检验结论的 | 《水利工程质量管理规定》第四十五条 | 根据情节轻重，予以通报批评、降低资质等级直至收缴资质证书。因伪造行为造成严重后果的，按国家有关规定处理 |
| 8. 咨询、供货单位及其他建设市场主体 | | 8-1-01 | 不良行为 | 有关法律法规 | |

# 水利建设市场主体信用信息管理暂行办法

## 关于印发《水利建设市场主体信用信息管理暂行办法》的通知

### （办建管［2009］496 号）

各流域机构，各省、自治区、直辖市水利（水务）厅（局），各计划单列市水利（水务）局，新疆生产建设兵团水利局，各有关单位：

为解决水利建设领域存在的市场主体信用意识薄弱和信用缺失问题，推进水利建设市场信用体系建设，规范水利建设市场主体行为，加强水利建设市场秩序监管，我部制定了《水利建设市场主体信用信息管理暂行办法》现印发给你们，请认真贯彻执行。

中华人民共和国水利部

二〇〇九年十月十五日

# 水利建设市场主体信用信息管理暂行办法

  **第一条** 为贯彻落实《中共中央办公厅　国务院办公厅关于开展工程建设领域突出问题专项治理工作的意见》（中办发〔2009〕27号）、《国务院办公厅关于社会信用体系建设的若干意见》（国办发〔2007〕17号）和中央治理商业贿赂领导小组《关于在治理商业贿赂专项工作中推进市场诚信体系建设的意见》（中治贿发〔2008〕2号）的精神，促进水利建设市场信用体系建设，规范水利建设市场主体行为，加强水利建设市场秩序监管，促进水利事业又好又快发展，根据有关法律法规，结合水利建设行业实际和特点，制定本办法。

  **第二条** 本办法适用于水利建设市场主体信用信息采集、审核、发布、更正和使用的管理。

  **第三条** 本办法所称水利建设市场主体，是指参与水利工程建设活动的建设、勘察、设计、施工、监理、咨询、供货、招标代理、质量检测、安全评价等企（事）业单位及相关执（从）业人员。

  **第四条** 水利建设市场主体信用信息管理遵循依法、公开、公正、准确、及时的原则，维护水利建设市场主体的合法权益，保守国家秘密，保护商业秘密和个人隐私。

  **第五条** 水利部、水利部在国家确定的重要江河湖泊设立的流域管理机构（以下简称流域管理机构）和省级人民政府水行政主管部门是水利建设市场主体信用信息管理部门，按照各自的职责分工负责水利建设市场主体信用信息管理工作。

  水利部负责组织制定全国水利建设市场主体信用信息制度和标准，建立全国水利建设市场主体信用信息平台，采集和发布全国水利建设市场主体信用信息，指导全国水利建设市场主体信用信息管理工作。

  各流域管理机构和各省级人民政府水行政主管部门依照管理权限，分别负责其管辖范围内的水利建设市场主体信用信息管理工作，建立水利建设市场主体信用信息管理平台，采集和发布水利建设市场主体信用信息，同时将信用信息及时报送水利部。

  **第六条** 水利建设市场主体信用信息包括基本信息、良好行为记录信息和不良行为记录信息。

  基本信息是指水利建设市场主体的名称、注册地址、注册资金、资质、业绩、人员、主营业务范围等信息。

  良好行为记录信息是指水利建设市场主体在工程建设过程中遵守有关法律、法规和规章，受到县级以上人民政府、水行政主管部门、流域管理机构或相关专业部门、有关社会团体的奖励和表彰，所形成的信用信息。

  不良行为记录信息是指水利建设市场主体在工程建设过程中违反有关法律、法规和规章，受到县级以上人民政府、水行政主管部门、流域管理机构或相关专业部门的行政处理，或者未受到行政处理但造成不良影响的行为，所形成的信用信息。

  **第七条** 各水利建设市场主体自主填写信用信息，按以下程序报送：

  （一）中央企业、水利部所属企（事）业单位向水利部报送。

  （二）流域管理机构所属企（事）业单位向流域管理机构报送，经流域管理机构审核后报水利部。

（三）其他企（事）业单位向其注册所在地省级人民政府水行政主管部门报送，经省级人民政府水行政主管部门审核后报水利部。

水利建设市场主体报送的信用信息应真实、合法。信用信息的采集、审核、更正，必须以具有法律效力的文书为依据。

**第八条**　建立水利建设市场主体不良行为记录公告制度。对水利建设市场主体在工程建设过程中违反有关法律、法规和规章，受到县级以上人民政府、水行政主管部门、流域管理机构或相关专业部门的行政处理，所形成的不良行为记录进行公告。未受到行政处理的不良信用信息可在公告平台后台保存备查。

水利建设市场主体不良行为记录公告办法及认定标准由水利部另行制定。

**第九条**　水利建设市场主体信用信息实行实时更新。水利建设市场主体基本信息发布时间为长期，良好行为记录信息发布期限为 3 年，不良行为记录信息发布期限不少于 6 个月，法律、法规另有规定的从其规定。

**第十条**　水利建设市场主体对公告信息有异议的，可向信用信息管理部门提出书面更正申请，并提供相关证据。信用信息管理部门应当立即进行核对，对确认发布有误的信息，及时给予更正并告知申请人；对确认无误的信息，应当告知申请人。

行政处理决定经行政复议、行政诉讼以及行政执法监督被依法变更或撤销的，不良行为记录将及时予以变更或撤销，并在信息平台上予以公告。

**第十一条**　水利部、流域管理机构和省级人民政府水行政主管部门应推进信用信息平台的互联互通，实现网络互联、信息共享和实时发布，维护水利建设市场的统一开放、竞争有序。

**第十二条**　水利部、流域管理机构和省级人民政府水行政主管部门应依据有关法律、法规和规章，按照诚信激励和失信惩戒的原则，逐步建立信用奖惩机制，在市场准入、招标投标、资质（资格）管理、信用评价、工程担保与保险、表彰评优等工作中，利用已公布的水利建设市场主体的信用信息，依法对守信行为给予激励，对失信行为进行惩处。

**第十三条**　水利部、流域管理机构和省级人民政府水行政主管部门要明确分管领导和承办机构、人员及职责，加强对水利建设市场主体信用信息管理工作的监督检查，保证信息公告、传送及时准确。鼓励社会各界监督水利建设市场主体信用信息管理工作。

**第十四条**　有关水行政主管部门、流域管理机构及其工作人员，违反本办法规定的，责令改正；在工作中玩忽职守、弄虚作假、滥用职权、徇私舞弊的，依法给予行政处分；涉嫌犯罪的，移送司法机关依法追究刑事责任。

**第十五条**　中国水利工程协会在水利部指导下，研究制订统一的信用信息分类及编码、信用信息格式和信用数据库建设标准等；建立统一的水利建设市场主体信用信息平台，并采集、记录和管理信用信息；组织开展水利建设市场主体信用知识培训教育。同时，要完善行业内部监督和协调机制，建立以会员单位为基础的信用信息平台，加强行业自律，提高企（事）业单位及相关执（从）业人员的信用意识。

**第十六条**　各流域管理机构和各省级人民政府水行政主管部门可根据本办法，制定具体实施细则。

**第十七条**　本办法自 2009 年 12 月 1 日起施行。

# 加强生产建设项目水土保持方案审批管理的意见

### 山东省水利厅、山东省环境保护厅

（鲁水政字〔2012〕7号）

各市水利局、环保局：

为深入贯彻落实中共中央、国务院《关于加快水利改革发展的决定》（中发〔2011〕1号）以及《中华人民共和国水土保持法》、《中华人民共和国环境影响评价法》，加强我省水土保持监督管理工作，现就生产建设项目水土保持方案审批管理提出以下意见：

一、水土资源是人类生存之本，是经济社会可持续发展的基础。依法防治生产建设过程中造成的水土流失，保护和合理利用水土资源，改善生态环境，是生产建设单位的责任和义务。

二、在山区、丘陵区、风沙区以及水土保持规划确定的容易发生水土流失的其他区域，开办存在挖填土石方、扰动地表、损坏植被等情形造成水土流失的生产建设项目，生产建设单位必须编制水土保持方案，报县级以上人民政府水行政主管部门审批。

三、根据生产建设项目可能造成的水土流失和对生态环境的影响程度，水土保持方案分为报告书和报告表，具体按照国家有关管理规定、技术标准、规范和规程执行。

四、水土保持方案实行分级审批制度。县级以上人民政府有关职能部门审批、核准、备案的生产建设项目，其水土保持方案由同级人民政府水行政主管部门审批。

五、水土保持方案审批应根据生产建设项目类别在相应阶段完成。其中，审批制项目，在报送可行性研究报告前完成水土保持方案报批手续；核准制项目，在提交项目申请报告前完成水土保持方案报批手续；备案制项目，在办理备案手续后、项目开工前完成水土保持方案报批手续。不需办理立项手续的生产建设项目，在开工前完成水土保持方案报批手续。

六、水行政主管部门应当自受理水土保持方案报告书（报批稿）审批申请之日起20个工作日内，或者应当自受理水土保持方案报告表审批申请之日起10个工作日内，作出审批决定。对于特殊性质或者特大型生产建设项目的水土保持方案报告书，20个工作日内不能作出审批决定的，经本行政机关负责人批准，可以延长10个工作日，并应当将延长期限的理由告知申请单位或者个人。

七、应当编制水土保持方案的生产建设项目，未取得水行政主管部门水土保持方案批准文件的，环境保护行政主管部门不予审批其环境影响评价文件，建设项目不得开工建设。

八、水土保持方案经批准后，生产建设项目的地点、规模发生重大变化的，应当补充或者修改水土保持方案并报原审批机关批准。水土保持方案实施过程中，水土保持措施需要作出重大变更的，应当经原审批机关批准。

九、生产建设单位要按照批准的水土保持方案落实各项措施。县级以上水行政主管部门会同有关部门，对生产建设项目水土保持方案的实施情况进行监督检查，发现问题，限期整改。

十、生产建设项目水土保持设施，应当与主体工程同时设计、同时施工、同时投产使用。生产建设项目主体工程竣工验收前，应当对水土保持设施进行专项验收。水土保持设施未经水行政主管部门验收或验收不合格的，生产建设项目不得投产使用。

十一、生产建设项目水土保持方案未取得水行政主管部门批准开工建设的，水土保持设施未经验收或验收不合格投产使用的，以及存在其他违法行为的，由县级以上水行政主管部门依法给予查处。

十二、各级水行政主管部门和环境保护主管部门要按照各自职责，加强协作，搞好配合，严格把关，共同推进生产建设项目水土流失防治工作。

十三、本意见自 2012 年 6 月 1 日起施行，有效期至 2017 年 5 月 31 日。

二〇一二年四月十七日

# 山东省实行最严格水资源管理制度考核办法

## 山东省人民政府办公厅关于印发山东省实行最严格水资源
## 管理制度考核办法的通知

各市人民政府，各县（市、区）人民政府，省政府各部门、各直属机构，各大企业，各高等院校：

《山东省实行最严格水资源管理制度考核办法》已经省政府同意，现印发给你们，请认真贯彻执行。

山东省人民政府办公厅

2013 年 6 月 9 日

# 山东省实行最严格水资源管理制度考核办法

　　**第一条**　为推进实行最严格水资源管理制度，确保实现水资源开发利用和节约保护的主要目标，根据《中华人民共和国水法》、《山东省用水总量控制管理办法》（省政府令第 227 号）等有关法律法规以及《中共中央国务院关于加快水利改革发展的决定》（中发〔2011〕1 号）、《国务院关于实行最严格水资源管理制度的意见》（国发〔2012〕3 号）、《国务院办公厅关于印发实行最严格水资源管理制度考核办法的通知》（国办发〔2013〕2 号）、《中共山东省委山东省人民政府关于认真贯彻〈中共中央国务院关于加快水利改革发展的决定〉的实施意见》（鲁发〔2011〕1 号）、《山东省人民政府关于贯彻落实国发〔2012〕3 号文件实行最严格水资源管理制度的实施意见》（鲁政发〔2012〕25 号）等有关政策规定，制定本办法。

　　**第二条**　考核工作坚持客观公平、科学合理、系统综合、求真务实、简便易行的原则。

　　**第三条**　省政府对各设区市落实最严格水资源管理制度情况进行考核，省水利厅会同省发展改革委、经济和信息化委、监察厅、财政厅、国土资源厅、环境保护厅、住房城乡建设厅、农业厅、审计厅、统计局等部门组成考核工作组，负责具体组织实施。省节约用水办公室作为考核工作组的办事机构，承担考核工作的综合协调和日常事务。

　　各设区市政府是实行最严格水资源管理制度的责任主体，政府主要负责人对本行政区域水资源管理和保护工作负总责。

　　**第四条**　考核内容为最严格水资源管理制度目标完成、制度建设和措施落实情况。

　　各设区市实行最严格水资源管理制度主要控制目标详见附件；制度建设和措施落实情况包括用水总量控制、用水效率控制、水功能区限制纳污、水资源管理责任和考核等制度建设及相应措施落实情况。

　　**第五条**　考核评定采用评分法，满分为 100 分。考核结果划分为优秀、良好、合格、不合格四个等级。考核得分 90 分以上为优秀，80 分以上 90 分以下为良好，60 分以上 80 分以下为合格，60 分以下为不合格（以上包括本数，以下不包括本数）。

　　**第六条**　考核工作与国民经济和社会发展五年规划相对应，每 5 年为一个考核期，采用年度考核和期末考核相结合的方式进行。在考核期的第 2 至 5 年上半年开展上年度考核，在考核期结束后的次年即下一个考核期的第 1 年上半年开展期末考核。

　　**第七条**　省水利厅按照本办法附件中明确的各设区市实行最严格水资源管理制度主要控制目标，综合考虑区域水资源开发利用现状、水功能区水质达标率等情况，报经省政府同意，于每年 2 月底前确定下达各设区市的年度控制目标，同时抄送考核工作组其他成员单位。

　　**第八条**　各设区市政府要在每年 2 月底前将本地区上年度或上一考核期的自查报告上报省政府，同时抄送省水利厅等考核工作组成员单位。

第九条　考核工作组依据有关监测和统计资料，对自查报告进行核查，对各设区市进行重点抽查和现场检查，进行综合评分，划定考核等级，形成年度或期末考核报告。

第十条　省水利厅在每年5月底前将年度或期末考核报告上报省政府，经省政府审定后，向社会公告。

第十一条　经省政府审定的年度和期末考核结果，交由干部主管部门，作为对各设区市政府主要负责人和领导班子综合考核评价的重要依据。

第十二条　对期末考核结果为优秀的设区市政府，省政府予以通报表扬。对在水资源节约、保护和管理中取得显著成绩的单位和个人，按照国家及省有关规定给予表彰奖励。

第十三条　年度或期末考核结果为不合格的设区市政府，要在考核结果公告后一个月内，向省政府作出书面报告，提出限期整改措施，同时抄送省水利厅等考核工作组成员单位，由省监察厅、水利厅等单位监督整改。

整改期间，暂停该地区建设项目新增取水和入河排污口审批，暂停该地区新增主要水污染物排放建设项目环评审批。对整改不到位的，由监察机关依法依纪追究该地区有关责任人员的责任。

第十四条　对在考核工作中瞒报、谎报的地区，予以通报批评，对有关责任人员依法依纪追究责任。

第十五条　省水利厅会同省有关部门组织制定实行最严格水资源管理制度考核工作实施方案。

各设区市政府要根据本办法，结合当地实际，制定本行政区域内实行最严格水资源管理制度考核办法。

第十六条　根据国家政策调整和经济技术条件的变化等客观情况，省水利厅会同省有关部门对本办法适时进行修订，报省政府审定。

第十七条　本办法自2013年8月1日起施行，有效期5年。

# 山东省水利工程建设项目勘察（测）设计招标投标实施办法（试行）

（鲁水政字〔2011〕11号）

## 第一章 总 则

**第一条** 为了规范我省水利工程建设项目勘察（测）设计招标投标活动，提高设计质量，发挥投资效益，根据《山东省实施〈中华人民共和国招标投标法〉办法》、《工程建设项目勘察（测）设计招标投标办法》、水利部《水利工程建设项目勘察（测）设计招标投标管理办法》及有关法律、法规、规章，结合本省实际，制定本办法。

**第二条** 在本省行政区域内进行水利工程建设项目（包括新建、改建、扩建、加固）的勘察（测）设计招标投标活动适用本办法。

**第三条** 水利工程建设项目勘察（测）设计招标投标活动遵循"公开、公平、公正"和"诚实信用"的原则，任何单位和部门不得违法限制或者排斥本地区、本系统以外符合条件的勘察（测）设计单位参加投标。

**第四条** 需要政府审批、符合下列规模标准的水利工程建设项目的勘察、设计活动应当进行招标：

（一）勘察、设计费单项合同估算价大于30万元人民币的；

（二）勘察、设计单项费合同估算价低于30万元，但项目总投资大于1 000万元人民币的。

**第五条** 依法应当进行勘察（测）设计招标投标的水利工程建设项目，有下列情形之一的，根据项目审批程序，经项目主管部门批准，可以不进行招标：

（一）涉及国家安全、国家机密的；

（二）抢险救灾或者应急度汛的；

（三）采用特定专利或者专有技术的；

（四）技术复杂或者专业性强，能够满足条件的勘察（测）设计单位少于3家，不能形成有效竞争的。

## 第二章 招 标

**第六条** 招标人是依照招标投标法的规定提出招标项目、进行招标的法人或者其他组织。

**第七条** 招标人可依据水利工程建设项目的不同特点，实行勘察、设计一次性总体招标；也可以在保证项目完整性的前提下，按照技术要求分阶段招标，或者对勘察、设计分别招标。招标人不得将依法必须进行整体招标项目人为分割进行招标，或者化整为零等其他方式规避招标。

**第八条** 依法必须进行勘察（测）设计招标的水利工程建设项目，按项目审批管理规定，凡应报送项目审批部门审批的，项目建设单位必须在报送的项目可行性研究报告中增加勘察（测）设计的招标范围（含发包初步方案）、招标方式（公开或者邀请招标、委托招标或者自行招标）等内容，同时必须报送勘察（测）设计招标所需的各类基础资料。

**第九条**　招标人具有编制招标文件和组织评标能力的，可以自行办理招标事宜；不具备自行招标条件的，应当委托有资格的招标代理机构办理招标事宜。

**第十条**　水利工程建设项目勘察（测）设计招标应当具备以下条件：

（一）勘察（测）设计项目已经确定；

（二）勘察（测）设计所需资金来源已经落实；

（三）必需的勘察（测）设计基础资料已经收集完成；

（四）招标人不具备自行招标能力的，已委托有资格的招标代理机构办理招标事宜；

（五）法律、法规规定的其他条件。

**第十一条**　水利工程建设项目勘察（测）设计招标分为公开招标和邀请招标两种方式。具备下列情况之一的水利工程建设项目的勘察（测）设计，经批准后可采用邀请招标：

（一）项目的技术性、专业性较强，或者环境资源条件特殊，符合条件的潜在投标人数量有限的；

（二）建设条件受自然因素限制，如采用公开招标，将影响项目实施时机的；

（三）采用公开招标，所需费用占工程建设项目总投资的比例过大的；

（四）公开招标中，投标人少于 3 个，或者所有投标均被评标委员会否决，需要重新组织招标的。

不具备以上条件的项目均应当公开招标。邀请招标应当保证有 3 个以上具备承担招标项目勘察、设计能力，并具有国家和省规定的相应资质的特定法人或者其他组织参加投标。

**第十二条**　符合第十一条规定采用邀请招标的，招标前招标人必须按照分级管理的原则报相应水行政主管部门履行审批手续。

**第十三条**　当招标人具备以下条件时，按项目管理权限经核准后可自行办理招标事宜：

（一）具有项目法人资格（或者法人资格）；

（二）具有与招标项目规模和复杂程度相适应的工程技术、概预算、财务等方面专业技术力量；

（三）具有编制招标文件和组织评标的能力；

（四）具有从事同类水利工程建设项目勘察（测）设计招标的经验；

（五）设有专门的招标机构或者拥有 3 名以上专职人员；

（六）熟悉和掌握招标投标法律、法规、规章。

**第十四条**　招标人申请自行办理招标事宜时，应当向招标监督与管理部门报送以下书面材料：

（一）项目法人营业执照、法人证书或者项目法人组建文件；

（二）与招标项目相适应的专业技术力量情况；

（三）内设的招标机构或者专职招标业务人员的基本情况；

（四）拟使用的评标专家库情况；

（五）以往编制的同类水利工程建设项目勘察（测）设计招标文件和评标报告，以及招标业绩的证明材料；

（六）其他有关材料。

**第十五条**　当招标人不具备第十三条的条件时，应当委托符合相应条件的招标代理机构办理招标事宜。

**第十六条**　招标工作一般按下列程序进行：

（一）招标前，按项目管理权限向招投标管理部门提交招标报告备案。报告具体内容应当包括：招标已具备的条件、招标方式、分标方案、招标计划安排、投标人资质（资格）条件、评标方法、评标委员会组建方案以及开标、评标的工作具体安排等；

（二）编制招标文件；

（三）发布招标信息（招标公告或者投标邀请书）；

（四）发售资格预审文件；

（五）按规定日期接受潜在投标人编制的资格预审文件；

（六）组织对潜在投标人资格预审文件进行审核；

（七）向资格预审合格的潜在投标人发售招标文件；

（八）组织购买招标文件的潜在投标人现场踏勘；

（九）接受投标人对招标文件有关问题要求澄清的函件，对问题进行澄清，并书面通知所有潜在投标人；

（十）组织成立评标委员会，并在中标结果确定前保密；

（十一）在规定时间和地点，接受符合招标文件要求的投标文件；

（十二）组织开标评标会；

（十三）在评标委员会推荐的中标候选人中确定中标人（也可授权评标委员会直接确定中标人）；

（十四）对确定的中标人进行公示，公示期一般为3天；

（十五）发中标通知书，并将中标结果通知所有投标人；

（十六）进行合同谈判，并与中标人订立书面合同；

（十七）向行政监督部门提交评标情况的书面报告。

**第十七条**　采用公开招标方式的项目，招标人应当在国家发展和改革委员会指定的媒介发布招标公告，其中大型水利工程建设项目以及国家重点项目、中央项目、省重点项目同时还应当在《中国水利报》发布招标公告，招标人应当对招标公告的真实性负责。招标公告不得限制潜在投标人的数量。

**第十八条**　招标公告或者投标邀请书应当载明以下内容：

（一）招标人的名称和地址；

（二）招标项目的性质、规模、资金来源、实施地点和时间；

（三）对投标人的资质要求，如进行资格预审，获取资格预审文件的办法；

（四）获取招标文件的办法及费用；

（五）投标报名时间、截止时间和地点。

第十九条　招标人可以根据招标项目的要求，在招标公告或者资格预审公告中规定对潜在投标人进行资格预审，并在预审结束后 10 天内以书面方式通知通过资格预审的投标人。

凡是资格预审合格的潜在投标人都应被允许参加投标。招标人不得以任何方式限制或者排斥资格预审合格的潜在投标人参加投标。

第二十条　招标人应当根据招标项目的特点和需要编制招标文件。

国家对招标项目的技术、标准有规定的，招标人应当按照其规定在招标文件中提出相应要求。

第二十一条　水利工程建设项目勘察（测）设计招标文件应包括的主要内容：

（一）投标须知；

（二）工程说明书（包括工程进度、设计范围、地形测绘及工程地质勘察和试验资料、工程进度和设计进度要求等）；

（三）上级审批、审查、评估等有关文件；

（四）工程特殊要求；

（五）设计合同主要条款；

（六）设计基础资料供应方式；

（七）设计成品审查方式；

（八）组织现场勘察的时间和地点；

（九）投标起止日期及开标地点；

（十）对投标人资格审查的标准；

（十一）投标报价要求〔设计招标宜按工程估算总投资进行报价，其中含勘察（测）设计费〕；

（十二）评标标准。

第二十二条　采用邀请招标方式的，法人或者其他组织应于收到投标邀请书后 5 个工作日内以书面形式说明是否参加投标。未在规定期限内说明的，视为拒绝参加投标。

第二十三条　对招标文件的收费应仅限于补偿编制及印刷方面的成本支出，最高不得超过 5 000 元，招标人不得通过出售招标文件谋取利益。

第二十四条　招标人负责提供与招标项目有关的基础资料，并保证所提供资料的真实性、完整性。涉及国家秘密的除外。

第二十五条　招标人根据招标项目的具体情况，可以组织潜在投标人踏勘项目现场。

第二十六条　对潜在投标人在阅读招标文件和现场踏勘中提出的疑问，招标人可以书面形式或者召开投标预备会的方式解答，但须同时将解答以书面方式通知所有招标文件收受人。该解答的内容为招标文件的组成部分。

第二十七条　招标人可以要求投标人在提交符合招标文件规定要求的投标文件外，提交备选投标文件，但应当在招标文件中作出说明，并提出相应的评审和比较办法。

第二十八条　招标人应当确定潜在投标人编制资格预审文件和投标文件所需要的合理时间。

依法必须进行勘察（测）设计招标的项目，自招标公告或者资格预审公告发布之日起至发售资格预审文件或者招标文件的时间间隔一般不得少于 10 个工作日；自资格预审文件或者招标文件出售之日起至停止出售之日止，最短不得少于 5 个工作日；自招标文件发出之日起至投标人提交投标文件截止之日止，最短不得少于 20 个工作日。

**第二十九条**　除不可抗力原因外，招标人在发布招标公告或者发出投标邀请书后不得中止招标，也不得在出售招标文件后中止招标。

### 第三章　投　标

**第三十条**　投标人是响应招标，参加投标竞争的法人或者其他组织。

国家有关规定对投标人资格条件或者招标文件对投标人资格条件有规定的，投标人应当具备规定的资格条件。

**第三十一条**　当招标人要求对潜在投标人进行资格预审时，潜在投标人须在招标公告中规定的时间内向招标人递交资格预审文件，资格预审文件应包含以下内容：

（一）有关资质证书；

（二）企业法人营业执照或者事业单位组织结构代码证书；

（三）主要机构组成；

（四）主要人员、财务、设备状况；

（五）银行资信证明；

（六）潜在投标人近 3 年主要业绩；

（七）其他能证明履约能力的有效材料。

以上材料均需提供原件和复印件，招标人审验后将原件退回投标人。

**第三十二条**　所有参加投标的投标人，应当按照招标文件的要求编写投标文件，并在招标文件规定时间之前密封送达招标人。投标文件由技术文件和商务文件组成，并应当对招标文件提出的实质性要求和条件作出响应。在投标截止时间之前，投标人可以撤回已递交的投标文件或者进行更正和补充，但应当符合招标文件的要求。

**第三十三条**　勘察（测）设计投标文件须包括以下主要内容：

（一）商务文件

1. 法人代表资格证明、与投标项目相关的资质证明；

2. 投标人概况，内容包括主要技术装备、项目负责人简历、拟投入技术骨干和主要设计人员概况；

3. 费用报价及计算书；

4. 近 5 年承担类似水利水电工程前期或者勘察、设计项目；

5. 近 5 年获奖情况。

（二）技术文件

1. 对工程的认识；

2. 勘察、设计工作大纲；

3. 总进度计划；

4. 项目管理及质量保证体系；

5. 组织管理；

6. 工程设计方案初步设想。

第三十四条 资格预审合格的，投标人应按招标文件的要求提交投标保证金。保证金数额一般不超过勘察、设计费投标报价的 2%，最多不超过 10 万元人民币。对未获得中标候选人的投标人的保证金，应当于确定中标候选人后 5 个工作日内退还；中标候选人的投标保证金，应当在招标人与中标人签订合同后 5 个工作日内退还。

第三十五条 在提交投标文件截止时间后到招标文件规定的投标有效期终止之前，投标人不得补充、修改或者撤回其投标文件，否则其投标保证金将被没收。评标委员会要求对投标文件作必要澄清或者说明的除外。

第三十六条 招标文件中规定允许投标人投备选标的，投标人除按要求编写投标文件外，可以根据项目和自身情况，同时提交有关修改设计、技术、合同条件的建议方案以及选择性报价，供招标人选用。除招标人要求外，投标人在技术文件中不得指定与水利工程建设项目有关的重要设备、材料的生产供应者，或者含有倾向或者排斥特定生产供应者的内容。

第三十七条 投标人在投标截止时间前提交的投标文件，补充、修改或者撤回投标文件的信函、备选投标文件等，都必须加盖所在单位公章，并且由其法定代表人或者授权代表签字。

招标人在接受上述材料时，应检查其密封或者签章是否完好，并向投标人出具签收人和签收时间的回执。

第三十八条 为保证评标活动的公平、公正，招标人可以要求投标文件采用不署名方式，即除包装封套、附件按要求加盖投标人所在单位公章并由法定代表人或者授权代表签字外，其余不得有任何表明投标人身份的文字、标志和符号，但招标人应在投标须知中提出明确要求。

第三十九条 两个或者三个勘察、设计单位可组成一个联合体，以一个投标人的身份共同投标。联合体各方应签订共同投标协议，并不得再以自己名义单独投标，也不得参加另外的联合体投同一项目的标。

国家有关规定或者招标文件对投标人资格条件有规定的，联合体各方均应当具备规定的相应资格条件。由同一专业的单位组成的联合体，按照资质等级较低的单位确定资质等级。

第四十条 联合体投标的，中标后应指定牵头人或者代表，授权其代表所有联合体成员与招标人签订合同，负责整个合同实施阶段的协调工作。在投标时需要向招标人提交联合体成员法定代表人签署的授权委托书。

第四十一条 投标人不得以他人名义投标，也不得利用伪造、转让、无效或者租借的资质证书参加投标，或者以任何方式请其他单位在自己编制的投标文件中代为签字盖章，损害国家利益、社会公共利益和招标人的合法权益。

第四十二条 投标人不得通过故意压低投资额、降低技术要求、减少占地面积，或者缩短工期等手段弄虚作假，骗取中标。

### 第四章 开标、评标与中标

第四十三条 开标应在招标文件中确定提交投标文件截止时间的同一时间公开进行，开标地点为招标文件中预先载明的地点。

第四十四条 开标由招标人或者其委托的招标代理机构主持，邀请所有投标人参加。

开标人员至少由主持人、启标人、唱标人、监标人、记标人组成，上述人员对开标负责。评标专家不出席开标会议。

**第四十五条**　开标一般按以下程序进行：

（一）主持人在招标文件确定的时间停止接受招标文件，开始开标；

（二）宣布开标人员名单；

（三）确认投标人的法定代表人或者授权代表人是否在场；

（四）宣布投标文件开启顺序；

（五）依开标顺序，先检查投标文件密封是否完好，再启封投标文件；

（六）宣布投标要素，包括投标人名称、报价、完成时限等，并作记录，同时由投标人代表签字确认；

（七）对上述工作进行记录，存档备查。

**第四十六条**　招标人应当采取必要措施，保证评标活动在严格保密的情况下进行。任何单位和个人不得非法干预、影响评标过程和结果。

**第四十七条**　评标工作由评标委员会负责。评标委员会的组成方式及要求，按《中华人民共和国招标投标法》及《评标委员会和评标方法暂行规定》的有关规定执行。

**第四十八条**　评标委员会由招标人的代表和有关技术、经济、合同管理等方面的专家组成，成员一般为7人以上单数，其中专家（不含招标人代表人数）不得少于总数的三分之二。

评标专家的选择应当采取随机的方式抽取。根据工程特殊专业技术需要，经水行政主管部门批准，招标人可以指定部分评标专家，但不得超过专家人数的三分之一。

**第四十九条**　进入评标委员会的专家应符合下列基本条件：

（一）从事与招标项目相关水利勘察、设计工作满8年以上，且具有高级职称或者同等专业水平；

（二）熟悉有关招标投标的法律法规；

（三）能够认真、公正、诚实、廉洁地履行职责。

（四）身体健康，能够承担评标工作。

**第五十条**　评标专家均以个人名义参加评标工作，不代表任何单位和组织。评标委员会成员不得与投标人有利害关系。所指利害关系包括：是投标人或者其代理人的近亲属；在5年内与投标人曾有工作关系；或者有经济利益关系。

**第五十一条**　评标标准和方法应当在招标文件中载明，在评标时不得另行制定或者修改、补充任何评标标准和方法。招标人在一个项目中，对所有投标人评标标准和方法必须相同。

**第五十二条**　评标方法一般应采取综合评估法。采取综合评估法的，评标委员会应当按照招标文件确定的评标标准和方法，对设计方案的优劣、投标人的业绩、信誉和能力及拟安排的设计力量等进行综合评定。招标文件中没有规定的标准和方法，不得作为评标的依据。

**第五十三条**　采取综合评估法的，应先评技术标，再评商务标。评标时分别打分，然后按照技术标评分占 40％权重、商务标评分占 60％权重评定最终得分，并按最终得分高低排序。

**第五十四条**　建议综合评标法评分标准如下：

（一）技术标评标标准

1. 技术方案的合理性占技术标总分的 40％～50％；

2. 技术创新占技术标总分的 20％～30％；

3. 质量保证体系占技术标总分的 10％～20％；

4. 项目进度安排占技术标总分的 5％～10％；

5. 其他占技术标总分的 5％～10％。

（二）商务标评标标准

1. 投标人业绩和资信占商务标总分的 25％～30％；

2. 项目主要技术负责人的业绩与资历占商务标总分的 20％～30％；

3. 人力资源配备及服务方式占商务标总分的 20％～30％；

4. 投标人财务状况占商务标总分的 5％～10％；

5. 投标报价占商务标总分的 5％～10％；

6. 其他占商务标总分的 5％～10％。

**第五十五条**　评标委员会应当在封闭的环境中独立评审，评标委员会成员应当客观、公正地履行职务，严格按照招标文件规定的评标标准和方法对投标文件进行评审和比较，严格遵守评标纪律，不得泄露评审过程、中标候选人的推荐情况以及与评标有关的其他情况。

**第五十六条**　评标工作一般按以下程序进行：

（一）招标人宣布评标委员会成员名单并确定主任委员；

（二）招标人宣布有关评标纪律；

（三）在主任委员主持下，根据需要，讨论通过成立有关专业组和工作组；

（四）听取招标人介绍招标文件；

（五）组织评标人员学习评标标准和方法；

（六）经评标委员会讨论，并经二分之一以上委员同意，提出需投标人澄清的问题，以书面形式送达投标人；

（七）对需要文字澄清的问题，投标人应当以书面形式送达评标委员会；

（八）评标委员会按招标文件确定的评标标准和方法，对投标文件进行评审，确定中标候选人推荐顺序；

（九）在评标委员会三分之二以上委员同意的情况下，通过评标委员会工作报告，并报招标人。评标委员会工作报告附件包括有关评标的往来澄清函、有关评标资料及推荐意见等。

**第五十七条**　评标委员会可以要求投标人对其技术文件进行必要的说明或者介绍，但不得提出带有暗示性或者诱导性的问题，也不得明确指出其投标文件中的遗漏和错误。

**第五十八条**　根据招标文件的规定，允许投标人投备选标的，评标委员会可以对中标人所提交的备选标进行评审，以决定是否采纳备选标。不符合中标条件的投标人的备选标不予考虑。

**第五十九条**　评标定标工作应当在投标有效期结束日 30 个工作日内完成，不能如期完成的，招标人应当通知所有投标人延长投标有效期。

同意延长投标有效期的投标人应当相应延长其投标担保的有效期，但不得修改投标文件的实质性内容。拒绝延长投标有效期的投标人有权收回投标保证金。招标文件中规定给予未中标人补偿的，拒绝延长的投标人有权获得补偿。

**第六十条**　招标人对有下列情况之一的投标文件，应当作为废标处理或者被否决：

（一）投标文件密封不符合招标文件要求的；

（二）逾期送达的；

（三）投标人法定代表人或者授权代表人未参加开标会议的；

（四）未按招标文件规定加盖单位公章和法定代表人（或者其授权人）的签字（或者印鉴）的；

（五）招标文件规定不得标明投标人名称，但投标文件上标明投标人名称或者有任何可能透露投标人名称的标记的；

（六）未按招标文件要求编写或者字迹模糊导致无法确认关键技术方案、关键工期、关键工程质量保证措施、投标价格的；

（七）未按规定交纳投标保证金的；

（八）超出招标文件规定，违反国家有关规定的；

（九）投标人提供虚假资料的；

（十）投标报价不符合国家颁布的勘察（测）设计取费标准，或者低于成本恶性竞争的；

（十一）未响应招标文件的实质性要求和条件的；

（十二）以联合体形式投标，未向招标人提交共同投标协议的；

（十三）投标文件附有招标人不能接受的条件。

**第六十一条**　评标委员会完成评标后，应当向招标人提出书面评标报告，并有 2/3 以上委员签字；对评标报告持不同意见的评标委员，有权拒绝在评标报告上签字，但必须以书面形式阐明理由并署名，与评标报告一并报招标人。

评标报告的内容应当符合《评标委员会和评标方法暂行规定》第四十二条的规定。但是，评标委员会决定否决所有投标的，应在评标报告中详细说明理由。

**第六十二条**　评标报告的主要内容如下：

（一）基本情况和数据表；

（二）评标委员会成员名单；

（三）开标记录；

（四）符合要求的投标一览表；

（五）废标情况说明；

（六）评标标准、评标方法或者评标因素一览表；

（七）经评审的价格或者评分比较一览表；

（八）经评审的投标人排序；

（九）推荐的中标候选人名单与签订合同前要处理的事宜；

（十）澄清、说明、补正事项纪要。

**第六十三条**　评标委员会推荐的中标候选人应当限定在 1 至 3 个，并标明排列顺序。

招标人应在接到评标委员会的书面评标报告后 15 日内，根据评标委员会的推荐结果确定中标人，或者授权评标委员会直接确定中标人。

**第六十四条**　一般情况下排名第一的中标候选人为中标人。

排名第一的中标候选人如果自动放弃，或者因不可抗力提出不能履行合同，或者招标文件规定应当提交履约保证金而在规定的期限内未能提交等原因放弃中标的，招标人可以确定排名第二的中标候选人为中标人。

排名第二的中标候选人因前款规定的同样原因不能签订合同的，招标人可以确定排名第三的中标候选人为中标人。

排名第三的中标候选人因本条第二款规定的同样原因不能签订合同的，招标人原则上应重新组织招标。

**第六十五条**　招标人应当在确定中标人后 5 个工作日内向中标人发出中标通知书，同时将中标结果通知所有未中标人。

招标人和中标人应当自中标通知书发出之日起 30 日内，按照招标文件要求和中标人的投标文件订立书面合同。签订合同书后，该中标人即为本工程的总体承担单位。

**第六十六条**　招标人不得以压低勘察、设计费、增加工作量、缩短勘察、设计周期等作为发出中标通知书的条件，也不得与中标人再行订立背离合同实质性内容的其他协议。

**第六十七条**　招标文件中规定给予未中标人经济补偿的，应当在招标人与中标人签订合同后 5 个工作日内给付。

招标文件要求中标人提交履约保证金的，中标人应当提交；经中标人同意，可将其投标保证金抵作履约保证金。

**第六十八条**　招标人应当在将中标结果通知所有未中标人后 7 个工作日内，逐一返还未中标人的投标文件。

招标人或者中标人采用其他未中标人投标文件中技术方案的，应当征得未中标人的书面同意，并支付合理的使用费。

**第六十九条**　依法必须进行招标的项目，招标人应当在确定中标人之日起 15 日内，向勘察（测）设计招标投标监督管理部门提交招标投标情况的书面报告。书面报告一般应包括以下内容：

（一）招标项目基本情况；

（二）投标人情况；

（三）评标委员会成员名单；

（四）开标情况；

（五）评标标准和方法；

（六）评标委员会推荐的经排序的中标候选人名单；

（七）中标结果；

（八）未确定排名第一的中标候选人为中标人的原因；

（九）其他需说明的问题。

**第七十条**　在下列情况下，招标人应当依照本办法重新招标：

（一）资格预审合格的潜在投标人不足 3 个的；

（二）在投标截止时间前提交投标文件的投标人少于 3 个的；

（三）所有投标均被作废标处理或者被否决的；

（四）评标委员会否决不合格投标或者界定为废标后，因有效投标不足 3 个使得投标明显缺乏竞争，评标委员会决定否决全部投标的；

（五）根据第六十条规定，同意延长投标有效期的投标人少于 3 个的。

**第七十一条**　招标人重新招标后，发生本办法第七十条情形之一的，可根据招投标行政监督管理权限，报经有关原项目审批部门批准后直接发包。

**第七十二条**　中标人应当按照合同约定履行义务，完成中标项目。中标人不得向他人转让中标项目，也不得将中标项目肢解后分别向他人转让。

依合同约定或者经招标人同意，中标人可以将中标项目的部分非主体、非关键性工作分包给其他具备相应资格条件的勘察（测）设计单位完成。接受分包的单位不得再次分包，并就分包项目承担连带责任。招标人不得直接指定分包单位。

**第七十三条**　由于招标人自身原因致使招标工作失败（包括未能如期签订合同），招标人应当按投标保证金双倍的金额赔偿投标人，同时退还投标保证金。

### 第五章　附　则

**第七十四条**　使用国际组织或者外国政府贷款、援助资金的项目进行招标，贷款方、资金提供方对工程勘察（测）设计招标投标的条件和程序另有规定的，可以适用其规定，但违背中华人民共和国社会公共利益的除外。

**第七十五条**　水利工程建设项目的项目建议书、可行性研究阶段以及重大专题研究、基础工作等前期工作的招投标活动参照本办法执行。

**第七十六条**　本办法自 2011 年 4 月 1 日起施行。

# 山东省水利工程文明建设工地评审管理办法

## 关于印发山东省水利工程文明建设工地评审管理办法的通知

### （鲁水建字〔2007〕74 号）

各市水利局、厅直属有关单位：

为进一步做好水利工程建设管理工作，提高建设管理水平，促进水利工程建设事业的健康发展，根据国家有关法律法规，结合我省水利建设工作的实际，我厅制定了《山东省水利工程文明建设工地评审管理办法》，现印发给你们，请遵照执行。

附件：山东省水利工程文明建设工地评审管理办法

二〇〇七年十月十一日

# 山东省水利工程文明建设工地评审管理办法

## 第一章　总　则

**第一条**　为做好水利工程建设管理工作，提高工程建设管理水平，促进水利工程建设现场管理制度化、规范化、标准化建设，结合我省水利工程建设的实际，制定本办法。

**第二条**　山东省水利工程文明建设工地是指在山东省境内建设的大中型水利基本建设工程，其工程建设单位和参建单位在物质文明、政治文明和精神文明建设中成绩突出、效益显著，得到群众公认，经过省水利厅严格考核、评选、命名和表彰的先进单位。

**第三条**　文明建设工地实行自愿申报、逐级推荐、公开评选的办法。原则上每年评选并表彰一次。

**第四条**　文明建设工地评审工作坚持公开、公平、公正的原则，依照评审程序，实行现场考察和测评赋分结合的原则。

**第五条**　文明建设工地的评审工作由山东省水利工程文明建设工地评审委员会负责，委员会下设办公室，省水利厅建设处承担并负责日常工作。

## 第二章　文明工地的申报条件

**第六条**　符合以下条件的水利工程建设项目均可申报文明建设工地。

（一）大中型水利基本建设工程主体工程完成 30％以上。

（二）工程建设未发生过重大质量、安全事故。

（三）参建人员未发生过严重违法违纪事件。

## 第三章　文明建设工地的评比内容

**第七条**　精神文明建设

（一）坚决贯彻执行党的路线、方针、政策，用邓小平理论、"三个代表"重要思想武装头脑，认真落实科学发展观，努力构建人水和谐环境。

（二）创建工作组织严密，氛围浓厚，创建文明建设工地的领导机构及工作机构健全，创建文明建设工地的规划或办法具体并认真实行。

（三）有计划地组织职工学习政治理论、法律法规和业务知识，开展爱国主义、集体主义、社会主义教育活动，保证学习内容、时间、人员、效果的落实。

（四）积极开展职业道德、职业纪律和安全意识教育，制定并执行劳动岗位和劳动技能培训计划，教育和培训效果明显。

（五）有必要的文体生活设施，职工文体生活活跃，精神面貌良好，职工队伍和谐稳定。

（六）参建单位及人员能认真落实"三个安全"和党风廉政建设规定，干部职工遵纪守法，无严重违法违纪现象发生。

（七）参建单位关系融洽、工作协调、无推诿扯皮影响工程建设的现象发生。

**第八条　工程建设管理**

（一）基本建设程序

1. 工程实施符合国家的政策、法规，严格按基建程序办事。

2. 实行项目法人责任制、招标投标制、建设监理制，严格合同管理。

3. 工程实施过程中，能有效控制投资、工期、质量；验收程序符合要求。

（二）工程质量管理

1. 工程施工质量检查体系及质量保证体系健全。

2. 拥有满足工程建设施工质量检测要求的检测设备和人员。

3. 档案管理规范化、标准化，各种档案资料真实可靠、填写规范、完整。

4. 已完成单元工程优良品率达到70％以上。

5. 按照"三不放过原则"及时处理施工建设过程中质量事故。

（三）施工安全措施

1. 建立了以责任制为核心的安全管理和保证体系，配备专职或兼职安全员，实行安全目标管理。

2. 认真贯彻国家有关施工安全的各项规定及标准，并制定了安全保证制度和重大安全事故应急预案。

3. 工地安全生产制度健全，按专项施工方案的要求落实安全措施，施工作业符合安全操作规程。定期安全检查，对事故隐患及时进行整改。

4. 一般、较大伤亡事故控制在国家规定的标准内。

（四）内部管理制度和建设资金使用

1. 内部管理制度健全，参建人员按照职责熟悉相关管理制度。

2. 建设资金使用合理合法。

3. 工人工资按时发放，无拖欠农民工工资现象发生。

**第九条　施工区秩序环境**

（一）现场材料堆放、施工机械停放有序、整齐，出入运输工具干净。

（二）施工现场道路平整、排水畅通。

（三）施工现场做到工完场清。建筑、生活垃圾集中堆放并及时清运。

（四）施工区与生活区应挂设文明施工标牌或文明施工规章制度。危险区域有醒目的安全警示牌（夜间作业设警示灯）。

（五）办公区和生活区等公共场所整洁有序、保持卫生。

（六）施工区内社会治安环境良好，未发生严重的打架斗殴事件，无黄、赌、毒等社会丑恶现象。

（七）无噪音扰民现象。

（八）能正确协调处理与当地政府和周围群众关系，无侵占群众利益的问题发生。

## 第四章　文明工地的申报、评审

**第十条　文明建设工地由项目法人（或建设单位）负责申报。**

（一）厅直属项目由项目法人直接申报。

（二）其他项目由项目法人或建设单位逐级申报，各市水利局在初评的基础上向省水利厅择优推荐。

**第十一条**　文明工地申报材料：

（一）《水利工程文明建设工地申报表》（见附件二）一式三份。

（二）3 000字左右的事迹材料（含电子文档）一式三份，内容包含工程基本情况、精神文明建设、工程建设管理、施工区环境秩序等。

（三）视频光盘一张，反映工程建设基本情况和创建文明建设工地的有关情况。要求内容真实、全面、客观，时间不超过15分钟。

（四）其他能反映工程项目创建文明建设工地情况的资料，如工程建设照片、获奖证书复印件等。

**第十二条**　评审一般分考核小组现场核查（或委托市水利局考核）和评审委员会评审两个阶段进行。

**第十三条**　为保证文明工地评选的准确性、权威性，评审委员会办公室将组织专家考核小组对申报的文明工地进行现场核查。现场核查赋分低于80分的，不提交评审委员会评审。

**第十四条**　文明工地现场核查的主要内容包括：精神文明建设、工程建设管理、施工区秩序环境等3大类，按照《水利工程文明建设工地考核赋分表》（见附件一）赋分。考核小组核查的程序：

（一）听取工程建设单位或项目法人的汇报。

（二）实地查验工程质量情况和现场管理情况。

（三）查阅工程建设有关资料。

（四）查阅文明工地创建工作档案。

（五）依据考核评分表进行赋分。

（六）与申报单位反馈情况。

（七）向评审委员会办公室提交核查情况的报告并提出初审的建议意见。

**第十五条**　召开评审委员会会议，在听取考核小组核查情况的报告和评审委员会办公室初审意见的基础上，进行充分的评议后，投票表决。

**第十六条**　获得文明建设工地的单位（工程），由省水利厅进行通报表彰，并颁发年度"山东省水利工程文明建设工地"证书和奖牌。

## 第五章　文明建设工地的奖惩

**第十七条**　获得文明建设工地的单位（工程），可参照所在地精神文明建设奖励的规定，对所在单位职工给予一定的物质奖励。

**第十八条**　文明建设工地申报和评审过程中，坚持实事求是，不得弄虚作假，自觉抵制不正之风。若发现违规违纪者，将视情节按有关规定给予处理。

**第十九条**　文明建设工地实行动态管理，凡发现有下列行为之一的，取消其曾获得的文明建设工地称号：

（一）发生严重违法违纪案件及重大质量、安全事故的。

（二）放松管理，被水行政主管部门或有关部门通报批评或进行处罚的。

（三）拖欠工程款或工人工资造成严重负面影响的。

（四）使用国家、有关部门明令禁止使用或者属淘汰设备、设施、工艺、材料的。

（五）与当地群众发生重大冲突事件，造成严重社会影响的。

## 第六章　附　则

**第二十条**　本办法由山东省水利厅负责解释。

**第二十一条**　本办法自发布之日起施行。

附件：

1. 水利工程文明建设工地申报表（略）

2. 水利工程文明建设工地考核赋分表（略）

# 参 考 文 献

［1］山东省建筑工程管理局．山东省建筑企业项目经理继续教育教材：项目管理［M］．济南，2004．

［2］全国一级建造师职业资格考试用书编写委员会．建设工程项目管理［M］．北京：中国建筑工业出版社，2007．

［3］全国一级建造师职业资格考试用书编写委员会．水利水电工程管理与务实［M］．北京：中国建筑工业出版社，2007．

［4］魏璇．水利水电工程施工组织设计指南：下册［M］．北京：中国水利水电出版社，1999．

［5］胡先林．中小型水利水电工程施工管理务实［M］．郑州：黄河水利出版社，2011．